普通高等教育电机与电器创新型系列教材

电器理论基础

许志红　编著

李震彪　主审

本教材配有以下教学资源：电子课件、试卷、课程设计及MOOC课程。

MOOC课程网址为：

（1）爱课程MOOC网址：

http://www.icourse163.org/course/fzu-1001595001#/info

（2）超星泛雅学习网址：

http://mooc1.chaoxing.com/course/88852169.html

机 械 工 业 出 版 社

本书详细地论述了电器中的发热理论、电动力理论、电接触理论、电弧理论和电磁机构理论的基本概念、基本原理、分析计算方法，以及各种影响因素。在介绍基础理论的同时，增加了有限元温度场计算、触头弹跳分析、电器电极材料喷溅侵蚀计算、三维电磁场计算、电磁机构动态计算、零电流分断技术等相关内容，这些内容都是近年来电器研究中的热点问题。书中还介绍了电器技术的发展与电器的智能化。本书图文并茂、理论联系实际。

本书可作为高等学校电气工程及其自动化、自动化等专业的教材和教学参考书；也可作为电器专业研究生的教材和教学参考书。

本书对于从事电器设计、制造、试验、运行方面的工程技术人员具有一定的参考价值，也可以作为电气工程技术人员的培训教材使用。

本书配有免费电子课件及模拟试卷、课程设计，欢迎选用本书作教材的老师发邮件到 jinacmp@163.com 索取，或登录 www.cmpedu.com 注册下载。

图书在版编目（CIP）数据

电器理论基础/许志红编著．—北京：机械工业出版社，2014.1（2026.1 重印）
普通高等教育电机与电器创新型系列教材
ISBN 978-7-111-44725-2

Ⅰ.①电… Ⅱ.①许… Ⅲ.①电器学-高等学校-教材
Ⅳ.①TM501

中国版本图书馆 CIP 数据核字（2013）第 267738 号

机械工业出版社（北京市百万庄大街 22 号　邮政编码 100037）
策划编辑：吉　玲　责任编辑：吉　玲　卢若薇
版式设计：霍永明　责任校对：刘秀丽
封面设计：张　静　责任印制：单爱军
北京盛通数码印刷有限公司印刷
2026 年 1 月第 1 版·第 13 次印刷
184mm×260mm·18 印张·437 千字
标准书号：ISBN 978-7-111-44725-2
定价：49.00 元

电话服务
客服电话：010-88361066
010-88379833
010-68326294
封底无防伪标均为盗版

网络服务
机　工　官　网：www.cmpbook.com
机　工　官　博：weibo.com/cmp1952
金　　书　　网：www.golden-book.com
机工教育服务网：www.cmpedu.com

前　言

本书是在福州大学已故张冠生教授主编的《电器理论基础》教材基础上，结合本人20多年的教学经历和电器领域近年来的研究成果，整理编著而成。

由于新理论、新技术在电器领域里的广泛应用，使电器的研究进入了突飞猛进的阶段，传统的基础理论需要更新和补充。本书增加了有限元温度场计算、触头弹跳分析、电器电极材料喷溅侵蚀计算、三维电磁场计算、电磁机构动态计算、零电流分断技术等相关内容，这些内容可以作为本科生教材的提高部分，也可以作为电器专业研究生的教材使用。在基础理论部分，针对教学过程中学生的实际情况做了修改，简化了繁琐的公式推导，增加了解题步骤，书中还增加了图片的比重，使学生更加易于理解。本书第1章有5个教学视频，均由厦门宏发电声股份有限公司提供，该公司是我国民族继电器企业，致力于打造全球继电器行业领军者。

本书对于从事电器设计、制造、试验、运行方面的工程技术人员具有一定的参考价值。

在此，对张冠生教授表示深深的怀念和敬意。对我的家人表示深切的爱意。对我研究生团队的研究生们多年来所做的工作表示由衷的谢意。

由于时间紧迫，本人学术水平有限，书中难免出现错误，希望各位同行给出意见和建议，以便及时改正。有些参考资料，尤其是网上的参考资料没有一一标出，在此对各位同仁表示谢意和歉意。

最后对主审专家华中科技大学的李震彪教授表示最诚挚的感谢！

许志红

目　　录

第 1 章　概　论

电器理论基础课程介绍

随着科学技术的飞速发展，人们的生产、生活对电能的需求和依赖不断增大，承担电能传输和分配、用电设备保护与控制任务的电器产品越来越重要。而且，为了适应电网容量的不断增大及控制要求的不断提高，电气系统日益复杂化，对电器产品的性能与结构提出了更高的要求。同时，新技术、新材料、新工艺的不断涌现，也给电器产品的发展提供了良好的空间。由于电器在运行时存在着电、磁、光、热、力、机械等多种能量转换，这些转换规律大多是非线性的，许多现象又是一种瞬态过程，因此，使电器的理论分析、产品设计、性能检验等，都变得极为复杂。例如，在分析与设计电器产品时，除采用传统的电接触理论、电弧理论、发热与电动力理论、电磁机构理论等进行必要的理论推导、分析计算之外，还要使用大量的经验数据，即便这样，有时设计计算数据与产品实际性能仍然存在较大差异，需要反复修改和试验，导致开发性能优良、价格合理的电器产品周期长、资金投入大，设计十分困难。为了更好地对电器产品进行理论分析和设计，世界各国都十分重视电器理论的研究和发展。

1.1 电器的定义和分类

1.1.1 电器的定义

电器的定义是：凡是根据外界指定信号和要求，自动或手动接通和断开电路，断续或连续地改变电路参数，以实现对电路或非电对象切换、控制、保护、检测、变换和调节用的电气设备都属电器的范畴。

电器可以完成以下任务：

1）对电力系统或者电路实行通、断操作转换和电路参数变换。

2）对电动机实行起动、停止、正转、反转、调速，完成控制任务。

3）对电路负载和电工设备或电机设备等进行过载、过电压、欠电压、短路、断相、三相负载不平衡、接地等保护。

4）在电路中传递、变换、放大电的或非电的信号，实现自动检测和参数自动调节的功能。

1.1.2 电器的分类

通常在交流电压 1200V、直流电压 1500V 及以下系统中用的电器称之为低压电器；反之，称为高压电器。电器的用途广泛、职能多样、品种规格繁多、工作原理各异，有多种分类方法。

1. 低压电器按工作职能分类

低压电器的应用量大面广。发电设备产生的电能 80% 以上是通过低压电器传输而消耗的。虽然低压电器在电力系统中一般作为配套设备，但需求量巨大，据统计，每新增 1 万 kW 发电容量，约需要 6 万 ~8 万件低压设备与之配套。低压电器也广泛应用于国民经济各个行业，以及千家万户用电设备的控制与保护。

传统的低压电器，根据它在电路中所处的地位和作用可归纳为配电电器和控制电器。国外从 20 世纪 80 年代、我国从 20 世纪 90 年代开始，在低压终端用电系统中逐步发展了一批外形、结构、安装等具有共同特征并自成体系的低压电器，通常称为终端电器[1]。

（1） 配电电器

1） 低压断路器：用作低压配电线路过载、短路或欠电压等保护，也可以作为不频繁接通和分断电路使用。剩余电流断路器兼有漏电保护功能。

主要品种有：万能式断路器、塑壳式断路器、剩余电流断路器、真空断路器、智能型断路器等。

2） 开关、隔离器、隔离开关、熔断器组合电器：主要用作配电系统隔离，以保证配电系统中其他电器设备维修时的安全。对开关类电器能接通、分断额定电流，对熔断器组合电器还具有短路和过载保护功能。

主要品种有：开关、隔离器、隔离开关、开关熔断器组、熔断器组合电器、隔离器熔断器组、隔离开关熔断器组、熔断器式开关、熔断器式隔离器、熔断器式隔离开关等。

3） 双电源转换开关电器：用于两路电源的转换，保证重要负载连续供电。在某些场合还需要具有过电流保护功能（如 CB 型产品）。

主要品种有：自动转换开关、手动转换开关、遥控转换开关、智能型双电源转换开关等。

4） 熔断器：用作低压配电线路或设备的短路保护与过载保护。

主要品种有：专职人员用螺旋式熔断器、非熟练人员用熔断器、半导体器件保护用熔断器（快速熔断器）。

（2） 控制电器

1） 接触器：主要用于频繁接通和分断电路，并与适当的热继电器或电子式过载继电器（电动机保护器）组合，以保护操作中可能发生过载的电路。

主要品种有：交流接触器、直流接触器、真空接触器、半导体接触器、智能型接触器等。

2） 起动器：主要用作各类交流电动机起动、停止、正反向控制。

主要品种有：全电压直接起动器、星—三角起动器、自耦减压起动器、变阻式起动器、半导体起动器、软起动器、智能型软起动器等。

3） 控制电路电器：主要用于接通、分断控制电路，以发出控制指令或用作程序控制。接近开关可作为检测元件并输出动作命令。

主要品种有：中间继电器、时间继电器、万能式转换开关、位置开关（行程开关）、按钮、主令控制器、接近开关等。

4） 控制器：主要用于电气控制设备中转换主电路或发电机励磁回路的接法，以达到电动机起动、换向和调速的目的。

主要品种有：凸轮控制器、平面控制器等。

5） 变阻器、电阻器：主要用作发电机调压及电动机平滑起动、调速，或改变电路参数，变电能为热能之用。

主要品种有：励磁变阻器、起动变阻器、频敏变阻器、铁基合金电阻等。

6）电磁铁：用于起重、操纵或牵引机械装置。

主要产品有：起重电磁铁、牵引电磁铁、制动电磁铁等。

7）调整器：使发电机输出电压稳定在一定范围之内。

主要品种有：碳阻式调整器、磁放大器式调整器等。

8）信号灯。

（3）终端电器

1）家用及类似用途电器：作为终端配电系统导线和家用电器过载和短路保护、漏电及人身触电保护。

主要品种有：小型断路器、模数化剩余电流断路器等。

2）模数化熔断器组合电器：用于终端配电系统过载和短路保护。

主要产品有：模数化熔断器式隔离器、模数化开关熔断器、熔断体等。

3）终端组合电器：作为终端用电系统配电、保护、控制，可以不频繁接通与分断电路。

主要产品有：非熟练人员用终端电器、熟练人员用终端组合电器等。

2. 低压电器的其他分类方法

（1）按标准体系分类

1）低压开关设备与控制设备：低压断路器，低压开关、隔离器、隔离开关及熔断器组合电器，机电式接触器和电动机起动器，机电式控制电路电器，交流半导体电动机控制器和起动器，控制与保护开关电器，接近开关，转换开关电器，设备用断路器等。

2）家用和类似用途电器：家用和类似场所用过电流保护断路器（小型断路器），家用和类似用途的剩余电流断路器，家用和类似用途的带过电流保护的剩余电流断路器。

3）低压熔断器：专职人员使用的熔断器，非熟练人员使用的熔断器，半导体设备保护用熔断器。

4）低压浪涌保护器。

（2）按动作方式分类

1）机械动作电器：有触点电器，又可以分为自动切换电器和非自动切换电器。

2）非机械动作电器：无触点电器（各种开关管、电力电子器件）。

3）混合式电器：有触点与无触点相结合组成的电器。

（3）按灭弧介质分类

1）空气式电器：灭弧介质为空气，大部分的低压电器为空气式电器。

2）真空电器：灭弧介质为真空。

（4）按功能分类

1）标准型。

2）多功能型。

3）智能型（含有通信模式和无通信模式）。

3. 高压电器的分类

对高压电器提出的主要要求为：能够开断短路故障；在大负载下能够长期工作，电气绝缘不至迅速老化而降低使用寿命；耐高温；具有良好的电气绝缘性能；具有一定的热效应和电动效应等。按照用途，高压电器可以分为如下几类[2]：

（1）开关电器

用来关合和开断电路的电器，主要有高压断路器等。

1）高压断路器：开断或者关合高压电路中的空载电流和负载电流，当系统发生故障时，通过继电保护装置切断过载电流和短路电流，具有完善的灭弧结构和足够的断流能力。

主要产品有：多油断路器、少油断路器、六氟化硫断路器（SF_6 断路器）、真空断路器、压缩空气断路器等。

2）高压隔离开关：是发电厂和变电站电气系统中重要的开关电器，需要与高压断路器配套使用。其主要功能是保证高压电器及其装置在检修工作时的安全，起到隔离电压的作用；不能用于切断、投入负载电流和开断短路电流，仅用作不产生强大电弧的切换操作，不具备灭弧能力。

3）高压熔断器：在电路发生过载或短路时依靠熔体的熔断开断电路。按照安装条件和用途，可选择不同类型，如屋外跌落式、屋内式等。

4）高压负荷开关：是一种功能介于高压断路器和高压隔离开关之间的电器，用来在正常工作或过载时关合和开断电路。高压负荷开关具有简单的灭弧装置，能够通断一定的负载电流和过载电流，不能开断短路电流。因此，其常与高压熔断器串联配合使用，借助熔断器来进行短路保护。

5）接地开关：用于将回路接地的一种机械式开关装置。在异常条件（如短路）下，可在规定时间内承载规定的异常电流；在正常回路条件下，不要求承载电流。

（2）限制电器

用来限制电路中电压和电流的电器，主要有电抗器等。

1）电抗器：主要用来限制电路中的短路电流。某些型式的熔断器也有限制短路电流的作用。

2）避雷器：一种释放过电压能量、限制过电压幅值的设备。当过电压出现时，避雷器两端子间的电压不超过规定值，使电气设备免受过电压损坏，过电压作用后，又能够使系统迅速恢复正常状态。

（3）变换电器

用来变换电路中的电压和电流使之便于检测的电器，主要有电流和电压互感器等。

1）电流互感器：用来变换电路中的电流，以便供电给测量仪表或继电器，并使之与高电压隔离。

2）电压互感器：用来变换电路中的电压，以便供电给测量仪表或者继电器，并使之与高电压隔离。

（4）组合电器

组合电器是将上述某几种电器，按一定的线路装配成一个整体的电器。

按照安装地点，高压电器可分为户内式（装在建筑物内部，不具有防风、雨、灰尘、露、冰和浓霜等性质）和户外式（装在露天，能够承受风、雨、灰尘、露、冰和浓霜等作用）。

按照极数，高压电器可分为三极式（三极在机械结构上联成整体或三极装在一个支架上）和单极式（每极单独装在一个支架上）。

1.2 典型电器的结构原理

从系统观点看，所有高低压电器，包括成套电器和智能电器在内，均是电路中的一个元件。从控制角度看，电器必须具有输入和输出两大部分，即在结构上具有感测部分和执行部分。感测部分接收输入信号，经过检测比较做出判断，然后命令执行部分动作，输出指令信号，实现控制的目的。在传统的有触点自动电器中，感测部分大部分为电磁机构，执行部分大部分为触头系统。电器结构的组成部分中，除了感测部分和执行部分外，还有联系这两部分的传动机构部分，以及支撑部件和外壳等。

感测部分和执行部分之间彼此矛盾、相互制约、相辅相成。有的电器感测部分功能特别强，它的特征指标主要表征感测机能，如继电器、变换器等。有些电器执行部分功能特别强，而完整的感测机能要依靠其他元件来辅佐，如高压断路器等。目前，随着智能化技术的飞速发展，感测部分的原理和功能有了较大的改善。低压断路器的感测部分和执行部分功能都比较强，具有完善的保护功能和较强的通断能力。

在低压供电系统中，断路器、接触器和继电器是大量采用的基础元件，下面介绍这三种常用电器的工作原理。

1.2.1 断路器

低压断路器俗称自动空气开关，是低压配电网络中的主要开关电器之一。断路器不仅可以接通和分断正常负载电流、电动机工作电流和过载电流，而且可以接通和分断短路电流。主要用在不频繁操作的低压配电线路或开关柜中作为电源开关使用，对线路、电气设备及电动机等实行保护，以避免过电流、过载、短路、断相、漏电等故障，应用十分广泛。较高性能型万能式断路器带有三段式保护特性，并具有选择性保护功能。高性能型万能式断路器带有各种保护功能脱扣器，包括智能化脱扣器，可实现计算机联网通信等功能。低压断路器具有的多种功能，是以脱扣器或附件的形式实现的，根据用途不同，断路器可以配备不同的脱扣器或继电器。脱扣器是断路器本身的一个组成部分，而继电器（包括各种保护单元）则是通过与断路器操作机构相连的欠电压脱扣器或分励脱扣器的动作控制断路器[3]。其作用是，不正常情况下自动切断电路，在故障排除以后又可以迅速恢复供电。智能化的断路器可以实现就地操作和远程控制，并实现配网自动化。

智能小型断路器结构

塑料外壳式断路器结构

小型断路器机构动作

低压断路器有多种分类方式：

1）按使用类别分：有选择型（保护装置参数可调）和非选择型（保护装置参数不可调），非选择型保护特性多用于支路保护，主干线路断路器则要求采用选择型，以满足电路内各种保护电器的选择性分断要求，把故障区域限制到最小范围。

2）按结构型式分：有万能式（框架式）、塑壳式（装置式）和小型模数式。

3）按灭弧介质分：有空气式和真空式（目前国产多为空气式）。根据采用的灭弧技术，断路器还可以分为零点灭弧式断路器和限流式断路器。在零点灭弧式断路器里，被触头拉开的电弧在交流电流自然过零时熄灭。限流式断路器的“限制电流”是指把峰值预期短路电流限制在一个较小的允许电流值。

4）按操作方式分：有手动操作、电动操作和弹簧储能机械操作。

5）按极数分：有单极、二极、三极和四极式。

6）按安装方式分：有固定式、插入式、抽屉式和嵌入式等。

目前，人们习惯的分类方式是按结构型式进行的分类。根据断路器在电路中的不同用途，断路器被分为配电用断路器、电动机保护用断路器和其他负载（如照明）用断路器等。低压断路器容量范围很大，最小为4A，最大可达5000A。

低压断路器广泛应用于低压配电系统各级馈出线、各种机械设备的电源控制和用电终端的控制和保护。低压断路器结构复杂，一般含有触头系统、灭弧系统、脱扣装置、操作机构。智能断路器还含有智能控制单元，技术含量高。

图 1-1 所示为智能断路器的结构分解。

低压断路器的基本工作原理如图 1-2 所示。

由图 1-1 可以看出，低压断路器主要由以下几个部分组成：

1）触头和灭弧系统：这一部分是执行电路通断的主要部件。低压断路器的主触头一般是采用耐弧合金（如银钨合金）制成，采用灭弧栅片灭弧，每相触头系统被安装在绝缘小室内，其上方是灭弧罩。主触头是由操作机构和自由脱扣机构操纵其通断的，可用操作手柄操作，也可由电磁机构远距离操作。触头系统用连杆与绝缘板的主轴连接，从而完成闭合、断开的动作。每相触头系统为了降低电动斥力，采用片状触头并联形式，片状触头安装在触头支持上，片状触头的一端用软连接与母线连接。断路器在闭合时，主轴带动连杆使触头支持绕轴逆时针转动，而片状触头在与触头接触后绕轴压缩弹簧，产生足够的触头压力，从而实现在正常情况下接通和分断工作电流，在出现故障时快速及时地切断高达数十倍额定电流的故障电流。

2）各种脱扣器和自由脱扣机构：这一部分是感测部分和联动机构部分，可实现各种保护功能。自由脱扣机构是一套连杆机构，如图 1-2 所示，当主触头 2 闭合时，自由脱扣机构将主触头锁在合闸位置上。如果电路发生故障，自由脱扣机构就在以下有关脱扣器的操作下动作，使锁扣 4 打开，由主触头分断电路。

过电流脱扣器 6 的线圈和热脱扣器 7 的热元件与主电路串联。当电路发生短路或严重过载时，过电流脱扣器的衔铁吸合，使锁扣动作，从而带动主触头断开电路，其动作特性具有瞬动特性或定时特性。断路器的过电流脱扣器分为瞬时脱扣器和复式脱扣器两种，其中复式脱扣器即瞬时脱扣器和过载脱扣器的组合。当电路发生过载故障时，热脱扣器的热元件受热弯曲推动锁扣 4 动作，其动作特性具有反时限特性。由于双金属热元件需要一定的恢复时间，因此在低压断路器因过载而断开之后，需要 2 ~ 3min 才能重新合闸，这也就是低压断路器不能够频繁进行通断的原因所在。过电流脱扣器和热脱扣器相互配合可以使断路器实现保护功能，其中，热脱扣器主要保护电路的一般性过载故障，过电流脱扣器主要保护电路短路和严重过载故障。

欠电压失电压脱扣器 8 的线圈与电源并联。当电路发生欠电压或失电压故障时，欠电压失电压脱扣器的衔铁释放，使锁扣 4 动作。当电压低于 35% 额定电压时，电路发生失电压故障，电压在 35% ~ 75% 额定电压之间时，电路发生欠电压故障，电压在 85% ~ 110% 额定电压时，保证主触头可靠闭合。

分励脱扣器 9 是用于远距离控制的，可实现远方控制断路器切断电源。在正常工作时，其线圈是断电的，当需要远距离控制时，按下起动按钮，使线圈通电，衔铁带动锁扣动作，使主触头断开。

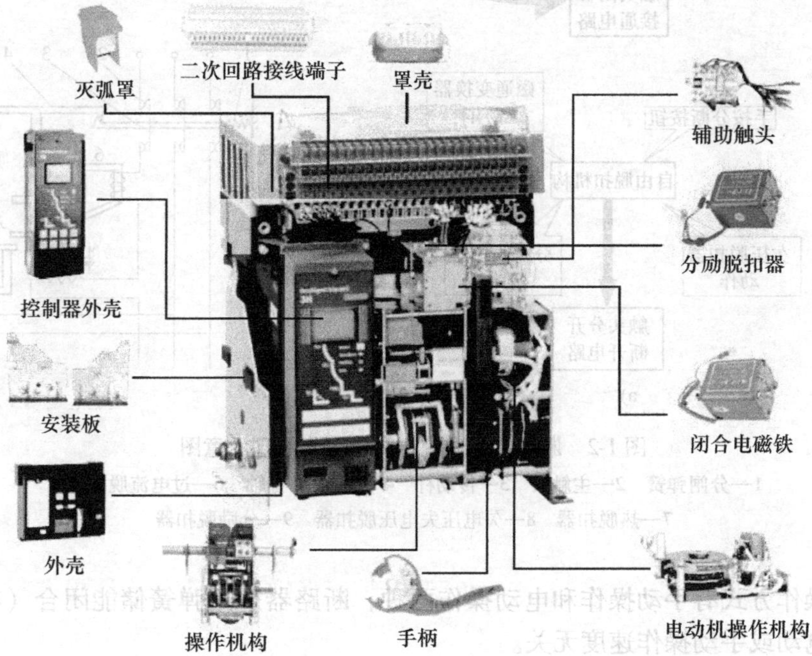

a)

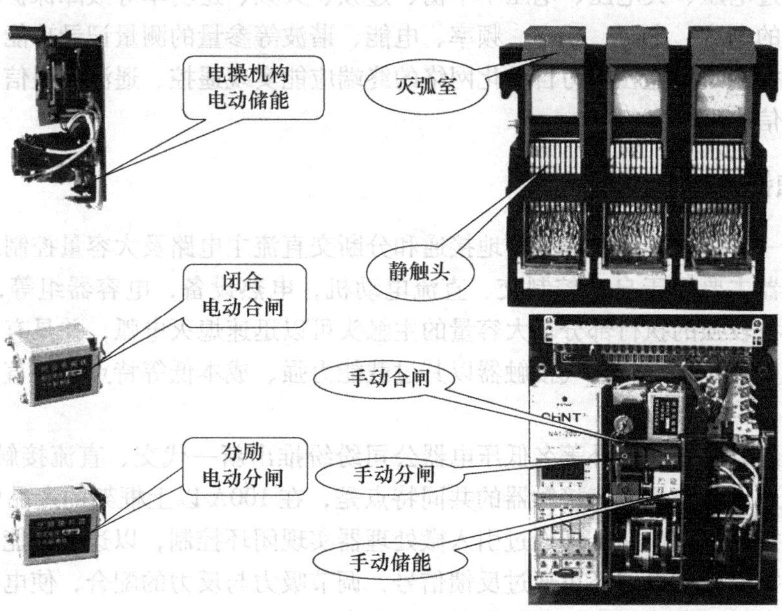

b)

图 1-1 断路器结构分解

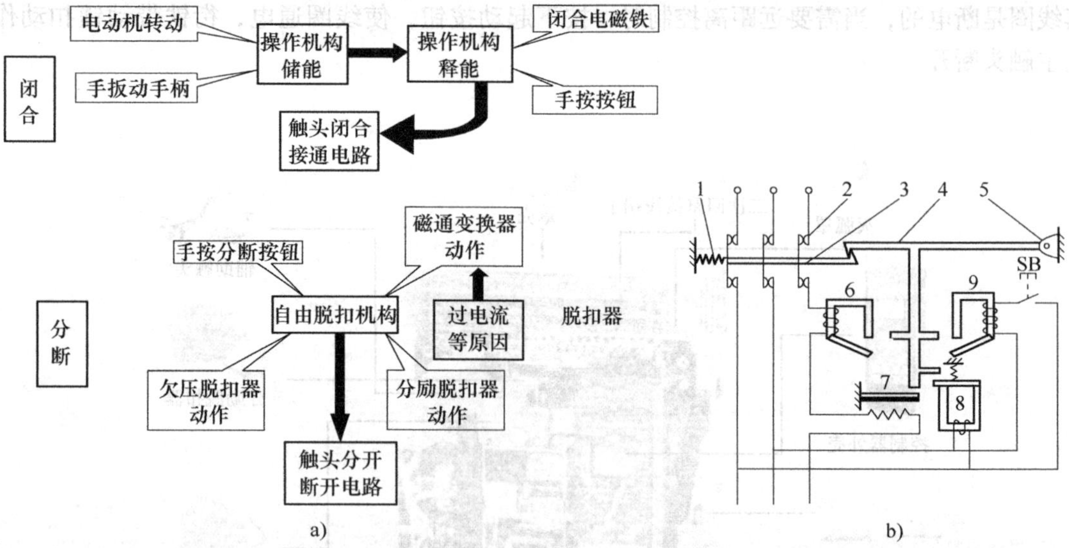

图 1-2　断路器自由脱扣机构工作原理示意图

1—分闸弹簧　2—主触头　3—传动杆　4—锁扣　5—轴　6—过电流脱扣器

7—热脱扣器　8—欠电压失电压脱扣器　9—分励脱扣器

断路器操作方式有手动操作和电动操作两种，断路器采用弹簧储能闭合（有预储能），闭合速度与电动或手动操作速度无关。

3）控制单元：目前对于智能断路器来说，控制单元是最核心的一部分。控制器的功能及可靠性决定了断路器的应用水平和智能化程度。控制单元应具有过载、短路、接地/漏电、电流不平衡、过电压、欠电压、电压不平衡、过频、欠频、逆功率等故障保护功能，还应具有对电网节点的电流、电压、功率、频率、电能、谐波等参量的测量记录功能。当电力网络进行通信时，智能断路器在电力自动化网络的终端应能实现遥控、遥测、遥信、遥调等，并应支持多种通信协议。

1.2.2　接触器

接触器是一种适用于远距离频繁地接通和分断交直流主电路及大容量控制电路的自动控制电器。接触器主要用于自动控制交、直流电动机，电热设备，电容器组等，应用十分广泛。接触器具有较强的执行部分，大容量的主触头可以迅速熄灭电弧，并具有欠电压释放功能，用于低压交直流电路的空气接触器以其过载能力强、成本低等特点，一直是大量使用的电器产品。

进入新世纪以来，国内外著名低压电器公司纷纷推出新一代交、直流接触器系列产品。以交流接触器来说，新型交流接触器的共同特点是，在 100A 以上框架的产品中，其电磁机构普遍采用了智能控制电路，即通过引入微处理器实现闭环控制，以达到智能分合闸操作的目的。另外，智能控制电路还可通过反馈信号，调节吸力与反力的配合，使电磁机构吸合冲击力最小，减少触头振动，大幅度提高其电气寿命。

接触器有不同的分类方式。按操作方式分，有电磁式接触器、气动式接触器和电磁气动式接触器等；按灭弧介质分，有空气式接触器、油浸式接触器和真空接触器等；按主电路电流种类分，有交流接触器、直流接触器、切换电容接触器等。另外，还有建筑用接触器、机械联锁（可逆）接触器和智能化接触器。建筑用接触器的外形结构与模数化小型断路器相似，可与模数化小型断路器一起安装在标准导轨上。

应用最广泛的是空气电磁式接触器，通常简称为交流接触器和直流接触器。

电磁式接触器由电磁系统、触头系统、灭弧系统、释放弹簧机构、辅助触头及基座组成。

直动式接触器结构

1. 交流接触器

交流接触器是通断交流主电路的接触器。由于交流主电路大都是三相式，所以交流接触器的触头结构以三极为主。交流接触器的磁系统的结构不仅有交流电磁机构的，而且也有直流电磁机构和永磁电磁机构的。从交流接触器的整体结构看，它可分为转动式和直动式两大类型。交流接触器的额定电压目前主要是380V、660V、1140V，高电压的主要用于矿山、油田等。电流等级为6～800A，甚至更大。励磁线圈的电压，交流操作的一般为380V、220V，直流操作的一般为220V、48V，还有其他等级的直流操作电压。对一般工业企业用的交流接触器来说，AC3型的电寿命达120万次，机械寿命达1000万次：AC4型的电寿命可达3万次。

电磁式交流接触器机构动作

图1-3所示为常用交流接触器。其中，图1-3a为CJ20系列，是国内20世纪80年代开发的统一设计的接触器产品。CJ20系列采用直动式双断点桥式触头结构，银氧化镉或银氧化锡作为触头材料，耐弧、耐磨损、抗熔焊。灭弧系统采用三种结构：40A以上多采用多纵缝陶土灭弧罩，电弧能够迅速进入灭弧室内，增加了冷却面积，加强了灭弧效果；25A以下采用带U形铁片的灭弧室，利用电弧电流通过U形铁片产生的磁场加快电弧运动，加快冷却和消电离；16A以下接触器，不加装灭弧装置，利用双断点触头自然灭弧。图1-3b为CJ19系列，是切换电容器的专用接触器，专门用于低压无功补偿设备中投入或切除并联电容器组，改善系统的功率因数。切换电容器组接触器带有抑制浪涌装置，能有效地抑制接通电容器组时出现的合闸涌流和开断过电压。图1-3c为真空系列，它以真空为灭弧和绝缘介质，主触头密封在真空管内（真空灭弧室），触头分离后，触头间隙将产生由金属蒸气和其他带电粒子组成的真空电弧。真空介质具有很高的绝缘强度，介质恢复速度非常快，真空电弧的等离子体迅速向四周扩散，一般在第一次电流过零时就可以熄灭电弧（燃弧时间一般小于10ms）。由于触头被密封在真空容器中，特别适合矿山、油田、建材、化工等领域易燃易爆的工作场合。

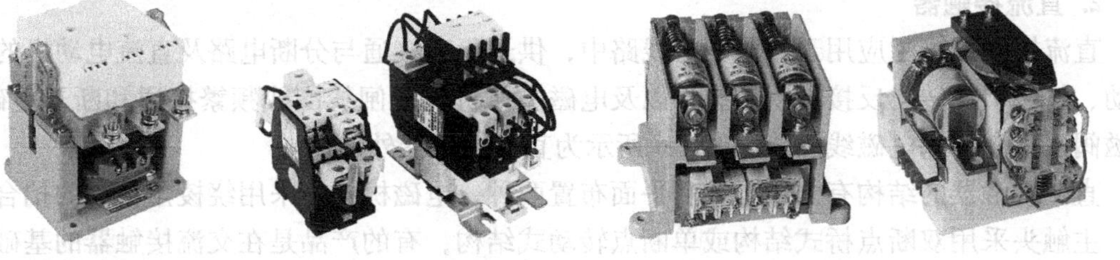

a) CJ20系列 b) CJ19系列 c) 真空系列

图1-3 常用交流接触器

下面以最常见的电磁式接触器为例，来介绍交流接触器的动作原理。

图 1-4 所示为直动式交流接触器结构。

磁系统通过联动机构带动触头运动。线圈通电后，导磁体磁化，产生电磁吸力将衔铁（动铁心）吸向静铁心（铁心），衔铁带动联动机构使动触头与静触头闭合，联动机构同时带动置于两侧的辅助触头动作。线圈断电后，在反作用弹簧的作用下，衔铁被释放，同时使触头分断。

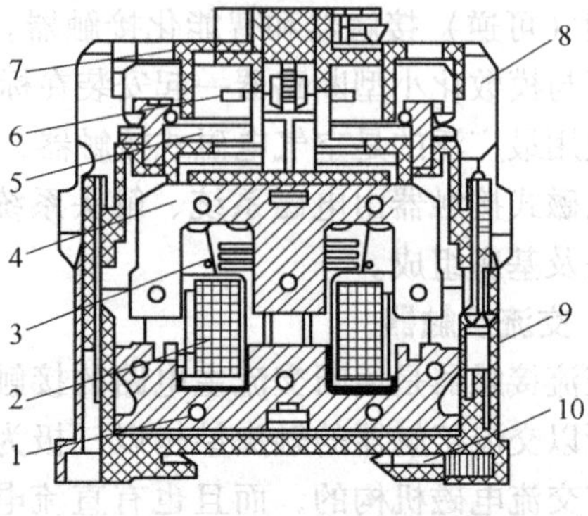

图 1-4　直动式交流接触器结构

1—铁心　2—线圈　3—反力弹簧　4—衔铁　5—静触头　6—动触头　7—灭弧室　8—外壳　9—底座　10—卡件

图 1-5 所示为转动式交流接触器结构。

转动式交流接触器的动作原理与直动式相同，只不过其铁心和触头系统均为绕轴转动的工作方式。

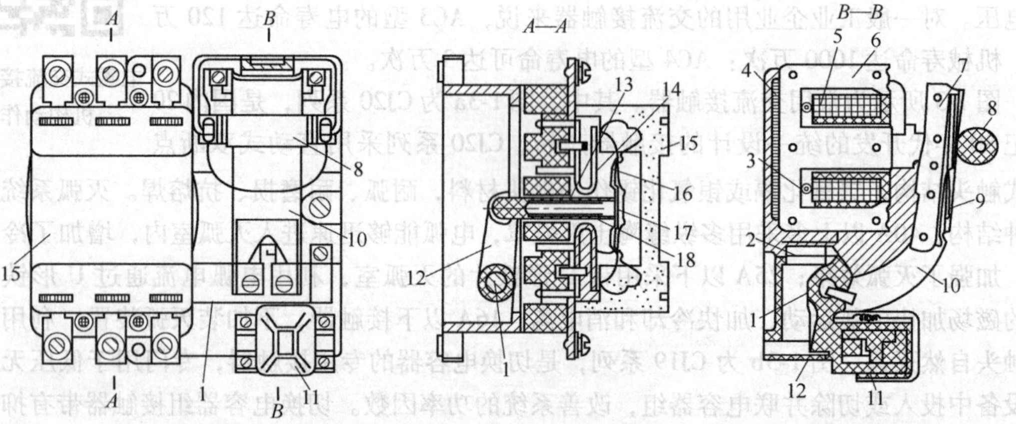

图 1-5　转动式交流接触器结构

1—轴　2—反力弹簧　3—缓冲弹簧　4—缓冲件　5—线圈　6—铁心　7—衔铁　8—停挡（缓冲件）　9、17—片状弹簧　10—支架　11—辅助触头　12—杠杆　13—动触头支架　14—静触头　15—灭弧室　16—动触头　18—触头弹簧

2. 直流接触器

直流接触器广泛应用于直流电力线路中，供远距离接通与分断电路及直流电动机的频繁起动、停止、反转或反接制动控制，以及电磁操作机构合闸线圈或频繁接通和断开电磁铁、电磁阀、离合器和电磁线圈等。图 1-6 所示为直流接触器外形图。

直流接触器的结构有立体布置和平面布置两种，电磁机构多采用绕棱角转动的拍合式结构。主触头采用双断点桥式结构或单断点转动式结构，有的产品是在交流接触器的基础上派生出来的，因此，直流接触器的工作原理与交流接触器基本相同。每个主触头都有一个初压力值和终压力值。所谓初压力就是指动静触头刚接触时动触头上呈现的压力，此时触头弹簧被压缩至预先设定的初始工作高度。至于终压力，乃是衔铁完全闭合而动静触头接触末了时动触头上呈现的压力，此时触头弹簧被进一步压缩至最终工作高度。从动静触头接触起（衔铁尚未全部闭合）到触头支架运动完毕（衔铁全部闭合）的行程叫做触头的超额行程。触头的超额行程简称超程，它是专为触头磨损后仍能可靠接触而设置的。从衔铁运动时刻起到动静触头接触的行程叫做触头开距，为了可靠断开规定容量电弧设定的最短距离。图1-7所示为直流接触器静态吸反力特性及其配合的情况。

图1-6 直流接触器

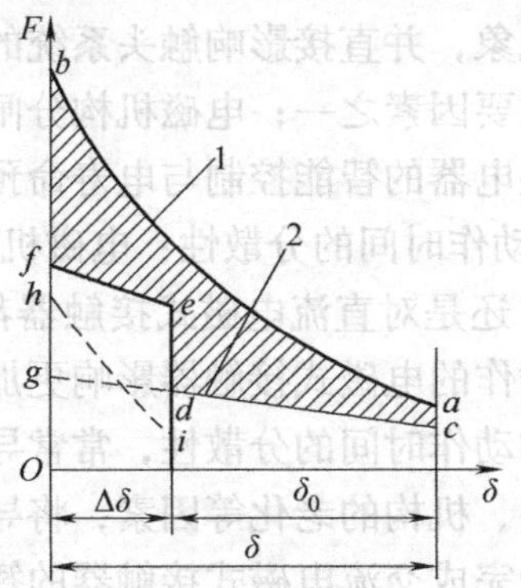

图1-7 直流接触器静态吸反力特性及其配合的情况

1—吸力 2—反力

图1-7中，曲线 ab 是衔铁上的静态吸力特性（假设吸合过程非常缓慢，磁状态是稳定状态），随着衔铁气隙 δ 的减小，电磁吸力 F 增大。$cdef$ 折线表示阻力即反力特性，它是由 cdg 和 def 叠加而成。前者代表释放弹簧的阻力特性，后者代表触头弹簧的阻力特性。de 是接触器常开主触头的初压力，gf 是终压力；$\Delta\delta$ 是和触头超程相应的衔铁气隙，δ_0 是和触头开距相应的衔铁气隙，δ 是衔铁的行程。为了保证接触器的可靠闭合，电磁吸力特性 ab 必须高于 $cdef$。图1-7中，阴影区代表衔铁的运动能量。这个区域的大小很重要，它一方面决定了接触器的闭合时间，另一方面决定了衔铁与铁心以及动、静触头间闭合过程的撞击能量，如果电磁吸力特性过高，将使动能 $\frac{1}{2}mv^2$ 过大，从而影响接触器的机械和电气寿命。图1-7中，hi 是释放时的吸力特性。此时 $cdef$"反力"特性转变为释放时的动力，迫使衔铁释放；h 点是衔铁在闭合位置时线圈无励磁电流时的剩磁吸力，剩磁吸力 oh 一定要小于开断力 of，否则衔铁和铁心在分断操作时粘住不释放，在工作过程中往往酿成事故。

从以上特性配合的情况可以看出，$cdef$ 实际上是接触器磁系统的负载机械特性，工作电压下的吸引电磁力与零电压下的剩磁力的参数都要与之匹配，也就是说，应依据它使接触器内部感测部分与执行部分互相联系、协调配合。另外，接触器的额定电流大、额定电压高、相应的转换能力要求强，这就需要触头系统具有较大的开距和超程，需要较大开断速度和较小的接触电阻，为此需要较大的触头弹簧和开断弹簧，从而使机械负载阻力特性提高。这些特性说明，虽然静态吸力特性与反力特性的配合，可以作为接触器设计的重要特性参数，但是，能够真实反映接触器运动过程特性的是动态特性。因此，随着计算机技术和电器技术的发展，采用动态特性对电磁电器进行设计的研究正广泛展开。

3. 交流接触器和直流接触器的比较

从触头系统和电磁机构来看，交流接触器和直流接触器具有许多不同之处。

在触头系统方面，由于直流电弧不存在电流过零时刻，因此，直流电弧较交流电弧熄灭更加困难。

在电磁机构方面，交流接触器具有如下特点：

1）交流相位角的影响：电磁机构合闸相角的随机性导致了电磁机构吸合过程的励磁电流和磁路中的磁通、磁链以及铁心的运动速度等均随机变化，使得在某些相角下将出现合闸困难的现象，并直接影响触头系统的闭合振动，而触头系统的闭合振动与弹跳是影响接触器寿命的主要因素之一；电磁机构分闸相角的随机性还导致了电弧燃烧的不确定性，因而会给交流开关电器的智能控制与电寿命预测带来很大的困难。

2）动作时间的分散性：电磁机构动作时间的分散性特点无论对交流电磁式接触器（电磁电器）还是对直流电磁式接触器都同样存在，造成了电磁式接触器的控制困难。对于需要快速动作的电磁式接触器影响更加明显。虽然微处理器控制系统的时间在微秒级以内，但是，机构动作时间的分散性，常常导致控制失败，并且，随着开关电器的频繁工作，触头系统的磨损、机构的老化等因素，将导致动作时间发生变化。因此，单方向的开环控制模式无法有效的完成交流电磁式接触器的智能控制。

3）工作电压范围窄：一般电磁式接触器的工作电压，按国家标准规定为85%～110%额定电压。当接触器在临界吸合电压工作时，极易产生持续的振动，当工作电压过高时，又容易引起线圈温升上升，导致线圈烧损现象，因此，为适应不同的工作电压，接触器的品种规格繁多，造成了加工麻烦。

4）分磁环的影响：单相控制电源的交流接触器，在吸持状态下会产生振动与噪声，因此，需要设计安装分磁环。分磁环往往成为交流接触器工作的弱点，其中，分磁环的断裂引起交流接触器机械寿命终止的现象较为普遍；再者，对于空调制冷行业的单相交流接触器来说，设计理想的分磁环，减少工作噪声，也是一个设计难点。

5）磁路中存在磁滞涡流损耗：对于交流接触器来说，虽然采用硅钢片的铁心结构，但其交变的磁场导致的磁路中的铁耗现象，仍然存在较大的损耗，并且，给产品设计和磁路分析带来一定难度。

从上分析可以看出，为了克服传统的交流励磁工作模式的交流电磁式接触器的交流电磁机构铁磁材料损耗大、分磁环易断裂、运行中交流噪声大、起动过程受吸合相角影响等缺点，目前常常采用直流励磁的工作模式。这样，可以去掉分磁环，不受合闸相角的影响，并且能实现节能无声运行。因此，智能交流接触器的控制方案大都采用直流高电压起动、直流低电压保持的控制原理。

拍合式（带推动卡）
电磁继电器结构

1.2.3 继电器

继电器是一种典型的电器产品，它是一种传递信号具有跳跃式输出特性的电器。在电气控制领域中，凡是需要逻辑控制的场合，都需要使用继电器。为了满足各种需求，人们已研制了多种继电器产品。继电器的功能是，利用各种物理量（电压、电流、时间、温度等等）的变化，通断电路（有触点结构）或者改变电路状态（无触点结构）。继电器的感测部件把感测到的各种物理量传递给中间部件，由中间部件将输入的物理量与设定值进行比

拍合式（无推动卡）
电磁继电器结构

较，当达到、大于、小于设定值时，中间部件输出信号，执行部件接通或者断开电路。

图 1-8 所示为部分常用继电器。继电器按动作原理可分为电磁式继电器、磁电式继电器、感应式继电器、电动机式继电器、温度（热）继电器、压电式继电器、时间继电器等。其中，时间继电器又分为电磁式、电动机式、机械阻尼式（气囊式）、电子式等。按激励源不同可分为交流继电器、直流继电器、时间继电器、速度继电器、温度继电器、压力继电器、脉冲继电器等。按结构可分为有触点继电器、舌簧继电器、电子式继电器、固态继电器、可编程控制继电器、智能化继电器等。按功率可分为通用型继电器、灵敏型继电器、高灵敏型继电器等。由此可以看出继电器种类之繁多，数量之大。

图 1-9 所示为电磁式继电器结构。

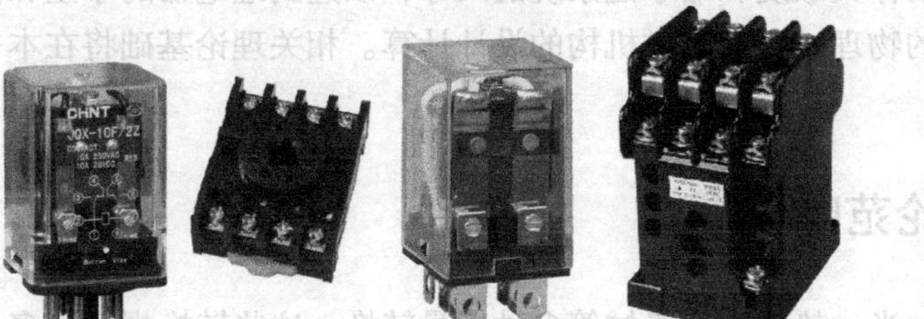

图 1-8 部分常用继电器

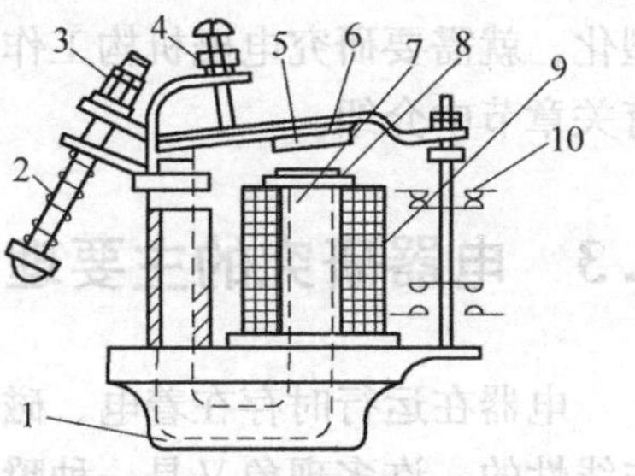

图 1-9 电磁式继电器结构

1—磁轭 2—反力弹簧 3—反力调节螺钉 4—开距调节螺钉 5—动铁心 6—轭铁 7—静铁心 8—极靴 9—线圈 10—触头系统

在励磁线圈通电以后，磁路磁化产生电磁吸力，当电磁吸力大于弹簧反力时，衔铁运动，带动触头运动，完成电路通断任务。此继电器具有一对常开触头和一对常闭触头。

图 1-10 所示为继电器的输入输出特性。尽管线圈的输入信号可以连续的变化，但是，触头输出的稳定信号只有两个，“通”或者“断”。所有继电器都是按照“通—断”或者“是—否”进行工作的。很明显，这是一种跳跃式的输出特性。当电磁式继电器的输入信号 x 从零开始连续增加到衔铁开始吸合的动作值 x_0 时，继电器的输出信号立刻从 $y=0$ 跳跃到 $y=1$，即常开主触头从“断”到“通”，或者说从“低电平”到“高电平”。一旦触头闭合，输入信号 x 继续增大，输出信号 y 将不再变化。当输入信号 x 从某一大于 x_0 的值开始下降，并下降到 x_r 时继电器才释放，常开主触头从“通”到“断”。动作值 x_r 与 x_0 的比，称为返回系数（或恢复系数），即

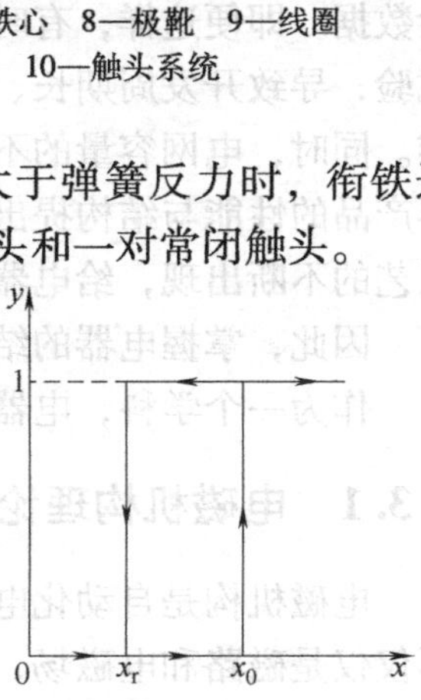

图 1-10 继电器输入输出特性

$$K_{fh}=\frac{x_r}{x_0} \tag{1-1}$$

一般继电器的返回系数都小于 1。

继电器触点的控制功率 P_c（即触头工作电压乘以允许的最大通断电流）和线圈吸取的最小动作功率 P_0 之比叫做继电器的控制系数，即

$$K_{cz}=\frac{P_c}{P_0} \tag{1-2}$$

继电器在规定负载条件下的最小动作功率 P_0 叫做继电器的灵敏度。

继电器从获得输入信号起到触头完成动作的时间，叫做吸合动作时间；从断开输入信号起到触头完成动作的时间，叫做释放时间。

以上叙述的动作值、返回系数、控制系数、灵敏度和动作时间都是继电器的主要参数。

此外，继电器的特性必须保证动作值的可调性和重复使用的精度，还必须保证执行机构工作的可靠性。现代控制和通信用继电器还要求有高的电气和机械寿命。

继电器触头是继电器工作可靠性的主要研究对象。触头的接触电阻、触头的磨损、触头的熔焊，目前都是国内外重点研究的理论课题。要在保证触头工作可靠性的前提下，降低电磁式继电器的动作功率，提高其动作灵敏度和缩小磁系统的尺寸，以达到继电器的小型和微型化，就需要研究电磁机构工作的物理过程及电磁机构的设计计算。相关理论基础将在本书有关章节中介绍。

1.3 电器研究的主要理论范畴

电器在运行时存在着电、磁、光、热、力、机械等多种能量转换，这些转换规律大多是非线性的，许多现象又是一种瞬态过程，因此使电器的理论分析、产品设计、性能检验变得极为复杂。在分析与设计电器产品时，除采用电器传统理论，即电接触理论、电弧理论、发热与电动力理论、电磁机构理论等进行必要的理论推导、分析计算之外，还使用了大量的经验数据。即便这样，有时设计计算数据与产品实际性能仍然存在较大差异，需要反复修改和试验，导致开发周期长、资金投入大，要设计出性能优良、价格合理的低压电器产品十分困难。同时，电网容量的不断增大及控制要求的不断提高，配电与控制系统日益复杂化，对电器产品的性能与结构提出了更高的要求。另外，随着科学技术的进步，新技术、新材料、新工艺的不断出现，给电器的发展提供了良好的发展空间。

因此，掌握电器的结构原理及设计计算需要广泛的知识和相应的理论基础。

作为一个学科，电器的基本理论范畴主要有以下几个方面。

1.3.1 电磁机构理论

电磁机构是自动化电磁电器的感测部分，在电器中占有十分重要的位置。它的理论基础不仅仅是磁路和电磁场，并且是电磁—力—运动的综合理论。电器中电磁铁或电磁装置的结构型式很多，既不同于变压器的静止铁心，又不同于旋转电机不变的均匀磁气隙，而是一种具有可动铁心和可变气隙的电磁装置，在理论计算方面有自己的特殊规律。电磁机构计算内容主要是正确描绘电磁场的分布和正确处理带铁心电路的非线性，围绕电磁力计算这个中心任务，研究它的静态吸力特性和动态吸力特性，计算电磁—力—运动综合的过渡过程，确定各项电磁参数和电磁机构的动作时间。为此，必须深入研究可动铁心与静止铁心之间各种形状的气隙磁通分布与磁导计算，研究气隙磁通与漏磁通的分布规律，研究气隙磁位与铁心磁位的分配关系，这些都是交流和直流电磁机构的共同问题。由于磁场的分布性和铁心磁路的非线性，因此电磁机构中的电磁计算十分复杂，近年来，随着大型有限元商业软件的快速发展，使得计算机技术和现代设计技术在电磁机构设计中得到了广泛的应用。目前常采用的计算方法有以下三种：

1）“磁场”的计算方法：采用三维有限元方法，通过对各种商用计算软件的二次开发，建立电磁机构的电磁计算模型，通过三维仿真计算，可以得到不同工作气隙情况下，电磁机构中铁心磁通、气隙磁通、漏磁通等分布规律，以及电磁机构中电磁吸力的数值与变化。这种方法计算准确、直观，三维结果能够形象地反映电磁系统磁通、磁感应强度、磁场强度、漏磁的分布状况，还可以进行耦合场的计算和分析；缺点是需要的资源多，计算软件价格高、维护升级费用不容忽视。三维磁场建模与计算，必须耗费大量的计算机资源，如果需要计算动态过程的话，必须进行二次开发。目前市面上的商业有限元软件，大都是针对静态过程进行计算的，在优化设计时所需的时间太长，尤其是在考虑交流分磁环计算、考虑动态计算的情况下，不是十分适合。

2）“磁路”的计算方法：这是一种传统的计算方法，是将三维电磁机构简化为二维的磁路进行计算，结合经验公式，等效磁动势、磁阻、漏磁通等参量，根据等效磁路进行分析和计算。诚然，以“磁路”的方法计算电磁机构，常常会出现较大的误差，但这并非“磁路”方法本身的问题，而是“磁路”未能准确地等效“磁场”所致。实际上，将三维场简化为二维场后进行计算，同样会引入误差，或者在三维建模中未能建立与实际相符的磁场模型，也会引起较大误差。因此，即使在电子计算机和数值计算方法已经得到迅速发展和广泛应用的今天，由于种种技术上和经济上的原因，在实际应用中，“磁路”计算方法还是电磁机构设计与计算的一种工程上常用算法，尤其是在优化设计和动态特性分析中，“磁路”计算方法仍不失为一种简便可行的计算方法。

3）“场”“路”结合的计算方法：通过对软件系统的二次开发，在大气隙时采用“磁场”模型，在小气隙时由于磁场相对比较均匀采用“磁路”的模型完成整体计算；或者在工作气隙处采用“磁场”的模型计算气隙磁场的分布和气隙磁导，然后进行整体“磁路”等效与计算。这种方法能发挥“场”“路”各自的优点，满足计算需求。

随着计算机技术、虚拟仿真技术、优化设计技术的进一步发展，对电磁机构的仿真和计算必定更加完善。

1.3.2 电弧理论

电弧是有触点开关电器在分断过程中必然产生的物理现象。开关电器触头上电弧的存在不仅延缓了电路开断的时间，而且还灼伤触头表面，使之工作不可靠和缩短使用期限。另一方面，触头上的电弧也是电路中电磁能泄放的场所，由此可减轻电路开断时的过电压；在限流式断路器中，开关电弧还可以起到限流作用。但总的来讲，电弧在开关电器中是弊多利少的，因此电器工作者研究电弧的主要目的在于熄灭电弧。

电器中电弧理论的内容很广泛。触头分离时如何引弧，气体放电和击穿的物理过程，火花放电、辉光放电和弧光放电的界限和过程，电离和激励的概念，这些都是电弧的物理基础。电离的同时存在消电离的物理过程，弧柱中离子平衡的物理化学状态，电弧的直径、温度分布，电弧的弧根和斑点，电弧的等离子流，电弧的电位梯度，这些都是弧柱方面的理论。对于近极区，则有阴极正空间电荷、阳极负空间电荷、阴极压降和阳极压降方面的理论。

电弧的研究可以从仿真和实验两个方面展开。电弧仿真方法起源于20世纪70年代，在90年代得到快速发展。电弧仿真是从电弧机理和内部现象出发，通过建立描述电弧微观或宏观过程的数学模型，利用数值方法实现电弧数学模型的求解，得到电弧温度场、流体场、电磁场特性。电弧实验方法直接观测电弧的电、磁、热、光等物理现象，获得电弧形态、组份、温度等特性，通过测量电弧的电压、电流等外部特征，分析电弧金属相或气相阶段以及电弧运动特性[4]。早期电弧的研究由于受到技术水平的限制，大多以实验方法为主，或者从宏观的角度根据电弧对外电路产生的影响进行分析计算，把电路的参数和电弧的特性联系起来，如直流电弧的静态伏安特性、动态伏安特性研究，交流电弧的介质恢复强度和恢复电压的研究等等。近年来，随着智能算法、仿真技术、计算机技术的飞速发展，电弧仿真理论得到全面的关注，电弧理论的研究有了很大的发展。尤其是在中高压开关中，对真空开关、SF_6 等开关中电弧的产生、重燃、熄灭理论的研究得到全面关注，电弧仿真理论和仿真技术正处于一个迅速发展的阶段。

1.3.3 电接触理论

触头是电器的执行部分，是有触点开关电器的重要组成部分。触头工作的好坏直接影响开关电器的质量和特性指标。电接触理论是电器的基本理论之一。

电接触理论的主要内容是：电接触的物理—化学过程及其热、电、磁和金属变形等各种效应，接触电阻的物理化学本质及其计算，接触和离开过程中触头的腐蚀、磨损和金属迁移，触头在闭合操作过程中的振动、磨损和熔焊等。研究接触电阻中收缩电阻和膜电阻的理论和计算，有助于影响接触电阻的各种因素的分析，有助于对触头结构材料和结构参数（触头的压力、超程等）的正确选择，有助于触头的使用和维护。触头的熔焊有所谓“热”熔焊与“冷”熔焊之分。前者是在电弧或电火花作用下，触头局部金属斑点熔融粘焊，后者则是由分子粘附力引起的粘结。对热熔焊的消除，必须和电弧问题联系综合解决，而对冷熔焊，则主要从触头材料和加工工艺方面解决。

电接触现象受到关注，几乎与电工学科同时起步。电接触理论和电弧理论都是研究开关电器触头系统的关键理论。触头系统承担着接通、分断电路，以及承载正常工作电流的职能，如配电电器的分断能力、控制电器的工作寿命、继电器的可靠性，都取决于触头系统。在涉及电工技术、通信技术、自动控制技术和航空航天技术等诸多领域中，触头系统既承担了电能传递和信号输送的重要职能，同时由于工作条件恶劣，触头系统又是整个工作可靠性最薄弱的环节和最容易发生故障的部分。加强电接触基本现象和基本理论的研究，开发质优价廉的电接触材料，对最终提高电接触的工作可靠性和工作寿命有着重大的现实意义[5]。

1.3.4 发热理论

电器的导电部件如触头、母线和线圈都有电阻，因而都有损耗。此外，交流铁心有涡流磁滞损耗，在高电场下有介质损耗。所有这些损耗都是热源，由它们形成的温度场有时是很复杂的。在大电流情况下，不仅产生巨大热效应，而且还产生巨大的磁效应，使交流导电部件内部电流线分布不均匀，使相邻的交流母线在各自导体上的电流线分布不均匀，这就是趋肤效应和邻近效应。一般来讲，由于趋肤效应和邻近效应，载流体产生附加损耗，影响发热温升，从而降低了它的允许载流量。

为了提高电器的工作可靠性和确定过载能力，有必要研究电器在长期、短时和反复短时工作制下的发热冷却过程和过载能力计算。还要研究导电部件在大电流但作用时间极短（例如导线上存在短路电流）情况下，电器的发热温升计算，校验导体在短时温升下的可靠程度（即所谓热稳定性）。

采用传统的热路计算方法对电器进行热分析，通过经验参数、实验校准等手段修正，在一定程度上，可以了解电器在工作中的温升情况，但是其计算中，忽略不计的因素较多，不易得到准确的结果；无法掌握电器中的各个部件的温升分布规律，只能计算电器的平均温升；无法考虑热参数随温度变化情况，需要精确计算时遇到困难。20世纪90年代后期，研究者开始采用场的数值方法来分析计算电器的发热问题，建立三维温度场计算模型，这样不仅可以计算电磁场、温度场耦合发热问题，还可以清楚了解电器中各部件的温升分布规律，为全面提高电器产品的整体性能指标，提供理论依据。

1.3.5 电动力理论

对各种不同几何形状载流体在不同的空间和平面位置上进行电动力的分析和计算，也是电器理论的研究内容之一。众所周知，短路电流通过载流导体所产生的强大的电动力，往往使载流体本身或载流体支持件变形甚至破损，这就是对电器提出电动稳定性要求的依据，通过计算和分析，避免这种损害。在电器中，电动力并不都是有害因素，通过合理改变导体结构，利用电动力进行吹弧，或利用电动力进行快速分断的情况得到越来越多的应用。

上面介绍的电磁机构理论、电接触理论、电弧理论以及发热和电动力理论，都是电器研究的主要理论范畴。此外，电器的理论范畴中还包括机构运动学、电器运动部件的阻尼消振理论等。

随着电器技术的发展，作为无触点电器的理论基础，电器的理论范畴还在不断地充实、更新、完善和发展中，不但已包括了各种半导体、晶体管、晶闸管、磁性元件和其他光敏、压敏自动化元件的工作原理、线路设计和参数选择等内容，而且依赖于电力电子学等基础理论，同时也存在相应的特殊问题和特殊理论。

1.4 电器技术的发展与展望

1.4.1 电器技术的发展

电器的产生和发展是和电的发现和广泛使用分不开的。强电领域和弱电领域都需要电器。从强电领域看，根据电器所控制的对象有电网系统和电力拖动两大方面。

电器技术的发展经历了从手动到自动控制的过程；经历了从开关、调节和保护作用到多功能的过程；经历了有触点开关到无触点开关和混合式开关的过程；经历了从单个器件到组合电器的发展过程；经历了普通开关到智能开关的发展过程，接下来还将会进入智能开关到人工智能开关的发展过程。

从手动控制到自动控制是电器控制的一次飞跃；从静态设计到动态设计是电器设计的一次飞跃。静特性无法准确反映电器在工作过程中的实际特性，而动态特性则是描述电器实际的工作过程与状态变化。分析动态特性能揭示在不同时刻点上各参量间的关系，表明各参量随时间的变化规律，建立优化动态数学模型，掌握电器的动态特性，可更好地设计出体积小、重量轻、成本低、价格合理、工作可靠、性能优良的电器产品。

由于生产效率的不断提高，对控制电器提出了新的要求，如动作时间长、操作频率高、电气与机械寿命长、转换能力强、工作可靠和维护方便等，于是无触点电器和混合式电器便应运而生。有触点电器执行机能强而感测机能弱，而无触点则反之，混合式电器则可以取长补短。

我国低压电器产品的发展大致可分为以下三个阶段：

1）20 世纪 50 年代~70 年代中期——在模仿基础上设计开发的第一代统一设计产品。约有 400 个系列产品，基本满足了建国初期国民经济发展的需要，目前市场占有率大约在 10%~15%左右。特点：产品结构尺寸大，材料消耗多，性能指标不理想，品种规格不够齐全，相当于国外 20 世纪 50 年代产品水平。

2）20 世纪 70 年代末~80 年代——更新换代和引进国外先进技术制造的第二代产品。约有 125 个系列产品，目前市场占有率大约在 35%~40%左右。因为是引进国外技术制造的产品，所以技术指标明显提高，保护特性较完善，体积缩小，结构上适应成套装置要求。其总体技术性能相当于国外 70 年代末~80 年代初水平。

3）20 世纪 90 年代~今——跟踪国外新技术、新产品研发的第三代新产品。约有 100 个系列产品，是伴随着新材料、新工艺、电力电子技术、微电子技术、计算机技术的全面应用和发展研制的，具有高性能、高可靠性、小型化、电子化、智能化、组合化、模块化、多功能化等特点。这批产品从 20 世纪 90 年代投入我国市场以来，产量不断增加，目前市场占有率可到达 50%左右。

电器技术的发展是引导电器产品发展的重要因素，随着新技术的不断引进，电器产品的发展将会进入一个更加广阔的空间。

1.4.2 电器的智能化与智能电器

随着可再生能源等分布式发电资源数量不断增加，以单向通信、集中发电、辐射状拓扑网络为特点的传统电网远远无法满足要求，面临着越来越多的挑战。为了解决这些问题，必须在发电、输电、变电、配电、用电和调度等各个环节逐步实现智能化，建设智能电网体系。智能电网必须具备以下功能：①自愈：掌握电网运行情况、预测运行趋势、发现并排除故障等功能；②互动：双向互动、实现需求侧相对应、用户可以参与电网管理和市场竞争；③兼容：集中式、分布式发电兼容，支持各种可再生能源和储能系统；④优化：通过优化管理，降低运行成本，有效提高资产利用率；⑤集成：具有集成、高速、双向通信网络信息平台，实现监测、控制、保护、维护、调度、市场管理的全面集成[6]。因此，对开关电器提出了全新的要求。

据统计，电力用户 80%以上的电能是通过用户端电气设备进行传输，并在终端用户设备上消耗的。在庞大的智能电网与能源管理系统中，用户端用电设备和用电系统是重要的组成部分，其智能化程度直接影响智能电网的运行与发展。开关电器作为使用量最大的一类产品，近年来，其智能化进展受到广泛的关注。

电器智能化是一种概念、一种方法、一种发展和进步的过程。智能电器是智能化了的开关电器元件或成套开关设备，是一种具体有形的电器产品。为了满足智能电网的自愈、互动、兼容、优化、集成等功能，开关电器必须具有智能化的特质。在智能电器发展初期，对智能电器曾有过一个很不确切的认识，即“微机控制 + 开关电器”就是智能电器。从大多数智能电器元件和成套设备的硬件结构来看，它们确实主要包含这两部分内容。但这样的定义是不准确的。例如，微机控制本身就是一个模糊的概念，采用什么样的微机系统，如何控制，实现什么样的功能等，都有着很大的差异。

目前，虽然对智能电器仍然没有一个明确的定义，但是智能电器毋庸置疑应该具有双向通信、自适应、自保护、过程控制、优化等功能[7]。

1. 电器的智能化控制技术

电器智能化技术几乎是与微机技术（特别是单片微机控制技术）、微电子技术、计算机网络和数字通信技术同步发展的。早在20世纪70年代末和80年代初，从世界上第一片8位单片机问世起，西欧、日本和美国就开始研究通过超大规模集成电路技术，把单片机及其所需外围电路芯片制成可与电动机供电电器相结合的专用集成电路IC（Integrated Circuit）芯片，替代体积庞大的继电器控制电路，完成电动机起动、控制和多种保护功能。日本和美国在20世纪80年代中期将这种产品成功推向市场，开发出第一代智能电器产品——单片机化电动机多功能保护装置（Single-chip Microcontroller Based Multi-function Protector for Motors）。

智能开关设备由一次开关元件和智能监控单元组成。智能监控单元不仅可以替代原有开关设备二次系统的测量、保护和控制功能，还应该能够记录各种运行状态的历史数据，进行各种数据的现场（当地）显示，并通过数字通信网络向系统控制中心传递各类现场数据，接受系统控制中心的远方操作与管理。此外，开关设备的一次开关电器为智能电器元件时，也可以由控制中心直接进行远方的智能控制。

低压配电系统和电动机控制系统中的电器设备通常必须具备以下主要功能：过载保护、短路保护、控制、隔离、紧急状态下急停。这些功能通常是由分离元器件组合完成的。由于不同类型产品水平、制造工艺、选用等原因，造成系统的工作可靠性差、保护性能配合不合理、经济指标低。将智能控制技术引入低压电器后，可以提高电器产品的工作可靠性、协调各控制与保护环节之间的配合、节约资源、优化系统，形成新一代集成化电器产品——CPS（Control and Protective Switching Devices）。CPS具有接触器、起动器、断路器、隔离器的主要功能，可以有远距离自动控制与现场控制两种工作方式。20世纪60年代初期，法国MG公司在转动式接触器上安装了电磁式瞬时脱扣器和热双金属片式延时过载脱扣器，构成“Stangard”系列高分断能力接触器。这是最早的高分断能力接触器，其额定电流为40~50A，额定电压为380V。20世纪70年代初期，日本户上公司生产出直动式“组合型”结构的UNK系列交流接触器，它把塑壳断路器与接触器组合起来，具有较高的分断能力。这种产品的额定电压为440V（550V），额定电流为25~125A，操作频率为1200次/h，机械寿命为500万次，电寿命50万次。这两种产品被认为是CPS产品的雏形。由于受到当时工业发展水平和技术水平的限制，CPS产品的发展受到制约。20世纪80年代初期，法国TE公司于1983年将其“Integral 32”接触器-断路器产品投入市场，使CPS的发展跨入了一个新阶段。

20世纪90年代以后，低压配电系统和电动机控制中心已经形成了智能化监控、保护与信息网络系统，它主要由以下几个部分组成：

1）智能化开关设备，包括带智能化脱扣器的断路器、智能化的接触器与智能化的电动机保护器。

2）监控器，在网络系统中起参数测量、显示及某种保护功能，替代传统的指令电器、信号电器与测量仪表。

3）中央计算机和可编程序控制器（PLC）。

4）网络元件，用于形成通信网络，主要有现场总线、操作器与传感器接口、地址编码器及寻址单元等。

智能化的断路器、智能化的电动机保护器、智能化的接触器是低压开关柜和电动机控制中心实现智能化的主要电器元件。

智能断路器就是将智能型监控器的功能与断路器集成在一起，主要是实现了脱扣器的智能化。由此，断路器的保护功能大大加强：不仅方便地集电流三段保护、断相、反相、过电压、欠电压、不平衡保护、逆功率保护、接地保护于一身，可做到一种保护功能多种动作特性，而且可显示电压、电流、频率、有功功率、无功功率、功率因数等系统运行参数，具有准确、可靠的系统协调保护的功能。目前，在供电系统中大量使用软起动器、变频器、电力电子调速器、不间断电源等装置，使电网和配电系统中出现了大量的高次谐波，而模拟式电子脱扣器一般只反映故障电流的峰值，造成断路器在高次谐波的影响下发生误动作。带微处理器的智能化断路器反映的是负载电流的真实有效值，可避免高次谐波的影响。

与传统的双金属片热继电器相比，微电子控制的智能式热继电器具有一系列优点：可准确地避免电动机过载、断相、三相不平衡、反相、低电流、接地、失电压、欠电压等故障，并可数字显示故障类型，保护不同起动条件与工作条件的电动机，动作特性可靠[8]。

2. 低压电器智能化设计技术

电器产品的设计过程十分复杂。设计一台性能优良、工作可靠、价格合理的电器开关产品，必须经过电气特性与机械特性的反复计算与研究。即使这样，设计计算参数与产品实际性能，仍然会有很大差距，必须通过反复的实（试）验验证。因此电器产品开发周期长、资金投入大。

电器产品的设计，从传统的静态设计、近似计算、经验分析转化到基于电磁机构动态数学模型的优化设计阶段。早期电器产品的研制开发，由于技术发展的限制，都是以静态特性为研究对象，往往忽略或以近似值代替许多不定因素与难以计算的参数。显然，静特性无法准确反映电器在工作过程中的实际特性，即无法真实的反映电器真正的工作特性，使设计出来的电器产品性能指标难以达到预期目标。

随着计算机技术的飞速发展，CAD、CAE 和 CAM 技术，使电器的设计与研究跨进了一个新阶段。产品开发周期大大缩短。

三维计算机辅助设计系统集设计、制造和分析于一体。计算机辅助设计包含结构设计、实体造型、特性分析与动态显示功能。CAD 软件具有相应的专家模块，可以很方便地根据性能要求确定电器的结构形式，合理安排励磁系统、反力系统、选择合理的触桥类型、灭弧装置等。低压电器产品的造型非常复杂，计算机系统可以方便地根据给定的离散数据与工程问题的边界条件，来定义、生成、控制和处理，从而提供构造产品几何模型所需要的曲面造型。

动态特性可以描述电器实际的工作过程与状态变化，揭示在不同时刻点上各参量间的关系，表明各参量随时间的变化规律。在开关电器中，作为电器感测部分的电磁机构，其工作过程是一个由电能→磁能→力的转换过程，同时还要克服机械力做功，因此，惯性大、灵敏度低、动作时间慢、操作频率低。为了缩短动作时间，就必须加快动作速度，从而使电磁机构的碰撞能量增加，降低机械寿命。所以，必须建立电磁机构动态过程的优化数学模型，对其进行动态设计。而作为传统电器产品执行部分的触头系统，闭合过程中的弹跳、火花、熔焊与磨损，闭合状态的动、静触头接触特性，打开过程的电弧，打开状态的绝缘问题等，也都涉及动态过程的分析与计算。

采用人工智能技术建立优化动态数学模型，设计出体积小、重量轻、成本低、价格合理、工作可靠、性能优良的电器产品，使电器产品设计技术有了很大提高。

目前国际上的一些电器公司都在致力于产品开发手段的现代化，以缩短产品开发周期，提高产品质量，降低成本。产品开发手段的现代化主要表现在以下三个方面：①三维计算机辅助设计与制造软件系统的引入；②电器开关特性的计算机模拟和仿真；③现代化的样机测试手段。

设计中主要解决设计产品的零件三维造型和装配以及制造过程的自动化。电器开关特性的计算机模拟和仿真对于低压电器新产品的开发和研究变得越来越重要。近年来，市场上已经能够提供各种精确的场域计算分析软件，可以计算各种复杂的电场、磁场、温度场和流场，以及这些场的综合问题，给这一工作的顺利开展创造了条件。但是，由于电器的开断过程涉及电弧等离子体、机械动态过程和各种物理场的综合，所以除计算机辅助设计工具外，还需要结合现代测试手段，才能解决开断过程的全面模拟和仿真问题。将虚拟技术引入低压电器的设计领域，设计者可以在虚拟环境中，对电器产品进行仿真与优化，这将使低压电器的设计、研究达到一个更高阶段。

3. 人工智能技术在电器优化设计中的应用

虽然智能电器的研制已经全面展开，并且取得一定成果，但是电器产品的智能化水平远远跟不上电力电子技术、计算机技术、传感技术尤其是智能技术的发展。21世纪的电器智能化研究，必将向人工智能化方向发展。

人工智能是20世纪中期产生并正在迅速发展的新兴边缘学科，它是探索和模拟人的智能和思维过程的规律，并进而设计出类似人的某些智能的科学。或者说，人工智能研究如何用人工的方法和技术，即用各种自动机器或智能机器模拟、延伸和扩展人的智能。作为一门学科，人工智能研究智能行为的计算模型，研究具有感知、推理、学习、联想、决策等思维活动的计算系统，解决需要人类专家才能处理的复杂问题。人脑的思维活动极其复杂，模拟人脑思维活动是一项系统工程，需要多学科合作和多途径攻关，才能使得人工智能的水平逐步向人的智能水平接近。因此，为了使机器具有某种人的智能，必须研究生物机体的控制系统、思维活动规律与生理机制。要实现智能革命，就要更深入地了解人的大脑，彻底揭开人脑的奥秘。这是自然科学面临的最大挑战之一。

电磁机构作为电磁电器的感测部分，其动态特性直接影响整台电器的运行质量，是电磁电器最主要的部件之一。20世纪60年代中期，人们开始对电磁系统进行优化设计，但由于受数学方法及计算手段的限制，这种优化设计只能是局部的且以定性分析为主。随着计算机技术的发展，人们采用更先进的方法分析电磁系统并提出了动态设计的概念，但至此仍采用局部优化方法。20世纪90年代以后，智能计算技术的发展推动了电磁机构优化设计技术的发展，收敛性好、适应性强的全局优化方法被应用于电磁系统优化设计中，使得在满足一定设计要求的前提下，寻找最佳经济技术指标成为可能。

交、直流接触器的全闭环实时控制技术、断路器的快速分断与保护技术、电弧仿真与测试技术等一系列新技术正在开关电器的研究领域全面展开。

第 2 章　电器的发热理论

电器工作时，电流通过导体并在导体中产生能量损耗。如果电器工作于交流电路，则由于交变电磁场的作用，还会在铁磁体内产生涡流和磁滞损耗，并在绝缘体内产生介质损耗。所有这些损耗几乎全部转变为热能，一部分散失到周围介质中，一部分加热电器，使它的温度升高。

电器中使用的金属材料和绝缘材料在温度超过一定的范围以后，其机械强度和绝缘强度会明显下降。电器工作温度过高，其使用寿命便会降低，甚至损坏。

发热计算的目的在于研究电器各个部分在各种工作状态下的发热，使这些部分的最高温度不超过规定的极限允许温度，以保证电器工作的可靠性。在电器设计中，发热计算对电器的缩小体积、减轻重量、节约原材料等方面有重要意义，尤其是对于继电器、电磁阀等精密电器，由于其本身具有的体积小、安装位置紧凑等特点，发热计算就显得更加重要。

电器各部分的发热与散热是一个非常复杂的过程，影响它的因素很多，很难建立一个考虑到所有影响因素的热过程解析公式。目前，电器的发热计算有两种主要计算方法：一是采用“温度场”的计算方法，随着各种有限元计算软件的快速发展，计算机技术和各种计算方法的不断成熟，温度场的计算得到了长足的发展；另一种是采用解析算法与经验参数的计算分析方法，这种方法对于各种实际情况，经过实验校核，并不断改进计算模型以后，结合经验数据进行修正，也可以得到比较准确的计算结果。

2.1 电器的发热现象

电器发热的来源在于内部的能量损耗，降低电器工作温度的主要途径就是设法减小损耗。电器在工作中出现的主要热源如下：①电阻损耗：从广泛意义上来讲，电阻可以是导体的金属电阻，也可以是导体连接处的接触电阻；②磁滞、涡流损耗：交变磁通在铁心中产生的附加损耗；③介质损耗：交变电磁场在绝缘体内产生的损耗；④摩擦、碰撞损耗：联动机构部分在运动过程中产生的损耗；⑤电弧发热：电弧温度极高，是一个不可忽视的热源。

1. 电阻损耗

电流通过导体所产生的能量损耗称为电阻损耗（或称焦耳损耗），在交流和直流系统中这个损耗均存在。其量值为

$$P = K_f I^2 R \tag{2-1}$$

式中　K_f——交流附加损耗系数，$K_f = K_j K_{lj}$，其中，K_j 为趋肤损耗系数，K_{lj} 为邻近损耗系数。

导体电阻为

$$R = \rho \frac{l}{A} \tag{2-2}$$

式中　ρ——导体的电阻率；

l——导体的长度；

A——导体的截面积。

将式（2-2）代入式（2-1），有

$$P = \frac{K_f J^2 m\rho}{\gamma} \tag{2-3}$$

式中　J——导体的电流密度；

γ——导体材料的密度；

m——导体的质量，$m = \gamma lA$。

导体电阻率与温度之间的关系可以写成

$$\rho = \rho_0(1 + \alpha\theta + \beta\theta^2 + \cdots) \tag{2-4}$$

式中　ρ_0——导体 0℃时的电阻率；

α、β——电阻温度系数。

当温度 $\theta \leqslant 100$℃时，θ 的高次项可以忽略，这时式（2-4）可变成

$$\rho = \rho_0(1 + \alpha\theta) \tag{2-5}$$

当导体中通过交变电流时，因趋肤效应和邻近效应会产生电阻的附加损耗。图 2-1 和图 2-2 所示为交变电流通过长直导体产生趋肤效应和邻近效应的计算结果。由图 2-1 可以看出，对于截面积比较大的圆导体，交变磁通感应电动势和涡流场的影响将导致导体中的电流分布不均匀，出现趋肤效应，导体的损耗将增加。通常，用趋肤损耗系数来表示这部分附加损耗。

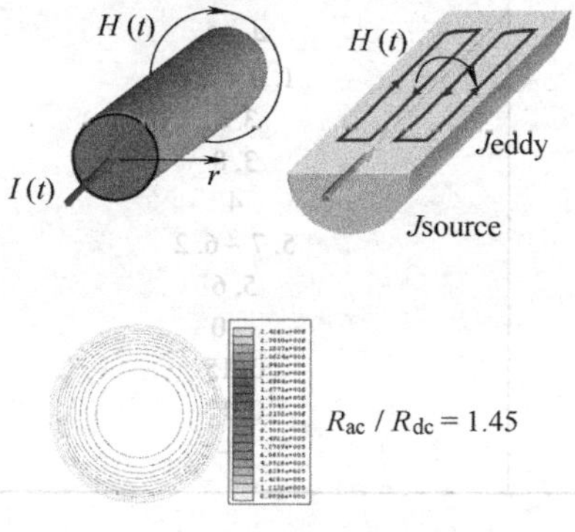

图 2-1　载流长直导线的趋肤效应

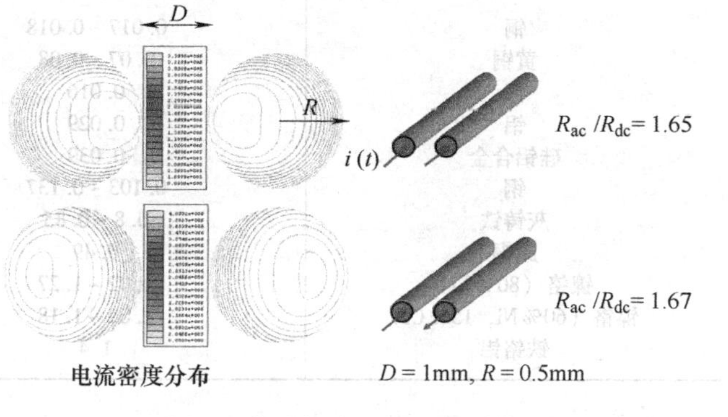

图 2-2　载流长直导线的邻近效应

趋肤效应的大小可以用电磁波在导体内部渗入深度 b 来表示

$$b = \sqrt{\rho/(2\pi f\mu)} \tag{2-6}$$

式中　ρ——导体的电阻率；

μ——导体材料的磁导率；

f——电流频率。

对于钢，$\rho = 10^{-7}\Omega \cdot m$，$\mu = 1000 \times 1.25 \times 10^{-6}$H/m，当 $f = 50$Hz 时，$b = 0.0005$m。对于铜，因磁导率比钢的小得多，故 b 比钢的大上千倍。

图 2-3 所示为圆截面导体的趋肤损耗系数 K_j 与参数之间的关系。其中，d 为导体的直径。在 20℃时矩形截面导体的趋肤损耗系数

$$K_{c1}=5\times10^{-3}\sqrt{fab/\rho}$$

式中 a、b——分别为导体的宽度与厚度，单位为 m；

f——电流频率，单位为 Hz；

ρ——电阻率，单位为 Ω · m。

矩形截面导体的趋肤损耗系数见表 2-1。

表 2-1 矩形截面导体的趋肤损耗系数

a/b	K_{c1}										
	2.5	3.0	3.5	4.0	4.5	5.0	5.5	6.0	6.5	7.0	8.0
1:1	1.18	1.31	1.55	1.74	1.93	2.10	2.28	2.46	2.68	2.84	3.22
2:1	1.13	1.30	1.49	1.67	1.84	2.03	2.21	2.40	2.58	2.77	3.16
4:1	1.12	1.28	1.38	1.49	1.58	1.78	1.94	2.10	2.24	2.39	2.90
6:1	—	1.26	1.36	1.46	1.57	1.68	1.79	1.90	2.09	2.20	2.84
8:1	—	—	1.34	1.43	1.51	1.60	1.70	1.79	1.90	2.04	2.37
12:1	—	—	—	1.40	1.48	1.56	1.63	1.71	1.79	1.90	2.06

为了减少电阻损耗，电器的导电回路电阻值，包括导体电阻与接触电阻（接触区域的附加电阻），都要限制在某一数值以下，一般为几百微欧以内。表 2-2 是几种常用金属材料的电阻率 ρ_{20} 和电阻温度系数 α 值。

表 2-2 常用金属材料的 ρ_{20} 和 α 值

材料	电阻率 ρ_{20}/（10^{-6}Ω · m）	电阻温度系数 α/（10^{-3}K^{-1}）
铜	0.017 ~ 0.018	4.33
黄铜	0.07 ~ 0.08	1.0 ~ 2.6
银	0.016	3.6
铝	0.029	3.8
硅铝合金	0.039	4
钢	0.103 ~ 0.137	5.7 ~ 6.2
灰铸铁	0.8 ~ 0.85	5.6
康铜	0.49	~0
镍铬（80% Ni）	1.02 ~ 1.27	0.15
镍铬（60% Ni，15% Cr）	1.02 ~ 1.18	0.17
铁铬铝	1.4	—

【例 2-1】 直径为 20mm 的铜导电杆，通过 50Hz 交流电时，其工作温度为 80℃，试求其趋肤系数。

解： 铜导体在 0℃时的电阻率和温度系数分别为

$$\rho_0=1.62\times10^{-8}\Omega\cdot m,\ \alpha=0.0043℃^{-1}$$

由式（2-5）可得出 80℃时铜的电阻率为

$$\rho_{80}=2.18\times10^{-8}\Omega\cdot m$$

$$\frac{d}{20}\sqrt{\frac{\pi f}{\rho}}=\frac{0.02}{20}\sqrt{\frac{3.14\times50}{2.18\times10^{-8}}}=85$$

查图 2-3，可得 $K_j=1.02$。一般常见的低压电器趋肤效应都比较小，在计算中可以忽略不计。

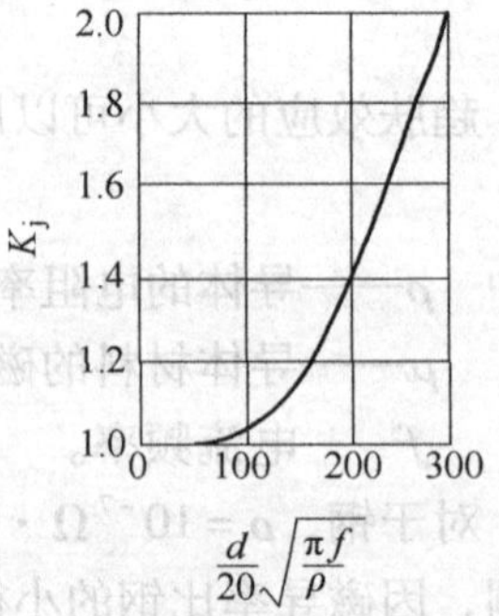

图 2-3 圆截面导体趋肤损耗系数与参数之间的关系

邻近效应是两相邻载流导体间电磁场的相互作用使两导体内部产生电流线分布不均匀的现象。如图 2-2 所示，如果两相邻导体中的电流方向相同，则相邻侧电流密度比非相邻侧的小，如果两相邻导体中的电流方向相反，则相邻侧电流密度比非相邻侧的大。

邻近损耗系数和导体尺寸、两导体相隔距离有关系

$$K_x = \frac{d}{20}\sqrt{\frac{\pi f}{\rho}}$$

式中　d——导体的直径；

表中 l 为两导体中心线之间的距离。

圆截面导体的邻近损耗系数见表 2-3。

表 2-3　圆截面导体的邻近损耗系数

K_{lj} \ l/d \ K_x	1.03	1.27	1.68	2.0	6.5
100	1.15	1.06	1.03	1.02	1.005
200	1.46	1.36	1.13	1.08	1.01
300	1.70	1.55	1.16	1.09	1.02
400	1.93	—	1.18	1.10	1.03
500	2.10	—	1.20	1.12	1.04
600	2.23	—	1.21	1.13	1.05

2. 磁滞、涡流损耗

电器中的载流导体有时要从铁磁零件附近通过。由于铁的磁导率高，磁通将通过铁磁零件而成闭路。如果导体通过的电流为交流，则交变磁通在铁磁体内产生涡流和磁滞损耗。一般涡流损耗占铁耗总量约 80% 以上，磁滞损耗相对较小。目前，减小铁磁损耗常采用的措施有：①采用导磁性能好的铁磁材料；②采用永磁材料；③采用非磁性间隙；④采用短路圈等。

图 2-4 表示出了两种厚度的硅钢片单位质量的铁磁损耗 p_m' 与磁感应强度 B 的关系曲线。如果电流流过实心钢导体，则铁磁损耗功率可用图 2-5 曲线来估算。图中，I 为流过钢导体的电流；p 为钢导体的截面周长；A 为钢导体外表面积；p_m 为钢导体的损耗。

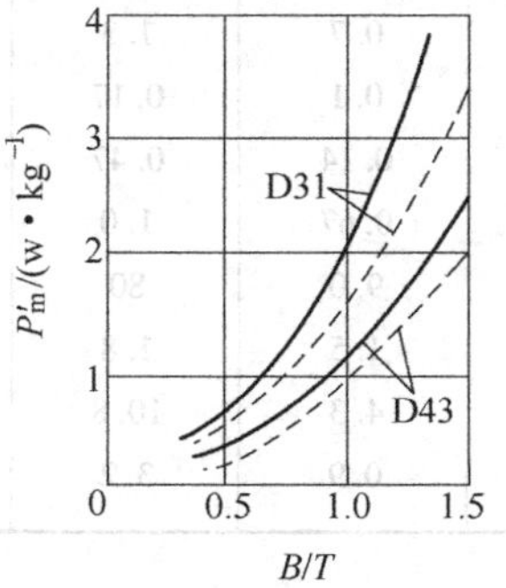

图 2-4　硅钢片单位质量的铁耗与磁感应强度的关系

注：实线对应硅钢片厚度为 0.5mm，
虚线对应硅钢片厚度为 0.35mm。

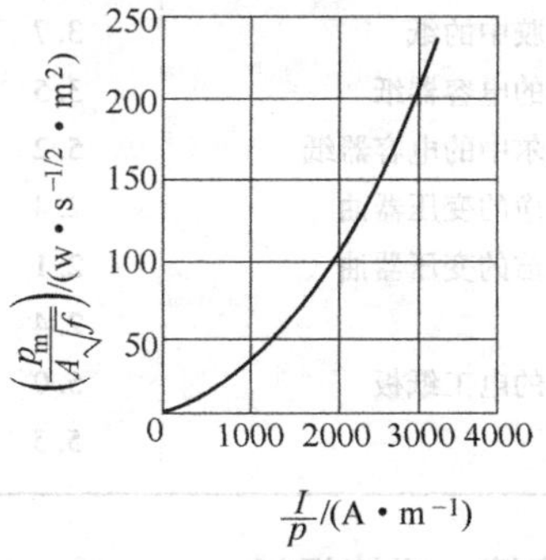

图 2-5　实心钢导体损耗曲线

3. 介质损耗

绝缘材料中的介质损耗与电场强度及频率有关。电场强度越大、频率越高，则介质损耗也越大。因此，低压电器中介质损耗常常很小，可忽略不计。但在高压电器中这种损耗一般应该考虑（例如，电容套管常因介质损耗发热而击穿）。

交变电场中的介质损耗为

$$p = 2\pi f C U^2 \tan\delta \tag{2-7}$$

式中　f——电场交变频率；

C——介质的电容；

U——外加电压；

δ——介质损耗角。

$\tan\delta$ 是绝缘材料的重要特性之一，其与温度、材料、工艺等诸多因素有关。$\tan\delta$ 大的材料，介质损耗也较大。理论上可以按下式进行计算：

$$\tan\delta = R_i / X_C \tag{2-8}$$

式中　R_i——绝缘电阻；

X_C——容抗。

工程上也常常采用下面的经验公式进行计算：

$$\tan\delta = 1.8 \times 10^4 b e^{a(\theta - \theta_m)} \tag{2-9}$$

式中　a、b——系数，见表 2-4；

θ——介质温度，单位为℃；

θ_m——对应于介质损耗的最小温度，对于许多材料，$\theta_m = 20 \sim 50$℃。

电器中常用绝缘材料在 50Hz 下的介质损耗见表 2-4。

表 2-4　在 50Hz 下常用绝缘材料的介质损耗

材料	相对介电常数	θ_m/℃	系数		单位损耗（$p/10^{-2}\mathrm{W\cdot m^{-3}}$）	
			$a\times10^2$	$b\times10^6$	40℃	90℃
层压纸胶木的管和圆柱	5.0	40	3.4	2.8	7.0	38
浸在油中的纸	4.5	40	2.9	0.7	1.6	6.8
浸在电缆胶中的纸	3.7	40	3.1	0.7	1.3	6.1
浸在油中的电容器纸	3.5	40	2.4	0.1	0.17	0.56
浸在苏凡尔中的电容器纸	5.2	15	1.6	0.14	0.47	1.2
干燥和纯净的变压器油	2.4	20	1.0	0.67	1.0	1.6
潮湿和不洁的变压器油	2.1	20	5.2	9.0	80	350
云母薄片	2.4	40	4.6	1.5	1.8	18
浸在油中的电工纸板	5.0	40	2.4	4.3	10.8	35
陶瓷	5.5	20	1.3	0.9	3.2	6.5

4. 摩擦、碰撞损耗

电器中采用许多刚性连接部件，连接部件在工作过程中会产生机械摩擦和碰撞，由此产生的损耗形成电器工作中的热源。机械碰撞越大，电器的机械寿命越短。目前，采用现代化的设计手段可以实现产品的优化设计和特性分析，将有效地减少电器部件的碰撞能量，提高电器的机械寿命。

5. 电弧发热

对大量采用的有触点开关电器来讲，当执行接通和分断任务时，大多会产生电弧燃烧现象，尤其对大容量电器、感性负载。电弧为高温电离气体，其产生大量的热量。当电弧稳定燃烧时，其中性面的温度可达 7000～20000K。对这部分的热源采用估算或热路计算的方式，较难得到准确的计算值，大多是采用温度场、流体场和电磁场的综合分析方法来仿真计算。减少和消灭开关电器运行过程中的电弧是当今电器工作者一直都在致力研究的课题之一。

2.2　电器的散热

在电器工作中，有发热必然就伴随着散热的过程。在电器设计中，电器的热计算对于电器缩小体积、减轻重量、节约材料等方面都有重要意义。发热和散热过程极其复杂，不容易得到准确的计算结果。电器在工作过程中的散热方式有以下三种：热传导、热对流和热辐射。

1）热传导（Conduction）：任何物质的基本质点都具有一定的内能，质点与质点之间常常有能量的相互作用。热传导现象是质点之间的直接作用，能量从一个质点传递到另一个相邻的质点。在绝缘的液体和固体中，质点间的能量传递是通过弹性波进行的。气体中的热传导还伴随着原子的扩散，金属中则存在电子的扩散。

分析热传导现象必须用到著名的傅里叶定律，即单位时间内通过单位面积的热量与该处的温度梯度成正比

$$q = -\lambda \mathrm{grad}\theta \tag{2-10}$$

式中　λ——热导率，负号表示热量的传递方向与温度梯度相反，即向着温度降低的方向传递。

热导率 λ 是表征物体传热能力的重要参数，它与材料、温度等许多因素有关，其大小表示物质的导热能力，λ 越大，物体的热传导能力越强。

2）热对流（Convection）：热对流仅在流体（液体和气体）中存在，对流的实质是粒子的彼此相对移动而产生热能转移。在流体对流过程中，常常伴随热传导现象。对流分自然对流和强迫对流。自然对流发生在不均匀加热的流体中，在高温区域，粒子密度比低温区域小，温度较高的粒子向上迁移，温度较低的粒子向下迁移。这种因粒子密度的不均匀性产生的自然上升和下降力，导致了流体中的自然对流和热交换。在中小容量的电器中，一般都采用自然对流散热。强迫对流是在外界因素强迫作用下形成的，即用气流或者液流进行强吹和强冷，常在某些大电流电器或高频电器中采用。例如，热器件在风扇前比在静止空气中冷却得更快，这就是对流将热量带走了。

3）热辐射（Radiation）：热辐射是一种依靠电磁波来传递能量的过程。热辐射应具备发射物体、辐射的传播空间以及处于辐射路径上吸收辐射热的物体，因而，它与热传导和热对流不同。热传导和热对流在传热途径中需要存在温度差的物质，而辐射传热可以在真空中进行。热辐射的传播方式非常依赖于物体辐射面上的温度水平[9]。

在实际中遇到的传热现象常常是以上三种基本方式共同作用的结果。

下面分别介绍三种传热方式在工程上的计算方法。

1. 热传导的计算方法

如果在物体内部存在有温差，能量就会由高温区向低温区转移。这种能量传递的形式称之为热传导。下面首先分析平板热传导的计算方法。

在一定的温度范围内多数材料的 λ 与 θ 近似地成线性关系，即

$$\lambda = \lambda_0(1 + b\theta) \tag{2-11}$$

式中 λ_0——物质在0℃时的热导率；

θ——温度；

b——常数。

图 2-6 所示为一些金属和液体物质热导率与温度的关系。

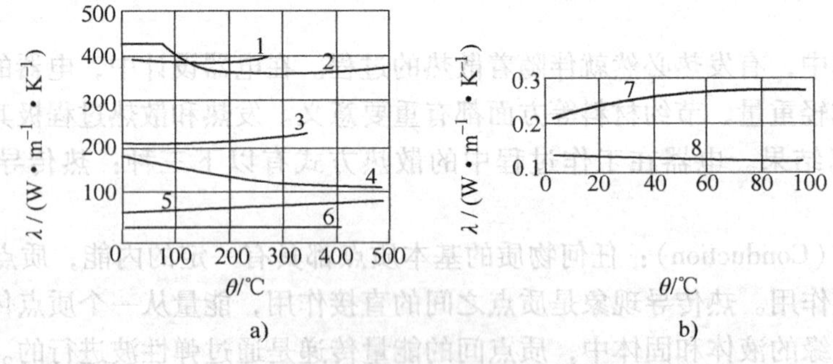

图 2-6 物质热导率与温度的关系

1—铜 2—银 3—铝 4—钨 5—铂 6—钢 7—水 8—变压器油

气体的热导率与各种因素间的关系非常复杂。在 100 ~ 150℃ 范围内，空气的 $\lambda = (0.244 \sim 0.75) \times 10^{-4}$W/（m·K）；$SF_6$ 的 $\lambda = 1.36 \times 10^{-2}$W/（m·K）。

现以图 2-7 所示的物体为例进行热传导计算。根据式（2-10），可得

$$q = -\lambda \frac{d\tau}{dx} \tag{2-12}$$

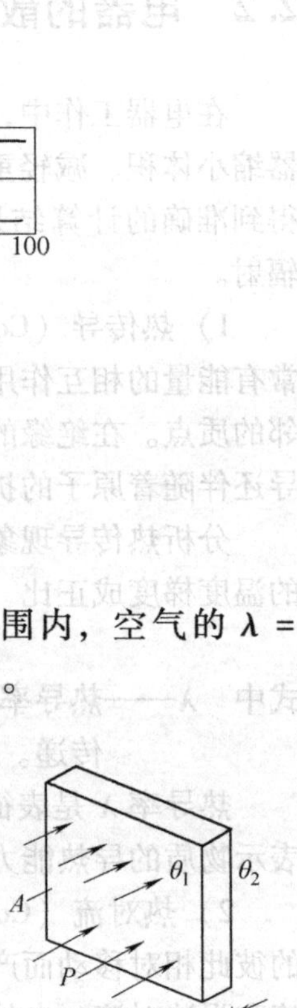

图 2-7 物体热传导示意

设其面积为 A，厚度为 δ，物体一侧温度为 θ_1，另一侧为 θ_2，且 $\theta_1 > \theta_2$，由于物体两侧有温差 τ，所以就存在热传导。若 P 代表整个物体的热流，则

$$P = (\theta_1 - \theta_2)\frac{\lambda A}{\delta} = \tau \frac{\lambda A}{\delta} \tag{2-13}$$

因此，热传导公式又可以写为

$$P = \tau \frac{\lambda A}{\delta} = \frac{\tau}{\delta/(\lambda A)} = \frac{\tau}{R_T} \tag{2-14}$$

$$R_T = \frac{1}{\lambda}\frac{\delta}{A} \tag{2-15}$$

热传导公式与欧姆定律相比，极为相似。在导电现象中，欧姆定律为

$$I = \frac{U}{R} = \frac{U}{\rho \frac{l}{A}} = \frac{U}{\frac{l}{\sigma A}} \tag{2-16}$$

式中　σ——电导率；

l——导体长度；

A——导体截面积。

热传导与电传导的对比关系见表 2-5。

表 2-5　热传导与电传导的对比关系

热传导	温差 τ	热流 P	热阻 R_T	热导率 λ	$\tau=PR_T$	热源
电传导	电压 U	电流 I	电阻 R	电导率 σ	$U=IR$	电源

对于外包绝缘层的均匀截面导体，由于绝缘层的热导率很小，当热量通过绝缘层传导出时，会造成较大的温度降落，使得导体绝缘层外的温度低于绝缘层内的温度。

利用式（2-15）可计算外包绝缘层导体的热阻。

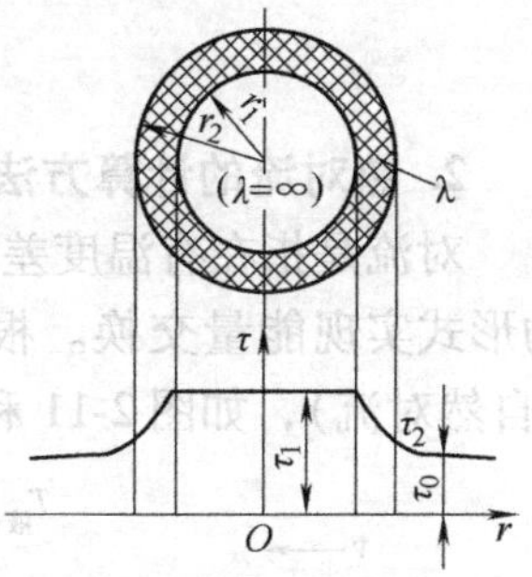

图 2-8　外包绝缘层导体温升分布

圆筒截面如图 2-8 所示，其内表面半径为 r_1，外表面半径为 r_2，设导体长度为 l，热导率为 λ。

半径为 r 处厚度为 dr 的圆筒热阻为

$$\mathrm{d}R_T=\frac{\mathrm{d}r}{\lambda 2\pi r l} \tag{2-17}$$

长圆筒的热阻为

$$R_T=\int_{r_1}^{r_2}\frac{\mathrm{d}r}{\lambda 2\pi r l}=\frac{1}{2\pi\lambda l}\ln\left(\frac{r_2}{r_1}\right) \tag{2-18}$$

若内外壁的温度为 θ_1 与 θ_2，则通过外表面散出的热流 P 为

$$P=\frac{2\pi\lambda l}{\ln\dfrac{r_2}{r_1}}(\theta_1-\theta_2) \tag{2-19}$$

如果已知热流，只要求出热阻，就可以求得绝缘层的温度差了。

对于外包 n 层热导率不同的绝缘层圆导体，热阻也满足串、并联规律，绝缘层总热阻为

$$R_T=\frac{1}{2\pi l}\sum_{i=1}^{n}\frac{1}{\lambda_i}\ln\frac{r_{i+1}}{r_i} \tag{2-20}$$

图 2-9 所示为三个不同材料的物体，其散热面积、厚度、热导率均不相同。试计算其热流通过后的总温差。

总温差 τ 可以用热阻串联的方法求得，即

$$\tau=\tau_1+\tau_2+\tau_3=P(R_{T1}+R_{T2}+R_{T3})=PR_T \tag{2-21}$$

$$R_{T1}=\frac{\delta_1}{\lambda_1 A_1},R_{T2}=\frac{\delta_2}{\lambda_2 A_2},R_{T3}=\frac{\delta_3}{\lambda_3 A_3} \tag{2-22}$$

式中　λ_1、λ_2、λ_3——分别为物体 1、物体 2、物体 3 的热导率；

A_1、A_2、A_3——分别为物体 1、物体 2、物体 3 的截面积。

电、热现象并不完全对应。电源和热源的性质不同，一般电源大多数是恒压源，电源的电压基本是常数，而热源产生的热功率即热流 P 基本是常数，属于恒流源性质。在热学中也可采用热路图进行分析计算，如图 2-10 所示，热流 P 由恒流热源发出，依次通过三个物体。图中，A 为参考点。

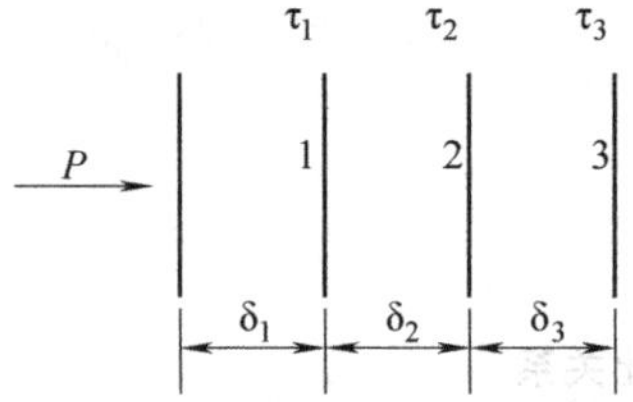

图 2-9 不同材料的物体间传热

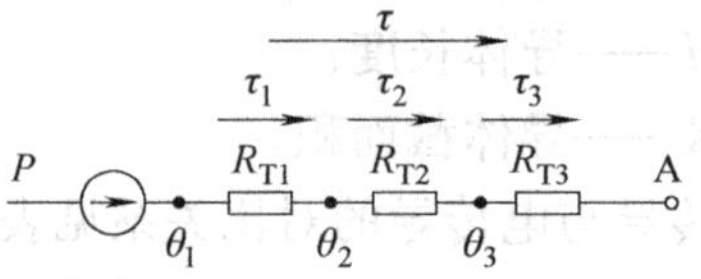

图 2-10 热阻串联计算

根据图 2-10 可以得出各处温度如下：

$$
\begin{aligned}
\theta_3 &= \theta_A + PR_{T3} \\
\theta_2 &= \theta_3 + PR_{T2} \\
\theta_1 &= \theta_2 + PR_{T1}
\end{aligned}
\qquad (2\text{-}23)
$$

2. 热对流的计算方法

对流是指在有温度差的流体和固体表面之间，或具有温差的流体内部之间通过热量传递的形式实现能量交换。根据流体产生流动的原因对流可分为两类：强制对流和自由对流（自然对流），如图 2-11 和图 2-12 所示。

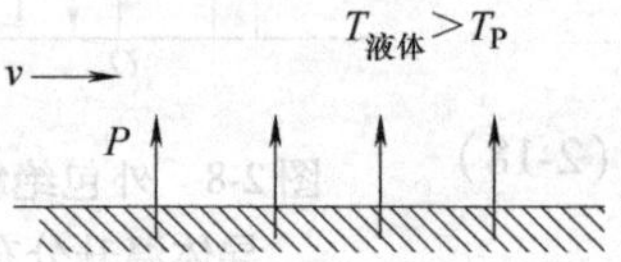

图 2-11 沿长固体表面流动

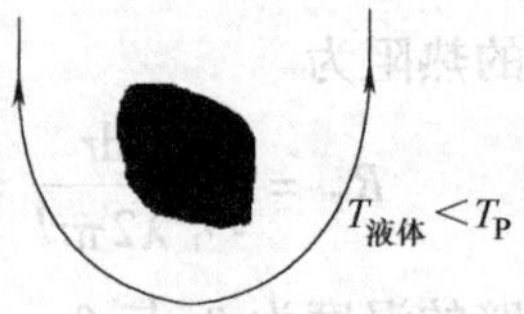

图 2-12 温度差导致的流体流动

图 2-11 所示为流体沿长固体表面流动的强制对流的现象，图 2-12 所示为温度差导致的流体流动的自然对流的情况。强制对流表现为流体的流动是外部施加作用的结果（如泵、鼓风机、吹弧磁场等）。在这种情况下，温度场的对流也是外部作用引起流动的结果，所以可忽略速度和温度场之间的耦合作用。自然对流是流体流动造成的，产生于流体冷热部分间的密度差。导致这种温度分布是由浮力造成的。另外也存在着其他特殊类型的自然对流，如热表面张力效应等，它是液体自由表面张力作用的结果。

根据流体的流动、质量传输、热量传输是否具有强烈的耦合作用，可将不同的流动划分为如下两种流动形式：

层流：描述了温度场的持续稳定性。

紊流：描述温度场在时间、空间上的随机紊动变化的属性[9]。

流体介质对流如图 2-13 所示。图 2-13a 所示为发热体附近的热对流示意，其中，1—层流区域，2—紊流区域；图 2-13b 表示温度分布情况。层流区域粒子的运动特点是速度低、运动平稳、粒子平行分层运动；紊流区域粒子运动特点是速度高、形成漩涡式的紊乱运动。在层流区域中，温度梯度较高，热量通过热传导的形式传导到外层流体中去。粒子运动速度越高，发热体表面的层流层越薄，热量散发越强烈。

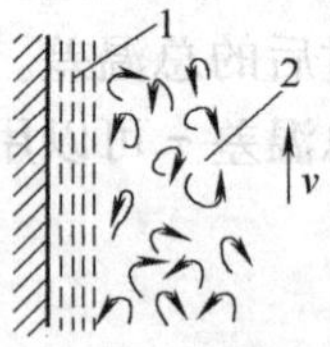

a) 热对流示意

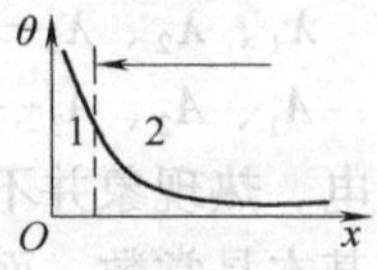

b) 温度分布

图 2-13 流体介质对流

当在温度较高的导电杆周围有变压器油或空气等流体时，导电杆首先将热量通过热传导的方式传给与它紧贴的流体层，即层流层。层流层流体受热以后，体积迅速膨胀，密度发生变化，向上流动，层流层以外温度不高的、密度较大的流体流过来填充。填充来的流体又受热向上流动，如此循环，从导电杆表面不断带走热量，这就是一种典型的热对流现象。

在所有情形下，对流换热问题的解决都要考虑确定对流换热系数。类似针对热传导建立傅里叶定律的方法，牛顿提出了热流密度与固体壁面温度和流体温度的温度差之间的关系，即

$$p=\alpha A(\theta-\theta_0) \tag{2-24}$$

式中　A——与流体接触的壁面面积，单位为 m^2；

α——对流散热系数，单位为 $W/(m^2\cdot ℃)$；

θ_0——发热体表面温度，单位为℃；

θ——流体介质平均温度，单位为℃。

由式（2-24）可知，对流散热的热阻为

$$R_T=\frac{1}{\alpha A} \tag{2-25}$$

可知，p 与 α、A、$(\theta-\theta_0)$ 成正比，计算对流换热量就变成如何根据各种具体情况计算对流散热系数的问题。对流散热是一个很复杂的现象，流速高时的紊流散热系数可能要比流速低时的层流散热系数大好几倍甚至更多。

影响热对流的因素很多，如流体的密度、热导率、膨胀系数、比热容等物理参数，流体的主要流动性能（层流和紊流），以及热导体的几何形状、流动空间大小、散热面的大小、放置方式（水平、垂直放置）等，所以要想准确计算热对流，还需要参考更多的相关热传导方面的书籍，此处不再讨论。

对常用系统的散热系数也可以由实验确定其经验公式。

空气中垂直放置的平板形导体，其对流散热系数为

$$\alpha=2.55\times(\theta-\theta_0)^{0.25} \tag{2-26}$$

空气中水平放置的平行板导体，发热面朝上，其对流散热系数为

$$\alpha=3.25\times(\theta-\theta_0)^{0.25} \tag{2-27}$$

在变压器油中垂直放置的平行板导体，其对流散热系数为

$$\alpha=(38\sim48)\times(\theta-\theta_0)^{0.25} \tag{2-28}$$

当发热体冷却面垂直放置时，由于表面温度沿高度的分布不同（下面温度低，上面温度高），因此沿高度的对流散热系数也不相同。

综上所述可知，对流散热是一种复杂的热传递过程，它不仅决定于热的过程，而且决定于气体的动力学过程，既受导热规律的支配，也受流体流动规律的支配。

3. 热辐射计算方法

发热体的一部分热量会转变成电磁波的能量，通过传递电磁波的介质（空气或者真空等），向外传播。当电磁波遇见其他物体时，一部分的能量被其他物体吸收转变成热能，其余部分的能量则反射回来。热传导和热对流都必须具有与之相接触的物体或流体，而电磁波辐射则不需要。

如果物体发出的定向辐射强度在所有波长下都与方向无关，即遵守 Lamber 定律，则称

该物体为 Lamber 体。黑体就是一种 Lamber 体，它是一种理想化的物体，它的定向辐射强度和单位面积发射功率的值是相关联的。黑体是具有一定温度并能发射最大功率的物体，黑体也是能够吸收最多辐射热量的物体，即黑体是一个理想的辐射体。

设在一个封闭的腔体壁面上，开一个小孔，可视其为接近于封闭的腔体，如图 2-14 所示。实际上，在封闭的腔体内开一个相对于腔体尺寸来说很小的小孔，就热平衡而言，腔体内具有相同的温度，且温度不随时间变化，只有非常少的一部分入射光线经壁面多次反射后离开腔体。因此，从小孔进入的光线几乎全部被壁面吸收。

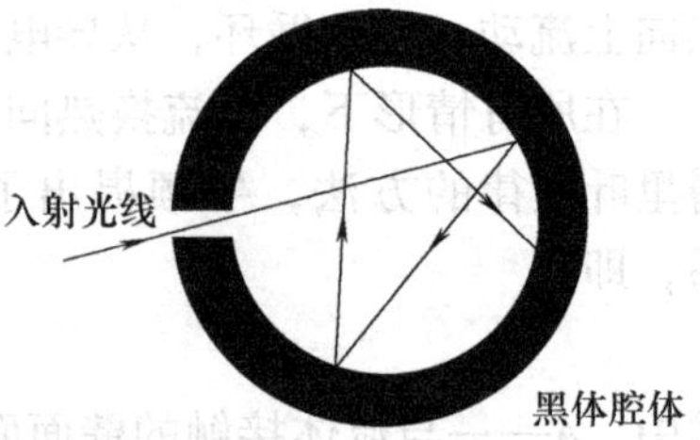

图 2-14 黑体示意

著名的斯忒藩-玻耳兹曼（Stefan-Boltzmann）定律给出了黑体单位面积发射的功率

$$p = \sigma \varepsilon_f T^4 \tag{2-29}$$

式中 σ——斯忒藩-玻耳兹曼常数，$\sigma = 5.6696 \times 10^{-8} W/(m^2 \cdot K^4)$；

ε_f——发射率；

T——黑体表面温度，单位为 K。

辐射热功率与黑体温度的四次方成正比，由此可见，辐射传热蕴含着巨大的能量[9]。

两个物体间通过辐射交换的热量与 T^4 之差成正比

$$p = \sigma \varepsilon_f (T_1^4 - T_2^4) \tag{2-30}$$

式中 T_1——发热体表面的温度；

T_2——接受辐射物体表面的温度。

发射率 ε_f 与发热体表面状况及颜色有关，对于绝对黑体，它的辐射及吸收能力最强，$\varepsilon_f = 1$；对于一般物体，ε_f 在 0～1 之间。物体表面颜色越深，越粗糙，辐射能力越强，ε_f 越接近 1。物体的颜色越深，其接受辐射的能力也越强，反射能力越弱，$\varepsilon_f = 1$ 时，物体将接收全部能量。部分物体发射率实验数据见表 2-6。

表 2-6 部分物体发射率实验数据

物体表面	ε_f	物体表面	ε_f
绝对黑体	1	生锈的铁皮	0.685
欧通煤烟	0.97	无光泽的铁	0.88
绿色颜料	0.95	抛光的铁	0.267
灰色颜料	0.95	镀镍抛光的铁皮	0.058
青铜色颜料	0.80	抛光的黄铜	0.6
石棉纸	0.95	抛光的纯铜	0.15
黑色磁漆	0.95	无光泽的锌	0.20
黑色有光泽的颜料	0.90	抛光的锌	0.05
白色无光泽的纸	0.944	抛光的银	0.02
光滑的玻璃	0.937	抛光的铝	0.08
涂釉的瓷件	0.924	抛光的铸件	0.25
黑色光滑的硬橡皮	0.945	冰	0.65
粗糙而氧化了的铸铁	0.985	云母	0.75
氧化了的铜	0.5～0.6	磨光的大理石	0.55

在一般情况下，物体总是处在有限空间内，如图2-15所示。

图2-15中，温度为 T_1 的物体1放置在温度为 T_2 的物体2内，且 $T_1 > T_2$，此时，物体1所辐射出的能量，必然全部投落在物体2上而被它所吸收，在此情况下由物体1经辐射传到物体2上的能量为

$$p = \sigma \varepsilon_f' A_1 (T_1^4 - T_2^4) \tag{2-31}$$

$$\varepsilon_f' = \frac{1}{\dfrac{1}{\varepsilon_{f1}} + \dfrac{A_1}{A_2}\left(\dfrac{1}{\varepsilon_{f2}} - 1\right)} \tag{2-32}$$

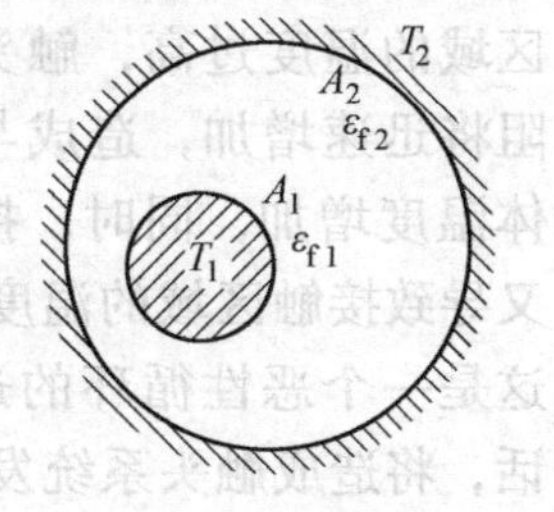

图2-15 有限空间的热辐射

式中 ε_{f1}、ε_{f2}——分别为物体1与2的发射率；

A_1、A_2——分别为物体1与2的表面积。

式（2-32）中，$\varepsilon_f' < \varepsilon_{f1}$。

当一个凸面物体完全被一个非常大的凹面物体所包围时，$A_1/A_2 \to 0$，$\varepsilon_f' = \varepsilon_{f1}$，可得到如下简单关系式[9]：

$$p = \varepsilon_{f1} \sigma A_1 (T_1^4 - T_2^4) \tag{2-33}$$

应用式（2-33）可以很容易地计算一个发热体在大房间内的辐射热损失。也就是说，当热力学温度为 T_1，表面积为 A_1 的物体处在空间范围较大的温度为 T_2 的空气中时，可用式（2-33）计算辐射传热。

辐射热阻为

$$R_T = \frac{\tau}{p} \tag{2-34}$$

p 可由式（2-33）求出。

国家标准规定，电器零部件的允许温度为百摄氏度数量级，因而它们的辐射功率较小，其散热的主要形式为热传导和热对流。但是，对于电弧来说，其燃烧时温度极高，在万摄氏度数量级，因而电弧的辐射功率不能忽略。

工程中常常把三种散热形式合并在一起，用综合散热系数 K_T 来表示。

2.3 电器的允许温升

为了保证电器工作的可靠性及一定的使用寿命，国际和各国家的技术标准对电器各部分的极限允许温升都有明确的规定。

电器各部分的极限允许温升为其极限允许温度与工作环境温度之差。周围环境温度的高低直接影响到电器的散热情况。例如我国标准规定周围空气的温度范围为 ±40℃。

制定电器各部分极限允许温升的依据是，保证电器的绝缘体不至因温度过高而损坏，或使工作寿命过分降低；导体和结构部分不至因温度过高而降低其力学性能。

当金属材料的温度高达一定数值以后，其机械强度 σ 就会显著降低，如图2-16所示。机械强度开始显著下降时的温度称为材料的软化点。软化点不仅与材料种类有关，而且是加热时间的函数，加热的时间越短，材料达到软化点的温度越高。以铜为例，长期发热时它的软化点约为100~200℃，短时发热时它的软化点增高到300℃左右。电器中裸导体的极限允许温度应小于材料的软化点。

对于接触区域的金属材料，其最高允许温升主要取决于接触电阻（接触区域的附加电阻）的稳定性。对于触头材料，除考虑机械强度外，还要考虑氧化和其他问题。一旦接触区域的温度过高，触头区域接触电阻将迅速增加，造成与之连接的导体温度增加，同时，接触电阻增加又导致接触区域的温度进一步增加，这是一个恶性循环的过程，严重的话，将造成触头系统发生熔焊事故。因此，接触区域的接触部分允许温度一般都规定得比较低，比其单独作为连接导体时的允许温度要低。

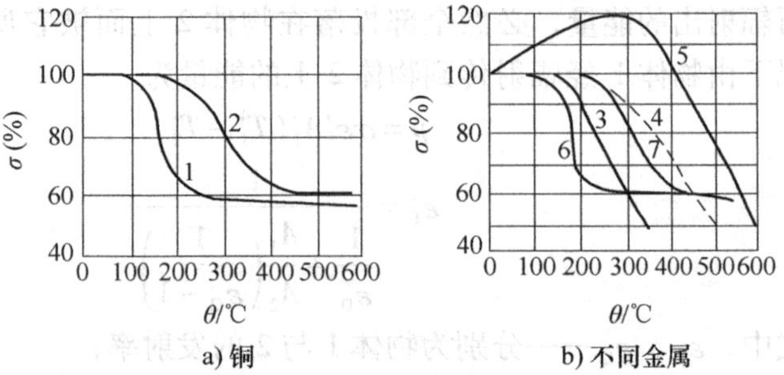

图 2-16 金属材料机械强度与温度的关系

1—连续发热 2—短时发热 3—硬拉铝

4—青铜 5—钢 6—电解铜 7—铜

绝缘材料和外包绝缘层的导体，其极限允许温度决定于绝缘材料的老化和击穿特性。当绝缘材料的温度超过允许工作温度时，材料便急剧老化，温度越高，老化越快，寿命越短。例如，在一定温度范围内，绝缘材料工作温度每增加 8～10℃，其材料的使用寿命就将缩短一半，这就是所谓的"8 度规律"。当绝缘材料的温度超过一定极限后，其击穿电压也会明显下降。图 2-17 所示为陶瓷的击穿电压与温度的关系。

对于短路电流下电器各部分的短时发热允许温升，我国标准尚未作统一规定。但是，其允许温度显然要比长期工作时大幅度提高。这时，对于控制电器来说，需要有良好的热稳定性，即在通过短路等大电流情况下不至于因发热而损坏。

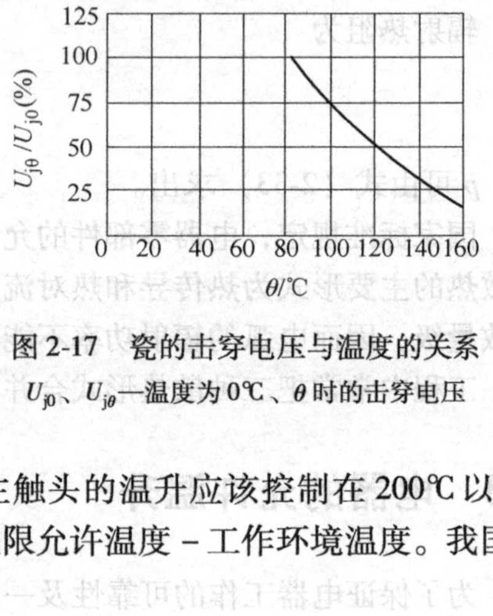

图 2-17 瓷的击穿电压与温度的关系

U_{j0}、$U_{j\theta}$—温度为 0℃、θ 时的击穿电压

一般要求，在短路电流引起的短时过载时，油中的裸导体不应该超过 250℃，不和有机绝缘材料或油接触的铜或者黄铜部件不应该超过 300℃，铝在任何时候都不应该超过 200℃；固定接触连接部分的发热不应该超过其他部分载流导体的发热；电器主触头的温升应该控制在 200℃以内，对弧触头的要求是不能熔焊。通常，极限允许温升 = 极限允许温度 - 工作环境温度。我国标准规定的电气绝缘材料的耐热等级见表 2-7。

表 2-7 电气绝缘材料的耐热等级

耐热等级	极限温度/℃	相当于该耐热等级的绝缘材料简述
Y	90	未浸渍过的棉纱、丝及纸等材料或组合物所组成的绝缘结构
A	105	浸渍过的或浸在液体电介质中的棉纱、丝及纸等材料或组合物所组成的绝缘结构
E	120	合成的有机薄膜、合成的有机磁漆等材料或其组合物所组成的绝缘结构
B	130	以合适的树脂粘合或浸渍、涂复后的云母、玻璃纤维、石棉等，以及其他无机材料，合适的有机材料或其组合物所组成的绝缘结构
F	155	以合适的树脂粘合或浸渍、涂复后的云母、玻璃纤维、石棉等，以及其他无机材料，合适的有机材料或其组合物所组成的绝缘结构

（续）

耐热等级	极限温度/℃	相当于该耐热等级的绝缘材料简述
C	>180	以合适的树脂（如热稳定性特别优良的硅有机树脂）粘合或浸渍、涂复后的云母、玻璃纤维等。以及未浸渍处理的云母、陶瓷、石英等材料或其组合物所组成的绝缘结构（C 级绝缘材料的极限温度应根据不同的物理、机械、化学和电气性能确定之）

2.4 电器的稳定温升计算

电器在工作过程中，如果通电时间足够长，使其工作温度接近于一个稳定值，那么就可以采用牛顿公式来进行温度计算。

下面首先分析电器工作中的热平衡关系。电器通电产生的功率损耗，一部分散失到周围介质中去，一部分用来加热电器使其温度升高。即

输入导体的热量 = 提高导体本身温度所吸收的热量 + 散热

数学表达式如下：

$$p\mathrm{d}t = K_{\mathrm{T}}A\tau\mathrm{d}t + cm\mathrm{d}\tau \tag{2-35}$$

式中 $p\mathrm{d}t$——在 $\mathrm{d}t$ 时间内电器的总发热量；

$K_{\mathrm{T}}A\tau\mathrm{d}t$——在 $\mathrm{d}t$ 时间内电器的总散热量；

$cm\mathrm{d}\tau$——在 $\mathrm{d}t$ 时间内电器本身温度升高 $\mathrm{d}\tau$ 时所吸收的热量；

p——输入导体的热功率；

K_{T}——综合散热系数，表 2-8 列出了散热系数的一些实验数据[3]；

A——有效散热面积；

τ——发热体的温升，$\tau = \theta - \theta_0$，其中 θ 和 θ_0 分别为发热体和周围介质温度；

c——比热容；

m——发热体的质量。

如果发热稳定：输入导体的热量 = 散热，即为牛顿公式

$$p = K_{\mathrm{T}}A\tau_{\mathrm{w}} \tag{2-36}$$

式中 τ_{w}——发热体的稳定温升。

综合散热系数包含了所有的散热形式，因而各种具体条件对 K_{T} 数值的影响极大，而 K_{T} 的实验数据往往又是在特定条件下得到的，这就要求在选用时必须慎重对待。其次，有效散热面积的选取，也必须根据不同的对象，对散热进行分析后确定。电器工作中某种情况下的综合散热系数见表 2-8。

表 2-8 综合散热系数

项号	表面情况	K_{T}/W/（$\mathrm{m}^2 \cdot \mathrm{K}$）	附注
1	水平圆铜棒，直径 1～6cm	9～13	直径越大散热系数越小
2	纯铜扁平母线，以窄边直立	6～9	
3	覆以绝缘漆的铸铁或钢表面	10～14	
4	瓷质圆柱体浸于油箱中	50～150	
5	用纸绝缘的线圈	10～12.5	置于油中（25～36）

（续）

项号	表面情况	K_T/W/（m^2·K）	附注
6	叠片束	10～12.5	置于油中（70～90）
7	康铜或铜镍合金（丝状或带状）所制的螺旋，垂直放置	20	计算总表面
8	垂直管状烧釉电阻	20	外表面
9	有槽瓷柱体上具有镍铬或康铜丝所缠的线圈	23	不考虑槽的外表面
10	由康铜或镍铬合金丝或带所缠线圈制成的成形电阻元件	10～14	计算外表面
11	螺旋状生铁电阻	10～13	螺旋全部表面
12	具有平板外箱的油变阻器	15～18	外箱侧边面

根据相似理论求得的导体综合散热系数数值计算公式如下：

$$K_T = 1.33\left(\frac{\theta-\theta_0}{l_0}\right)^{0.25} + 2.04\times10^{-7}\theta_0^3\varepsilon_f\left[\frac{2.08(\theta+273)}{\theta_0+273}-1\right] \tag{2-37}$$

式中 θ、θ_0——发热体表面、流体介质的温度，单位为K；

ε_f——发射率，无量纲量；

l_0——导体长度，单位为m；

K_T——综合散热系数，单位为W/（m^2·℃）。

通常 l_0 取在散热最强的方向。对于水平安放的导电排可取导电排的高度，而对于同样安放的圆导体可取导体的直径。

对于电器中的线圈，综合散热系数公式如下：

当散热面积为 $A=(1\sim100)\times10^{-4}m^2$ 时，有

$$K_T = 46[1+0.005(\theta-\theta_0)]/\sqrt[3]{A\times10^4} \tag{2-38}$$

当散热面积为 $A=(0.01\sim0.05)\ m^2$ 时，有

$$K_T = 23[1+0.05(\theta-\theta_0)]/\sqrt[3]{A\times10^4} \tag{2-39}$$

式中 θ、θ_0——单位为℃；

A——单位为 m^2。

下面采用牛顿公式对图2-18所示的典型电器励磁线圈进行稳定温升计算。

根据式（2-36）可知：

如果是直流电磁系统，即线圈中通过的是直流电，则

$$p = I^2R \tag{2-40}$$

如果是交流电磁系统，线圈中通过的是交流电，则

$$p = K_{fj}I^2R \tag{2-41}$$

以交流电磁系统为计算对象，上下端面的散热面积根据实际情况归到线圈的内外表面来计算

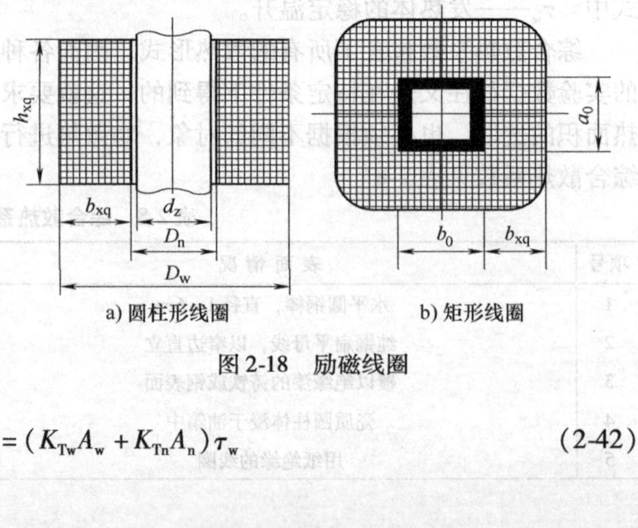

图2-18 励磁线圈

$$K_{fj}I^2R = (K_{Tw}A_w + K_{Tn}A_n)\tau_w \tag{2-42}$$

整理后可得

$$K_{fj}I^2R = K_{Tw}\left(1 + \frac{K_{Tn}}{K_{Tw}}\frac{A_n}{A_w}\right)A_w\tau_w \tag{2-43}$$

令折算系数 β 和有效散热面积 A_d 为

$$\beta = \frac{K_{Tn}}{K_{Tw}} \tag{2-44}$$

$$A_d = \left(1 + \beta\frac{A_n}{A_w}\right)A_w \tag{2-45}$$

式（2-45）中，β 根据实际情况取不同经验参数，线圈绕在绝缘的骨架上时取为 0.9，线圈绕在金属骨架上可取为 1.7，线圈绕在绝缘的铁心上可取 2.4。

对于图 2-18a 所示的圆柱形线圈，其内表面散热面积为

$$A_n = \pi D_n h_{xq} \tag{2-46}$$

外表面散热面积为

$$A_w = \pi D_w h_{xq} \tag{2-47}$$

上下端面的散热面积为

$$A_{d1} = \frac{\pi(D_w^2 - D_n^2)}{2} \tag{2-48}$$

A_d 表示上下端面的面积，根据散热情况可归到外表面或者内表面计算。若采用绝缘的骨架时，由于其散热条件与内表面相同，则可以归为内表面进行计算。

如果对于图 2-18b 所示的矩形线圈，其内表面散热面积为

$$A_n = 2(a_0 + b_0)h_{xq} \tag{2-49}$$

外表面散热面积为

$$A_w = 2(a_0 + b_0 + \pi b_{xq})h_{xq} \tag{2-50}$$

上下端面散热面积为

$$A_{d1} = 2\times[2(a_0 + b_0)b_{xq} + \pi b_{xq}^2] \tag{2-51}$$

线圈电阻为

$$R_{xq} = \rho\frac{l_{pj}}{q_x} \tag{2-52}$$

式中 ρ——导体的电阻率；

l_{pj}——导线的平均长度；

q_x——导线的截面积。

对于图 2-18a 中所示的圆柱形线圈，其导线平均长度和截面积为

$$l_{pj} = N\pi\frac{D_w + D_n}{2} \tag{2-53}$$

$$q_x = \frac{\pi d_x^2}{4} \tag{2-54}$$

式中 d_x——绕制线圈导线的直径。

对于图 2-18b 所示的矩形线圈，其导线平均长度为

$$l_{pj}=N\times[2(a_0+b_0)+\pi b_{xq}] \tag{2-55}$$

导线截面积计算与式（2-54）相同。

由此可知，线圈稳定温升计算公式为

$$\tau_w=\frac{K_{fj}I^2R_{xq}}{K_{Tw}A_d} \tag{2-56}$$

根据具体情况，将式（2-44）～式（2-55）的计算值代入式（2-56），就可以很方便地计算出线圈工作中的稳态温升。以上解析算法，根据实验和经验参数修正以后，可以得到比较准确的温度值，但是，要想进一步计算准确的温升值和电器中温度分布规律，可以用大型有限元计算软件建模计算。

对于无限长输电导线，可以认为温度沿轴向均匀分布，取单位长度计算其温升。单位长导体发热功率为

$$p_r=K_{fj}I^2R=K_{fj}J^2\rho q_x \tag{2-57}$$

式中 J——导体截面的电流密度，单位为 A/m^2；

ρ——材料的电阻率，单位为 $\Omega\cdot m$；

q_x——导体的截面积，单位为 m^2。

根据牛顿公式可知

$$K_{fj}J^2\rho q_x=K_TA_d\tau_w \tag{2-58}$$

因此，对于直径为 d_x 的圆截面导体，其稳定温升为

$$\tau_w=\frac{K_{fj}J^2\rho d_x}{4K_T} \tag{2-59}$$

对于矩形截面的导体，其稳定温升为

$$\tau_w=\frac{K_{fj}J^2\rho ab}{2K_T(a+b)} \tag{2-60}$$

从圆截面导体情况可以很容易看出，当 $J=\text{const}$ 时，d_x 增大，则 τ_w 随之增大，即 $\tau_w\propto d_x$；同理，当 $\tau_w=\text{const}$ 时，则 $J\propto 1/d_x$。在工程中，大电流可以采用扁平导体或多根导体并联的方式，这样可以增加导体的有效散热面积。

2.5 典型电器的温升计算

实际中，由于对载流导体特性上、结构上以及其他的要求，其截面常有改变，如熔断器中的熔片、触头系统的接触部分、母线排的连接部分等。下面对变截面导体的情况进行温升计算。

变截面导体如图 2-19 所示。图 2-19a 表示了在宽导体中间，存在一段狭窄部分，其面积为 s_1，长度为 l_1。由于狭窄部分具有高电阻，发热集中，因此热流向两边导体传导，同时导体也会向周围空气中散热。取距离窄导体为 x 处的 dx 薄层为研究对象。根据热平衡关系，通过热传导流进薄层的热功率加上该层导体本身的发热功率，应等于通过热传导流出该薄层

的功率加上散发到周围介质中的功率。

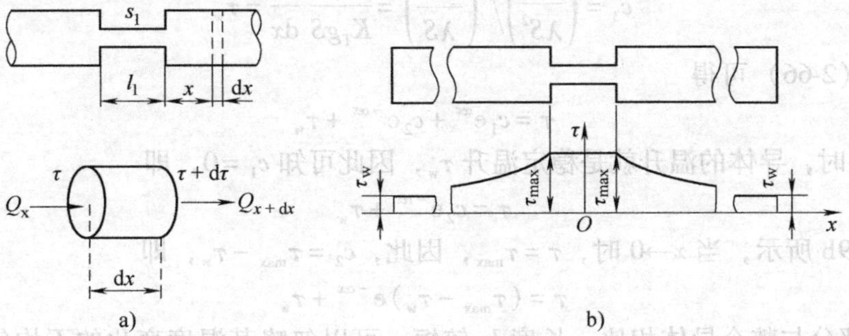

图 2-19　变截面导体

通过热传导流进 $\mathrm{d}x$ 的热功率为

$$Q_x = -\lambda S \frac{\mathrm{d}\tau}{\mathrm{d}x} \tag{2-61}$$

式中　S——导体的截面积（非狭窄部分的导体）；

λ——热导率；

τ——导体温升，为坐标 x 的函数。

$\mathrm{d}x$ 薄层本身通过电流时的发热功率为

$$Q_\mathrm{q} = I^2 R = I^2 \rho \frac{\mathrm{d}x}{S} \tag{2-62}$$

式中　ρ——导体电阻率。

通过热传导从 $\mathrm{d}x$ 薄层流出的热功率为

$$Q_{x+\mathrm{d}x} = -\lambda S \frac{\mathrm{d}(\tau + \mathrm{d}\tau)}{\mathrm{d}x} \tag{2-63}$$

由 $\mathrm{d}x$ 薄层的侧面散走的热功率为

$$Q_\mathrm{n} = K_\mathrm{T} g \mathrm{d}x \tau \tag{2-64}$$

式中　g——导体截面的周长；

K_T——综合散热系数。

根据热平衡原则，可得

$$Q_x + Q_\mathrm{q} = Q_{x+\mathrm{d}x} + Q_\mathrm{n} \tag{2-65}$$

将（2-60）～式（2-63）代入式（2-64），整理后可得

$$\frac{\mathrm{d}^2\tau}{\mathrm{d}x^2} - \frac{K_\mathrm{T} \cdot g}{\lambda S}\tau = -\frac{I^2 \cdot \rho}{\lambda S^2} \tag{2-66}$$

此二阶常系数微分方程的通解为

$$\tau = c_1 \mathrm{e}^{\alpha x} + c_2 \mathrm{e}^{-\alpha x} + c_3 \tag{2-67}$$

式中

$$\alpha = \sqrt{\frac{K_\mathrm{T} g}{\lambda S}}$$

$$c_3=\left(\frac{I^2\rho}{\lambda S^2}\right)\Big/\left(\frac{K_{\mathrm{T}}g}{\lambda S}\right)=\frac{I^2\rho}{K_{\mathrm{T}}gS}\frac{\mathrm{d}x}{\mathrm{d}x}=\tau_{\mathrm{w}}$$

根据式（2-66）可得

$$\tau=c_1\mathrm{e}^{\alpha x}+c_2\mathrm{e}^{-\alpha x}+\tau_{\mathrm{w}} \tag{2-68}$$

当 $x\to\infty$ 时，导体的温升就是稳定温升 τ_{w}，因此可知 $c_1=0$，即

$$\tau=c_2\mathrm{e}^{-\alpha x}+\tau_{\mathrm{w}} \tag{2-69}$$

如图 2-19b 所示，当 $x\to 0$ 时，$\tau=\tau_{\max}$，因此，$c_2=\tau_{\max}-\tau_{\mathrm{w}}$，即

$$\tau=(\tau_{\max}-\tau_{\mathrm{w}})\mathrm{e}^{-\alpha x}+\tau_{\mathrm{w}} \tag{2-70}$$

设狭窄部分与整个导体相比，长度 l_1 较短，可以忽略其温度变化的不均匀，认为是等温体，因此，狭窄部分的发热为 pS_1l_1，其中，p 为单位体积的热功率；散热为 $K_{\mathrm{T}}gl_1\tau_{\max}$。

由狭窄导体的两端向一边传走的热量为

$$-\lambda S\left(\frac{\mathrm{d}\tau}{\mathrm{d}x}\right)\Big|_{x=0}=\alpha\lambda S(\tau_{\max}-\tau_{\mathrm{w}}) \tag{2-71}$$

设两边同时传热，故

$$pS_1l_1-K_{\mathrm{T}}gl_1\tau_{\max}=2\alpha\lambda S(\tau_{\max}-\tau_{\mathrm{w}})$$

求解可得

$$\tau_{\max}=\frac{pS_1l_1+2\alpha\lambda S\tau_{\mathrm{w}}}{2\alpha\lambda S+K_{\mathrm{T}}gl_1} \tag{2-72}$$

因此

$$\tau=\frac{I^2\rho}{K_{\mathrm{T}}gS}+\left(\frac{pS_1l_1+2\alpha\lambda S\tau_{\mathrm{w}}}{2\alpha\lambda S+K_{\mathrm{T}}gl_1}-\frac{I^2\rho}{K_{\mathrm{T}}gS}\right)\mathrm{e}^{-\alpha x} \tag{2-73}$$

可以看出，沿导体轴向温升分布为一指数曲线，如图 2-19b 所示。

其余变截面导体的情况可以参照此方法进行计算。

2.6 不同工作制下电器的温升

从前面分析可以得知，电器的发热温升与其加热过程和冷却过程有着紧密的关系。在电器的加热过程中，各种损耗产生的热量，一部分散发到周围介质中去，另一部分则加热电器本身，使电器温度升高。按我国标准，电器有四种工作制：长期工作制、间断长期工作制、短时工作制、反复短时工作制。下面分别进行讨论。

1. 长期工作制

电器处于连续长期工作制时，其工作时间大于 8h，也许连续工作几天，甚至几个月。电器工作时，达到稳定温升的时间不需要 8h。因此，连续长期工作制和八小时工作制的温升变化情况类似，均属于长期工作制。

根据式（2-35）的热平衡方程式 $p\mathrm{d}t=K_{\mathrm{T}}A\tau\mathrm{d}t+cm\mathrm{d}\tau$，可以计算长期发热的温度变化过程。

根据牛顿公式，电器发热稳定时：$P=K_{\mathrm{T}}A\tau_{\mathrm{w}}$，因此

$$\tau_{\mathrm{w}}\mathrm{d}t=\tau\mathrm{d}t+\frac{cm}{K_{\mathrm{T}}A}\mathrm{d}\tau \tag{2-74}$$

令

$$T = \frac{cm}{K_T A} \tag{2-75}$$

式中　T——热时间常数，决定于导体总的热容量与其散热情况之比。

整理后有

$$-T\mathrm{d}\tau = (\tau - \tau_w)\mathrm{d}t \tag{2-76}$$

两边积分可得

$$\int \frac{1}{\tau - \tau_w}\mathrm{d}\tau = -\int \frac{1}{T}\mathrm{d}t \tag{2-77}$$

设边界条件为 $t=0$、$\tau=\tau_0$，$t=\infty$、$\tau=\tau_w$，则

$$\tau = \tau_w\left(1 - e^{-\frac{t}{T}}\right) + \tau_0 e^{-\frac{t}{T}} \tag{2-78}$$

如 $\tau_0=0$，那么

$$\tau = \tau_w\left(1 - e^{-\frac{t}{T}}\right) \tag{2-79}$$

可以看出，电器通电以后，其温升随时间按指数规律增长，如图 2-20 所示，曲线 1 表示初始温升为 τ_0 的温升变化曲线；曲线 2 表示初始温升为 0 的变化曲线；曲线 3 为冷却曲线；曲线 4 为绝热温升曲线。对曲线 2，当 $t=4T$ 时，$\tau=0.98\tau_w$；当 $t=T$ 时，$\tau=0.632\tau_w$。

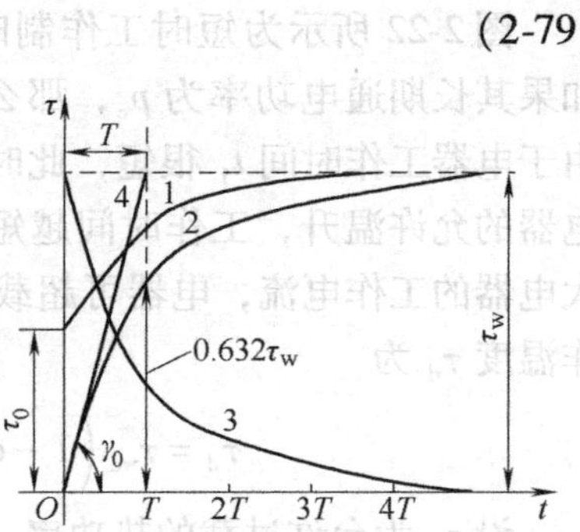

图 2-20　电器发热和冷却过程曲线

如果电器通电以后，全部发热均为电器本身吸收，散热为零（短时发热的极限状态，称之为绝热过程），则有

$$\tau_w \mathrm{d}t = T\mathrm{d}\tau \tag{2-80}$$

如果 $t=0$，$\tau=0$，则

$$\tau = \tau_w \frac{t}{T} \tag{2-81}$$

在绝热情况下，温升变化为一直线。当 $\tau=\tau_w$ 所需的时间正好等于 T。

当输入给电器的热功率为零时，即为电器的冷却过程。由热平衡方程式可知

$$\frac{1}{\tau}\mathrm{d}\tau = -\frac{1}{T}\mathrm{d}t \tag{2-82}$$

式（2-82）的初始条件为 $t=0$ 时，$\tau=\tau_w$。因此

$$\tau = \tau_w e^{-\frac{t}{T}} \tag{2-83}$$

根据上面分析，热时间常数的物理意义可以解释为：电器在绝热条件下温升达到 τ_w 所需的时间。电器的热时间常数与电器的比热容 c、质量 m、综合散热系数 K_T、有效散热面积 A 有关，热时间常数越大，电器达到稳定温升所需的时间也越长。电器的这种温升不随时间瞬时变化的现象，称之为电器的热惯性，而代表热惯性大小的主要参量即为电器的热时间常数。在电器的发热和冷却过程中，热时间常数并不完全相同。

不同热时间常数的温升变化如图 2-21 所示，图中，$T_1<T_2<T_3$，T_1、T_2、T_3 代表图中曲线 1、曲线 2、曲线 3 的热时间常数。

根据分析可知，当通电时间超过 4 倍热时间常数以后，电器的发热过程已经基本上达到稳定，温升趋于常数。因此，在电器发热计算时，只要通电或者断电超过 4 倍热时间常数，即可以认为是长期工作制。

在以上计算中均没有考虑热功率的变化，实际上，当有触头电器长期工作时，其接触部分由于氧化、尘埃堆积等，使得接触区域附加电阻增加，这将引起接触区域温度升高，温度升高后又将引起接触区域的附加电阻进一步增加，形成恶性循环，因此，连续不断电的长期工作制电器极限允许温升应该更低一些。

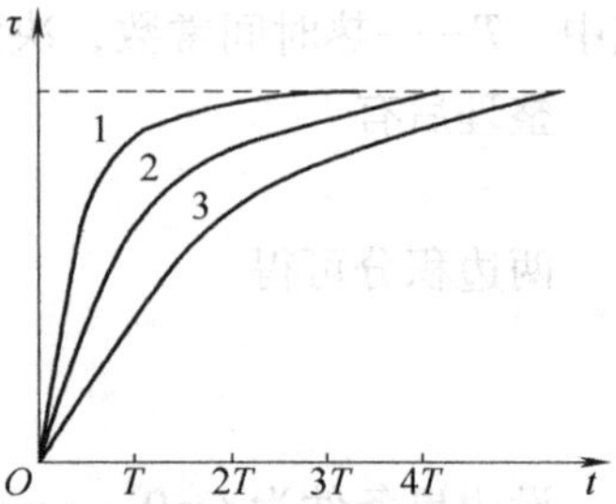

图 2-21 不同热时间常数的温升变化

2. 短时工作制

如果电器工作时间很短，在通电时间内温度上升不会达到稳定值，在不通电时间内温升会冷却到周围介质温度。这种工作情况，称之为短时工作制。

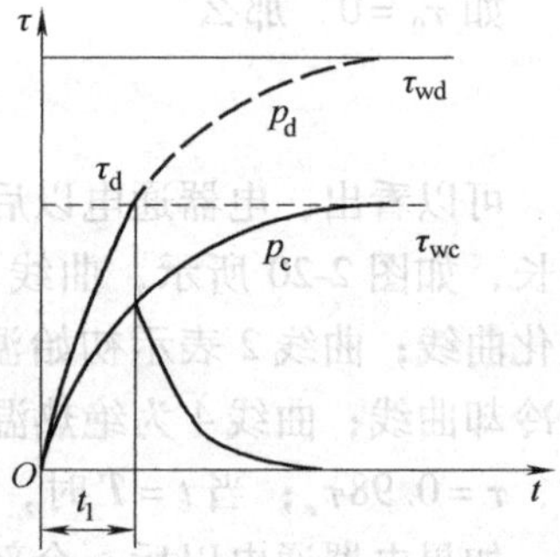

图 2-22 短时工作时的温升变化

图 2-22 所示为短时工作制时温升变化。当电器通电时，如果其长期通电功率为 p_c，那么稳定工作温升为 τ_{wc}。但是，由于电器工作时间 t_1 很短，此时，电器的工作温度没有达到电器的允许温升，工作时间越短，工作温度将越低。可以加大电器的工作电流，电器可超载运行。根据图 2-22 可知，工作温度 τ_d 为

$$\tau_d = \tau_{wd}\left(1 - e^{-\frac{t_1}{T}}\right) = \tau_{wc} \tag{2-84}$$

设 p_d 为允许过载的热功率，功率过载系数用 p_p 表示，电流过载系数用 p_i 表示，则

$$p_p = \frac{p_d}{p_c} = \frac{K_T A \tau_{wd}}{K_T A \tau_{wc}} = \frac{1}{1 - e^{-\frac{t_1}{T}}} \tag{2-85}$$

电流过载系数

$$p_i = \frac{I_d}{I_c} = \sqrt{p_p} \tag{2-86}$$

如果电器通电时间很短，通电时间比其热时间常数小很多，则将 $e^{-\frac{t_1}{T}}$ 用幂级数展开，略去高次项后可得

$$p_p = \frac{T}{t_1} \tag{2-87}$$

$$p_i = \sqrt{\frac{T}{t_1}} \tag{2-88}$$

式（2-88）说明，短时工作制下电器的热过载能力与电器的热时间常数成正比，与通电时间成反比。

3. 反复短时工作制

反复短时工作制是指电器在通电和断电交替循环情况下工作，电器通电时温升没有达到

长期工作的稳定温升，电器断电时温升也不会下降到周围环境温升。

图 2-23 所示为反复短时工作制的温升变化。图中，t_1 为通电时间，t_2 为断电时间，$t_1+t_2=t$ 为电器的工作周期。

p_f 为长期通电的热功率，τ_{wf} 为长期通电的允许温升。反复短时工作情况，其发热稳定后工作温升在 τ_{f1}、τ_{f2} 之间变动。发热稳定后，a、b、c、d、e 为稳定温升曲线上的温升点。由图 2-23 可以推导出下列温升计算方程式：

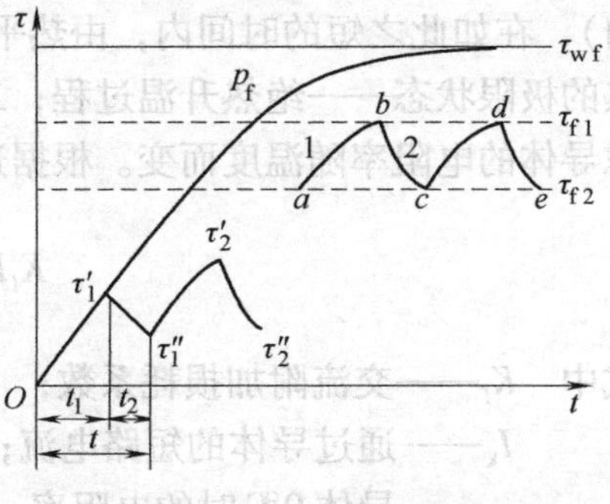

图 2-23　反复短时工作时的温升变化

对曲线 1

$$\tau=\tau_a e^{-\frac{t}{T}}+\tau_{wf}\left(1-e^{-\frac{t}{T}}\right) \tag{2-89}$$

$$\tau_b=\tau_a e^{-\frac{t_1}{T}}+\tau_{wf}\left(1-e^{-\frac{t_1}{T}}\right) \tag{2-90}$$

$$\tau_b=\tau_d=\tau_{f1} \tag{2-91}$$

$$\tau_a=\tau_c=\tau_e=\tau_{f2} \tag{2-92}$$

对曲线 2

$$\tau=\tau_{f1}e^{-\frac{t}{T}} \tag{2-93}$$

$$\tau_{f2}=\tau_{f1}e^{-\frac{t_2}{T}} \tag{2-94}$$

整理可得

$$\tau_{f1}\left(1-e^{-\frac{t_1+t_2}{T}}\right)=\tau_{wf}\left(1-e^{-\frac{t_1}{T}}\right) \tag{2-95}$$

允许过载的功率系数为

$$p_p=\frac{\tau_{wf}}{\tau_{f1}}=\frac{1-e^{-\frac{t_1+t_2}{T}}}{1-e^{-\frac{t_1}{T}}} \tag{2-96}$$

用幂级数展开，并略去高次项后，可得

$$p_p=\frac{t_1+t_2}{t_1}=\frac{t}{t_1} \tag{2-97}$$

电流过载系数为

$$p_i=\sqrt{p_p}=\sqrt{\frac{t}{t_1}} \tag{2-98}$$

在电器标准中常常用通电持续率 $TD\%$ 来表示反复短时工作制的工作繁重情况

$$TD\%=\frac{t_1}{t}\times 100\% \tag{2-99}$$

显然，$TD\%$ 值越大，工作时间越长，任务就越繁重。在极限情况下，$TD\%=100\%$，即为长期工作制，电器将不允许过载运行。

2.7　电器的热稳定性

许多电器都必须经受短路电流的考验，在一定时间内电器承受短路电流引起的热作用而不至损伤的能力称为电器的热稳定性。短路时导体的热计算主要是校核其热稳定性。

短路电流通过导体时的发热有两个显著的特点：一是通电时间很短（例如低压快速型断路器，其动作时间在20ms以内，一般型低压断路器其动作时间在20ms以上，几秒钟之内），在如此之短的时间内，由热平衡原理可知，导体来不及向周围介质散热，即为短时发热的极限状态——绝热升温过程；二是导体的允许温度高（例如铜导体为300℃），必须考虑导体的电阻率随温度而变。根据这两个特点可以写出以下导体的热平衡方程：

$$K_f I_k^2 \rho_0 (1+\alpha\theta) \frac{l}{A} \mathrm{d}t = c\gamma A l \mathrm{d}\theta \tag{2-100}$$

式中 K_f——交流附加损耗系数；

I_k——通过导体的短路电流；

ρ_0——导体0℃时的电阻率；

α——电阻温度系数；

A、l——分别为导体的截面积和长度；

c、γ——分别为导体的比热容和密度。

假定 I_k 不变，时间取为 $t=0$ 到 $t=t_k$，温度取为 $\theta=\theta_0$ 到 $\theta=\theta_k$，对式（2-100）积分整理后可得

$$\theta_k = \frac{1}{\alpha}\left[(1+\alpha\theta_0)\mathrm{e}^{\frac{K_f I_k^2 t_k \rho_0 \alpha}{A^2 c\gamma}} - 1\right] \tag{2-101}$$

式中 θ_0——短路瞬间的起始温度，因为电器在短路电流通过之前常常是处于额定运行状态，故 θ_0 应为周围介质温度加上额定电流下电器的稳态温升。

电器的热稳定性用 $I_k^2 t_k$ 来表示。根据式（2-101）可以得出 θ_k 和 A 给定时导体热稳定性的表达式

$$I_k^2 t_k = \frac{c\gamma A^2}{K_f \rho_0 \alpha} \ln\left(\frac{1+\alpha\theta_k}{1+\alpha\theta_0}\right) \tag{2-102}$$

根据式（2-102）可以看出，在 I_k、t_k、θ_k、A 四个参数中，只要任意给出三个参数，第四个参数即可以求出。

热稳定时间 t_k 常常取一定值，如0.5s、1s、2s等。

根据能量不变原则，保持 $I_k^2 t_k$ 不变，则有

$$\frac{I_{k1}}{I_{k2}} = \sqrt{\frac{t_{k2}}{t_{k1}}} \tag{2-103}$$

即短路持续时间越长，允许的短路电流值越低，但其呈非线性关系。短路时允许的电流密度为

$$J_k = \frac{I_k}{A} = \sqrt{\frac{c\gamma}{K_f \rho_0 \alpha t_k} \ln\left(\frac{1+\alpha\theta_k}{1+\alpha\theta_0}\right)} \tag{2-104}$$

表2-9给出了不同导体材料在不同 t_k 下允许的电流密度经验数值。

表 2-9　短路状态下允许的电流密度经验数值　（单位：A/cm^2）

材　料	热稳定时间 t_k/s		
	1	5	10
铜	15200	6700	4800
铝	8900	4000	2800
黄铜	7300	3800	2700

以上分析短路时导体的热计算，只考虑了电阻率随温度变化，如果考虑比热容也随温度变化，并设 $c=c_0(1+\beta\theta)$，c_0 为导体 0℃时的比热容，β 为比热容温度系数，则根据热平衡公式积分以后得到

$$I_k^2 t_k = \frac{c\gamma A^2}{K_f\rho_0}\left[\frac{\alpha-\beta}{\alpha^2}\ln\left(\frac{1+\alpha\theta_k}{1+\alpha\theta_0}\right)+\frac{\beta}{\alpha}(\theta_k-\theta_0)\right] \tag{2-105}$$

在推导上式的过程中，假设短路电流是不变的。实际上，短路电流过渡过程是随时间变化的，对于交流来说，其短路电流中含有周期分量和非周期分量，与短路时刻有关，限流保护和非限流保护的短路电流情况也是不尽相同的。

*2.8　采用有限元软件计算电器的温升

采用传统的热路计算方法对电器进行热分析，通过经验参数、实验校准等手段修正，在一定程度上，可以分析电器在工作中的温升情况，但是，其存在如下缺陷：

1）计算中忽略的因素较多，不易得到准确的结果。

2）无法建立场域计算模型，无法掌握电器中的各个部件的温升分布规律，只能计算电器的平均温升。

3）无法考虑热参数随温度变化情况，在需要精确计算和优化设计时，遇到困难。

4）电器在工作中，常常处于耦合场共同作用的情况，如电场、磁场、温度场等，采用传统的计算方法将无法全面考虑。

随着计算机技术、仿真技术、电器设计技术的迅速发展，在 20 世纪 90 年代后期，国际上开始了采用场的数值方法来分析计算电器的发热问题。2000 年，M. Lindmayer 建立了低压断路器的简化模型，并基于热电耦合对低压断路器的温度场进行了仿真，不仅考虑了传导散热，还通过气流场和温度场的耦合分析了其中的对流过程。近几年，罗克韦尔实验室在低压开关电器热分析方面做了不少研究工作，主要有：基于机械、电和热耦合分析，研究了导体接触处的发热和散热过程；在 M. Lindmayer 断路器简化模型的基础上，进一步细化了模型，不仅分析了导体部分，还分析了非导体部分，为非导体材料的设计提供了依据[10]。

目前，在电器温度场的分析计算中，ANSYS 有限元分析软件是较为常见的一种。自 ANSYS 有限元分析软件问世至今，经历了三十多年的发展历程。ANSYS 集结构、热、流体、电磁场、声场和耦合场分析于一体，是当前使用广泛、功能完善的有限元分析软件之一。其应用领域涵盖了机械、航空航天、能源、交通运输、土木建筑、水利、电子、生物、医学和教学科研等。ANSYS 提供两种工作方式：GUI 操作和 APDL 命令流。GUI 为人机交互方式。对于简单的模型分析，GUI 操作较容易掌握。但对于复杂的有限元模型和分析，采用 GUI 方

式往往需要大量重复操作，会在操作上浪费大量时间。

APDL 是 ANSYS Parametric Design Language 的缩写，即 ANSYS 参数化设计语言。它是一种类似 FORTRAN 的解释性语言，提供一般程序语言的功能，如参数、宏、标量、向量及矩阵运算、分支、循环、重复以及访问 ANSYS 数据库等。另外还提供简单界面定制功能，实现参数交互输入、消息机制、界面驱动和运行应用程序等。利用 APDL 的程序语言与宏技术组织管理 ANSYS 的有限元分析命令，就可以实现参数化建模、施加参数化载荷与求解以及参数化后处理结果的显示，从而实现参数化有限元分析的全过程。在参数化的分析过程中，通过简单的参数修改，可以反复分析各种尺寸、不同载荷大小的多种设计方案，或者实现序列性产品，极大地提高分析效率，减少分析成本。此外，采用 APDL 具有可减少大量重复工作，便于分析文件保存、携带和交流等优点。

ANSYS 的基本分析过程包括建模、加载求解、结果分析处理三个步骤。其中，结果分析处理是指完成求解计算后，在 ANSYS 后处理器中对结果进行处理与分析。ANSYS 有两种后处理器：通用后处理器 POST1 和时间历程后处理器 POST26。通用后处理器 POST1 用于分析处理整个模型在某个子载荷步的某个子步、某个结果序列、某个特定时间或频率下的结果，即查看整个模型在固定时间点上的某个结果。例如在热分析中，查看时间等于 5s 时模型的温度场等。时间历程后处理器 POST26 用于分析处理指定时间范围内，模型指定节点上的某个结果随时间或频率变化的情况，即查看某个物理量随时间变化的结果。例如查看节点温度随时间变化情况等[11,12]。

创建有限元模型的方法有两种：实体建模和直接生成。可以采用实体建模方法画出模型几何形状，然后指示 ANSYS 程序对几何实体进行网格划分，生成节点和单元。整体程序流程包括建立有限元模型、加载与求解、结果分析与处理，如图 2-24 所示。

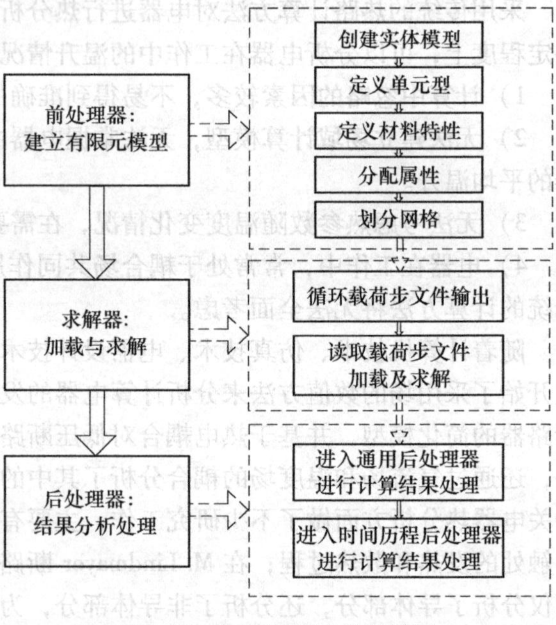

图 2-24 ANSYS 温升分析流程

下面以交流电磁阀的电磁机构为对象，进行温度场分析计算。

以往，人们对电磁阀温度的研究主要集中在线圈温升上，很少有人对电磁阀其他部分的温升进行研究。交流电磁阀作为一类特殊的电磁电器，其动铁心、静铁心、磁轭均为整块导磁体，涡流损耗大，将导致交流电磁阀导磁部分温度升高，进而影响线圈温升。因此，对交流电磁阀整体温度分布进行仿真分析很有必要。

交流电磁阀的二维结构如图 2-25 所示，图 2-26 所示为采用 ANSYS 实体建模的三维结构剖视图。

这是一种典型的热电耦合计算实例，首先建立热电耦合数学模型。在进行温度场求解时，为了便于计算，作如下假设：①交流电磁阀处于无限大空间；②材料各向同性；③交流电磁阀外表面的对流散热为自然对流散热。

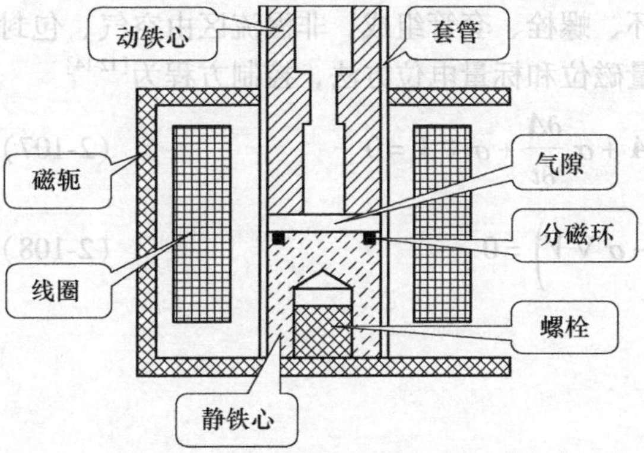

图 2-25 交流电磁阀二维结构

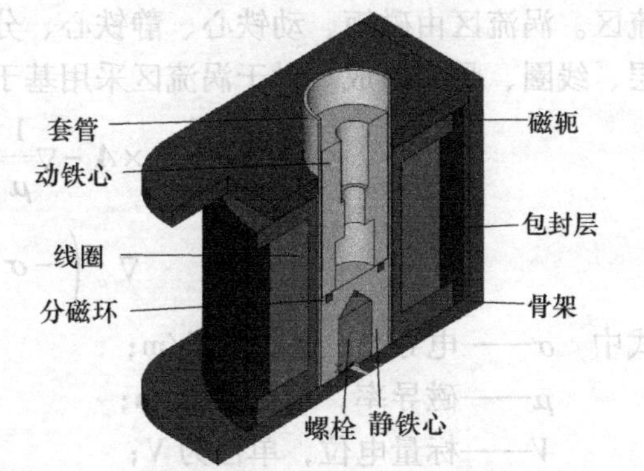

图 2-26 交流电磁阀实体建模的三维结构剖视图

2.8.1 交流电磁阀电磁热耦合计算模型

1. 电磁场计算数学模型

对于交流电磁阀，带铁心磁轭的线圈通入交流电后，由于交变磁场的作用，会在铁磁体内部产生磁滞损耗和涡流损耗。磁滞损耗是指铁磁材料在磁化过程中由磁滞现象引起的能量损耗，该损耗与磁滞回线包围的面积成正比，频率越高，功率损耗越大。交流电磁阀导磁部件有静铁心、动铁心和磁轭。根据磁滞损耗定义，可以通过以下公式对导磁部件任意有限元单元进行磁滞损耗计算：

$$P_{\mathrm{h\_elem}} = fV_{\mathrm{elem}}\int_{\mathrm{BHloop}} \mathrm{d}H_{\mathrm{elem}}\mathrm{d}B_{\mathrm{elem}} \tag{2-106}$$

式中 $P_{\mathrm{h\_elem}}$——任意单元磁滞损耗，单位为 W；

f——频率，单位为 Hz；

V_{elem}——任意单元导磁体体积，单位为 m^3；

H_{elem}——任意单元磁场强度，单位为 A/m；

B_{elem}——任意单元磁感应强度，单位为 T。

根据实际应用中各导磁材料磁滞回线可以得知，磁滞回线总面积均小于 $\frac{4}{3}H_{\mathrm{elem\_max}}B_{\mathrm{elem\_max}}$。其中，$H_{\mathrm{elem\_max}}$ 表示任意单元最大磁场强度，$B_{\mathrm{elem\_max}}$ 表示任意单元最大磁感应强度。因此，任意单元磁滞损耗均小于 $\frac{4}{3}fV_{\mathrm{elem}}H_{\mathrm{elem\_max}}B_{\mathrm{elem\_max}}$。导磁部件总磁滞损耗为各个单元磁滞损耗的总和，进而得到导磁部件总磁滞损耗小于 $\frac{4}{3}f\sum_{i=1}^{n}V_iH_{i\_\mathrm{max}}B_{i\_\mathrm{max}}$。其中，$n$ 代表总单元数，H_{i_max}、B_{i_max} 分别表示每个单元对应的最大磁场强度和最大磁感应强度，V_i 表示对应单元的体积。

通过 ANSYS 计算，得到电磁阀在输入额定电压时线圈温升稳定后，导磁部件总磁滞损耗 $P_{\mathrm{h}}<0.0937\mathrm{W}$，根据厂商提供的实测总功率为 6.24W，磁滞损耗占总功率的比例小于 1.50%，因此在本模型热计算中，可忽略磁滞损耗。

将交流电磁阀三维模型分为两个区域：产生涡流损耗的涡流区和不产生涡流损耗的非涡流区。涡流区由磁轭、动铁心、静铁心、分磁环、螺栓、套管组成，非涡流区由空气、包封层、线圈、骨架组成。对于涡流区采用基于矢量磁位和标量电位方法，控制方程为[12-14]

$$\nabla \times \frac{1}{\mu} \nabla \times \boldsymbol{A} - \nabla \frac{1}{\mu} \nabla \cdot \boldsymbol{A} + \sigma \frac{\partial \boldsymbol{A}}{\partial t} + \sigma \nabla V = 0 \tag{2-107}$$

$$\nabla \cdot \left(-\sigma \frac{\partial \boldsymbol{A}}{\partial t} - \sigma \nabla V \right) = 0 \tag{2-108}$$

式中 σ——电导率，单位为 S/m；

μ——磁导率，单位为 H/m；

V——标量电位，单位为 V；

$\boldsymbol{A}$——矢量磁位，单位为 V · s/m；

t——时间，单位为 s。

非涡流区控制方程为

$$\nabla \times \frac{1}{\mu} \nabla \times A - \nabla \frac{1}{\mu} \nabla \cdot A = J_S \tag{2-109}$$

式中 J_S——线圈的电流密度，单位为 A/m^2。

由麦克斯韦方程及矢量磁位定义，有

$$\nabla \times \boldsymbol{H} = \boldsymbol{J} \tag{2-110}$$

$$\boldsymbol{H} = \frac{1}{\mu} \boldsymbol{B} \tag{2-111}$$

$$\boldsymbol{B} = \nabla \times \boldsymbol{A} \tag{2-112}$$

式中 $\boldsymbol{H}$——磁场强度；

$\boldsymbol{B}$——磁感应强度；

$\boldsymbol{J}$——电流密度。

2. 温度场计算数学模型

根据 2.2 节的分析可知，电器在工作中的传热方式有热传导、热对流、热辐射三种。根据斯忒藩-玻耳兹曼定律，两个表面之间的辐射功率可以表示为

$$P_{\mathrm{rad/s}} = \kappa \varepsilon_{\mathrm{i}} F_{\mathrm{ij}} A_{\mathrm{i}} (T_{\mathrm{i}}^4 - T_{\mathrm{j}}^4) \tag{2-113}$$

式中 $P_{\mathrm{rad/s}}$——物体单位面积的辐射功率，单位为 W/m^2；

κ——斯忒藩-玻耳兹曼常数，单位为 W/（m^{2}K^4），取 5.6704×10^{-8}；

ε_{i}——物体表面放射率，取 0.55；

F_{ij}——形状系数，取 1；

A_{i}——表面积，单位为 m^2；

T_{i}——发热体表面的温度，单位为 K；

T_{j}——接受辐射物体的温度，单位为 K。

国家标准规定，电器零部件的极限允许温升为百摄氏度数量级，因此，辐射功率很小，在此时热计算中可以忽略不计。由于交流电磁阀内部空气对流缓慢，对于该电磁阀在进行热分析时，阀体内部考虑热传导散热；阀与空气接触的外表面考虑对流散热，通过表面散热系数来简化处理。使用以下热传导方程计算：

$$\rho c_{\mathrm{p}}\frac{\partial T}{\partial t}-\nabla\cdot(\lambda\nabla T)-S=0 \tag{2-114}$$

式中　ρ——密度，单位为 $\mathrm{kg/m^3}$；

c_{p}——比热容，单位为 J/（kg·K）；

T——温度，单位为 K；

λ——热导率，单位为 W/m·K；

S——生热率，单位为 $\mathrm{W/m^3}$。

与空气接触的外表面（交流电磁阀的线圈外表面、磁轭外表面）散热边界条件为

$$-\lambda\frac{\partial T}{\partial n}=\alpha(T_0-T_{\mathrm{f}}) \tag{2-115}$$

式中　α——表面传热系数，单位为 $\mathrm{W/(m^2\cdot K)}$；

T_0——发热体温度，单位为 K；

T_{f}——环境温度，单位为 K。

3. 电磁热耦合计算

目前，温度场计算大部分是在已知功率情况下通过有限元软件直接计算。该方法对于交流电磁机构，存在一定误差。其原因主要是，线圈电阻率以及各部件材料热导率、散热系数都是随着温度变化的量，电磁阀各个部分发热与散热的相互影响等，可采用电磁热耦合的计算方法来进行计算。

在交流电磁阀通电过程中，各个部件产生温升所需要的热量主要由各部件产生的涡流损耗以及线圈产生的焦耳热提供。根据式（2-114）可知，温度场计算需要准确计算电磁阀各部件的生热率 S，S 可以通过如下方程计算：

$$J=\nabla\times\frac{1}{\mu}\nabla\times A \tag{2-116}$$

由麦克斯韦方程及矢量磁位定义方程可知

$$S=\frac{1}{\sigma}|J|^2 \tag{2-117}$$

考虑热传导和磁性材料以及非磁性材料热特性的电磁热耦合分析计算，计算流程如图 2-27 所示。

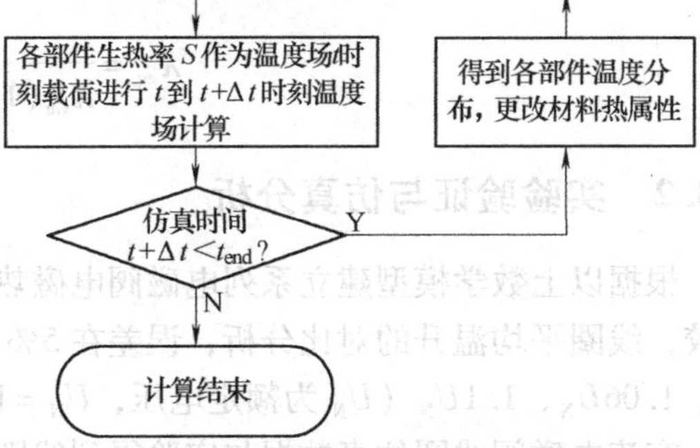

图 2-27　电磁热耦合计算流程

首先，设定环境温度、电磁阀各部件材料的相关属性、加载电压、仿真时间 t_{end}，以及时间步长 Δt 等。进行电磁场计算，得到 t 时刻线圈、动静铁心、磁轭、分磁环以及套管生热率 S。将计算得到的生热率 S 作为温度场各个部件的载荷，进行温度场解算，得到 $t+\Delta t$ 时刻的温度分布情况，判断温度场仿真时间 $t+\Delta t$ 是否已经达到设定的仿真时间 t_{end}。若未到达，则根据计算得到的温度分布情况更新单元的材料属性，同时

令仿真时间 $t=t+\Delta t$，再计算电磁场。重复上述过程，直到仿真时间 $t=t_{\text{end}}$，仿真结束，保存温度场结果，并转入后处理，进行仿真结果的读取与查看等操作。

4. 线圈等效热导率计算

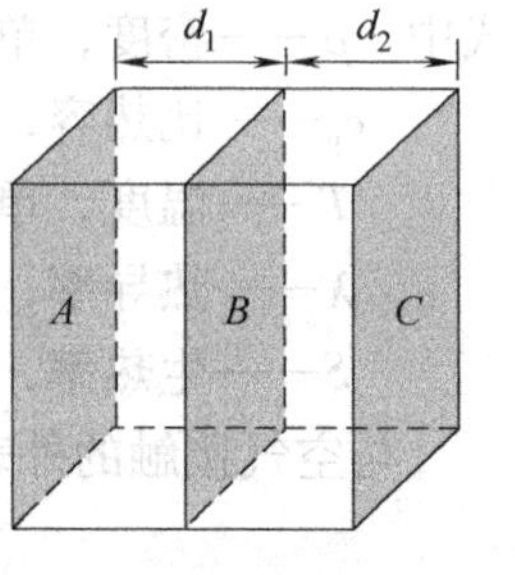

图 2-28　导线等效热传导示意

线圈作为电磁阀发热的主要元件，其热性能好坏直接影响电磁阀使用寿命。线圈是包封材料和铜的混合体，故不能简单采用铜的热导率来代替线圈的热导率。线圈的等效热导率应按以下方法计算。导线热传导示意图如图 2-28 所示。

图 2-28 中，A、B、C 分别代表三个热传导面。AB 面之间代表漆包线，BC 面之间代表包封材料。T_A 代表 A 面温度，T_B 代表 B 面温度，T_C 代表 C 面温度，单位均为 K。d_1 代表 AB 面距离，d_2 代表 BC 面距离，d 代表 AC 面距离，单位均为 m。S_A、S_B、S_C 分别表示 A、B、C 三个面的面积，单位均为 m^2。假设热量从 A 面传到 B 面再传到 C 面，存在以下关系：

$$\begin{cases}\dfrac{Q}{t}=\dfrac{\lambda_{\text{Cu}}S_A(T_A-T_B)}{d_1}=\dfrac{\lambda_{\text{bf}}S_B(T_B-T_C)}{d_2}=\dfrac{\lambda_{\text{eq}}S_C(T_A-T_C)}{d}\\ S_A=S_B=S_C\\ d_1+d_2=d\end{cases}\tag{2-118}$$

在每个均匀混合体中，漆包线与包封材料的体积比为固定值，符合下式：

$$\frac{V_{\text{Cu}}}{V_{\text{Cu}}+V_{\text{bf}}}=f_{\text{t}}\tag{2-119}$$

式中　Q——t 时间内的传热量，单位为 J；

λ_{Cu}、λ_{bf}、λ_{eq}——分别为铜、包封材料以及单匝漆包线等效热导率，单位均为 W/（m·K）；

f_{t}——线圈填充系数；

V_{Cu}——均匀混合物中漆包线体积；

V_{bf}——均匀混合物中包封材料体积，单位均为 m^3。

因此可知

$$\frac{d_1}{d_2}=\frac{f_{\text{t}}}{1-f_{\text{t}}}\tag{2-120}$$

$$\lambda_{\text{eq}}=\frac{\lambda_{\text{Cu}}\lambda_{\text{bf}}}{\lambda_{\text{Cu}}(1-f_{\text{t}})+\lambda_{\text{bf}}f_{\text{t}}}\tag{2-121}$$

2.8.2　实验验证与仿真分析

根据以上数学模型建立系列电磁阀电磁热仿真计算数据库。将计算结果与实测结果进行比较，线圈平均温升的对比分析，误差在 5% 以内。当输入电压为 $0.75U_{\text{N}}$、$0.8U_{\text{N}}$、$0.9U_{\text{N}}$、U_{N}、$1.06U_{\text{N}}$、$1.1U_{\text{N}}$（U_{N} 为额定电压，$U_{\text{N}}=100\text{V}$）时，考虑涡流损耗与不考虑涡流损耗情况，交流电磁阀线圈仿真数据与实验得到线圈平均温升对比见表 2-10。

由表 2-10 中数据可知，考虑涡流损耗情况，线圈平均温升仿真数据与实验数据最大误差为3.25%，而忽略涡流损耗情况，线圈平均温升仿真数据与实验数据误差很大，误差范围为44%～52%之间。因此，这种情况的电磁机构，在计算温升的过程中必须要考虑涡流损耗。

表2-10　线圈绕组平均温升实验与仿真数据对比

环境温度/℃	输入电压/V	实验温升/K	考虑涡流损耗仿真温升/K	考虑涡流相对误差（%）	忽略涡流损耗仿真温升/K	忽略涡流相对误差（%）
11	$0.75U_N$	30.1	30.3	0.66	14.7	51.2
12	$0.8U_N$	36.9	35.7	3.25	17.9	51.5
12	$0.9U_N$	48.3	48.5	0.41	25.4	47.4
10	U_N	63.8	63.5	0.47	34.5	45.9
10.5	$1.06U_N$	73.8	73.9	0.14	41.1	44.3
10.5	$1.1U_N$	82.9	81.4	1.80	46.2	44.3

电磁阀线圈输入电压$U=1.06U_N$，环境温度为50℃，各个部件温度分布情况如图2-29所示。图中，①表示动铁心，②表示静铁心，③表示分磁环，④表示磁轭，⑤表示骨架，⑥表示线圈包封层，⑦表示套管，⑧表示线圈，⑨表示线圈剖视图。将各个部件最高温度、最低温度、平均温度以及产生的功率损耗分别列于表2-11。表中，T_{max}表示最高温度，T_{min}表示最低温度，T_{avg}表示平均温度，P表示相应部件产生的功率损耗。编号①～⑧分别对应图2-29中各个部件。

表2-11　交流电磁阀各个部件温度分布情况

	①	②	③	④	⑤	⑥	⑦	⑧
T_{max}/℃	123.5	123.3	123.0	121.7	134.4	125.8	124.7	134.5
T_{min}/℃	121.8	120.0	123.0	109.3	107.3	100.7	119.2	117.1
T_{avg}/℃	122.7	122.0	123.0	113.9	122.2	113.2	122.1	128.6
P/W	0.152	0.123	0.166	1.468	—	—	0.199	4.243

从表2-11可以看出，交流电磁阀温度最高点在线圈内部，为134.5℃，骨架最高温度为134.4℃，接近于线圈最高温度，动铁心、静铁心、分磁环、套管最高温度比较接近，均在123℃左右。最低温度点在线圈包封层外表面，为100.7℃。由于线圈功率最高，包封材料热导率低，线圈等效热导率低，线圈与空气无对流散热，只能通过骨架以及包封层传导散热，因此温度最高点出现在线圈内部；由于包封层无涡流损耗，又与空气存在热对流，散热快，因此温度最低点出现在包封层与空气接触的表面上。图2-29⑨为线圈温度剖视图，最高温度区域分布在线圈内部靠近骨架的地方，这是由于骨架内部有套管、静铁心、动铁心等，这些部件也会产生功率损耗，导致线圈靠近骨架区域温度最高。从计算结果可以看出，虽然磁轭功率仅次于线圈功率，高于动铁心和静铁心，但其最高温度仅为121.7℃，小于动铁心和静铁心最高温度。这是由于磁轭与空气直接接触，除了传导散热外，还通过空气对流散热。而动铁心与静铁心在骨架内部，几乎与空气无对流，只存在传导散热，因此磁轭温度较低。

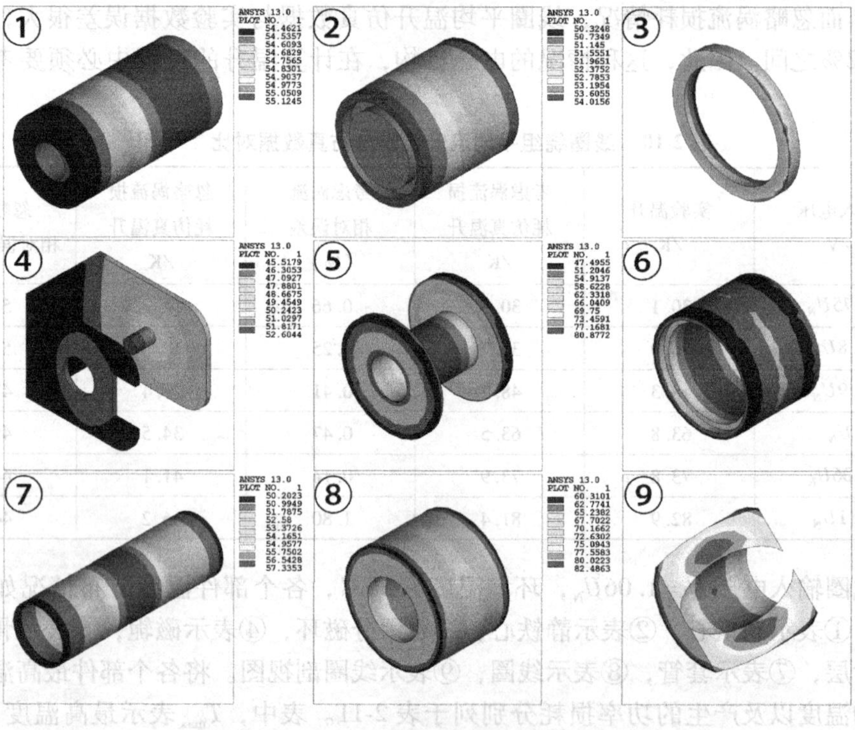

图 2-29 电磁阀发热稳定下各个部件温度分布情况

2.9 小结

发热是电器工作中产生的一种必然现象。本章详细阐述了电器工作中的热源，分析了电器中散热的三种方式与计算方法，讲述了电器工作中允许温升与稳定温升的计算与设定。采用牛顿公式对电器的稳定温升进行计算；采用傅里叶定理对电器的典型部件进行温升计算与分析。通过对不同工作制下电器的温升计算，得出电器工作中温升的变化规律和过载情况，介绍了电器热稳定性的概念与计算。最后，以交流电磁阀为例，介绍了采用三维有限元软件进行温度场计算的方法与步骤，通过电磁热耦合计算，可以准确地分析电器中各处的温升分布与温升值，为进一步提高电器产品的热性能指标提供理论依据。

2.10 思考题与习题

2-1 电器在短时工作制下为什么能提高负载能力？短时工作的时间为什么要小于 4 倍热时间常数才能提高负载能力？

2-2 一个按短时工作制设计的电器，设其工作时间为 t，热时间常数为 T，它的功率过载倍数是多少？若工作时间变为 t_1 ($t_1 = 0.5t$)，其他条件不变，请问它的过载能力怎样变化？

2-3 反复短时工作制为什么能提高负载能力？在同样的 $TD\%$ 下，一个电器的热时间常数大，另一个热时间常数小，两者的过载能力是否相同？为什么？

2-4　趋肤效应与邻近效应的实质是什么？交流电阻为什么比直流电阻要大？

2-5　开关柜中垂直安放的铝母线尺寸为80mm×6mm，表面涂漆，在85℃时的散热系数$K_T=12.5W/(m^2·℃)$，电阻率$\rho=3.75\times10^{-8}\Omega·m$，求该母线最大长期允许电流。

2-6　有一交流接触器额定工作电流$I_N=400A$，热稳定性要求$7I_N$、10s，其铜质触桥的截面积$A=3.5mm\times18mm$，设在长期工作下触桥温升$\tau=60℃$，周围介质温度$\theta_0=40℃$，材料的电阻率（0℃时）$\rho_0=1.58\times10^{-8}\Omega·m$，电阻温度系数$\alpha=0.0043$，比热容$c=0.39\times10^3W·s/(kg·℃)$，密度$\gamma=8.9\times10^3kg/m^3$。试计算在热稳定条件下触桥的温升。

2-7　有一绕在绝缘的铁心上的直流电压线圈，额定电压$U_N=110V$，线圈外径$D_W=36mm$，内径$D_n=16mm$，线圈高度$h=50mm$，导线直径$d=0.16mm$，匝数$N=16700$，散热系数$K_T=12W/(m^2·℃)$。试计算线圈表面的平均温升。

2-8　有一直径为20mm的纯铜棒，外包4.5mm胶纸绝缘，放在空气中，如图2-30所示。图中尺寸单位为mm。试求出纯铜棒在通过1200A电流时的发热温度。（注：铜导体在0℃时的电阻率取$1.62\times10^{-8}\Omega·m$）

2-9　采用有限元方法计算电器温升与采用传统分析方法计算电器温升，各有何特点？试分析之。

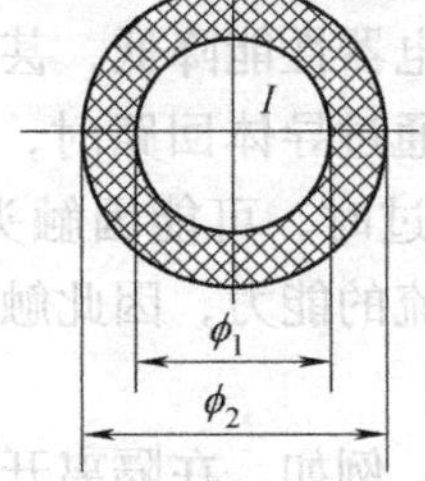

图2-30　题2-8图

第3章　电器的电动力理论

3.1　电器中的电动力现象

桥式触头
分断电弧

众所周知，磁场中的载流导体必然受到力的作用，而电流产生磁场，载流导体周围又有磁场存在，因此，两个或几个相互有电磁耦合的导体之间必有相互作用的力。载流导体之间的这种作用力称为“电动力”。电动力的本质仍是安培力（洛伦兹力）。在铁磁体附近的载流导体也会受到作用力，该力总是使载流导体力图向铁磁体靠近。

电动力的大小和方向与电流的种类、大小和方向有关，也与电流经过的回路形状、回路的相互位置、回路间的介质、导体截面形状等有关。

在各种电器产品中，有许多受到电动力作用的例子。

有些电动力对电器产生危害，使电器性能降低，甚至使电器遭到破坏。例如，在高压开关中支持导体的绝缘子，当短路电流通过导体回路时，绝缘子可能因受巨大电动力而破裂；隔离开关的触头回路，当短路电流通过时，可能因触头回路产生巨大电动力使触头自己断开，由于隔离开关不具备分断短路电流的能力，因此触头受电动力自动断开时产生的强大电弧不能熄灭，必然产生严重事故。

有些情况下电动力也可以被利用。例如，在隔离开关中，设计适当的触头回路结构，使电动力的方向是增加触头压力，而不是削弱触头压力；在限流式开关中，可利用触头回路电动斥力快速断开触头，以实现开关限流的特殊功能；在开关电器中，广泛采用触头回路电动力吹弧，使电弧迅速运动而熄灭，如图3-1～图3-4所示。

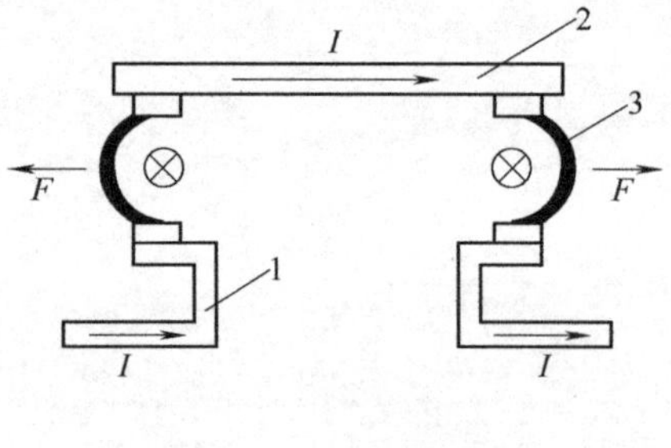

图3-1　桥式触头系统

1—静触头系统　2—动触头系统　3—电弧

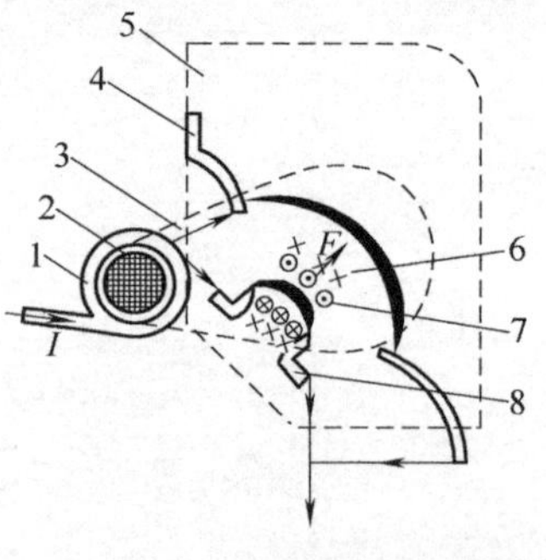

图3-2　磁吹灭弧

1—磁吹线圈　2—铁心　3—导磁夹板　4—引弧角　5—灭弧罩　6—磁吹线圈产生的磁场　7—电弧电流　8—动触头

电器中的电动力直接影响电器的工作性能，在设计电器或进行产品分析时，常常需要对这些电动力进行计算和分析。电气设备的导电部分总是由多个导体构成的，当导体中有电流流过时，各导体之间就有电动力的作用。电动力的大小与导体间的相互位置以及通过它们的电流的大小有关。正常工作时，断路器的长期工作电流不大，为几百至几千安，作用在导体上的电动力很小，对断路器的工作影响不大，常常忽略不计。当电路发生短路时，短路电流很大，可达几十千安乃至上百千安，就会产生很大的电动力，电动力可能达几百牛顿，甚至几千牛顿以上。这样大的电动力可能使断路器的一些结构零件变形或断裂，使原来处于关合位置的触头被推开，产生电弧，导致触头熔焊；或者使断路器在关合过程中不能顺利关合，以至造成断路器爆炸等严重事故。这时，就必须考虑电动力问题了。

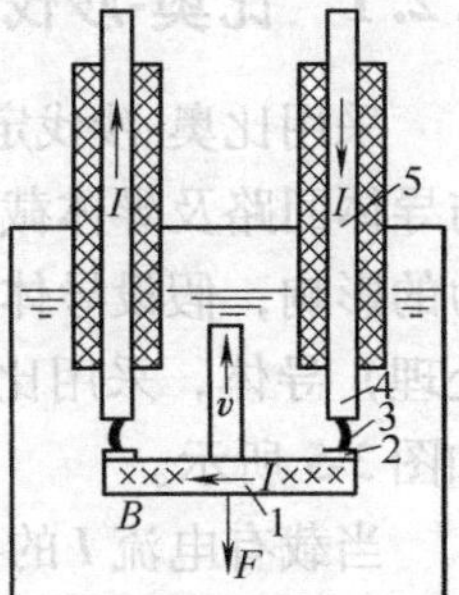

图 3-3　刀开关

1—动触桥　2—动触头

3—电弧　4—静触头

5—导电杆

通过对电动力的分析和计算，一方面可以掌握产生电动力的规律与特点，以便在设计电器产品时，选择合理的结构和尺寸，使其机械强度能承受电动力的作用而不至损坏，使电器不会因电动力的作用而发生误动作，也就是要克服电动力的危害性；另一方面，可以充分利用电动力的特点改善、提高电器的性能，如利用电动力的作用来提高电器的灭弧能力，利用电动力的作用增加短路时触头间的压力，利用电动力原理设计并制造快速斥力机构等。

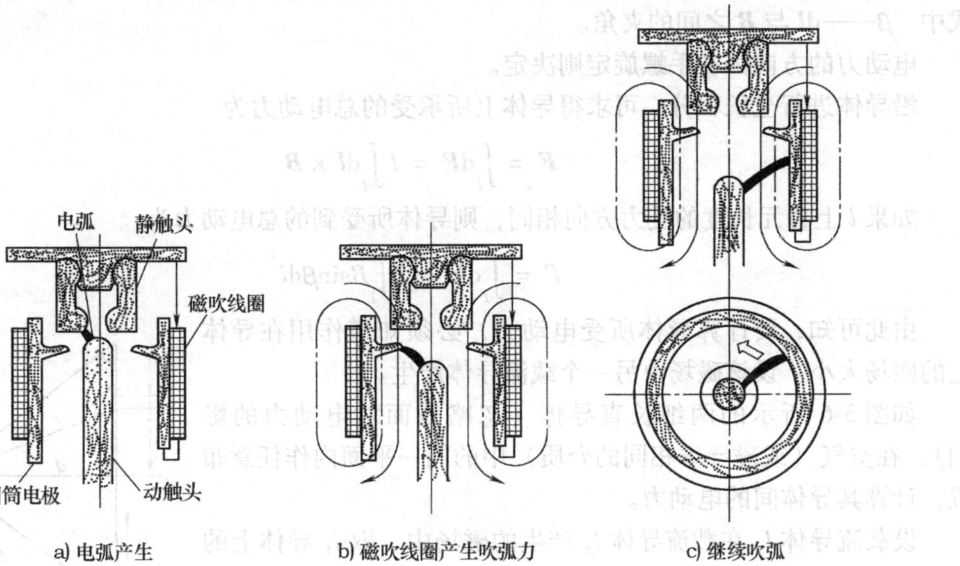

a) 电弧产生　　b) 磁吹线圈产生吹弧力　　c) 继续吹弧

图 3-4　断路器

电器中电动力的计算，同样有传统计算方法和场域分析计算方法，简单回路的电动力计算可采用传统计算方法，复杂结构的电动力可采用计算机进行场域计算。

3.2　电器中的电动力计算

对于机构简单的导体回路，有两种常用的计算方法：①比奥-沙伐定律；②能量平衡法。两种方法的本质相同，原则上采用任何一种方法计算电动力都可以，但是对不同的具体对象来说，两种方法各有方便之处。

3.2.1 比奥-沙伐定律计算电动力

采用比奥-沙伐定律计算电动力，是工程上常常采用的方法之一。载流导体所受电动力与导体回路及导体截面有关，如果忽略导体截面对电动力的影响，假设导体为无限细（即导体中电流按线电流处理）导体，采用比奥-沙伐定律计算导体所受电动力，如图 3-5 所示。

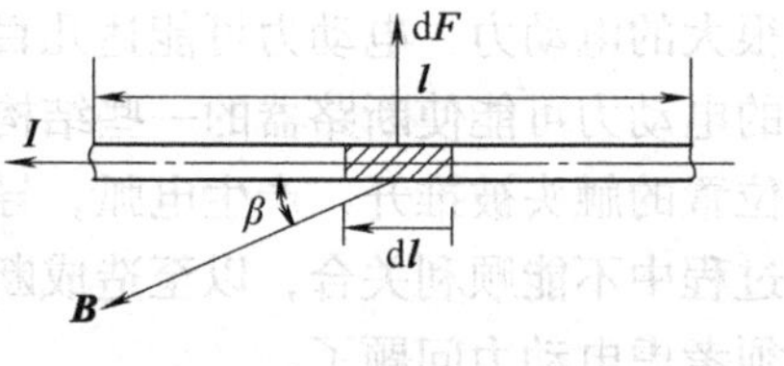

图 3-5 导体受力示意图

当载有电流 I 的导体在磁场 B 中时，元长度 dl 一段导体上将受到电动力为

$$\mathrm{d}\boldsymbol{F} = I\mathrm{d}\boldsymbol{l} \times \boldsymbol{B} \tag{3-1}$$

式中 I——导体中的电流；

$\boldsymbol{B}$——元长度 dl 处的磁感应强度矢量；

d$\boldsymbol{l}$——导体元长度矢量，取向与电流方向相同。

元作用力 d$\boldsymbol{F}$ 垂直于 d$\boldsymbol{l}$ 和 $\boldsymbol{B}$ 两个矢量所形成的平面，其标量形式为

$$\mathrm{d}F = IB\sin\beta \mathrm{d}l \tag{3-2}$$

式中 β——d$\boldsymbol{l}$ 与 $\boldsymbol{B}$ 之间的夹角。

电动力的方向由右手螺旋定则决定。

沿导体进行全长积分，可求得导体上所承受的总电动力为

$$\boldsymbol{F} = \int_l \mathrm{d}\boldsymbol{F} = I\int_l \mathrm{d}\boldsymbol{l} \times \boldsymbol{B} \tag{3-3}$$

如果 l 上各元长度的受力方向相同，则导体所受到的总电动力为

$$F = \int_l \mathrm{d}F = I\int_l B\sin\beta \mathrm{d}l \tag{3-4}$$

由此可知，要计算导体所受电动力，必须知道作用在导体上的磁场大小。设该磁场由另一个载流导体产生。

如图 3-6 所示的两细长直导体（忽略截面对电动力的影响），在空气（或磁导率相同的介质）中的同一平面内作任意布置，计算其导体间的电动力。

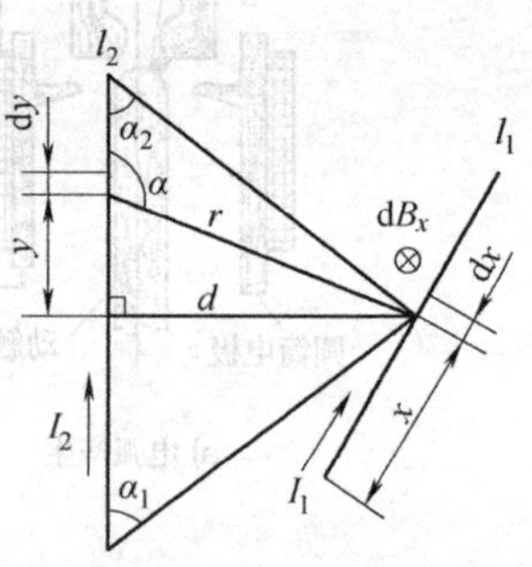

图 3-6 同一平面内的两细长直导体

设载流导体 l_1 在载流导体 l_2 产生的磁场中，取 l_1 导体上的元长度 dx，根据式（3-4）l_1 导体上所受的电动力为

$$F = I_1\int_{l_1} B_x\sin\beta \mathrm{d}x \tag{3-5}$$

取导体 l_2 上的元长度 dy，元电流 I_2dy 在 dx 处产生的磁感应强度 dB_x 为

$$\mathrm{d}\boldsymbol{B}_x = \frac{\mu_0}{4\pi}\frac{I_2\mathrm{d}y}{r^2} \times \boldsymbol{r}^0 \tag{3-6}$$

式中 r——由 dy 到 dx 间的距离；

$\boldsymbol{r}^0$——r 的单位矢量，方向从 y 指向 x。

整个 l_2 导体在 x 处产生的磁感应强度为

$$B_x = \frac{\mu_0}{4\pi} I_2 \int_{l_2} \frac{\mathrm{d}\boldsymbol{y} \times \boldsymbol{r}^0}{r^2} \tag{3-7}$$

其数量关系为

$$B_x = \frac{\mu_0}{4\pi} I_2 \int_{l_2} \frac{\sin\alpha}{r^2} \mathrm{d}y \tag{3-8}$$

式中 α——$\mathrm{d}\boldsymbol{y}$ 与 $\boldsymbol{r}^0$ 之间的夹角。

由图3-6可知：$y = -d\cot\alpha$，$\mathrm{d}y = \frac{d}{\sin^2\alpha}\mathrm{d}\alpha$，$r = \frac{d}{\sin\alpha}$，因此

$$B_x = \frac{\mu_0}{4\pi} I_2 \int_{\alpha_1}^{\pi-\alpha_2} \frac{\sin\alpha}{d}\mathrm{d}\alpha = \frac{\mu_0 I_2}{4\pi}\frac{(\cos\alpha_1 + \cos\alpha_2)}{d} \tag{3-9}$$

导体上所受电动力为

$$F = \frac{\mu_0}{4\pi} I_1 I_2 \int_{l_1} \frac{\cos\alpha_1 + \cos\alpha_2}{d}\sin\beta \mathrm{d}x \tag{3-10}$$

因为两导体在同一平面上，$\boldsymbol{B}_x$ 的方向垂直于导体 l_1，$\beta = \frac{\pi}{2}$，$\sin\beta = 1$，得

$$F = \frac{\mu_0}{4\pi} I_1 I_2 \int_{l_1} \frac{\cos\alpha_1 + \cos\alpha_2}{d}\mathrm{d}x \tag{3-11}$$

令 $K_\mathrm{h} = \int_{l_1} \frac{\cos\alpha_1 + \cos\alpha_2}{d}\mathrm{d}x$，称之为回路系数，是一个无量纲的系数，对不同的情况，回路系数会有所不同，在手册中，常见导电系统的回路系数公式可以查出，计算极为便利。公式（3-11）对在同一平面内布置的导体系统具有普遍意义。

电动力 F(N) 计算公式为

$$F = \frac{\mu_0}{4\pi} I_1 I_2 K_\mathrm{h} \tag{3-12}$$

式中 μ_0——空气磁导率，$\mu_0 = 4\pi \times 10^{-7}\mathrm{H/m}$。

由式（3-12）可以看出，导体回路间的电动力与载流导体的电流有关，与导体的长度有关，与导体间的相互位置有关，与导体间的介质有关。

3.2.2 能量平衡法计算电动力

在几个载流导体系统中，如果只有一个导体因受电动力的作用在某一方向产生元位移，则根据能量平衡原理，当外电源提供的能量为零时，此导体所作的功应等于系统储能的变化，即

$$\partial W = F\partial x \tag{3-13}$$

式中 ∂W——系统中储能的变化；

∂x——导体受电动力的作用在 x 方向产生的元位移。

因此，作用在某一导体上的电动力为

$$F = \frac{\partial W}{\partial x} \tag{3-14}$$

如图 3-7 所示，导体 l 在 AB 位置时，磁能为 W_1，在电动力 F 作用下，l 移动到 $A'B'$位置，磁能为 W_2，而磁能的变化为$\partial W = W_2 - W_1$，位置的变化为∂x，则电动力 F 为

$$F = \frac{\partial W}{\partial x} \tag{3-15}$$

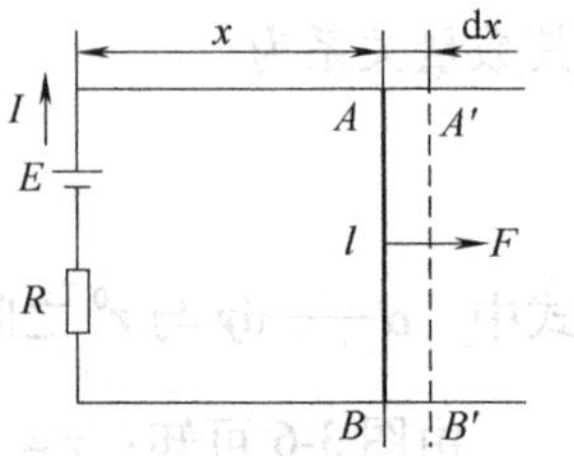

图 3-7 导体受电动力作用示意图

在两个耦合导体系统中，设其中流过的电流为 i_1 和 i_2，则系统中储能为

$$W = \frac{1}{2}L_1 i_1^2 + \frac{1}{2}L_2 i_2^2 + M i_1 i_2 \tag{3-16}$$

式中 L_1、L_2——分别为回路 1 和 2 的自感系数；

M——两回路间的互感系数。

设产生元位移∂x 时，流过系统中的电流不变，则导体在位移方向 x 所受的电动力 F 为

$$F = \frac{\partial W}{\partial x} = \frac{1}{2}i_1^2\frac{\partial L_1}{\partial x} + \frac{1}{2}i_2^2\frac{\partial L_2}{\partial x} + i_1 i_2\frac{\partial M}{\partial x} \tag{3-17}$$

当只有第一导电系统存在时（$i_2 = 0$），有

$$F = \frac{1}{2}i_1^2\frac{\partial L_1}{\partial x} \tag{3-18}$$

当只有第二导电系统存在时（$i_1 = 0$），有

$$F = \frac{1}{2}i_2^2\frac{\partial L_2}{\partial x} \tag{3-19}$$

如果 L_1 和 L_2 与 x 的变化无关，而 $i_1 \neq 0$，$i_2 \neq 0$，则系统中相互作用的电动力为

$$F = i_1 i_2\frac{\partial M}{\partial x} \tag{3-20}$$

由此可见，如果能够计算出 L 和 M 的导数，则电动力即可求得。但是，对于几何形状复杂的导体系统，L 和 M 常常不易求出。

3.3 典型导体间的电动力

3.3.1 采用比奥-沙伐定律计算电动力

1. 两平行无限长载流导体

两平行无限长载流导体系统如图 3-8 所示，求其 l 一段长度上的电动力。

设其导体长度 $l > 10d$，此时，$\alpha_1 = 0$，$\alpha_2 = 0$，根据式（3-12）可知电动力 F 为

$$F = \frac{\mu_0}{4\pi}I_1 I_2 K_h = 10^{-7} I_1 I_2 K_h,$$

其中

$$K_h = \int_{l_1}\frac{\cos\alpha_1 + \cos\alpha_2}{d}dx = \frac{2l}{d}$$

故

$$F = 10^{-7} I_1 I_2 \frac{2l}{d} \tag{3-21}$$

式（3-21）适用于长直输电线系统。根据右手螺旋定律，同向电流产生相互吸引的电动力，异向电流产生相互排斥的电动力。

2. 两平行有限长载流导体

两平行有限长载流导体如图 3-9 所示，导体长度分别为 l_1 和 l_2，求 l_1 导体所受电动力。

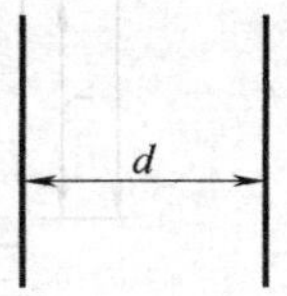

图 3-8　两平行无限长载流导体

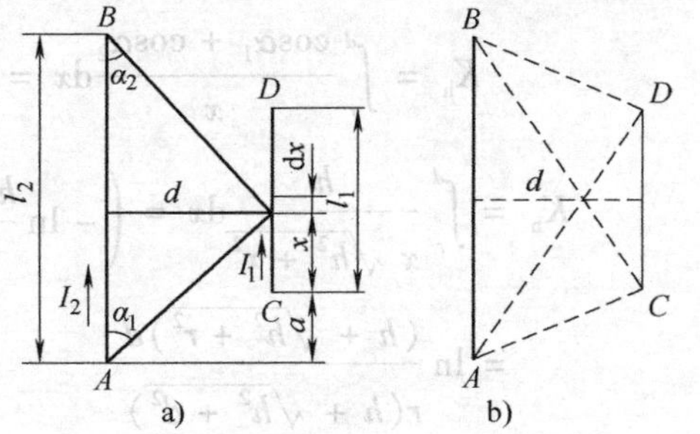

图 3-9　两平行有限长载流导体

回路系数为
$$K_h = \int_0^{l_1} \frac{\cos\alpha_1 + \cos\alpha_2}{d} dx$$

因为
$$\cos\alpha_1 = \frac{a + x}{\sqrt{d^2 + (a + x)^2}}, \cos\alpha_2 = \frac{l_2 - (a + x)}{\sqrt{d^2 + [l_2 - (a + x)]^2}}$$

所以
$$K_h = \frac{1}{d} \int_0^{l_1} \left(\frac{a + x}{\sqrt{d^2 + (a + x)^2}} + \frac{l_2 - (a + x)}{\sqrt{d^2 + [l_2 - (a + x)]^2}} \right) dx$$

$$K_h = \frac{1}{d} \left[\sqrt{d^2 + (a + l_1)^2} + \sqrt{d^2 + (l_2 - a)^2} - \sqrt{d^2 + a^2} - \sqrt{d^2 + (l_2 - a - l_1)^2} \right]$$

$$K_h = \frac{(\overline{AD} + \overline{BC}) - (\overline{AC} + \overline{BD})}{d} = \frac{\text{梯形两对角线之和} - \text{梯形两腰之和}}{\text{梯形的高}} \tag{3-22}$$

即两平行有限长载流导体回路系数等于两导体构成梯形的两对角线之和，减去两腰之和，除以梯形的高。电动力 F 的计算公式为

$$F = \frac{\mu_0 I_1 I_2}{4\pi} \frac{(\overline{AD} + \overline{BC}) - (\overline{AC} + \overline{BD})}{d} \tag{3-23}$$

如果两个导体长度相等，平行齐头布置，$l_1 = l_2 = l$，$a = 0$，$AD = BC = \sqrt{l^2 + d^2}$，则

回路系数为
$$K_h = \frac{2l}{d} \left[\sqrt{1 + \left(\frac{d}{l} \right)^2} - \frac{d}{l} \right]$$

回路电动力为

$$F = 1 \times 10^{-7} I_1 I_2 \frac{2l}{d} \left[\sqrt{1 + \left(\frac{d}{l} \right)^2} - \frac{d}{l} \right] \tag{3-24}$$

如果 $l >> d$，则式（3-24）与两平行无限长导体间电动力公式结果相同。即

$$F = 1 \times 10^{-7} I_1 I_2 \frac{2l}{d} \tag{3-25}$$

3. 两垂直载流导体

在同一平面内两垂直有限长的载流导体，相互垂直放置，如图 3-10 所示。

垂直放置的导体长度为 h，水平放置的导体长度为 d，导体等效半径为 r，两导体之间的垂直距离为 x，设电流集中在轴线上。

由图 3-10 可知：$\alpha_1=\dfrac{\pi}{2}$，$\cos\alpha_1=0$；$\cos\alpha_2=\dfrac{h}{\sqrt{h^2+x^2}}$；因此

$$K_h=\int_r^d\frac{\cos\alpha_1+\cos\alpha_2}{x}\mathrm{d}x=\int_r^d\frac{\cos\alpha_2}{x}\mathrm{d}x$$

$$K_h=\int_r^d\frac{h}{x\sqrt{h^2+x^2}}\mathrm{d}x=\left(-\ln\frac{h+\sqrt{h^2+x^2}}{x}\right)\Bigg|_r^d$$

$$=\ln\frac{(h+\sqrt{h^2+r^2})d}{r(h+\sqrt{h^2+d^2})}$$

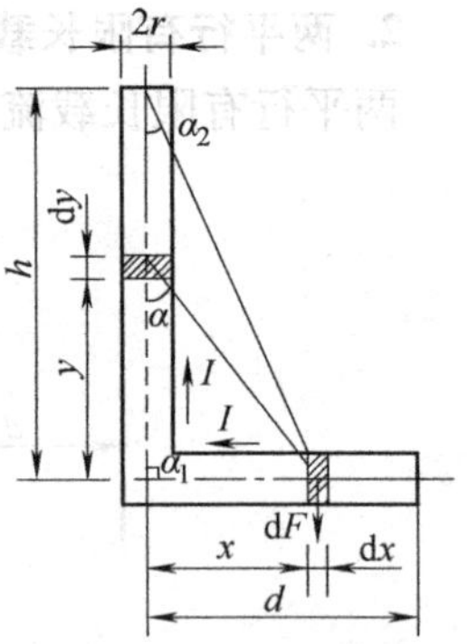

图 3-10 垂直载流导体

如果 $r<<h$，则 $\sqrt{h^2+r^2}\approx h$。上式可以简化为

$$K_h=\ln\frac{2hd}{r(h+\sqrt{h^2+d^2})} \tag{3-26}$$

水平放置导体所受的电动力 F 为

$$F=1\times10^{-7}I^2\ln\frac{2hd}{r(h+\sqrt{h^2+d^2})} \tag{3-27}$$

这种结构在电器中常遇见。

4. 电动力沿导体各点分布

以上讨论为作用在导体上的总电动力，但是，在进行机械强度校核时，往往需要了解电动力沿导体长度各点的分布情况。想要求得图 3-11 中各点电动力，根据式（3-11）可知 f_x（N/m）

$$f_x=\frac{\mathrm{d}F}{\mathrm{d}x}=\frac{\mu_0}{4\pi}I_1I_2\frac{\cos\alpha_1+\cos\alpha_2}{d} \tag{3-28}$$

计算分布力对某点的电动力矩时，首先应计算电动力的分布规律，求出这些分布力对某点力矩的总和，然后求出分布力的合成力以及合成力的作用点，再求出合成力对某点的等效力臂。

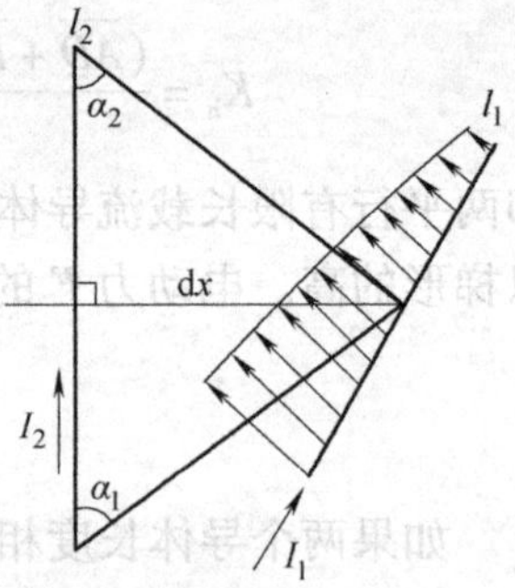

图 3-11 电动力沿导线分布

如图 3-12 所示，两导体呈垂直布置时，导体上所受的电动力倾向于使该导体中的电流方向与另一导体中电流方向相同[1]。

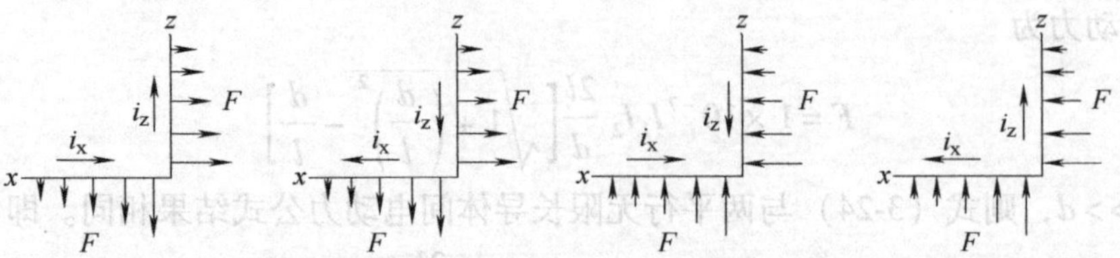

图 3-12 垂直布置导体上的电动力

5. 任意布置细长导线上的分布力

如图3-13所示，为两细长直线在同一平面内任意布置。回路系数为

$$\begin{aligned}K_{\rm h}=\frac{1}{\sin\varphi}\Bigg[&\cos\varphi\Bigg(\operatorname{arcsh}\frac{b+l_1-a\cos\varphi}{a\sin\varphi}-\operatorname{arcsh}\frac{b-a\cos\varphi}{a\sin\varphi}\\&+\operatorname{arcsh}\frac{b+l_1-(a+l_2)\cos\varphi}{(a+l_2)\cos\varphi}-\operatorname{arcsh}\frac{b-(a+l_2)\cos\varphi}{(a+l_2)\sin\varphi}\Bigg)\\&+\operatorname{arcsh}\frac{a-(b+l_1)\cos\varphi}{(b-l_1)\sin\varphi}-\operatorname{arcsh}\frac{a-b\cos\varphi}{b\sin\varphi}\\&+\operatorname{arcsh}\frac{(a+l_2)-(b+l_1)\cos\varphi}{(b+l_1)\sin\varphi}-\operatorname{arcsh}\frac{(a+l_2)-b\cos\varphi}{b\sin\varphi}\Bigg]\end{aligned}\tag{3-29}$$

图3-13中，如果 $\alpha_1<\dfrac{\pi}{2}$，$\alpha_2<\dfrac{\pi}{2}$，则导体 l_1 上所受的电动力分布为

$$f_x=\frac{\mu_0}{4\pi}I_1I_2\frac{1}{d}\left(\frac{h}{r_1}+\frac{l_2-h}{r_2}\right)\tag{3-30}$$

多个导体间的电动力满足矢量叠加原理。

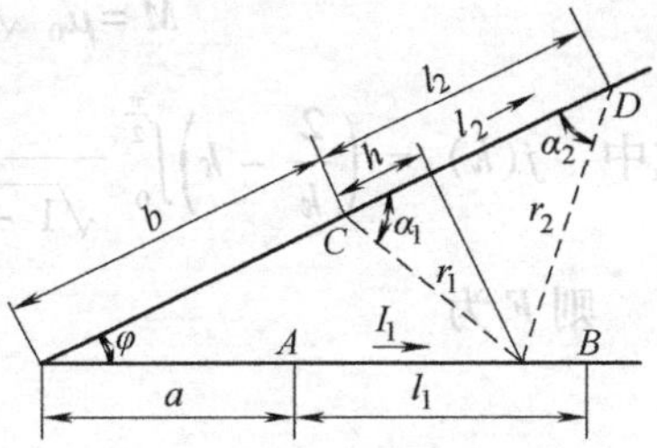

图3-13　任意布置的细长导体

3.3.2　采用能量平衡原理计算电动力

1. 单圆圈导体

图3-14所示为单圆圈形载流导体所受辐射方向电动力的作用，该作用力企图使圆圈增大。

设导体的半径为 r，圆圈的半径为 R，作用在圆周单位长度上辐射方向的电动力为 f_R（N/m），则

$$2\pi Rf_R=\frac{1}{2}I^2\frac{\partial L}{\partial R}$$

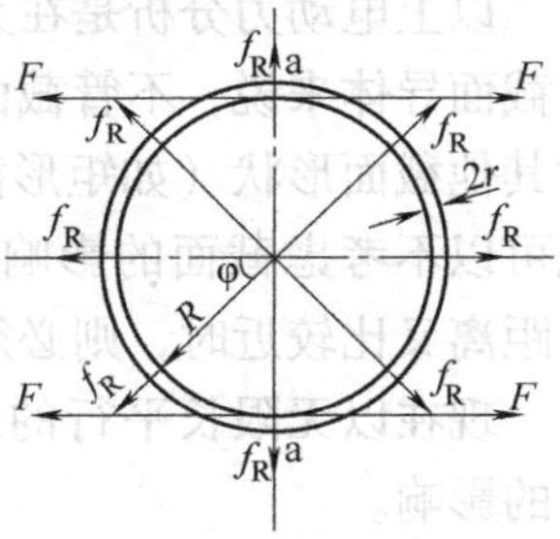

图3-14　圆圈形导体

L 可以通过下式计算：

$$L=\mu_0R\left(\ln\frac{8R}{r}-1.75\right)$$

$$\frac{\partial L}{\partial R}=\mu_0\left(\ln\frac{8R}{r}-0.75\right)$$

所以

$$f_R=\frac{\mu_0I^2}{4\pi R}\left(\ln\frac{8R}{r}-0.75\right)\tag{3-31}$$

如果在电动力作用下，圆圈形导体在a处被拉断，则 F 是作用在1/4圆周上的辐射力在水平方向分力之和，即

$$F = \int_0^{\frac{\pi}{2}} R f_R \cos\varphi \mathrm{d}\varphi = \frac{\mu_0 I^2}{4\pi}\left(\ln\frac{8R}{r} - 0.75\right) \tag{3-32}$$

2. 同轴两圆圈导体

图 3-15 所示为两同轴圆圈导体。设两同轴圆圈导体的半径为 r 和 R，之间距离为 h，电流为 i_1 和 i_2。根据式（3-20），$F = i_1 i_2 \dfrac{\partial M}{\partial x}$，先求互感系数 M。

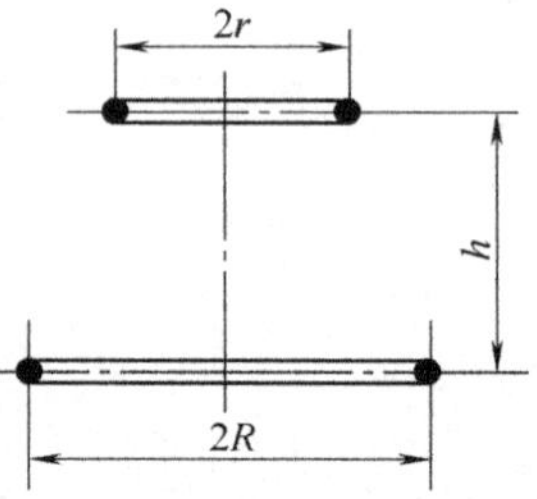

图 3-15　同轴两圆圈导体

互感系数的一般计算公式为

$$M = \frac{\mu_0}{4\pi}\oint_{l_1}\oint_{l_2}\frac{\mathrm{d}l_1 \mathrm{d}l_2}{r}$$

两同轴圆圈导体之间的互感系数为

$$M = \mu_0 \sqrt{Rr} f(k)$$

式中　$f(k) = \left(\dfrac{2}{k} - k\right)\displaystyle\int_0^{\frac{\pi}{2}}\frac{\mathrm{d}\beta}{\sqrt{1 - k^2\sin^2\beta}} - \frac{2}{k}\int_0^{\frac{\pi}{2}}\sqrt{1 - k^2\sin^2\beta}\mathrm{d}\beta, k = \sqrt{\dfrac{4Rr}{h^2 + (R + r)^2}}$

则 F 为

$$F = \mu_0 i_1 i_2 \sqrt{Rr} f'(k) \tag{3-33}$$

以同轴同尺寸为特例，即 $R = r$，其互感系数为 $M = \mu_0 R\left(\ln\dfrac{8R}{h} - 2\right)$

$$F = \mu_0 i_1 i_2 \frac{R}{h} \tag{3-34}$$

3.3.3　导体截面形状对电动力的影响

以上电动力分析是在无限细圆形导体中展开的，没有考虑导体截面对电动力的影响。对圆截面导体来说，不管截面大小如何，只要电流在导体内均匀分布，计算结果就是准确的。对其他截面形状（如矩形截面）的导体，当导体之间的距离比导体截面的尺寸大很多时，也可以不考虑截面的影响；但若导体截面尺寸较大，导体间距离又比较近时，则必须考虑截面参数的影响。

现在以无限长平行的载流导体为例来研究截面对电动力的影响。

图 3-16 所示为两任意截面 A_1 及 A_2 的无限长平行的载流导体，其中电流为 I_1 及 I_2，试求导体间的电动力。

在导体截面 A_1 及 A_2 上分别取元面积 $\mathrm{d}A_1$ 及 $\mathrm{d}A_2$，则流过两元面积的电流各为

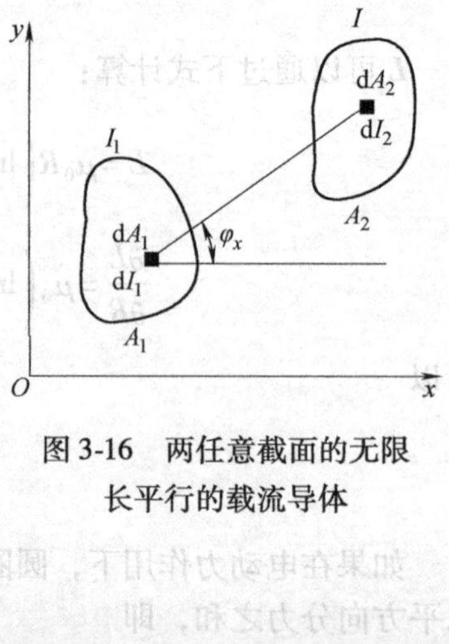

图 3-16　两任意截面的无限长平行的载流导体

$$\mathrm{d}I_1 = \frac{I_1}{A_1}\mathrm{d}A_1 \tag{3-35}$$

$$dI_2 = \frac{I_2}{A_2}dA_2 \tag{3-36}$$

设元面积 dA_1 及 dA_2 之间的距离为 r，r 与 x 坐标轴之间的夹角为 φ_x。根据式（3-21），电流 dI_1 长度 l 所受的电动力 F 为

$$dF = 10^{-7} dI_1 dI_2 \frac{2l}{r} \tag{3-37}$$

将式（3-35）、式（3-36）代入式（3-37）可得

$$dF = 10^{-7} I_1 I_2 \frac{2l}{r} \frac{dA_1 dA_2}{A_1 A_2} \tag{3-38}$$

将力分解成 x 轴方向和 y 轴方向的分力，其值为

$$dF_x = 10^{-7} I_1 I_2 \frac{2l}{r} \frac{dA_1 dA_2}{A_1 A_2}\cos\varphi_x \tag{3-39}$$

$$dF_y = 10^{-7} I_1 I_2 \frac{2l}{r} \frac{dA_1 dA_2}{A_1 A_2}\sin\varphi_x \tag{3-40}$$

积分后得到长度 l 所受的 x 轴方向和 y 轴方向电动力为

$$F_x = 10^{-7} I_1 I_2 \frac{2l}{A_1 A_2}\int_{A_1}\int_{A_2}\frac{\cos\varphi_x}{r}dA_1 dA_2 \tag{3-41}$$

$$F_y = 10^{-7} I_1 I_2 \frac{2l}{A_1 A_2}\int_{A_1}\int_{A_2}\frac{\sin\varphi_x}{r}dA_1 dA_2 \tag{3-42}$$

合力为

$$\boldsymbol{F} = \boldsymbol{F}_x + \boldsymbol{F}_y = \sqrt{F_x^2 + F_y^2}\angle\theta \tag{3-43}$$

式中 θ——合力与 x 轴的夹角，$\theta = \arctan\dfrac{F_y}{F_x}$。

合力 F 的大小为

$$F = \sqrt{F_x^2 + F_y^2} = 10^{-7} I_1 I_2 \frac{2l}{A_1 A_2}\sqrt{\left(\int_{A_1}\int_{A_2}\frac{\cos\varphi_x}{r}dA_1 dA_2\right)^2 + \left(\int_{A_1}\int_{A_2}\frac{\sin\varphi_x}{r}dA_1 dA_2\right)^2}$$

$$F = 10^{-7} I_1 I_2 \frac{2l}{d}\frac{d}{A_1 A_2}\sqrt{\left(\int_{A_1}\int_{A_2}\frac{\cos\varphi_x}{r}dA_1 dA_2\right)^2 + \left(\int_{A_1}\int_{A_2}\frac{\sin\varphi_x}{r}dA_1 dA_2\right)^2}$$

$$F = 10^{-7} I_1 I_2 K_h K_c \tag{3-44}$$

式中 K_h——两导体间的回路系数，$K_h = \dfrac{2l}{d}$；

d——两导体截面重心间的距离；

K_c——两导体间的截面系数。

$$K_c = \frac{d}{A_1A_2}\sqrt{\left(\int_{A_1}\int_{A_2}\frac{\cos\varphi_x}{r}dA_1dA_2\right)^2 + \left(\int_{A_1}\int_{A_2}\frac{\sin\varphi_x}{r}dA_1dA_2\right)^2}$$

由此可以看出，电动力与两导体的截面形状、大小和相互位置有关。如果两导体不作平行布置，而是任意布置，其截面形状和大小也任意，式（3-44）仍然适用，只不过其中的 K_h 和 K_c 根据具体情况将有所不同。

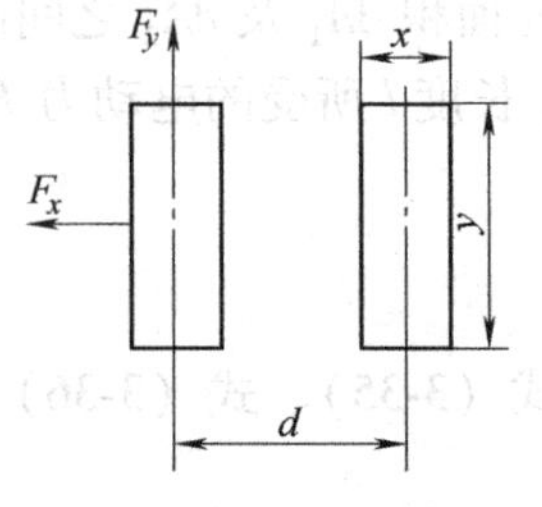

图 3-17　矩形截面无限长导体

下面对工程上应用较多的矩形截面导体进行电动力计算分析。

如图 3-17 所示，有两矩形截面的无限长载流导体，其厚度为 x，宽度为 y，截面重心间的距离为 d，其中通有电流 I_1 和 I_2。因两导体对称布置，y 方向的分力为零，只剩下 x 方向的分力，根据式（3-44），l 长导体所受的电动力 F 为

$$F = 10^{-7}I_1I_2K_hK_c \tag{3-45}$$

其中

$$K_h = \frac{2l}{d},\ K_c = \frac{d^2}{A_1^2A_2^2}M\ (x,\ y,\ d)$$

式中　$M\ (x,\ y,\ d)$ ——与 x、y、d 有关的函数。

由于矩形截面的截面系数比较复杂，常常将其绘制成曲线以便查找，如图 3-18 所示。从图 3-18 可以看出，矩形截面导体的截面系数在 0 ~ 1.4 之间变动。当 $\frac{d-x}{x+y} \geqslant 2$，即两导体之间的空间距离大于等于导体截面周长时，截面系数接近于 1；当空间距离小于周长时，导体截面越薄，截面系数越高。

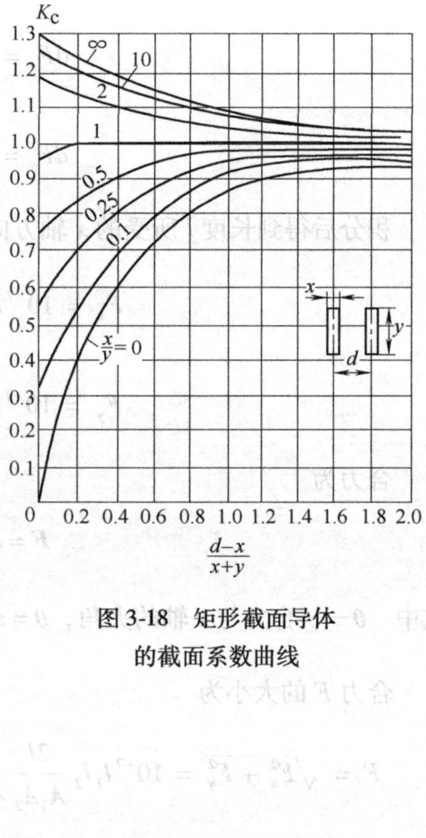

图 3-18　矩形截面导体的截面系数曲线

3.4　交流电动力的计算

3.4.1　交流单相电动力的计算

前面所讨论的电动力计算公式在交流情况同样适用。当电流为交流时，导体间的电动力随时间变化。首先讨论交流单相稳态情况下，导体之间的电动力情况。

1. 单相交流稳态下的电动力

在计算导体间电动力的一般公式（3-45）中，令 $c = 10^{-7}K_hK_c$，则电动力 F 公式为

$$F = cI_1I_2 \tag{3-46}$$

设导体中通有相位相同的单相正弦交流电流，在稳态情况下，电流随时间的变化规律为

$$i = I_m \sin\omega t = \sqrt{2} I \sin\omega t \tag{3-47}$$

式中 I_m——电流的幅值；

I——电流的有效值；

ω——电流的角频率；

t——时间。

此时，导体所受的电动力为

$$F = ci^2 = cI_m^2 \sin^2\omega t = \frac{cI_m^2}{2}(1 - \cos2\omega t) = cI^2 - cI^2\cos2\omega t \tag{3-48}$$

由式（3-48）可见，单相稳态交流电动力由以下两部分组成：

1）恒定分量 cI^2，交流电动力的平均值。

2）交变分量 $cI^2\cos2\omega t$，2倍电源频率变化，电动力的最小值为0，最大值为

$$F_m = cI_m^2 = 2cI^2 \tag{3-49}$$

单相交流电动力随时间变化情况如图3-19所示，可以看出其电动力方向不变。

2. 单相交流暂态下的电动力

电力系统发生短路等故障时，故障电流流过导体产生电动力，是交流暂态电动力。此时，电动力对电器造成的危害较之稳态情况严重许多。下面讨论三相有中性线系统中发生单相短路的情况。

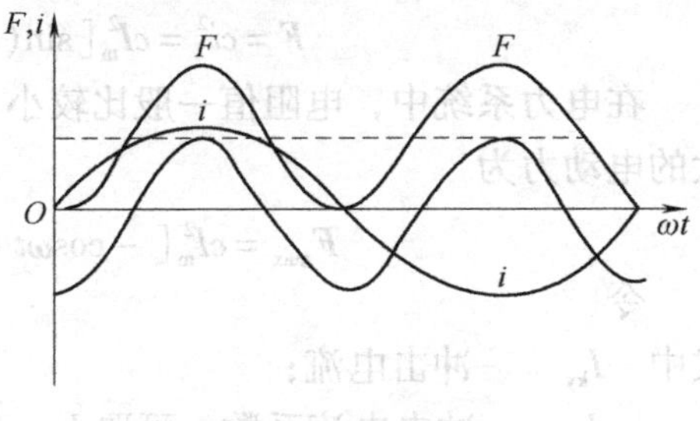

图3-19 单相稳态交流电动力随时间变化情况

发生单相短路时，过渡过程中短路电流除正弦周期分量外，通常还含有非周期分量。对无穷大容量的电力系统（或短路点很远），短路时的电压不受影响，短路电流的周期分量不衰减，非周期分量电流值大小与发生短路时的电源电压相位有关。

设短路时的电源电压为

$$u = u_m \sin(\omega t + \psi) \tag{3-50}$$

式中 ψ——短路瞬间电压的相位角。

这相当于将电源接入 r、L 电路的过渡过程，电流滞后于电压的相位角为

$$\varphi = \arctan\frac{\omega L}{r} \tag{3-51}$$

求得短路电流为

$$i = I_m \sin(\omega t + \psi - \varphi) - I_m \sin(\psi - \varphi)e^{-\frac{t}{\tau}} \tag{3-52}$$

式中 I_m——短路电流周期分量的幅值；

r——线路电阻；

L——线路电感；

τ——电磁时间常数，$\tau=\frac{L}{r}$；

i''——短路电流周期分量，$i''=I_m\sin(\omega t+\psi-\varphi)$；

i'——短路电流非周期分量，$i'=-I_m\sin(\psi-\varphi)\ e^{-\frac{t}{\tau}}$。

图 3-20 所示为单相短路时电压、电流随时间变化规律。

当 $\psi=\varphi$ 时，$i=I_m\sin(\omega t+\psi-\varphi)$，短路电流不经过过渡过程直接进入稳定状态；

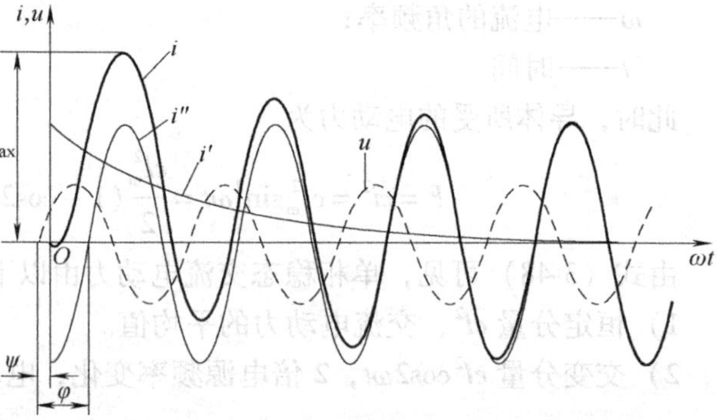

图 3-20 单相短路时电压、电流随时间变化规律

当 $\psi=\varphi-\frac{\pi}{2}$ 时，$i=I_m[-\cos\omega t+e^{-\frac{t}{\tau}}]$，电流最大，当 $\omega t=\pi$，即 $t=0.01$s 时，电流达到最大值，那么此时导体间所产生的电动力将具有最大值。

电动力 F 计算公式为

$$F=ci^2=cI_m^2[\sin(\omega t+\psi-\varphi)-\sin(\psi-\varphi)e^{-\frac{t}{\tau}}]^2 \tag{3-53}$$

在电力系统中，电阻值一般比较小，r/L 的平均值约为 22.311（1/s），因此，系统中最大的电动力为

$$F_{max}=cI_m^2[-\cos\omega t+e^{-\frac{t}{\tau}}]^2=3.24cI_m^2=3.24F_0=F_{ky} \tag{3-54}$$

令

$$I_{ky}=k_yI_m \tag{3-55}$$

式中 I_{ky}——冲击电流；

k_y——冲击电流系数，可取 $k_y=1.8$；

F_{ky}——冲击电动力。

一般情况下，需要考核电动力的最大值，显然短路电流为最大值时，电动力将达到最大值。因此，首先应求出 I_{ky} 值。两相不接地短路时，导体间电动力的计算方法与此相同。

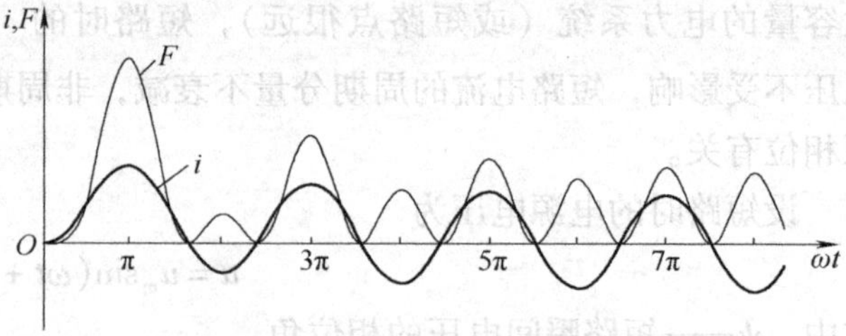

图 3-21 交流单相短路电流和电动力随时间变化规律

在极限情况下，如果线路电阻为零，则电流非周期分量不衰减，最大电动力为

$$F_{max}=4F_0 \tag{3-56}$$

短路电流和电动力随时间变化规律如图 3-21 所示。

3.4.2 交流三相电动力的计算

三相交流电路有不同的接线方式，三相载流导体可以有多种排列形式：电力系统中可采用三角形排列或者三相平行直列的方式；开关柜中平行直列的方式较为常见；电动机供电系统也可以采用三相平行直列的方式，如三相直动开关等。下面就以三相平行直列导体间的电

1. 三相交流稳态下的电动力

设三相导体 A、B、C 做平行直列布置，导体间距为 a，如图 3-22 所示。三相导体中分别流过三相稳态电流，同一瞬间三相电流各不相同。所以导体将受到其他两相导体电动力的作用，比单相交流情况下要复杂一些。

三相电流为

$$\begin{aligned} i_A &= I_m \sin\omega t \\ i_B &= I_m \sin(\omega t - 120°) \\ i_C &= I_m \sin(\omega t - 240°) \end{aligned} \tag{3-57}$$

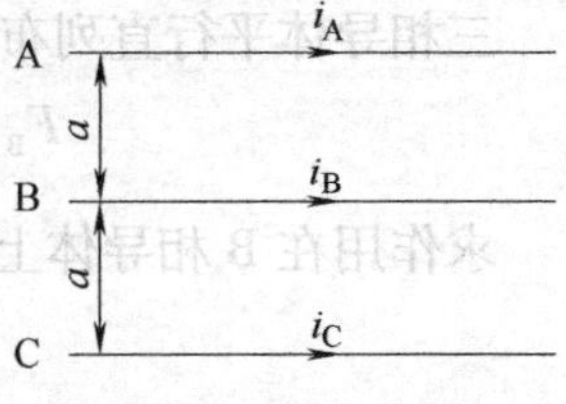

图 3-22 三相平行直列导体

电流正方向如图 3-22 所示。作用在 A 相导体上的电动力，可认为是 B 相和 C 相导体单独作用的叠加，设正方向为吸力方向。因此，可以按单相交流电动力的计算方法，分别求出 B 相对 A 相，和 C 相对 A 相的电动力。根据导体间电动力的一般计算公式，作用在 A 相导体上的电动力 F_A 为

$$F_A = c_1 i_A i_B + c_2 i_A i_C = I_m^2 \sin\omega t[c_1 \sin(\omega t - 120°) + c_2 \sin(\omega t - 240°)] \tag{3-58}$$

式中
$$c_1 = 10^{-7} K_{h1} K_{c1}, \quad c_2 = 10^{-7} K_{h2} K_{c2}$$

假设为无限长载流导体系统，不计截面系数影响，取为 1。而 $K_{h1} = \dfrac{2l}{a}$，$K_{h2} = \dfrac{2l}{2a} = \dfrac{K_{h1}}{2}$，因此有

$$c_2 = \frac{c_1}{2} \tag{3-59}$$

所以
$$F_A = c_1 I_m^2 \sin\omega t\left[\sin(\omega t - 120°) + \frac{1}{2}\sin(\omega t - 240°)\right] \tag{3-60}$$

经过三角函数变换以后

$$F_A = c_1 I_m^2 \left[\frac{3}{8}\cos 2\omega t - \frac{\sqrt{3}}{8}\sin 2\omega t - \frac{3}{8}\right] \tag{3-61}$$

这里所关心的是最大电动力造成的危害，所以需求最大电动力。令 $\dfrac{dF_A}{d(\omega t)} = 0$，解得

$$\tan 2\omega t = -\frac{1}{\sqrt{3}}$$

有
$$\omega t = n\pi + 75°(n = 0, 1, 2, \cdots)$$
或
$$\omega t = n\pi + 165°(n = 0, 1, 2, \cdots)$$

将 $\omega t = n\pi + 75°(n = 0, 1, 2, \cdots)$ 代入计算公式，得

$$(F_A)_m = -0.808 F_0 \tag{3-62}$$

将 $\omega t = n\pi + 165°(n = 0, 1, 2, \cdots)$ 代入计算公式，得

$$(F_A)_m = +0.058 F_0 \tag{3-63}$$

式（3-62）和式（3-63）表示 A 相导体所受的最大电动力。其随时间变化规律如图 3-23 所示。

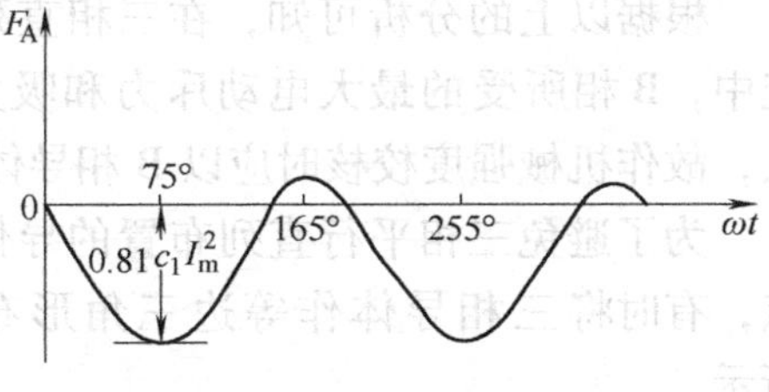

图 3-23 作用在 A 相导体上的电动力

由图 3-23 可以看出，在 $\omega t = n\pi + 75°$ 各瞬间，电动力在负方向达到最大值，值为 $0.808F_0$；在 ωt

$=n\pi+165°$各瞬间，电动力在正方向达到最大值，值为$0.058F_0$。斥力最大值大于吸力最大值。

作用在B相导体上的电动力为

$$F_B=c_1i_Ai_B-c_3i_Bi_C \tag{3-64}$$

三相导体平行直列布置，$c_1=c_3$，将电流代入式（3-61），可得

$$F_B=c_1I_m^2\sin(\omega t-120°)[\sin\omega t-\sin(\omega t-240°)] \tag{3-65}$$

求作用在B相导体上的最大电动力。令$\dfrac{dF_B}{d(\omega t)}=0$，解得

$$\tan2\omega t=-\frac{1}{\sqrt{3}}$$

有 $$\omega t=n\pi+75°(n=0,1,2,\cdots)$$

或 $$\omega t=n\pi+165°(n=0,1,2,\cdots)$$

将$\omega t=n\pi+75°(n=0,1,2,\cdots)$代入计算公式，得

$$(F_B)_m=-0.866F_0 \tag{3-66}$$

将$\omega t=n\pi+165°(n=0,1,2,\cdots)$代入计算公式，得

$$(F_B)_m=+0.866F_0 \tag{3-67}$$

B相导体所受电动力随时间变化规律如图3-24所示。假设A相与B相导体相吸的电动力方向为正方向。由此可见，在$\omega t=n\pi+75°$各瞬间，电动力在负方向达到最大值，值为$0.866F_0$；在$\omega t=n\pi+165°$各瞬间，电动力在正方向达到最大值，值为$0.866F_0$。斥力最大值与吸力最大值相等，工频每经过一周期，B相导体受力左右各摇摆两次，B相导体受到的最大电动力大于A相导体受到的最大电动力。

由于C相导体与A相导体完全对称，故C相受到的最大电动力与A相相同，只是最大斥力和吸力达到的瞬间有所不同，如图3-25所示。

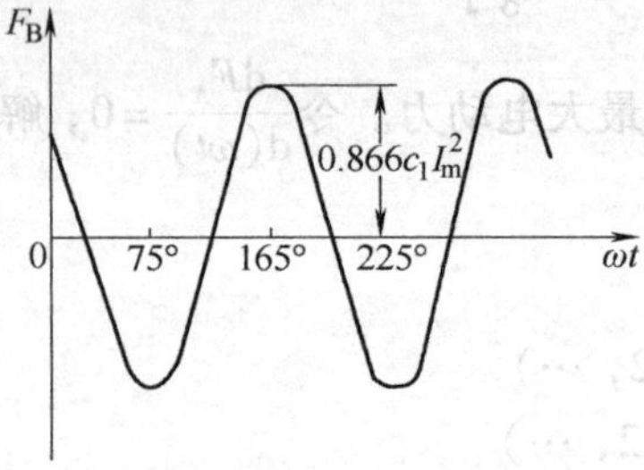

图3-24　作用在B相导体上的电动力

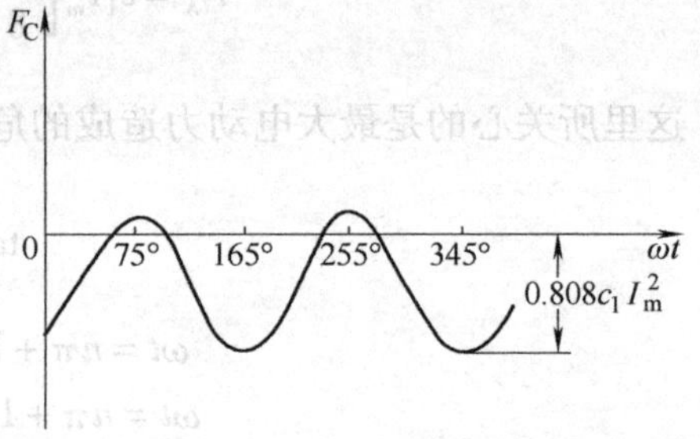

图3-25　作用在C相导体上的电动力

根据以上的分析可知，在三相直列布置的导体系统中，B相所受的最大电动斥力和吸力都比A、C相大，故作机械强度校核时应以B相导体为准。

为了避免三相平行直列布置的导体受力不均的缺点，有时将三相导体作等边三角形布置，如图3-26所示。

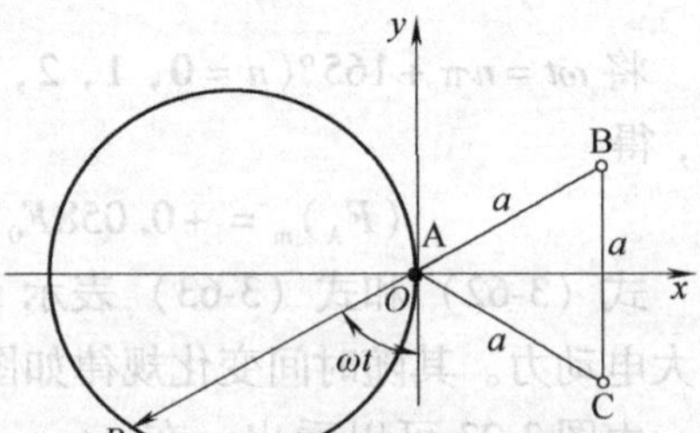

图3-26　三相导体作等边三角形布置

设三相电流仍然如式（3-57），A相电动力沿x轴

和y轴方向的分量为

$$F_x = cI_m^2 \sin\omega t[\sin(\omega t - 120°) + \sin(\omega t - 240°)]\cos 30° \tag{3-68}$$

$$F_y = cI_m^2 \sin\omega t[\sin(\omega t - 120°) - \sin(\omega t - 240°)]\sin 30° \tag{3-69}$$

合力为

$$F_A = \begin{cases} -\dfrac{\sqrt{3}}{2}F_0\sin\omega t & \omega t = 2k\pi \sim (2k+1)\pi \\ \dfrac{\sqrt{3}}{2}F_0\sin\omega t & \omega t = (2k+1)\pi \sim (2k+2)\pi \end{cases} \quad k=0,1,2\cdots \tag{3-70}$$

式（3-70）说明，A相导体上所受的电动力大小和方向随时间变化，可用矢量 ***OP*** 表示，*OP* 端点随时间沿圆周移动。

B相和C相导体受到的电动力与A相完全相同，只不过时间和空间相位不同而已。

2. 三相交流暂态下的电动力

假设在三相平行直列导体系统中，发生三相对称短路，其电路电流为

$$\begin{aligned} i_A &= \sqrt{2}I[\sin(\omega t + \psi - \varphi) - \sin(\psi - \varphi)e^{-\frac{r}{L}t}] \\ i_B &= \sqrt{2}I[\sin(\omega t + \psi - \varphi - 120°) - \sin(\psi - \varphi - 120°)e^{-\frac{r}{L}t}] \\ i_C &= \sqrt{2}I[\sin(\omega t + \psi - \varphi - 240°) - \sin(\psi - \varphi - 240°)e^{-\frac{r}{L}t}] \end{aligned} \tag{3-71}$$

对直列导体来说，作用在A、B、C导体上的电动力分别为

$$\begin{aligned} F_A &= ci_Ai_B + \frac{1}{2}ci_Ai_C \\ F_B &= ci_Ai_B - ci_Bi_C \\ F_C &= \frac{1}{2}ci_Ai_C + ci_Bi_C \end{aligned} \tag{3-72}$$

如果$\frac{r}{L} = 22.311\ \frac{1}{\mathrm{s}}$，得到两边导体A、C相受到的最大电动力为$-2.65F_0$，发生在$\psi = \varphi - 105°$、$\omega t = 180°$时，中间相导体B受到的最大电动力吸力和斥力相同（发生的时刻不同），其值为$\pm 2.8F_0$，发生在$\psi = \varphi - 45°$、$\omega t = 180°$时。

对于等边三角形布置的三相导体，如果令短路电流的衰减系数$\frac{r}{L} = 0$，则A相导体最大电动力发生在$\psi = \varphi - 90°$，并按以下规律变化：

$$F_A = \pm 2\sqrt{3}F_0\sin^2\frac{\omega t}{2} \tag{3-73}$$

B相和C相导体受到的电动力与A相相同，时间和空间相位不同。

3.5 触头间的电动力

当大电流通过触头时，在触头回路将产生强大的电动力，这种电动力的作用如果试图将触头弹开，使触头在不应该分闸的时候分闸，就有可能造成误动作，破坏触头的工作。这种电动力由两部分组成：①触头回路产生的电动力；②触头接触点附近电流线收缩产生的电动力。

触头回路产生的电动力，可以通过改变触头系统导体的相互位置和形状以及改变电动力

的方向，使该电动力向着对电器工作有利的情况发展，如电动力补偿装置、限流断路器、快速断路器等。

一对闭合的触头，接触表面不可能是理想的平面，两个触头间真正接触的面积很小，实际上只有几个点在接触（详细电接触原理见第 4 章）。图 3-27 所示为触头间电流线收缩示意。由图可见，在离接触点较远处，各电流线趋于平行，在接触点附近，电流线收缩。大小相等方向相反的电流线之间将产生电动斥力，就是说，作用在上、下两个触头之间由于电流线收缩产生的电动力是相斥的电动力，简称为触头间的电动斥力。

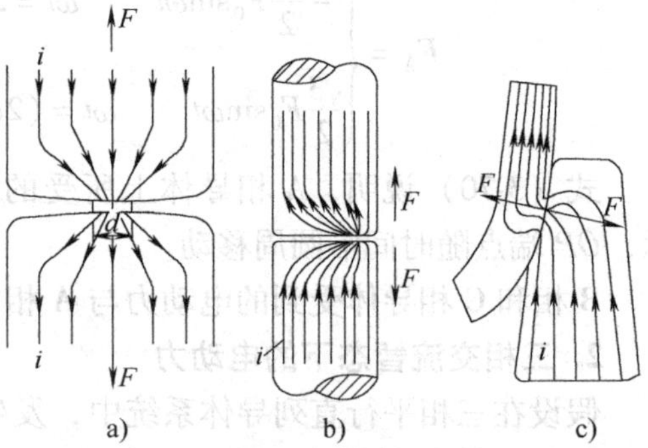

图 3-27　触头接触点电流线收缩示意

触头间电动斥力的计算，可采用传统的计算方法和基于电流-电磁-电动斥力的场域计算方法。对于采用三维有限元的场域计算方法，近年来在真空触头系统和高压触头系统中，已经有研究者对其展开了相应的研究。

下面根据能量平衡公式，进行触头间电动力的计算。假设接触点为一点（一个圆柱形的小区域），触头结构如图 3-28 所示，r 为接触点半径，R 为触头半径（假定触头长度与接触点区域相比为无穷大，$H\to\infty$）。L_r 为接触点处单位长电感，L_R 为触头单位长电感。

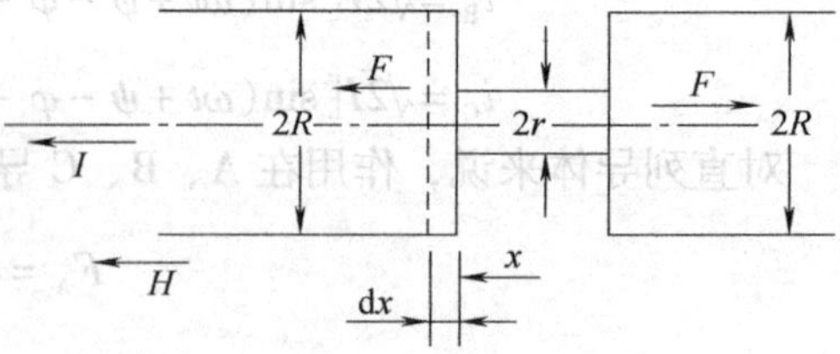

图 3-28　触头结构示意

圆柱导体单位长电感为

$$L' = \frac{\mu_0}{2\pi}\left[0.25 + \ln\frac{H}{r}\right]\quad（当 H\to\infty） \tag{3-74}$$

根据能量平衡公式，假设电流不变，电动力公式为

$$F = \frac{1}{2}I^2\frac{\mathrm{d}L}{\mathrm{d}x} \tag{3-75}$$

当触头移动虚位移时，接触点处电感增量为

$$\mathrm{d}L_r = \frac{\mu_0}{2\pi}\left[0.25 + \ln\frac{H}{r}\right]\mathrm{d}x \tag{3-76}$$

同时，触头导体电感增量为

$$\mathrm{d}L_R = \frac{\mu_0}{2\pi}\left[0.25 + \ln\frac{H}{R}\right]\mathrm{d}x \tag{3-77}$$

如图 3-28 所示，x 正方向，接触点沿 x 轴的增量即为触头沿 $-x$ 的增量。根据式（3-17）可得电动力 F 为

$$F = \frac{1}{2}I^2\left(\frac{\mathrm{d}L_r}{\mathrm{d}x} - \frac{\mathrm{d}L_R}{\mathrm{d}x}\right) \tag{3-78}$$

$$F = \frac{\mu_0}{4\pi}I^2\ln\frac{R}{r} \tag{3-79}$$

由此可见，接触点半径 r 越小，触头半径 R 越大，触头间电动斥力将越大。

以上触头电动斥力计算中，只考虑存在一个接触点。实际上大多数触头的接触点数远不止一个，在实际情况下，流过每个接触点的电流将减小，故作用在触头上的电动斥力在正常工作情况下不是很大。但是，当系统发生短路等故障时，由于电流的激增，将导致触头间的电动斥力迅速增加。

例如，有一个点接触触头系统，触头直径为15mm，当触头压力为300N时，触头接触点的半径为0.25mm。试求当触头间通过的短路电流为20kA时的电动斥力。

按式（3-79），触头间的电动斥力为

$$F=1\times10^{-7}I^2\ln\frac{R}{r}=1\times10^{-7}\times(20\times10^3)^2\ln\frac{\frac{15}{2}}{0.25}\text{N}=136\text{N}$$

触头电动斥力小于触头压力，触头将维持吸持状态，保证了触头正常可靠地工作。

在电流变化情况下，式（3-79）同样适用。触头间的电动斥力又称为Holm力，它与电流的瞬时值，以及触头间的预压缩力、触头材料的布氏硬度、触头形状及触头表面的导电斑点分布情况有关[15]，即

$$F=\frac{\mu_0 i^2}{4\pi}\ln\frac{R}{r} \tag{3-80}$$

$$r=\sqrt{\frac{F_k}{\pi\xi H}} \tag{3-81}$$

式中 r——导电斑点（接触点）的半径；

R——触头的等效半径；

ξ——触头表面情况，在0.3~0.6之间，一般可以取0.45；

F_k——触头间的预压缩力。

实际上，当短路电流通过触头系统时，会产生两种电磁斥力，一是Holm力，另一种是洛伦兹力。当总的电磁斥力达到或超过触头弹簧压力的时候，触头就会被斥开，并且在动静触头间产生电弧。触头斥开以后，Holm力将消失，这时电磁斥力仅存在洛伦兹力。Holm力一般占总电磁力的一半以上[15]。

3.6 电器的电动稳定性

电器能承受短路电流电动力的作用而不至破坏或产生永久变形的能力称为电器的电动稳定性。对触头部件来说，短路电流通过时触头不应被电动力斥开和产生熔焊。电器的电动稳定性常用电器能承受的最大冲击电流的峰值来表示，有的则用此峰值电流与额定电流的比值来表示。国家标准对各类电器的电动稳定性指标都有具体的规定。

对三相交流系统来说，短路的形式有单相短路、两相短路和三相短路。对于不同的短路形式，短路电流的大小和导体间作用的电动力也不同。虽然根据前面几节所作的分析，当短路电流的周期分量有效值相同时，单相短路电动力最大。但是，在现代电力系统中，不是所有变压器的中性点都接地，故当短路地点相同时，三相短路电流一般都比单相和两相短路电流大。即电器在电力系统中运行时，通常是三相短路受到的电动力最大，因此，使用电器的部门在选用电器时，一般都根据三相短路电流来校核电器的电动稳定性。不过，由于电力系

统的具体结构不同，有时也可能存在单相短路电流比三相短路电流大的情况，这时使用电器的原则当然应是考虑系统短路最严重的情况。

由前面的分析可知，交流电动力的交变频率为电流频率的 2 倍，如果电动力的作用频率与导体系统的固有振荡频率相等，导体就会发生机械共振现象，这将对导体系统产生极大的破坏作用。为避免机械共振，一切承受电动力的电器结构不应该具有和电动力频率接近的固有振荡频率。在考虑这一问题时，最好使承受电动力部件的固有振荡频率低于电动力的作用频率，因为当导体系统的固有频率高于基波电动力作用频率时，如果此时短路电流含有较大的高次谐波，导体便可能与高次谐波电动力发生共振。

在实际电器中，导体系统的结构和固定方式比较复杂，推导固有振荡频率的计算公式比较困难。对于单跨距导体，其固有振荡频率可按下式计算：

$$f=\frac{35}{L^2}\sqrt{\frac{EJ_p}{m_0}} \tag{3-82}$$

式中 L——支持绝缘子间的跨距，单位为 cm；

E——导体的弹性模量，单位为 Pa，对于铜导体，$E=1.13\times10^{11}$ Pa；

J_p——垂直于弯曲方向的轴的惯性矩，单位为 m^4，对于矩形截面导体 $J_p=\frac{bh^3}{12}$，其中 b 为截面的宽，h 为高，对于圆形截面导体 $J_p=\frac{\pi d^4}{64}$，其中 d 为导体直径；

m_0——导体单位长度的质量，单位为 kg/m。

【例 3-1】 某三相交流母线，额定电流为 600A，采用 50mm×6mm 铝导体，三相短路电流周期分量有效值为 30kA。母线平行直列布置，支持瓷绝缘子间的跨度为 130mm，相间轴线距离为 70mm，试检验母线的电动稳定性和机械共振频率，如不满足要求，如何调整参数？

解： 设导体间的电动力是均匀分布的力，三相短路时中间相受力最大，因此

$$(F_B)_m=2.8K_hK_c\frac{\mu_0}{2\pi}I^2$$

回路系数

$$K_h=\frac{2\sqrt{130^2+70^2}-2\times70}{70}=2.22$$

$$\frac{c-b}{b+h}=\frac{70-6}{50+6}=1.14, c \text{ 为截面中心线间距离}$$

$$\frac{b}{h}=0.12$$

截面系数

$$K_c\approx0.93$$

$$(F_B)_m=2.8\times2.22\times0.93\times2\times10^{-7}\times30^2\times10^6\text{N}=1040.6\text{N}$$

设定母线为自由支持在瓷绝缘子上的梁，承受均匀分布载荷。在电动力作用下，母线受到的最大弯矩为

$$M=(F_B)_mL=1040.6\times130\times10^{-3}\text{N}\cdot\text{m}=135.3\text{N}\cdot\text{m}$$

抗弯矩为

$$W = \frac{bh^2}{6} = \frac{6 \times 50^2 \times 10^{-9}}{6}\text{m}^3 = 2.5 \times 10^{-6}\text{m}^3$$

应力为

$$\sigma_p = \frac{M}{W} = \frac{135.3}{2.5 \times 10^{-6}}\text{Pa} = 5.41 \times 10^7\text{Pa}$$

查得工业铝的允许应力 $\sigma = 7 \times 10^7\text{Pa}$；$\sigma_p < \sigma$，机械强度满足要求。如果不满足，可以调整导体的跨度。

在此基础上校验机械共振

$$J_p = \frac{bh^3}{12} = \frac{6 \times 50^3 \times 10^{-12}}{12}\text{m}^4 = 6.25 \times 10^{-8}\text{m}^4$$

$$E = 7 \times 10^{10}\text{Pa}$$

$$\gamma = 2.7 \times 10^3\text{kg/m}^3$$

固有频率为

$$f = \frac{35}{13^2}\sqrt{\frac{7 \times 10^{10} \times 6.25 \times 10^{-8}}{2.7 \times 10^3 \times 50 \times 6 \times 10^{-6}}}\text{Hz} = 15.12\text{Hz}$$

电动力的频率为电源频率的 2 倍，$f = 100\text{Hz}$，故不会引起机械共振。机械强度和固有频率均能够满足要求。

3.7　小结

电器的载流导体之间将受到电动力的作用。电器中的电动力对电器影响很大，尤其是短路时强大的电动力，将会对电器和系统产生破坏。但是，通过合理地设计电器、改变导体形状，将可以利用电动力来改善电器的性能。

本章介绍了电器中电动力现象。通过比奥-沙伐定律和能量平衡原理都可以对电器中的电动力进行计算，两者本质相同，根据实际情况，可以分别选择。比奥-沙伐定律推导过程麻烦，但是，形象具体，只要求出其回路系数和截面系数，就可以很方便地计算出导体之间的电动力；能量平衡原理公式结构简单，但是，对于某种情况，计算其自感系数和互感系数难度较大，往往不易计算。

交流电动力的计算方法与直流相同。单相稳态电动力以 2 倍电源频率在零和峰值之间变化。交流单相短路最大电动力是稳态最大电动力的 3.24 倍。交流三相直列导体的稳态电动力，中间相受力最大，并以 2 倍电源频率在吸力和斥力之间变化，交流三相直列导体短路时中间相所受电动力是单相稳态最大电动力的 2.8 倍。

在电器触头的接触区域将产生电动力，当短路电流通过时，如果电动斥力大于触头弹簧反力，则触头就会被斥开，发生触头熔焊等故障，因此需要分析计算。

电器能承受短路电流电动力的作用而不至破坏或产生永久变形的能力称为电器的电动稳定性。电动稳定性是电器最重要的指标之一。

3.8　思考题与习题

3-1　载流导体在导磁体附近为什么会受到力的作用？力的方向如何？运动到何处为止？

3-2 载流导体常采用矩形母线，试分析平面布置宽边相对和窄边相对时电动力和电动稳定性。

3-3 某配电设备中三相母线直列布置，长度为 2.5m，二排中心距 0.35m，设短路冲击电流为 40kA（峰值），求最大电动力。

3-4 什么是电器的电动稳定性和热稳定性？如何提高电器的电动稳定性与热稳定性？它们与什么参数有关？

3-5 某一电器开关的电流回路如图 3-29 所示，计算作用于导体 l_2 上的电动力。已知：导体流过的电流 $I=60\text{kA}$（最大值），导体的等效半径 $r_0=1\text{cm}$。

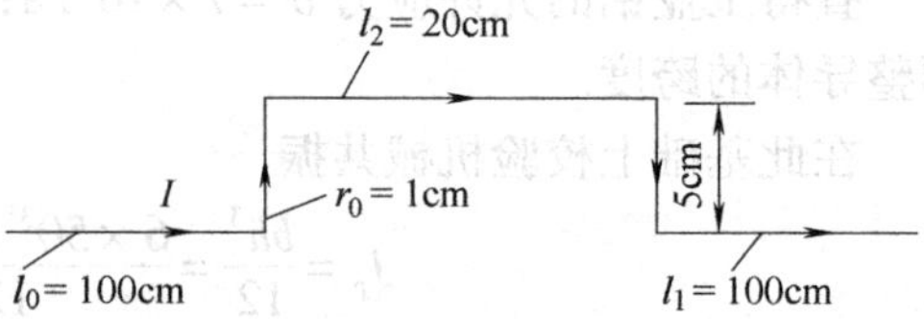

图 3-29 题 3-5 图

3-6 设两平行导体，导体长度为 $l_1=10\text{m}$，$l_2=8\text{m}$，导体之间的距离为 $d=1\text{m}$，$I_1=I_2=10\text{kA}$，试求导体之间作用的电动力。如果，在 1/3 导体处发生短路，情况又将如何？试计算系统短路后的电动力。

第 4 章　电器的电接触理论

4.1　电器中的电接触现象

任何一个电气系统，都必须将电流从一个导体通过导体与导体的接触传向另一个导体。这种导体与导体的接触称为电接触。即，电接触是指两个导体之间通过接触面实现电流传递或信号传输的一种物理化学现象。在电力系统、自动控制系统和信息传递系统中，电接触现象随处可见，电接触的产生、维持和消除过程是一种复杂的物理化学过程。

电接触理论正是研究在电接触的产生、维持和消除过程中，两导体接触面或导体与等离子体界面发生的物理化学过程的学科。该学科涉及面广、研究难度大，其最终目的是在满足一定经济利益前提下，提高电接触的工作可靠性和工作寿命。

4.1.1　电接触的分类

电气系统和电器元件中电接触的具体结构多种多样，一般可分为三种类型：

1）固定接触：两接触元件在工作时间内固定接触在一起，不做相对运动，也不相互分离，如母线的螺栓连接或铆接（又称为永久接触），仪表中的塞子、插头（又称半永久接触）等。

2）滚动和滑动接触：两接触元件能作相对滚动和滑动，但不相互分离，如断路器的滚轮触头、电机的集电环与电刷以及电气机车的受电弓（见图 4-1）与电源线等。

在地铁运行过程中，受电弓与导线相互不分离，做滑动电接触，如图 4-2 所示。

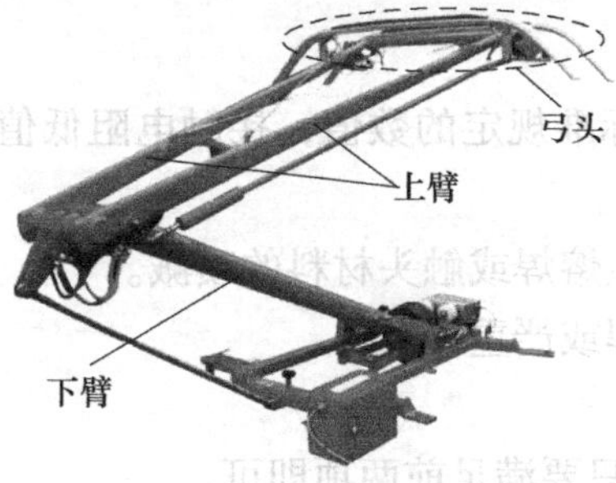

图 4-1　受电弓

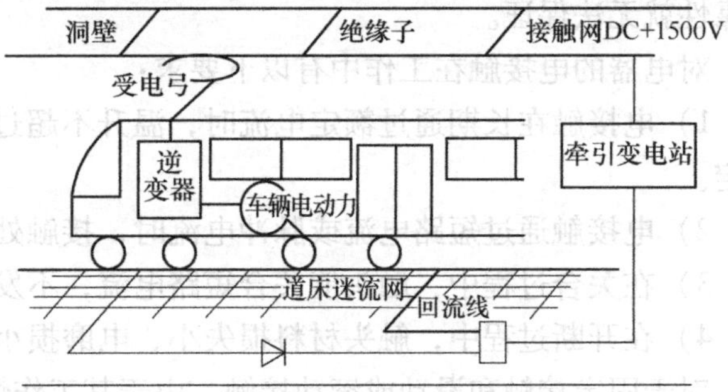

图 4-2　地铁供电系统示意

3）可分、合接触：两接触元件可随时分离或闭合。这种可分、合接触元件通常称为触头或触点。一切利用触头实现电路的接通和分断的电器中都可见到这种接触类型，其结构如图 4-3 所示。

可分合接触按工作电流大小，触头又可以分为：

①弱电流触头——电流在 1A 以下，继电器的触头一般属于弱电流触头系统，甚至有的

继电器触头仅起信息传递作用，不切换负荷；

②中电流触头——电流从几安到几百安，大部分低压电器的触头属于中电流触头范围；

③强电流触头——电流在几百安以上，高压断路器和低压断路器等属于强电流触头范围。

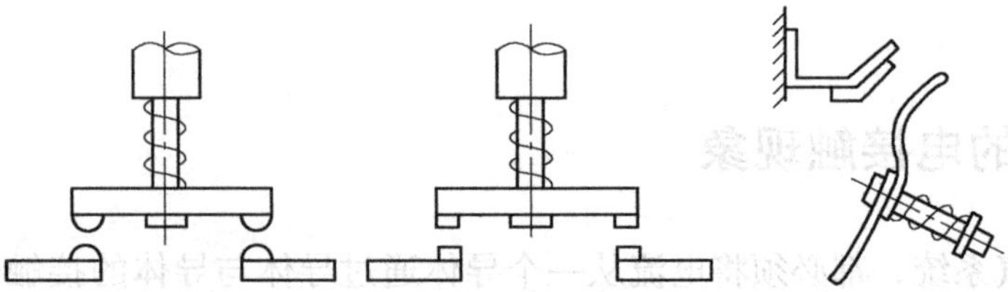

a) 点接触桥式触头　b) 面接触桥式触头　c) 线接触指形触头

图 4-3　触头结构

上述三种电接触类型共同的工作状态是接触元件闭合接通电流。当两导体相互接触流过电流时，接触处会出现局部高温，严重时可达到接触导体材料的熔点。其中，可分、合接触类型的触头的工作状态除闭合通电以外，还有由闭合过渡到分离，最后切断电路或由分离过渡到闭合，最后接通电路以及处于开断状态等。触头在开断或关合电路的过程中，触头间往往会出现电弧。电弧的温度很高，大大超过一般金属材料的熔点或沸点，即使电弧存在的时间很短，也会使触头表面熔化和汽化，造成触头材料的损失，或者产生触头熔焊。因此，在以上三种电接触类型中，工作任务最重的是可分、合接触。

4.1.2　对电接触的主要要求

电器的电接触的工作可靠性非常重要。特别是可分、合接触，如果触头的材料、结构或制造质量不好，触头在工作过程中就会发生严重损坏或因触头间的电弧而熔焊，电器工作的可靠性就无法保证。

对电器的电接触在工作中有以下要求：

1）电接触在长期通过额定电流时，温升不超过国家标准规定的数值，接触电阻低值且稳定。

2）电接触通过短路电流或脉冲电流时，接触处不发生熔焊或触头材料的喷溅。

3）在关合过程中，触头能关合短路电流，不发生熔焊或严重损坏。

4）在开断过程中，触头材料损失小、电磨损小。

对于固定接触和滑动或滚动接触，由于其工作性质，只要满足前两项即可。

4.2　电接触表面的物理图景

任何经过机械加工过的平面表面，虽然用肉眼看起来很平坦光滑，但在显微镜下观察都是凹凸不平的。平面表面的凹凸不平还可用表面轮廓仪直接测绘出其起伏的波形。图 4-4 所示为几种加工后的钢表面轮廓及其与玻璃表面的比较。

通过观察和测量可知：不同材料、不同加工方法、不同工艺过程所得到的表面微观状态都不相同，这在很大程度上将影响两金属表面相互接触的物理过程和接触表面的物理图景。

当两金属清洁而粗糙的表面相互接触时，如果两金属材料的硬度均为无限大（即理想刚体），则不论实际接触力有多大，材料都不会产生任何变形。在此情况下，两金属接触的表面上实际接触在一起的最多只有三个点。根据几何学上三点构成一平面的原理，这个结论是显而易见的。

但是，实际金属材料的硬度不可能为无限大，在外力作用下材料都会产生变形。材料力学的基础知识表明：当施加的压力较小时，材料产生弹性变形（暂时变形）；如果压力超过一定限度，材料将产生塑性变形（永久变形）。因此，对两实际金属表面加压接触的过程可作如下的描述：

设两金属表面开始接触时有三个起始实际接触点，由于刚接触时实际接触点尚未产生变形，总实际接触面积非常小，接近于零。因实际接触点所受的压强等于外加接触力除以总实际接触面积，起始实际接触面积接近于零，故此时起始接触点将因受到巨大压强（接近于无限大）而产生变形。根据金属材料应力与应变的特性可知，起始接触点在强大压强作用下将由弹性变形过渡到塑性变形。在起始接触点变形的同时，总的实际接触的面积扩大，两金属表面未接触部分逐步互相靠近。这样，金属表面凸出高度较小的点也会陆续不断接触而出现许多新的实际接触点。由于总的实际接触面积不断增大，因此实际接触面上所受的压强不断减小。最后，当实际接触面产生的变形力与外力达到平衡时，实际接触面便不再扩大，接触过程到此结束。接触过程稳定后，接触表面中的实际接触点有的已进入塑性变形范围，有的尚处在弹性变形范围，有的两者兼而有之。

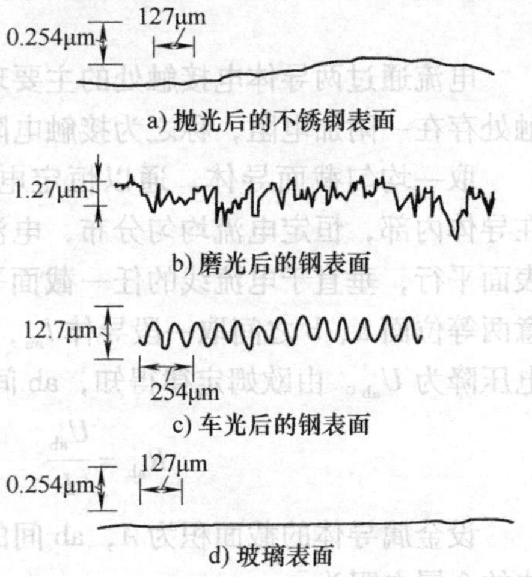

图 4-4　几种加工后的钢表面轮廓及其与玻璃表面的比较

空气中放置的普通金属材料，如铜，其表面往往会与氧作用，生成一层不导电的氧化膜。当具有氧化膜的两金属表面接触时，在实际接触斑点内，只有氧化膜发生破裂的地方，才有可能形成金属的直接接触，这些金属接触的斑点才是真正能导电的点，称为导电斑点。因此，一般地说，具有氧化膜的两实际金属表面接触时，接触表面的物理图景可用图 4-5 表示。图中，在实际接触面内，有些部分被绝缘膜覆盖，有些部分膜被压破，形成许多金属接触点，有的膜被大块剥离，形成大面积金属接触。

研究表明，工程应用中的电接触，实际接触斑点的总面积往往只占整个视在接触面积的千分之几（在非常强大的接触压力下，这个比值也只可能达到百分之几），而导电斑点的总面积又要比实际接触斑点的总面积小得多。

电接触的奠基人 R. Holm 假定导电斑点是半径为 a 的圆形区域，所以在国际电接触学术界导电斑点又称为 a 斑点。当电流通过接触元件时，实际上电流是集中流过那些极小的导电斑点，因而在导电斑点附近，必定发生电流线收缩

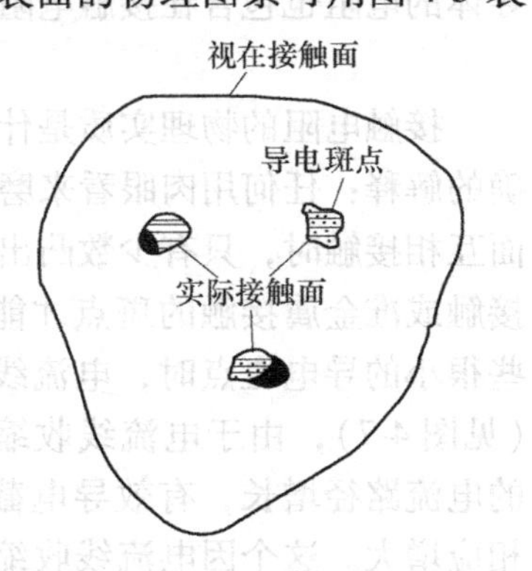

图 4-5　具有氧化膜的金属表面接触时的物理图景

现象[5]。

4.3 接触电阻的理论与计算

电流通过两导体电接触处的主要现象是接触处出现局部高温。产生此现象的原因是电接触处存在一附加电阻，称之为接触电阻。下面分析一个简单的现象。

取一均匀截面导体，通以恒定电流 I，如图 4-6a 所示。在导体内部，恒定电流均匀分布，电流线沿导体轴向与导体表面平行，垂直于电流线的任一截面平面上电位相等。在任意两等位面 a、b 之间取一段导体 l_{ab}，用电压表测得 ab 间的电压降为 U_{ab}。由欧姆定律得知，ab 间金属导体的电阻为

$$R_{ab}=\frac{U_{ab}}{I} \tag{4-1}$$

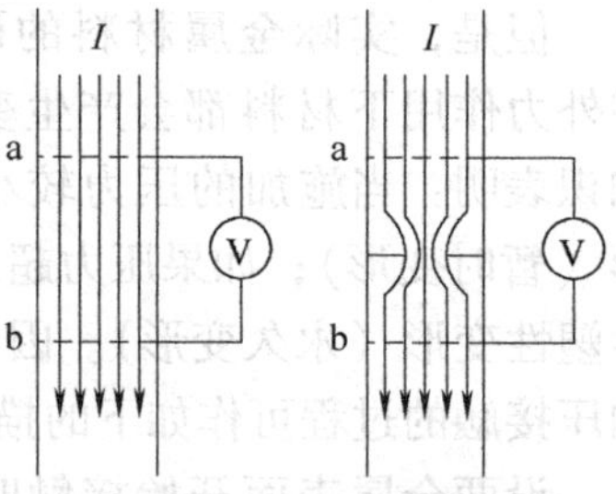

a) 导体电阻　b) 接触电阻

图 4-6　接触电阻计算示意

设金属导体的截面积为 A，ab 间的长度为 l_{ab}，则此段导体的金属电阻为

$$R_{ab}=\rho\frac{l_{ab}}{A} \tag{4-2}$$

现将导体切断，然后再将切断后的两段导体对接接触起来，如图 4-6b 所示。如果使通过导体电流仍为 I，再用同一电压表测量 ab 两等位面间的电压（l_{ab}不变，但包含切断后的接触处），则为另一数值 U'_{ab}，且 $U'_{ab}>U_{ab}$。对应于图 4-6b，ab 间的电阻为

$$R'_{ab}=\frac{U'_{ab}}{I} \tag{4-3}$$

实际中发现，无论加在图 4-6b 两部分导体上的力 F 如何大，无论接触表面如何处理，R'_{ab}均远远大于 R_{ab}。令电阻差为

$$R_j=R'_{ab}-R_{ab} \tag{4-4}$$

R_j 即为导体与导体接触处产生的一附加电阻，这个电阻定义为接触电阻。

由于接触处附近的导体电阻往往比接触电阻小很多，故工程实际应用中常把接触处附近导体的电阻也包含在接触电阻以内，近似地认为

$$R_j\approx R'_{ab} \tag{4-5}$$

接触电阻的物理实质是什么？直到 20 世纪初，才由电接触学科的奠基人霍姆做出了正确的解释：任何用肉眼看来磨得非常光滑的金属表面，实际上都是粗糙不平的，当两金属表面互相接触时，只有少数凸出的点（小面）发生了真正的接触，其中仅仅是一小部分金属接触或准金属接触的斑点才能导电。当电流通过这些很小的导电斑点时，电流线必然会发生收缩现象（见图 4-7），由于电流线收缩，流过导电斑点附近的电流路径增长，有效导电截面减小，因而电阻值相应增大。这个因电流线收缩而形成的附加电阻称为收缩电阻，是构成接触电阻的一个分量。

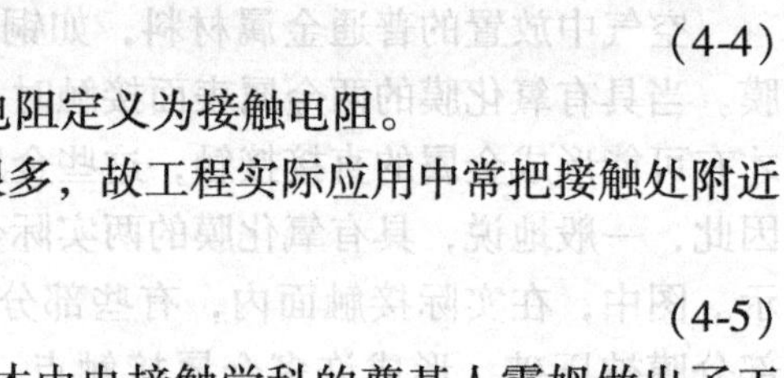

图 4-7　导电斑点附近电流线收缩

其次，由于金属表面上有膜的存在，如果实际

接触面之间的薄膜能导电，则当电流通过薄膜时将会受到一定阻碍而存在另一附加电阻，称为膜电阻，它是构成接触电阻的另一个分量。

总之，接触电阻一般应包含三个部分：一个接触元件的收缩电阻 R_{s1}，接触面间的膜电阻 R_b，另一个接触元件的收缩电阻 R_{s2}。三者在电路上是串联的关系，所以接触电阻 R_j 可用下式表示：

$$R_j = R_{s1} + R_b + R_{s2} \tag{4-6}$$

如果两个接触元件的材料相同，接触面两边的电流-电位场对称，则 $R_{s1} = R_{s2} = R_s$，这样，接触电阻

$$R_j = 2R_s + R_b \tag{4-7}$$

如果接触元件表面不存在表面膜，如真空中清洁金属表面的接触，$R_b \approx 0$，或者 $R_b << 2R_s$，则接触电阻

$$R_j \approx 2R_s \tag{4-8}$$

与此情况相反，如果 $R_b >> 2R_s$，则

$$R_j \approx R_b \tag{4-9}$$

在电器实际应用中，希望接触电阻越小越好，并且长期保持稳定。

下面进一步讨论这两部分电阻的性质。

4.3.1　收缩电阻 R_s

由以上分析可知，未被切开的导体中电流是均匀分布的，切开后，接触处的表面不可能是理想的平面，尽管经过精加工，总会有些不平，波纹起伏。图 4-8 所示为电接触区域示意，电流经过接触点时，电流线将产生收缩现象。

由于接触点数目不止一个，所以整个接触面的收缩电阻为各个接触点收缩电阻的并联值。下面讨论影响收缩电阻的主要因素。为简便起见，取一个接触点来分析，如图 4-9 所示，并做如下假设：

1）接触表面中，导电斑点的几何形状为圆形，半径为 a，且 a 为常数。

2）导电斑点之间有足够大的分散距离，可认为斑点与斑点之间电流-电位场互不干扰。

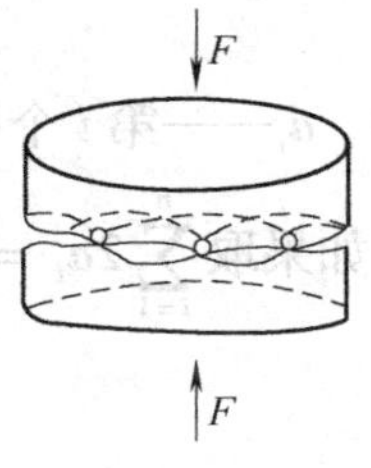

图 4-8　电接触区域示意

3）两接触元件中，收缩区内的电流-电位场完全对称，且材料的电阻率处处相等。

图 4-10 所示为孤立斑点 a 附近电流收缩区中电流线和等位面构成的收缩电阻示意。

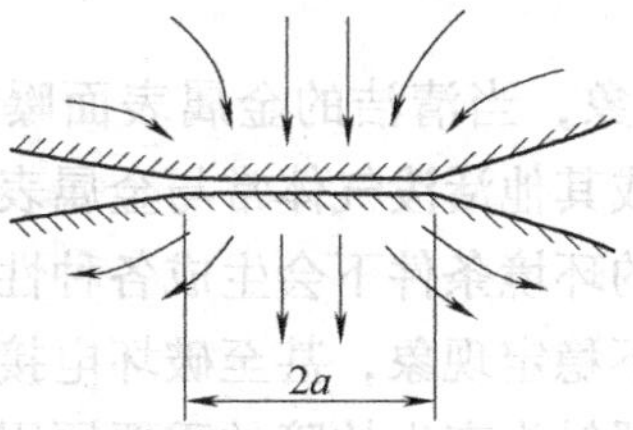

图 4-9　金属表面的示意

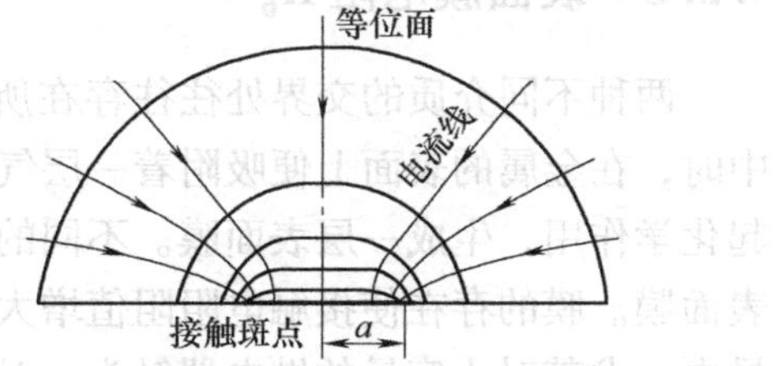

图 4-10　孤立斑点收缩电阻

图 4-10 中，中间一小段粗线代表接触斑点 a。因斑点 a 上下两边的场分布对称，故只需绘出上边一半。在此模型中，除一个斑点 a 能导电外，其余的接触面均不导电。如果斑点 a

圆形平面上电位处处相等（为一等位面），并取此平面上的电位为零，那么在两接触元件收缩区的无限远处电位为 $\pm\frac{1}{2}U_j$（在实际工程中，U_j 近似地对应于接触元件两端测得的电压降），沿电流线方向的等位面将是一系列共焦点的椭球壳。在导电媒质中，恒定电场与介质中静电场有以下相似关系：

$$\frac{C}{G}=\frac{\varepsilon}{k} \tag{4-10}$$

式中 G、k——分别为导电媒质中的电导、电导率；

C、ε——分别为介质中相同场的电容、介电常数。

利用上述关系可以导出孤立斑点 a 总收缩电阻的理论公式为

$$2R_s=\frac{\rho}{2a} \tag{4-11}$$

式中 ρ——接触元件材料的电阻率；

a——导电斑点的半径。

此为 Holm 定律的模型，简单、与实际比较接近，且得到一定公认，是目前应用较多的一种模型。式（4-11）给出了重要的物理意义，即收缩电阻的本质就是金属电阻，其大小与接触元件材料的电阻率成正比，与导电斑点的直径成反比。

在一般情况下，接触内表面中，导电斑点不只一个而是有 n 个，这 n 个斑点在电路上是并联的关系。在建立收缩电阻物理模型所作的假定条件下，n 个导电斑点的总收缩电阻为

$$2R_s=\frac{\rho}{\sum_{i=1}^{n}2a_i} \tag{4-12}$$

式中 a_i——第 i 个导电斑点的半径。

如果取 $\sum_{i=1}^{n}2a_i=2na_p$，a_p 为 n 个斑点半径的平均值，则上式变成

$$2R_s=\frac{\rho}{2na_p} \tag{4-13}$$

想要准确确定导电斑点数目和斑点半径是非常困难的，其与接触面上的机械压力关系很大，也与导体材料、外形尺寸和表面情况有关。这个问题留待后续讨论。

4.3.2 表面膜电阻 R_b

两种不同介质的交界处往往存在所谓的“吸附”现象，当清洁的金属表面曝露于空气中时，在金属的表面上便吸附着一层气体，其中的氧气或其他活泼气体常与金属表面的原子起化学作用，生成一层表面膜。不同的金属材料在不同的环境条件下会生成各种性质不同的表面膜。膜的存在使接触电阻阻值增大，并产生严重的不稳定现象，甚至破坏电接触的正常导电。尤其对小容量的继电器触头，触头污染成为继电器触头产生故障的重要原因之一。

从膜的导电性看，主要有两类性质完全不同的表面膜。一类为绝缘膜，这类膜的电阻率非常大，约为 $10^5\sim10^{10}\Omega\cdot m$ 数量级，厚度较厚，约为 $10^{-8}\sim10^{-9}m$ 数量级。例如，普通金属表面上的氧化膜，少数贵金属表面上的硫化膜，这种膜颜色灰暗，故有暗膜之称；还有

有机蒸气环境中形成的聚合物膜，某些材料在电弧作用下生成的玻璃状绝缘膜等。另一类为导电膜，这类膜的电阻率为 $10^{-9}\sim10^{-4}\Omega\cdot m$ 数量级，厚度为 $10^{-10}m$ 数量级，电子可借“隧道效应”透过薄膜而导电，这类膜由“吸附”效应产生，故又称为吸附膜。

表面膜可细分为以下主要类型：

1）尘埃膜：飞扬于空气中的固体微粒（如灰粉、尘埃、纺织纤维物等），由于静电吸力而覆盖在接触表面形成的膜电阻。在外力作用下，这些吸附的微粒极易脱落，使电接触重新恢复，导致接触电阻变化极不稳定，具有随机性的特点。这类膜对弱电接触不可忽视，灰尘面积一般为 $2\sim20\mu m^2$（$10^{-6}mm^2$），如果接触压力比较大，可将灰尘颗粒压扁，金属变形，使其有效接触，因此，接触区域的接触压力一般不能太小。

2）吸附膜：气体分子或水分子在接触表面的吸附层，其厚度仅有几个分子层，当触头压力在接触面上形成很高的压强时，厚度将减到1～2个分子层，无法采用机械的方法将其完全消除掉。吸附膜主要靠隧道效应导电。

3）无机膜：电接触暴露于空气中时，由于化学腐蚀作用在金属表面形成的各种金属化合物薄膜（如氧化膜、硫化膜），以及在潮湿的空气中，在电解质作用下，不同金属间发生电化学腐蚀在接触表面存积的锈蚀物。对于接触器、断路器等低压产品来说，金属的氧化物是主要成分。金属氧化物多半是半导体，其电阻率很高，见表4-1。

表4-1 金属及其氧化物电阻率

金属	电阻率 $\rho_{20}/\times10^{-6}(\Omega\cdot m)$	金属氧化物	电阻率 $\rho/(\Omega\cdot m)$	金属	电阻率 $\rho_{20}/\times10^{-6}(\Omega\cdot m)$	金属氧化物	电阻率 $\rho/(\Omega\cdot m)$
Ag	0.0165	Ag_2O	1×10^{-4}	Al	0.0291	Al_2O_3	1×10^{10}
		Ag_2S	$10\sim10^{6}$	Ni	0.080	NiO	1×10^{6}
Cu	0.0175	Cu_2O	5×10^{8}	W	0.055	W_2O_5	10
		CuO	2×10^{8}	Cd	0.075	CdO	10^{-3}

注：以上数据仅供参考，不同产品，数据将有所差别。

4）有机膜：从绝缘材料中析出的有机蒸气，在电接触金属材料表面自然沉积而形成的薄膜，称为有机聚合物，或者触头之间相互摩擦，使有机蒸气在接触表面上生成的高分子有机膜。

金属表面膜的生长与材料的种类、环境介质的情况以及其他许多复杂的因素有关。一般说来，贵金属材料，例如金，它的表面只生成肉眼看不见的吸附膜，而不发展成暗膜。这种膜极易隧道导电，对接触无害，在弱电接触中得到广泛应用。银在空气中也不易氧化，但当大气中有臭氧存在时，银的表面便能氧化成 Ag_2O。Ag_2O 易于清除，并且在200℃时即分解，对接触导电没什么影响，银的价格相比于贵金属要低，工业上大量采用。但是，当银曝露在含有 H_2S 的大气时，其表面容易生成 Ag_2S 绝缘暗膜。实验证明，干燥的 H_2S 不易侵蚀银，含硫气体只有溶解在银表面的水膜中，才会起化学反应，生成 Ag_2S。经验证明，即使大气中 H_2S 或 SO_2 的含量极微（如 $1/10^9$），温度也很低，银的表面也能毫无困难地生成 Ag_2S 膜。由于 Ag_2S 膜电阻率很大，室温下为 $10^5\sim10^{10}\Omega\cdot m$，接近于绝缘体的半导体，故长期工作在含硫气体中的银触头，易于出现接触导电失效的现象。在含硫的潮湿空气中，嵌金或镀金的银面上，Ag_2S 膜会爬过银面生长到金面上来，Ag_2S 也能通过镀金的孔隙而漫延到镀金层的表面上来。

普通金属材料（如铜）的表面，在空气中就会由吸附膜发展成为肉眼可见的氧化暗膜。氧化膜的生长规律在理论上可由氧化速率的抛物线定律来决定。在实际复杂的条件下，在不同的温度范围内，膜的生长规律比较复杂。图4-11示出了几种常用触头材料在不同条件下氧化膜的生长厚度与时间的关系曲线。这些曲线表示的膜生长规律有一定的代表意义，它们的共同特点是，膜的起始生长速度很快，以后减慢，并趋于一个稳定的生长速度。由图4-11还可以看出，不同材料、不同介质、不同温度对膜的生长影响很大。在材料和介质一定的条件下，温度是膜生长的决定性因素。例如油中的铜，当温度超过120℃以后，膜的生长速度明显增大（见图4-11b）。又如空气中的铜，温度在400℃内形成Cu_2O膜，在更高的温度下形成CuO膜，温度超过1100℃又变成Cu_2O，而当温度超过2000℃时，氧化物则完全分解。有的材料，例如铝和不锈钢，当表面膜生长到一定厚度（如达到10^{-9}m）以后就不再增长，这种膜称之为保护膜或钝化膜。有的材料，例如钨，在电弧作用下生成WO_3氧化物，这种氧化物呈浅黄绿色粉末，易于清除。银钨或银钼在电弧的作用下会生成钨酸盐或钼酸盐。在有机蒸汽环境中，金属表面常附有一种粉状的有机聚合物，在摩擦作用下形成高分子有机膜。在加工、运输、工作的过程中，金属表面常有油脂、灰尘的沾污。在湿度较大的环境中，还有水汽的吸附形成水膜。

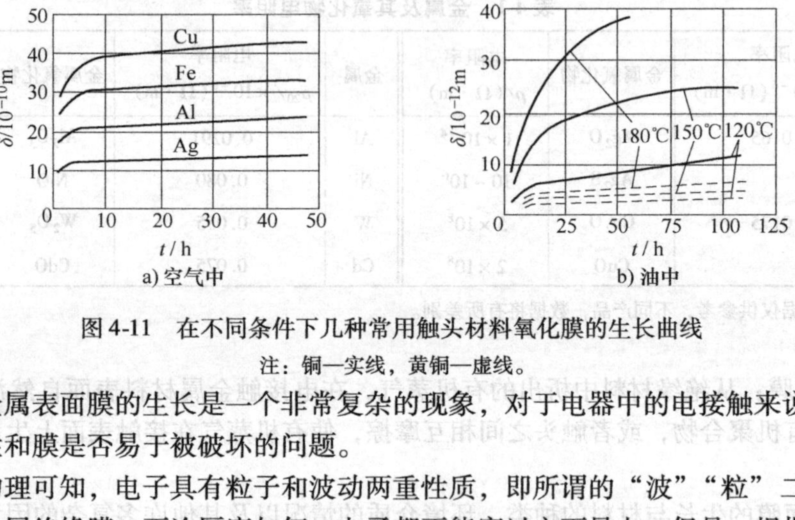

图4-11 在不同条件下几种常用触头材料氧化膜的生长曲线

注：铜—实线，黄铜—虚线。

总之，金属表面膜的生长是一个非常复杂的现象，对于电器中的电接触来说，最关心的是膜的导电性和膜是否易于被破坏的问题。

由近代物理可知，电子具有粒子和波动两重性质，即所谓的“波”“粒”二相性。按照经典理论，一层绝缘膜，不论厚度如何，电子都不能穿过它而导电。但是，根据量子力学理论，电子作为波的性质，却能透过薄膜而导电，这个效应称为“隧道效应”。利用著名的薛定谔方程（Schrdinger equation），可求得电子透过两金属接触面之间位垒的机率。设电子透过位垒形成的电流密度为J，接触面之间的电压为U，定义$U/J=\rho_s$，称之为膜的隧道电阻率，或称为膜的面电阻率。ρ_s与膜厚Δ之间的关系，如图4-12所示。图中，φ为电子逸出功。

根据膜的面电阻率定义，电子透过斑点a表面膜所遇到的膜电阻为

$$R_b=\frac{\rho_s}{\pi a^2} \tag{4-14}$$

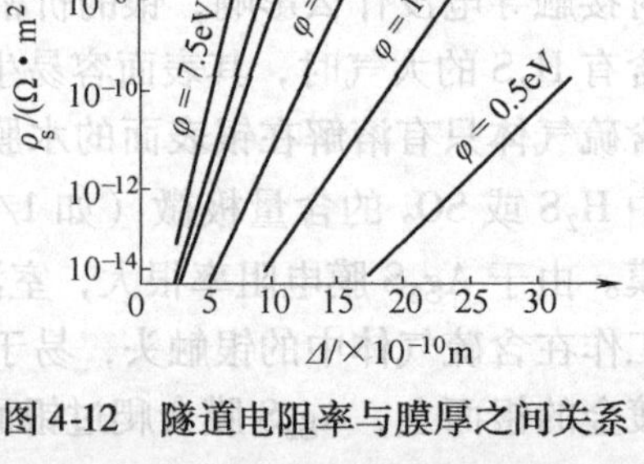

图4-12 隧道电阻率与膜厚之间关系

如果接触内表面上导电斑点的个数为 n，平均半径为 a_p，则总膜电阻为

$$R_b = \frac{\rho_s}{\pi n a_p^2} \tag{4-15}$$

对于较厚的绝缘膜，电子隧道透过膜的机率非常小，绝缘膜将无法导电。

研究表明，如果施加一电压于具有完整的绝缘暗膜的接触面之间，当电压由零逐渐升高时，膜一直会保持在绝缘状态（电阻值在 MΩ 数量级），膜电阻随电压的上升而下降，减小电压，阻值回升，呈现出半导体的特性。当电压升高到某一临界值时（根据膜的种类和厚度有所不同），膜被击穿，电阻突然消失，接触面之间的电压立即下降到零点几伏的数量级，电流导通。图 4-13 表示绝缘暗膜的这种电击穿过程（其中实线段表示加电压或减电压时膜处于完好的绝缘状态）。当外加电压超过临界电压 U_0 时，膜被击穿（击穿过程用虚线表示），电流通路形成，最后稳定在终止点（R_z，U_z）工作。由于膜的击穿与气体介质击穿的过程不同，Holm 把膜的击穿称为膜的熔解（Fritting）。

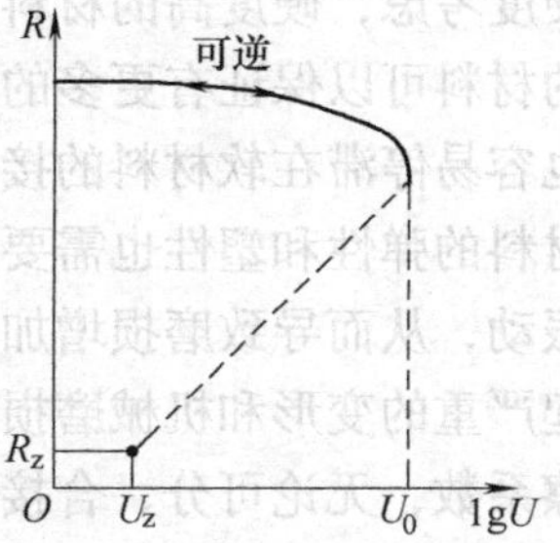

图 4-13 绝缘暗膜的电击穿

大多数情况下膜击穿后电压在 0.3 ~ 0.5V 数量级（A 类熔解），某些情况下膜击穿后电压在 0.01 ~ 0.02V 的数量级（B 类熔解）。

绝缘暗膜除了用电的方法破坏外，还可用机械的方法破坏。机械方法是在接触元件上施加一定的外力，从而使实际接触面微观凸出接触处获得极高的应力。当凸出部分受压变形时，膜也随之破裂。或者在两接触面受压的同时，使两表面做相对滚滑，将膜磨碎并剥离。膜的机械破坏要求实际接触面上作用有很高的局部压力，并且表面膜比本体金属应具有大得多的硬度和脆性。为此需要保持接触表面有一定的粗糙度，使接触斑点存在足够的接触面积，获得高局部接触压力。同时选用适当的接触材料和结构，例如，固定接触用锡镀层作接触区过渡材料，可分、合接触采用滚滑结构等。

因此，接触电阻的计算公式为

$$R_j = \frac{\rho}{2 n a_p} + \frac{\rho_s}{\pi n a_p^2} \tag{4-16}$$

式（4-16）中，接触元件材料的电阻率 ρ 和膜的面电阻率 ρ_s 均为已知，困难的是导电斑点个数 n 和平均半径 a_p 无法准确确定。

4.4 影响接触电阻的主要因素

4.4.1 材料性质

电接触材料是影响接触电阻最直接的重要因素。根据电器的任务和使用条件，有时对电接触材料提出的要求是不同的、甚至是矛盾的。但是，电接触材料首先需要有良好的导电性和导热性，电阻率要小、热导率要大，这样才能使触头处于闭合位置时的接触电阻小、热损耗小，触头和导体的散热好、温升低。电接触表面温升低，将使得各种有害的表面膜不易形成，不但保持了接触电阻的低值且稳定，而且在触头分断时液态金属桥也不容易形成。另

外，良好的散热条件也降低了产生电弧的可能性，使金属不容易被汽化和熔化，这样将大大降低触头的金属磨损和电磨损。同时，良好的导热性还能使电弧熄灭后瞬间的介质强度迅速恢复，电弧重燃困难，进入一个良性循环的过程。综合起来说，电接触材料具有良好的导电性能和导热性能是十分重要的。

电接触材料必须具有良好的力学性能，有适当的强度、硬度和小的摩擦系数。从材料的硬度考虑，硬度高的材料坚固耐用，并且在机械力和电动力作用下不至于产生变形；硬度低的材料可以保证有更多的接触点，减小接触电阻，但是，触头易产生机械磨损，外界的尘埃也容易停滞在软材料的接触面上。因此，对于材料的硬度只能根据具体情况提出具体要求。材料的弹性和塑性也需要适当选择，弹性大的材料容易在触头闭合过程中产生严重的动触头振动，从而导致磨损增加，同时弹性大的材料加工困难、工艺要求高；塑性大的材料容易引起严重的变形和机械磨损。因此，对材料的弹性和塑性的选择必须综合考虑。对于材料的摩擦系数，无论可分、合接触或滑动滚动接触，都要求材料具有小的摩擦系数，以便减少机械磨损和产生冷熔焊现象。

电接触材料必须具有良好的化学性质，电化电位的高低直接影响着触头电腐蚀的快慢。采用两种不同金属构成电接触时，要求两种金属的电化电位差要小，这样可以大大降低电化学腐蚀作用。为了防止大气对电接触材料的电化学腐蚀，其电化电位要高。另外，电接触材料还应当具有稳定的化学性质，不易产生化学腐蚀，不易产生无机膜，即使产生了，也希望其无机膜的稳定性差，容易被破坏。

同时，还要求电接触材料具有良好的抗电弧生成特性，即生弧电压、生弧电流、逸出功、金属蒸气的电离电位等数值要大；材料的密度、热容量要大，熔化、汽化、升华的温度和潜热数值要高，这些都可以降低触头的电磨损。

当然，某一种电接触材料不可能同时满足以上所有特性，只能根据需要，进行合理选择。现将常用触头材料介绍如下。

1. 纯金属材料

1）银（Ag）——纯金属中，银的导电性和导热性都是最好的。银在空气中不易氧化，在潮湿的含硫气体中易硫化。银的氧化膜和硫化膜易分解，故接触电阻小且稳定，允许温度高。银的缺点是熔点低，在强电弧的作用下易喷溅，比较适合小功率电器触头或在固定接触中做镀层材料。

2）铜（Cu）——铜的导电和导热性能仅次于银，与银相比有较大的硬度和强度，熔点较高，价格比银便宜，加工方便。铜的缺点是易氧化，使接触电阻随时间迅速增长。高压开关中采用滚动接触，触头常常在密封的灭弧室中，因此，可以采用铜质触头，低压电器中基本上不采用铜材料作为触头材料。

3）金（Au）——金的导电性和导热性次于银和铜，突出的优点是不易氧化，接触电阻稳定。金的缺点是价格贵，容易产生冷焊、变形和磨损。在电流小、电压低、触头压力不大的场合可以采用。

4）铂（Pt）——铂的导电性和导热性较差，但化学性能稳定，在空气中不氧化、不硫化，接触电阻非常稳定。铂缺点是价格高，易产生金属桥，在有机蒸气中易生成有机膜，铂的合金可以用作弱电触头。

5）钨（W）——钨的许多性质和铂相近，但是，它硬度很高，耐热性、耐腐蚀性能好，抗电弧烧损和抗熔焊性能也很好。钨的缺点是在高温下容易形成不导电的氧化膜，需要大的接触压力，一般比较适合大功率触头。

2. 金属系触头材料

1）AgMeO 系触头：Me 是“Metal”的简称，代表 Cd、Sn 等金属，即银金属氧化物。AgMeO 材料的发展重点在微量添加剂上，增加添加剂的目的是：①改善 MeO 的颗粒尺寸、形状及在银基体中的分布；②强化 AgMeO 的材料基体，增加液态银在触头表面的润湿效应；③改善工艺要求。

添加剂有：Mg、Li、Sn、Co、Al、K、Ca、Hg、Ru、Be、Ce、Ga、Ni 等。

银氧化镉（AgCdO）由于其具有良好的耐侵蚀、抗熔焊和低值稳定的接触电阻，目前被广泛应用在中等功率的开关电器中。AgCdO 材料在电弧的作用下会分解，从固态变为气态（分解温度约为 900℃），将产生吹弧作用，并可以清洁触头表面；而氧化镉分解时吸收大量的热，有利于电弧的冷却与熄灭；氧化镉微粒还能够增加熔融材料的粘度，减少金属飞溅损耗；镉的蒸气有一部分还重新与氧结合形成固态氧化镉，沉积在触头的表面，阻止触头的焊接。但是，镉蒸气有毒，会污染环境，伤害人身健康，从 20 世纪 70 年代始，人们就在寻求替代银氧化镉的材料。

银氧化锡（$AgSnO_2$）是最有希望取代银氧化镉（AgCdO）的材料，它无毒、耐侵蚀，具有与银氧化镉类似的优良性能，抗熔焊性能比银氧化镉好，其接触电阻稍高一些，尽管已经通过添加剂 In 和 Bi 解决了 $AgSnO_2$ 的抗氧化问题，但是，仍然存在温升过高的现象。

2）AgNi 系触头：AgNi 材料与 AgMeO 系材料的不同之处在于，当温度极高时，两种共存熔体的相互溶解度增加，使 AgN_i 触头材料的镍颗粒形成均匀弥散分布。原因在于，在高温熔体中，冷却后的镍重新沉积于银基体中。当 Ni 含量增加时，需要更高的温度和更长的时间方可以使 Ni 溶解于银基体中，当冷凝时，会在触头表面形成 Ni 的富集及部分 Ni 的氧化物组分，因而 Ni 含量增加，接触电阻增加。

3）AgC 系触头：AgC 系触头的主要机制在于炭粒和大气中氧的作用，在被电弧加热的高温弧柱区域，炭粒发生显著的燃烧，形成 CO 气体并逸出触头基体，从而在触头表面形成多孔疏松的富银层。由于实际接触面为富银层，故 AgC 材料在工作过程中始终保持着低值接触电阻，又由于触头表面的疏松多孔，因而无论纤维方向与接触面平行还是垂直，都具有良好的抗熔焊性。

4）AgW 系触头：在 AgW 系触头中，难熔材料的重量比例在 20% ~60% 之间。通常所指的 W 骨架作用，并不是在粉末冶金法制造材料的过程中产生的，而是在大电流负荷下出现的。当电弧高温作用于触头时，银首先熔化蒸发，银的蒸发有助于降低弧根处的温升，从而降低材料的飞溅侵蚀。大量银的蒸发，难熔材料被烧结在一起，使 AgW 具有较高的抗熔焊特性。除此之外，由于 AgW 与大气中的氧气作用，在触头表面形成不导电的氧化物，如 Ag_2WO_4 及 WO_3，这些薄膜接触电阻升高，反过来使触头产生高温过热，这种情况下也有骨架的作用。

5）非晶态触头材料：非晶态是物质的另一种结构状态，不像晶态那样是原子的有序结构，而是一种长程无序、短程有序的结构。非晶态材料的物理、化学性能比晶态材料更优越。非晶态合金的形成除与材料本身的非晶态能力有关外，金属熔体到非晶态合金还要有足够快的冷却速度，以致使熔体在达到凝固温度时，其内部原子还未来得及结晶就被冻结在液态时所处的位置附近，从而形成无定形结构的固体。例如，含 8% ~ 23% Si 的非晶态 Pd-Si 合金具有弹性和韧性，这种合金耐电弧侵蚀能力优良，接触电阻低值且稳定。非晶态 PdCu-Si 合金兼备触头和弹簧的功能，该合金强度很高，硬度大，弹性极限在 882.6MPa 以上，耐电弧侵蚀性能是纯钯的 10 倍，用于继电器上，有助于通信设备的小型化和高寿命。

然而，非晶态合金存在尺寸小、工作温度低、生产成本高等缺点，限制了它的广泛使用。

6）超导触头材料。将超导材料引入电接触材料中，必将带来革命性的变化。低压电器的触头材料超导化，还有很长的路要走，需要分析超导材料界面（如超导材料与一般金属组成的界面，超导材料与绝缘体组成的界面，超导材料与半导体材料组成的界面，超导材料与另一超导材料组成的界面）的物理特性和发生于界面的物理过程。目前，以 $YBa_2Cu_3O_7$ 为代表的高转变温度氧化物超导体已经通过特定的工艺附着于触头基体的表面，在低于临界电流密度下，这类触头接触电阻为零。以 $YBa_2Cu_3O_7$ 为例，其电流密度高达 10^6 ~ $10^8 A/cm^2$[5]。

4.4.2 接触形式

触头的接触形式很多，按接触面几何形状不同，可分为三类：点接触、线接触和面接触。典型接触形式如图 4-14 所示。

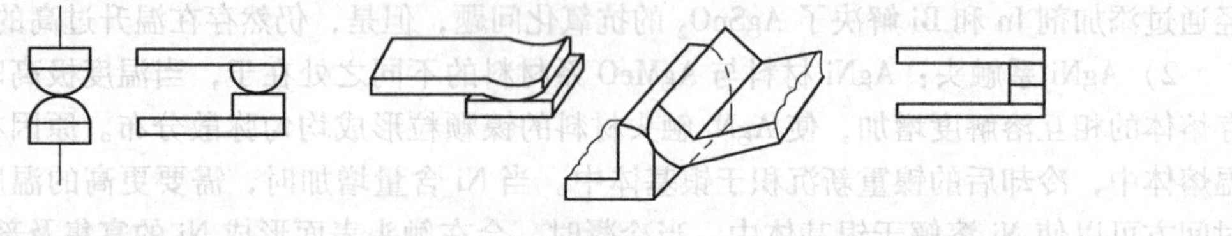

a) 点接触　　b) 线接触　　c) 面接触

图 4-14 典型接触形式

1）点接触：球状触头与另一球状触头相接触，或者球状触头与平面触头相接触，如图 4-14a 所示。从几何学角度来看，两面接触于一点，故称为点接触。但它实际上是一个小面积内的若干点在接触。

2）线接触：圆弧状触头与平面触头相接触，或者圆弧状触头与另一圆弧状触头相接触，如图 4-14b 所示。从几何学角度看，两面接触在一条直线上，所以称为线接触。这种接触实际上是分布在狭长区域内的若干点在接触。例如，断路器中的指形触头，或高压开关中的梅花式触头，均属于线接触的形式。

图 4-15 所示为万能式低压断路器触头的结构。该断路器适用于交流 50Hz，额定电流为 400 ~ 6300A，额定绝缘电压为 1000V，额定工作电压为 400V、690V 的配电网络中。每相触头系统被安装在绝缘室内，上方是灭弧罩。每相触头系统为了降低电动斥力，采用片状触头并联方式。

图 4-15 低压断路器触头结构

3）面接触：两平面状触头相接触，如图 4-14c 所示。从几何学角度看，接触面是一个平面，故称为面接触。它实际上是分布在若干处的很多个点在接触。

图 4-16 和图 4-17 所示是高压真空开关中的触头系统，就接触方式而言，属于面接触的接触方式，其根据触头开断时灭弧的基本原理不同，又可分为非磁吹触头和磁吹触头两大类。

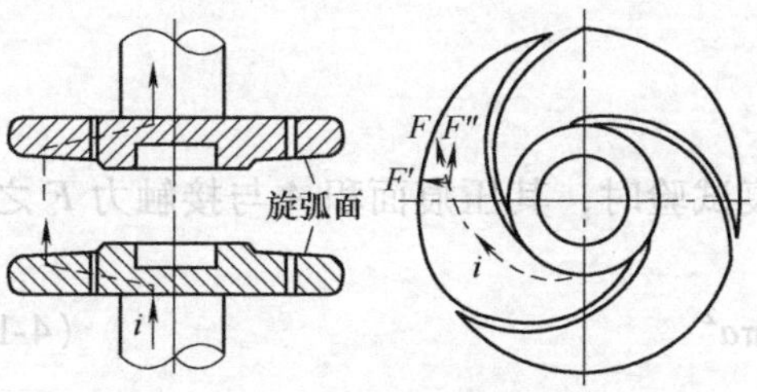

图 4-16　中接式螺旋槽触头

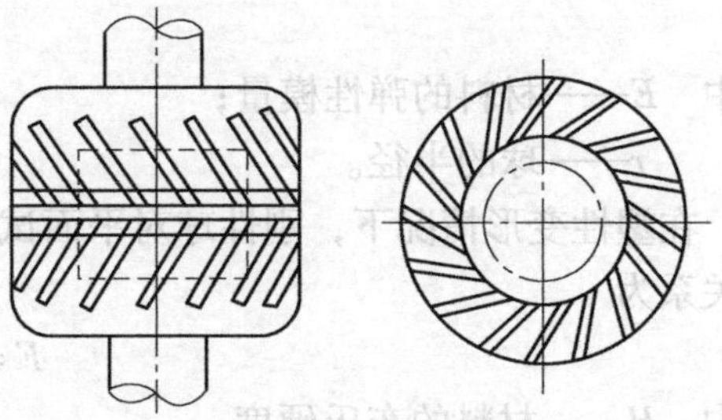

图 4-17　杯形触头

接触形式对接触电阻的影响主要表现在接触点数目上。由式（4-16）可知，接触电阻由收缩电阻和膜电阻两部分组成。对于收缩电阻来说，根据式（4-13），一般说来，应该是接触点数越多，收缩电阻越小，即面接触的接触点数最多，收缩电阻最小；点接触的接触点数最少，收缩电阻最大；线接触介于二者之间。而且接触形式对膜电阻的影响主要取决于每一个接触点上所承受的压力，如果触头上外加的压力为 F，接触点数为 n，则每个接触点上的压力为

$$F_1 = \frac{F}{n} \tag{4-17}$$

所以，一般的观点认为，点接触的接触点数最少，压强大，破坏膜的能力大，膜电阻小；面接触的接触点数多，而压强小，破坏膜的能力小，膜电阻大；线接触介于二者之间。但其实不然，如图 4-18 所示，在综合考虑收缩电阻和膜电阻之后可以看到，当接触压力比较小的时候，点接触的接触电阻比面接触小，但当接触压力比较大的时候，面接触的接触电阻反而比点接触小。这是因为，接触压力不仅影响膜电阻，也同样影响接触点数和收缩电阻。

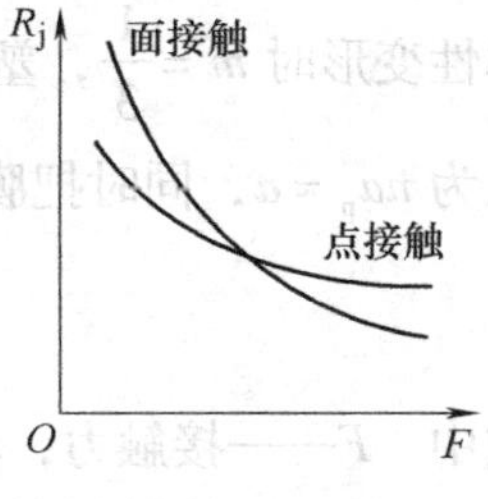

图 4-18　接触形式对接触电阻的影响

实际中，固定接触的连接常常采用螺钉或者铆钉装配，压力较大，采用面接触的接触形式比较适宜；可分、合接触的安装，常采用弹簧压力的安装模式，压力较小，同时考虑检修和工艺，采用点接触或线接触比较合适。在容量比较大的场合，如高、低压断路器中，可采用多个线接触或多个点接触并联使用，减小接触电阻。继电器触头压力一般比较小，多数采用点接触的接触形式。

4.4.3　接触压力

接触压力对接触电阻有重要的影响。没有足够大的压力，只靠加大接触面的外形尺寸，无法使接触电阻有明显的减少。增大接触压力可以增加接触点的有效接触面积，最大限度地限制表面膜的影响。

实验指出，两接触元件接触时，在材料和表面状况一定的条件下，接触点个数 n 和平均半径 a_p 是接触力 F 的函数。为了从理论上找出这个关系，可以把未知的 n 和 a_p 用已知的 F 去代替，再近似地把接触内表面中微观凹凸不平的接触看成是宏观球体的接触，并将材料力

学中理想球体受压变形的公式引用到接触电阻中来，这样就可得出工程上便于应用的公式。根据弹性力学分析，理想光滑弹性球与平面接触，接触面半径 a 与接触力 F 之间的关系为

$$a=\sqrt[3]{\frac{F}{E}r} \tag{4-18}$$

式中 E——材料的弹性模量；

r——球的半径。

在塑性变形情况下，刚性球对平面试件做压痕试验时，其压痕面积 A 与接触力 F 之间的关系为

$$F=HA=H\pi a^2 \tag{4-19}$$

式中 H——材料的布氏硬度；

a——压痕口半径。

压痕凹陷很小，近似地可认为 $A=\pi a^2$。

式（4-19）用于电接触时应作修正，因为电接触一般不是光滑刚性球对平面的接触，而是相近硬度的材料、表面具有一定粗糙度的接触，变形也不完全是塑性的，而是有一定的弹性变形的。为了考虑这些差别，这里引入一个修正系数 ξ

$$F=\xi H\pi a^2 \tag{4-20}$$

ξ 在 0.3～1 之间，接触面越光滑，变形为塑性时，ξ 越接近 1。

由式（4-18）和式（4-20）可以看出，理想球和平面接触，接触面半径 a 与接触力 F 之间的关系是

$$a\propto F^m \tag{4-21}$$

弹性变形时 $m=\frac{1}{3}$，塑性变形时 $m=\frac{1}{2}$。如果将此关系式代入接触电阻理论公式（4-16），认为 $na_p=a$，同时把膜的影响考虑到收缩电阻中去，则可以得出

$$R_j\propto F^{-m} \tag{4-22}$$

$$R_j=K(0.102F)^{-m} \tag{4-23}$$

式中 F——接触力，单位为 N；

K——接触材料 ρ 和 H 的函数，值由实验得出，见表 4-2；

R_j——接触电阻，单位为 μΩ。

表 4-2 各种材料的 K 值

接触材料	表面情况	K	接触材料	表面情况	K
银-银	未氧化	60	铝-黄铜	未氧化	1900
铜-铜	未氧化	80～140	镀锡的铜-镀锡的铜	未氧化	100
黄铜-黄铜	未氧化	670	$AgCdO_{12}$-$AgCdO_{12}$	未氧化	170
铝-铜	未氧化	980		氧化	350

m 与接触面变形的情况有关。根据实验结果，对于点接触，$m=0.5$；面接触，$m=1$；对于线接触，m 在 0.5～1 之间，约为 0.7。这就是工程上常用的计算接触电阻的经验公式。

影响接触电阻的因素非常复杂，不同的研究者在不同条件下得到的实验数据有较大的差别，故式（4-23）只能用来估算接触电阻的数量级，不能作为精确计算。对式（4-23）两边

取对数，得到 R_j 与 F 之间的关系为一直线。根据直线的截矩可求得 K，由直线的斜率可求得 m。

图 4-19 所示为 Holm 得出的试验曲线。图中，虚线为氧化后的表面，实线为洁净的导体表面。可以看出，当 R_j 和 F 用对数坐标后，R_j 与 F 的关系近似为一直线。材料的 ρ 及 H 越大，表面氧化，曲线越高，K 值也越大；压力越大，膜的影响越小。实际中，交叉棒接触比平板接触的曲线要平，这些都验证了上述理论分析。

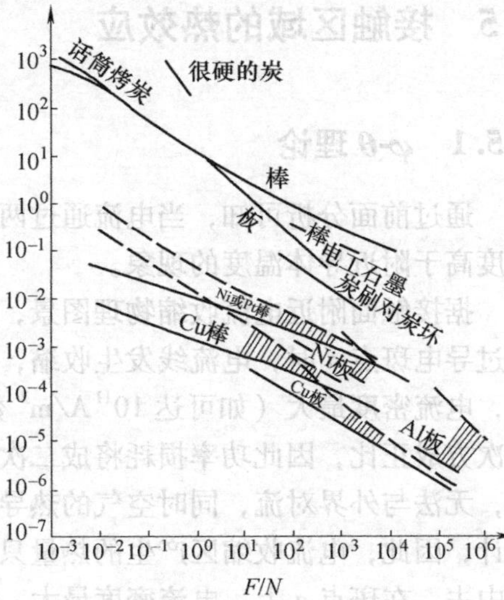

图 4-19　接触电阻与接触压力实验曲线

4.4.4　接触表面加工情况

接触表面可以粗加工，也可以精加工，甚至可以采用机械或电化学抛光等工艺。加工精度对接触电阻的影响要根据负载大小、接触形式和用途而定，具体体现在接触点数的多少上。实验表明，对于大负载触头，采用面接触或线接触的接触方式，表面粗糙度值不宜太低，表面粗糙度 $Ra=1.6\mu m$ 左右就可以了，有时为了保证有更多的接触点，可在接触表面上压上各种花纹，以提高接触面的平整度。过于精细的表面加工对于降低接触电阻未必有利，见表 4-3。表中的数据是在 $1.6cm^2$ 面接触条件下测得的。

表 4-3　表面加工方式对接触电阻的影响

接触压力 F/N 接触电阻/μΩ 加工方式	9.807	980.7	接触压力 F/N 接触电阻/μΩ 加工方式	9.807	980.7
机加工	430	4	研磨加工	1900	1
机加工(表面有油)	340	3	研磨加工(表面有油)	2800	6

对于小功率电器，通过触头的电流很小（如毫安以下的情况），为了保证接触电阻低值而稳定，要求表面粗糙度值越小越好。

有些可靠性要求高的继电器，为防止触头污染，采用触头单独密封的结构，并在密封室内充以惰性气体或抽真空等办法，这样，也可以保证接触电阻低值而稳定。同时，也降低了触头由于其他原因引起的故障。

还有一类全密封的继电器，其线圈和触点全部密封在一个金属罩或塑封罩内，称之为密封继电器。密封继电器是专用于高可靠性领域的一类电器（如航空、航海领域等），具有转换深度高（注：转换深度是指断开或截止时执行电路的电阻值与接通或导通时执行电路的电阻值之比），可多路同步切换、输入输出比大、抗干扰能力强等一系列优点，

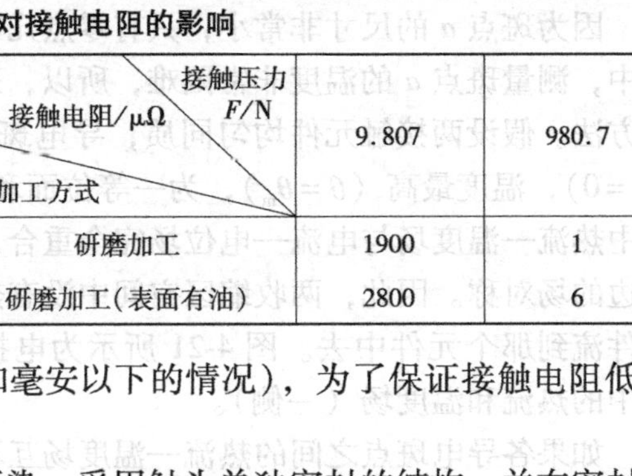

a)　　b)

图 4-20　密封继电器外形图

近年来得到广泛的重视。图 4-20 所示为两款密封继电器外形图。

4.5 接触区域的热效应

4.5.1 φ-θ 理论

通过前面分析可知，当电流通过两导体接触处时，由于接触电阻的存在，会出现接触处温度高于附近导体温度的现象。

据接触面附近电流收缩物理图景，对接触面附近的温度分布可作以下定性分析：当电流流过导电斑点 a 时，电流线发生收缩，电流密度相应增大。在斑点 a 上，电流线收缩达到极限，电流密度最大（如可达 10^{11} A/m^2 数量级）。由于转化为热量的功率损耗与电流密度的二次方成正比，因此功率损耗将成二次方倍地增加。在散热方面，由于接触表面中空气隙很小，无法与外界对流，同时空气的热导率很小，传热能力极差，辐射散热也很小，可以忽略不计，因此，电流收缩区产生的热量只能通过两接触元件导体本身传导出来，散失到周围介质中去。在斑点 a 上，电流密度最大、传热面积最小、温度最高。离开斑点 a 越远，电流密度越低、传热面积越大、温度越低，直至与远处的导体温度相等。

如果在已知电流下，想要得到斑点 a 上的最高温度以及整个收缩区中的温度分布，可以通过三维有限元软件进行仿真计算。目前，国内外的许多学者正在对此进行相关研究。

下面通过经典的 φ-θ 理论对导电斑点 a 进行温升分析。

因为斑点 a 的尺寸非常小，只有零点几毫米甚至几微米的数量级，而且又分布于接触表面中，测量斑点 a 的温度非常困难，所以，采用经典的 φ-θ 理论分析其温升不失为一种方便的方法。假设两接触元件均匀同质，导电斑点的形状为圆点，半径为 a，其上的电位为零（$\varphi=0$），温度最高（$\theta=\theta_m$），为一等位面和等温面。在相同边界条件下，两接触元件收缩区中热流—温度场与电流—电位场完全重合，且接触面两边的场对称。因此，两收缩区空间中没有热量从这个元件流到那个元件中去。图 4-21 所示为电接触收缩区域中的热流和温度场（一侧）。

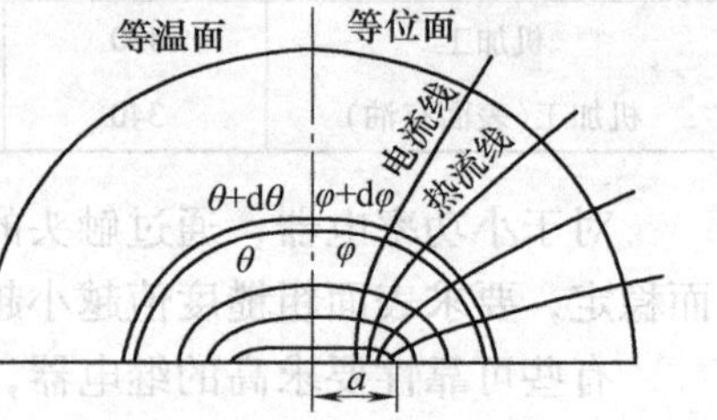

图 4-21 电接触收缩区域中的热流和温度场

如果各导电斑点之间的热流—温度场互不干扰，取一个斑点一侧收缩区中的热流—温度场来进行研究。

令斑点 a 平面上 $\varphi=0$，$\theta=\theta'_m$，收缩区中任一等位面上 $\varphi=\varphi$，$\theta=\theta$，收缩区外 $\varphi=\frac{1}{2}U_j$（U_j 为接触电压降），$\theta=\theta_0$。取离开斑点 a 任意远的地方无限靠近的两等温面间所形成的半椭球壳，壳内表面的电位为 φ，温度为 θ，壳外表面的电位为 $\varphi+d\varphi$，温度为 $\theta+d\theta$。单位时间内，半椭球壳本身的发热量为

$$Q=\frac{(d\varphi)^2}{dR} \tag{4-24}$$

式中 $d\varphi$——半椭球壳内外表面间的电压差；

dR——半椭球壳内外表面间的电阻。

在半椭球壳内表面边界上，单位时间的传入壳内的热量为

$$Q_1 = \lambda A_\theta \left(\frac{\mathrm{d}\theta}{\mathrm{d}n}\right)_\theta \tag{4-25}$$

式中 λ——材料的热导率；

A_θ——半椭球壳内表面的面积；

$\left(\frac{\mathrm{d}\theta}{\mathrm{d}n}\right)_\theta$——半椭球壳内表面沿法线方向的温度梯度。

在半椭球壳外表面边界上，单位时间内由壳内传出的热量为

$$Q_2 = \lambda A_{\theta+\mathrm{d}\theta} \left(\frac{\mathrm{d}\theta}{\mathrm{d}n}\right)_{\theta+\mathrm{d}\theta} \tag{4-26}$$

式中 $A_{\theta+\mathrm{d}\theta}$——半椭球壳外表面的面积；

$\left(\frac{\mathrm{d}\theta}{\mathrm{d}n}\right)_{\theta+\mathrm{d}\theta}$——半椭球壳外表面沿法线方向的温度梯度。

在稳定情况下，热平衡为

$$Q + Q_1 = Q_2 \tag{4-27}$$

展开，忽略高阶无限小项并积分，积分上下限取：当 φ 由 φ 到零（即由椭球壳到导电斑点表面）时，θ 由 θ 到 θ_m。于是有

$$\int_\theta^{\theta_m} \lambda\rho \mathrm{d}\theta = \frac{1}{2}\varphi^2 \tag{4-28}$$

如果积分上下限由斑点 a 取到整个收缩区外边界，则

$$\int_{\theta_0}^{\theta_m} \lambda\rho \mathrm{d}\theta = \frac{1}{2}\left(\frac{U_j}{2}\right)^2 = \frac{U_j^2}{8} \tag{4-29}$$

λ、ρ 都是温度 θ 的函数，求解式（4-29）左边的积分有一定难度。为简化起见，取 $\lambda\rho$ 的平均值，记为$\overline{\lambda\rho}$，认为它是与温度无关的常数，这样，左边积分中的 $\lambda\rho$ 即可移到积分号外，式（4-29）便为

$$\overline{\lambda\rho}(\theta_m - \theta_0) = \frac{U_j^2}{8} \tag{4-30}$$

或

$$(\theta_m - \theta_0) = \frac{U_j^2}{8\,\overline{\lambda\rho}} \tag{4-31}$$

式（4-31）表明，斑点 a 超出收缩区外导体的温度 $\Delta\theta_m$ 与接触电压降 U_j 的二次方成正比，与材料的热导率 λ 及电阻率 ρ 乘积的平均值成反比。对于一定的接触材料，$\lambda\rho$ 为一定值，当收缩区外导体的温度 θ_0 已知时（θ_0 易于测量或计算），斑点 a 的超温 $\Delta\theta_m$ 只是接触电压降 U_j 的简单函数。U_j 极易测得，通过测量的 U_j 值，就可以间接地知道斑点 a 的温度了。

然而，$\lambda\rho$ 的平均值一般是不知道的，即使测得了 U_j，$\Delta\theta_m$ 仍无法计算。根据物理中的魏德曼弗朗兹（Wiede-Mann-Franz）定律可知，任何纯金属材料，从理论上讲，它的热导率 λ 和电阻率 ρ 的乘积与温度 T（T 为热力学温度，单位为 K）成线性关系，即

$$\lambda\rho = LT \tag{4-32}$$

式中 L 为洛伦兹系数，L 与金属材料的种类和温度都无关，其理论值为 $L=2.4\times10^{-8}\ (\mathrm{V/K})^2$。

将此定律应用于式（4-29）可得

$$T_{\mathrm{m}}^2-T_0^2=\frac{1}{4L}U_{\mathrm{j}}^2 \tag{4-33}$$

式中 T_{m}——斑点 a 上的温度；

T_0——收缩区外导体的温度。

在 $T_{\mathrm{m}}>>T_0$ 的情况下（如斑点 a 的温度达到了材料的熔点），T_0^2 项与 T_{m}^2 项相比可以忽略不计，斑点 a 上的温度和接触电压之间的关系为

$$T_{\mathrm{m}}\approx 3200U_{\mathrm{j}} \tag{4-34}$$

式中 T_{m} 的单位为 K；U_{j} 的单位为 V。

计算出斑点 a 上的温度后，即可分析收缩区内沿热流方向的温度分布。

根据式（4-28）及式（4-29），用平均值 $\overline{\lambda\rho}$ 代替 $\lambda\rho$，设 $\theta_0\approx0$（即 θ_0 与 θ_{m} 相比是一个很小的数值），积分后将两式相除，可得

$$\left(\frac{\varphi}{\frac{1}{2}U_{\mathrm{j}}}\right)^2=\frac{\theta_{\mathrm{m}}-\theta}{\theta_{\mathrm{m}}} \tag{4-35}$$

因接触元件一边的收缩电阻 $R_{\mathrm{s}}=\dfrac{\frac{1}{2}u_{\mathrm{j}}}{I}$，斑点 a 到 φ 之间的收缩电阻 $R_{\mathrm{s}\varphi}=\dfrac{\varphi}{I}$，$I$ 为流过接触元件的电流，故

$$\left(\frac{\varphi}{\frac{1}{2}U_{\mathrm{j}}}\right)^2=\left(\frac{R_{\mathrm{s}\varphi}}{R_{\mathrm{s}}}\right)^2=1-\frac{\theta}{\theta_{\mathrm{m}}} \tag{4-36}$$

令 $\dfrac{R_{\mathrm{s}\varphi}}{R_{\mathrm{s}}}=x$，$\dfrac{\theta}{\theta_{\mathrm{m}}}=y$，则

$$y=1-x^2 \tag{4-37}$$

可以看出，函数为一抛物线，如图 4-22 所示，表示收缩区中温度分布的一般情况。

电流通过电接触收缩区，由于温度升高，电阻温度系数对收缩电阻会有影响，特别是当通过的电流很大时，这种影响不能忽略。对于均匀截面的导体，电阻与温度之间的关系近似为

$$R_\theta=R_0(1+\alpha\theta) \tag{4-38}$$

式中 R_θ——温度为 θ 时的热态电阻；

R_0——温度为 0°C 时的冷态电阻；

α——电阻温度系数。

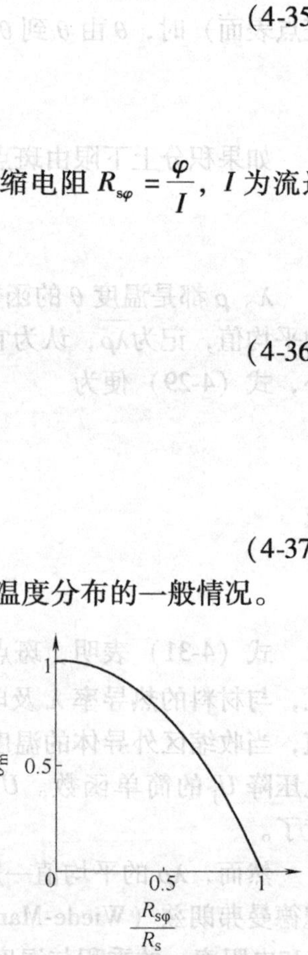

图 4-22 收缩区域中温度变化

在电接触收缩区中，由于电流线发生收缩，有效接触面

不断减小，同时温度分布也不均匀，斑点 a 区内高，收缩区外低。对称接触的热收缩电阻 $R_{s\theta}$ 与斑点 a 温度 θ_m 之间的关系与式（4-38）类似

$$R_{s\theta} = R_{s0}(1 + \alpha_s \theta_m) \tag{4-39}$$

式中　R_{s0}——0°C 时的冷态收缩电阻；

α_s——收缩电阻的温度系数，与均匀导体电阻温度系数之间的关系为

$$\alpha_s = \frac{2}{3}\alpha \tag{4-40}$$

4.5.2　$R_j(\theta)$ 特性

接触电压 U_j 是反映斑点 a 温度的重要参量，研究接触电阻 R_j 与接触电压之间的关系，对于了解不同接触材料在不同条件下的接触特性有重要意义。下面介绍一个典型实验曲线。

在直流稳态电流下，改变电流 I，然后保持 I 不变，逐次测量接触电压 U_j 和电流 I，就可以得到接触电阻 $R_j\left(R_j = \dfrac{U_j}{I}\right)$ 与接触电压 U_j（反映接触区域温度 θ）之间的关系。该关系称为电接触的 $R_j(\theta)$ 静特性。

图 4-23 所示为清洁交叉铜棒典型 $R_j(\theta)$ 特性。据式（4-34），可以把接触电压 U_j 换算成斑点 a 的温度 θ_m［见图 4-23 中的横坐标（用对数坐标）］。

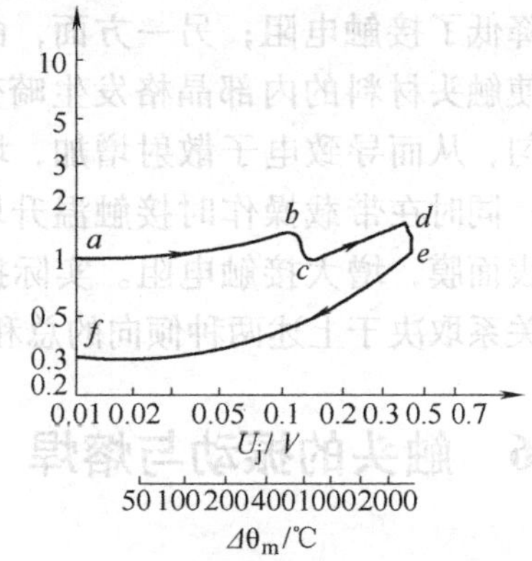

图 4-23　清洁交叉铜棒的典型 $R_j(\theta)$ 特性

由图 4-23 可见，整个 $R_j(\theta)$ 特性可分成五段：

1）ab 段：当通过电接触的电流增大，接触电压和相应的斑点 a 温度增高，收缩电阻随温度升高而增大，接触电阻（因为是清洁触头，故主要是收缩电阻）随温度升高而增大。

2）bc 段：当接触电压降及相应的斑点 a 温度达到 b 点（材料的软化点），由于材料的机械强度大大减小，实际接触面积很快扩大，接触电阻便显著减小，对应曲线开始突然下降。b 点的电压称为接触材料的软化电压。对于铜材料，软化电压为 0.12V，相应的软化温度为 180°C。

3）cd 段：曲线达 c 点以后如果再继续增大电流，斑点 a 及收缩区的温度再继续增高，但由于材料达软化点以后的一段温度范围内机械强度不再减小，接触斑点 a 面积不再继续扩大，因此曲线又继续上升。

4）de 段：当接触电压和斑点 a 温度达 d 点（材料的熔点）时，斑点 a 处材料熔化，熔融金属在外力作用下被挤压向四周漫延，此时斑点 a 处金属熔为一体，接触电阻便突然下降至 e 点。对应于 d 点的电压称为材料的熔化电压。由图 4-23 可知，铜的熔化电压为 0.43V，相应的熔化温度为 1083°C。

5）ef 段：斑点 a 熔化后，接触电阻突然减小，由于发热减小，热传导的能力增强，斑点 a 处熔化金属迅速冷却凝固，整个收缩区温度逐渐降低，曲线便沿 ef 段下降至 f 点。

研究各种接触材料的 $R_j(\theta)$ 特性以及软化电压和熔化电压有重要实际意义。如果已知材料的软化电压和熔化电压，就可以估算触头不发生熔焊的最大通过电流值，或估算接触电阻

的上限，并以此为依据确定触头的其他参数。部分触头材料的软化、熔化和沸腾电压见表4-4。

触头温升计算可参见2.5节典型电器的温升计算，或采用三维有限元分析软件计算。

表4-4 部分触头材料的软化、熔化和沸腾电压

材料	软化电压 /V	熔化电压 /V	沸腾电压 /V	汽化热 /($\times 10^{10}$ J · m^{-3})	比热容 /($\times 10^{6}$ J · m^{-3} · K)
银	0.09	0.37	0.75	2.5	2.5
铝	0.1	0.3	—	2.8	2.4
铜	0.12	0.43	0.8	4.3	3.4
锡	0.07	0.13	—	—	1.65

接触电阻与温度的关系是一个恶性循环的关系，接触区域的接触电阻越大，接触区域的温升越高，温升越高触头区域的接触电阻越大，反过来温升更高。为了保证触头工作可靠，在长期工作过程中，必须保证触头接触电阻长期稳定。

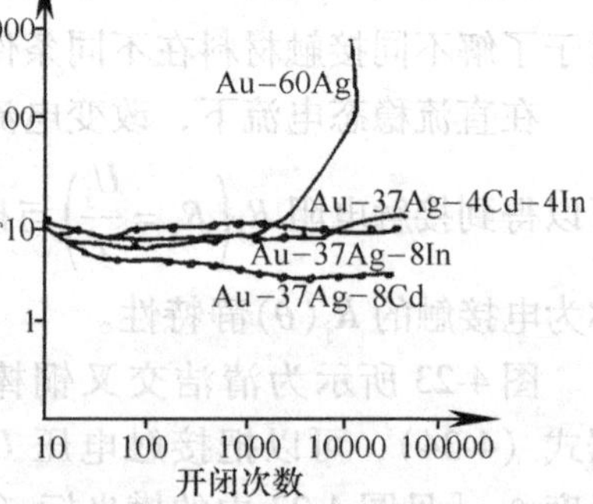

图4-24 接触电阻实验曲线

通过实验可知，接触电阻随操作次数的增加而变化。在触头开闭操作过程中，一方面旧的表面膜被破坏降低了接触电阻；另一方面，由于触头间的多次撞击使触头材料的内部晶格发生畸变，造成内部电场不均匀，从而导致电子散射增加，增大了材料自身电阻率；同时在带载操作时接触温升增高，也可能形成新的表面膜，增大接触电阻。实际接触电阻与操作次数的关系取决于上述两种倾向的总和，并不是一个简单上升的关系如图4-24所示。

4.6 触头的振动与熔焊

4.6.1 触头的振动与弹跳

电磁式交流接触器合闸过程

图4-25所示为交流接触器的结构。由图可见，接触器在工作过程中，动铁心通过支架带动动触头完成闭合与分断动作。触头在闭合过程中，将产生弹跳现象，称为触头的机械振动。触头机械振动时接触电阻周期性地增大，甚至分离产生电弧，使触头熔焊和烧损，严重影响触头工作。因此，必须了解触头振动的物理过程，分析影响触头振动的因素，以便采取适当措施，减小或消除这种有害的机械振动。触头振动的具体过程与触头结构有关。电器中的触头结构可分成三类：其一为动触头边装有弹簧，静触头为刚性连接；其二为静触头边装有弹簧，动触头为刚性连接；其三为动、静触头边都装有弹簧。

塔状弹簧压缩过程

下面根据上述第一类触头结构分析触头振动的物理过程和影响因素，如图4-26所示。

柱状弹簧压缩过程

图4-26中，静触头固定，动触头上装有弹簧，驱动装置的力直接作用在支架上。图4-26a为触头未动状态，此时由于支架的安装，使触头弹簧

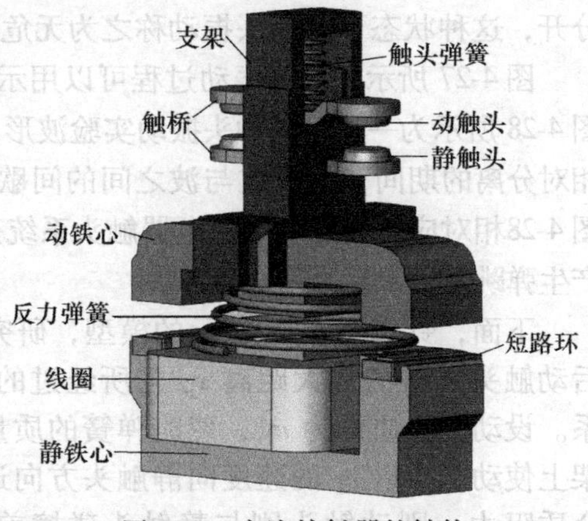

图 4-25　交流接触器的结构

预先压缩一段距离 l_0。触头开始运动，设动触头以速度 v_1 向静触头方向运动，触头接触，见图 4-26b。当触头发生碰撞后触头表面开始逐步变形（压扁），见图 4-26c 所示。动触头具有的动能除一部分消耗在接触表面的摩擦和介质阻尼外，大部分转变为触头表面材料的变形能（一部分为弹性变形能，另一部分为塑性变形能）。当触头表面达到最大变形 x_d 时，相应地变形位能也达到最大，动触头的动能变为零，运动停止。以后触头变形开始恢复（只有弹性变形才能恢复），将能量放出，动触头立刻以最大的速度 v_{20} 开始向相反的方向跳开，如图 4-26c 所示。动触头在反跳运动期间，一方面使触头弹簧压缩，将动能储存于弹簧之中，另一方面驱动装置继续推动触头支架。当动触头反跳的力与弹簧被压缩的伸张力相等时，动触头便停止反方向的运动，此时动触头反跳所经过的距离达到最大，为 x_m，如图 4-26d 所示。之后动触头在弹簧张力的作用下，又开始向静触头方向运动而闭合，于是，又发生第二次碰撞和反跳。由于触头每一次的碰撞和反跳都要消耗一部分能量，同时触头弹簧压缩，因此触头反跳的距离一次比一次减小。当弹簧加在动触头上的压力开始超过反跳力时，动触头便不再反跳，振动过程到此结束。

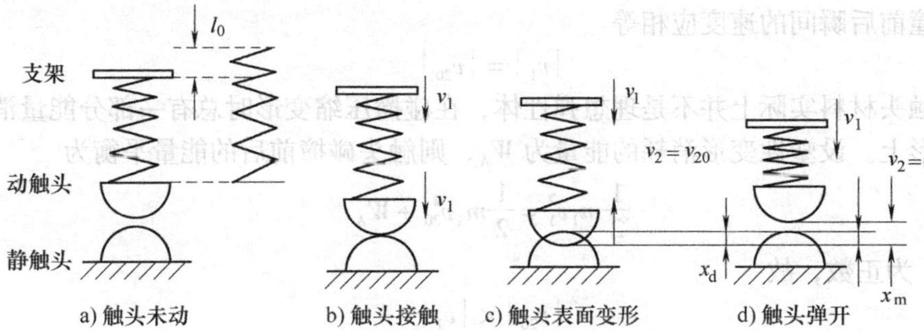

图 4-26　触头振动物理过程图解

如果采用动触头碰撞运动弹开距离与时间来表示触头的振动过程，则可得出图 4-27 所示的曲线。图中，a、b、c 代表三个不同时刻的运动状态。图 4-27 中曲线表明，在 1、2、3 段，触头尚在压缩变形和逐步恢复的过程中，压缩变形距离为 $x=x_d$。在这段时间内，两触头仍处于接触状态，动、静触头之间的相对分开距离为零。在 3、4 段中，触头变形恢复完毕，动静触头开始分离。当 $t=t_m$ 时，动触头反跳距离达到最大，$x=x_m$（图中 c 瞬间），此时，两触头相对分离距离也达到最大。之后，动触头再向静触头运动，又发生第二次碰撞。在触头发生第三次碰撞（图中第 8 点）以后，动触头反跳的距离已经小于触头的变形距离，因此触头虽仍有振动，但不再分离，此时，便可以认为触头的振动过程已经结束。显然，如果能够设法使触头第一次碰撞后反跳的最大距离小于触头的变形距离，即 $x_m<x_d$，则触头虽有振动，但不会

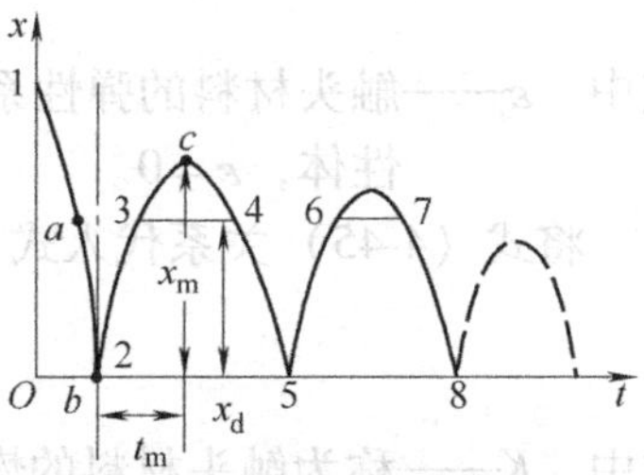

图 4-27　触头振动弹开距离与时间的关系

分开，这种状态下的触头振动称之为无危险振动。

图4-27所示的触头振动过程可以用示波器测量触头闭合过程中触头间的电压得到证明。图4-28所示为一典型的触头振动实验波形。图中，脉冲波形电压出现的期间为动静触头跳开相对分离的期间，电压波与波之间的间歇时间为触头碰撞压缩变形和恢复时间。图4-27与图4-28相对应。当研究电磁电器触头系统是否在吸合过程中产生弹跳时，常常采用这种方法。

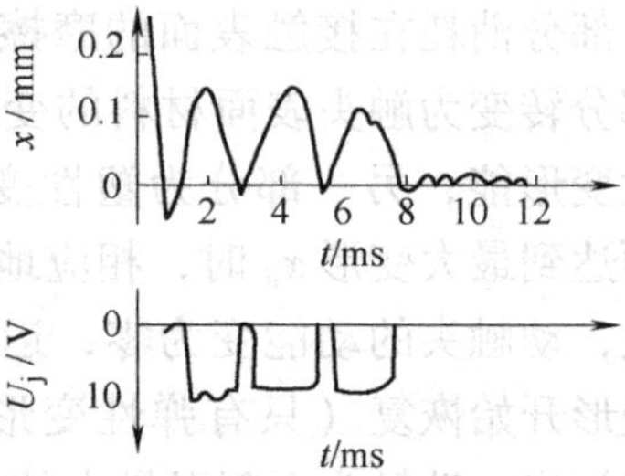

图4-28 触头振动实验波形

下面，针对图4-26所示的模型，研究触头第一次碰撞后动触头反跳的最大距离 x_m 与所经过的时间 t_m 之间的关系。设动触头质量为 m_1，忽略弹簧的质量。驱动力加在支架上使动触头以 v_1 的速度向静触头方向运动，忽略摩擦和介质阻力，则动触头刚与静触头碰撞前所具有的动能为 $\frac{1}{2}m_1v_1^2$。触头碰撞后，动触头的动能转变为触头表面材料变形的位能（不计触头间的摩擦），当弹性变形恢复时动触头发生反跳，令动触头反跳的初速为 v_{20}（见图4-26），相应的动能为 $\frac{1}{2}m_1v_{20}^2$。当触头材料为理想弹性体时，动触头碰撞前后的动能应相等

$$\frac{1}{2}m_1v_1^2=\frac{1}{2}m_1v_{20}^2 \tag{4-41}$$

即动触头碰撞前后瞬间的速度应相等

$$|v_1|=|v_{20}| \tag{4-42}$$

但是，触头材料实际上并不是理想弹性体，在碰撞压缩变形时总有一部分能量消耗在材料的塑性变形上。设塑性变形消耗的能量为 W_A，则触头碰撞前后的能量平衡为

$$\frac{1}{2}m_1v_1^2=\frac{1}{2}m_1v_{20}^2+W_A \tag{4-43}$$

因为 W_A 为正数，故

$$|v_{20}|<|v_1| \tag{4-44}$$

即动触头碰撞后反跳的初速度一般均小于碰撞前触头的速度。令

$$\varepsilon v_1=-v_{20} \tag{4-45}$$

式中 ε——触头材料的弹性系数，其值在0~1之间，对于理想弹性体，$\varepsilon=1$，对于理想塑性体，$\varepsilon=0$。

将式（4-45）关系代入式（4-43）得

$$W_A=(1-\varepsilon^2)\frac{1}{2}m_1v_1^2=K\frac{1}{2}m_1v_1^2 \tag{4-46}$$

式中 K——称为触头材料的恢复系数 $K=(1-\varepsilon^2)$，对于理想弹性体，$K=0$，对于理想塑性体，$K=1$。

表4-5列出了几种实际材料的恢复系数。

表4-5 几种实际材料的恢复系数（平均值）

材料	钢	铁	银	黄铜	铜
K	0.5	0.75	0.81	0.87	0.95

取动触头开始反跳的起始时间为零，反跳经一定时间 t 后，动触头使弹簧压缩了某一距

离 x。同时，动触头支架在驱动力的作用下向静触头方向也运动了一段距离 v_1t，并使触头弹簧再压缩一段距离 x'，$x'=v_1t$。一般情况下，为了减小触头闭合时的反跳，触头弹簧在装配时要预先压缩一段距离 l_0，l_0 称为弹簧的预压缩长度（见图 4-26）。这样，如图 4-29 所示，触头第一次碰撞反跳经 t 时间后，动触头弹簧被压缩的总距离为

$$\sum x = l_0 + x + x' = l_0 + x + v_1 t \tag{4-47}$$

弹簧所储存的能量为

$$W_x = \frac{1}{2}c(\sum x)^2 = \frac{1}{2}c(l_0 + x + v_1 t)^2 \tag{4-48}$$

式中　c——弹簧常数，又称弹簧刚度。

由于触头弹簧装配时预压 l_0 所储藏在弹簧中的能量 $W_0 = \frac{1}{2}cl_0^2$ 并非动触头反跳运动时动能的转化，因此在分析触头运动能量关系时，应该将 W_x 减去 W_0 才是动触头反跳经 t 时间后转化为弹簧的位能

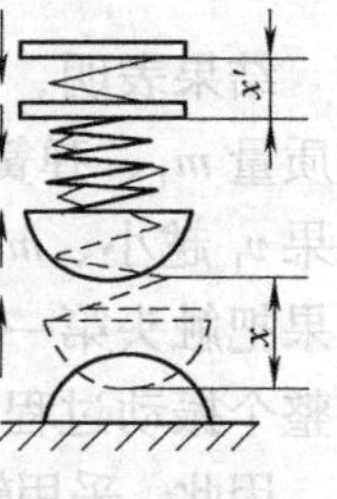

图 4-29　触头第一次碰撞反跳

$$W = W_x - W_0 = \frac{1}{2}c(l_0 + x + v_1 t)^2 - \frac{1}{2}cl_0^2 \tag{4-49}$$

动触头反跳经时间 t 能量平衡关系为

$$\frac{1}{2}m_1 v_1^2 = \frac{1}{2}m_1 v_2^2 + W + W_A \tag{4-50}$$

式中　v_2——动触头反跳经时间 t 的瞬时速度。

当动触头反跳达最大距离 $x = x_m$ 时，对应的时间为 $t = t_m$，$v_2 = 0$，式（4-50）变成

$$\frac{1}{2}m_1 v_1^2 - W - W_A = 0 \tag{4-51}$$

将式（4-46）和式（4-49）代入式（4-51），可得动触头第一次反跳所能达到的最大距离

$$x_m = \sqrt{l_0^2 + (1-K)\frac{m_1 v_1^2}{c}} - (l_0 + v_1 t_m) \tag{4-52}$$

设动触头反跳速度随时间变化的关系近似为直线，如图 4-30 所示。则动触头从开始反跳到达 x_m 期间的平均速度为

$$-\left(\frac{v_{20}+0}{2}\right) = -\frac{v_{20}}{2} \tag{4-53}$$

动触头到达 x_m 所需的时间 t_m 可求得

$$t_m = \frac{x_m}{-\frac{v_{20}}{2}} = \frac{2x_m}{\varepsilon v_1} = \frac{2x_m}{v_1\sqrt{1-K}} \tag{4-54}$$

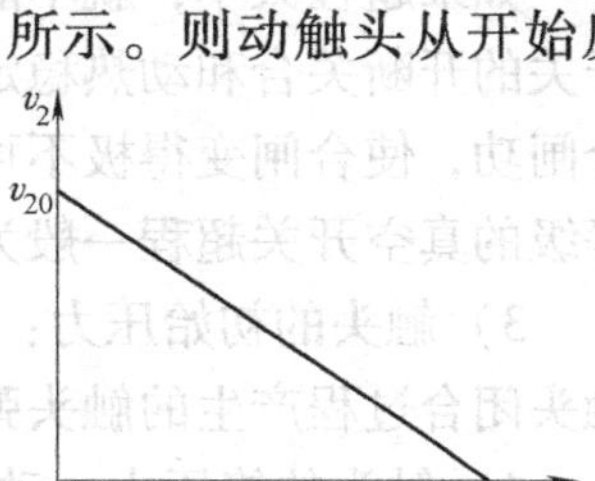

图 4-30　触头反跳速度随时间变化

将 t_m 代入式（4-52）可得

$$x_m = \frac{\sqrt{l_0^2 + (1-K)\frac{m_1 v_1^2}{c}} - l_0}{1 + \frac{2}{\sqrt{1-K}}} \tag{4-55}$$

因触头预压力（又称触头初压力）F_0 等于弹簧刚度 c 乘弹簧预压缩长度 l_0，即 $F_0=cl_0$ 所以

$$x_m=\frac{\sqrt{F_0^2+c(1-K)m_1v_1^2}-F_0}{c\left(1+\frac{2}{\sqrt{1-K}}\right)} \tag{4-56}$$

结果表明，动触头第一次反跳所能达到的最大距离 x_m 与动触头的闭合速度 v_1、动触头的质量 m_1、弹簧刚度 c、触头预压力 F_0、触头材料恢复系数 K 等因数有关。在一定范围内如果 v_1 越小、m_1 越轻、c 越强、F_0 越大、K 越接近于 1，则 x_m 越小，表示触头振动越轻微。如果把触头第一次碰撞后反跳的最大距离 x_m 限制到等于或小于触头的变形距离 x_d，则触头在整个振动过程中接触面将不会分离，因而也就满足了无危险振动的条件。

因此，采用较大的触头预压力、选用刚度较大的触头弹簧、减小动触头闭合速度、减轻动触头质量、选用恢复系数接近于 1 的触头材料，即可以实现触头的无危险振动。但是，由于电器其他性能上的要求，不能全部采用上述措施，这就必须根据不同实际情况，恰当地予以处理。

4.6.2 触头参数与触头弹跳

触头的振动与弹跳

现在先来介绍一下触头系统的基本参数：

1）触头的开距：能够可靠断开规定容量电弧的动静触头之间的最短距离，即开关电器动触头与静触头打开后的距离。其与开断容量、电流种类、灭弧措施、触头材料、负载等诸多因素有关，尤其要注意最难熄弧区的影响。

2）触头的超程：超程也叫超行程，指动、静触头接触后机构将继续超行程运动，超出动、静触头位置的部分。超程的主要作用是：①保证触头在电磨损后仍能保持一定的接触压力；②触头闭合时能利用触头弹簧力缓冲，减小弹跳；③在触头分闸时，使动触头获得一定的初始动能，拉断熔焊点，提高初始分闸速度，减小燃弧时间，从而提高介质恢复的速度。

如果超程太小，就不能保证触头在烧损后应有的触头压力，初始分闸速度将变小，影响开关的开断关合和动热稳定性能，甚至产生重合闸弹振。如果超程太大，会增加操作机构的合闸功，使合闸变得极不可靠。例如，真空开关的超程可取额定开距的 15% ~40%，10kV 等级的真空开关超程一般为 3 ~4mm。超程是考核开关电器电寿命的重要指标之一。

3）触头的初始压力：触头弹簧的预压缩力，根据前面分析，合理的预压缩力可以减少触头闭合过程产生的触头弹跳现象。

4）触头的终压力：动、静触头闭合以后触点之间的压力。为了保证触头接触良好，必须有足够的接触压力。超程也可以认为是开关动、静触头接触后，触头弹簧的压缩行程，具有保证接触压力的功效，从而保证了开关的良好接触。对于大多数采用面接触接触形式的真空开关，动、静触头之间的接触压力不能太小。

下面以图 4-25 所示的交流接触器样机为例分析触头的弹跳情况。触头的运动是由电磁系统的动铁心通过触头支架带动动触头运动的，因此，在动作时间允许的情况下，减小电磁机构吸合过程的运动速度，是减少触头有害弹跳的重要措施之一。当线圈通电时，电磁系统产生电磁吸力，当吸力大于反力弹簧的反力时，动铁心和动触头开始运动。当动触头与静触

头碰撞时，如果不考虑运动过程中摩擦阻力以及气流阻力的影响及主触头电动力的影响，则动触头的动能部分损失在触头的形变及触头弹簧的能量吸收上，剩余部分的动能使动触头向相反方向运动。同时，动铁心继续向前运动。动触头的反方向运动、动铁心的向前运动与主触头弹簧的预压缩弹簧力，均影响动触头的反向运动，动触头由碰撞后的反向运动逐渐变为向前运动，再碰撞、再弹开，直到弹跳停止为止。这个过程称为触头系统的一次弹跳。

与触头碰撞类似，在动铁心和静铁心的碰撞中，铁心形变和消振装置（如消振垫片等）的作用消耗了动铁心的部分动能，剩余部分的动能驱动动铁心向相反方向运动。这时，当电磁吸力大于作用在铁心上的总反向力之和时，动、静铁心不分离；当电磁吸力小于总反向力之和时，动、静铁心分离。当动铁心反向运动的位移大于主触头的超程时，已经闭合的主触头又重新打开，电弧燃烧。这个过程称为触头系统的二次弹跳。

一般地说，对普通交流接触器，触头二次弹跳对触头工作的影响较一次弹跳更为严重。

触头之间的振动将造成触头弹开产生电弧，交流接触器常见的触头振动时间为 2～6ms，减少振动时间，就可以大幅度降低电弧能量，减少触头受电弧的侵蚀量。动作过程吸力与反力之间的良好配合，可以有效降低铁心在闭合瞬间的速度，减少铁心撞击能量，减少甚至消除触头在闭合过程中的弹跳，降低触头侵蚀，提高接触器的电寿命与机械寿命。这也是智能化交流接触器在吸合过程控制中常常采取的控制方案之一。

交流接触器整个吸合过程可动部件之间均存在接触碰撞，尤其是铁心、触头碰撞，其碰撞面受到的撞击速度远大于其他接触面，会产生一定形变。该形变会对计算结果带来一定的影响，因此应将碰撞引起的形变引入到吸合弹跳模型中。为了考虑接触碰撞引起的形变，就要将描述材料形变量的本构方程、运动方程以及边界约束引入到控制方程中，即交流接触器吸合弹跳过程要受到可动部件材料的本构方程、运动方程以及边界条件制约。可根据数学方程建立样机的三维动态仿真模型（见图 4-25），对交流接触器动态过程进行全面分析，其结构参数与材料参数均由厂商提供。交流接触器电磁系统在不同合闸相角下，动态特性有很大差异，将导致触头系统吸合过程弹跳情况有很大不同，通过全仿真模型，可以方便地分析和计算不同合闸相角下的触头运动状况。图 4-31 所示为在 90°合闸相角下，样机实验测得的触头弹跳、铁心弹跳情况与仿真得到的触头弹跳、铁心弹跳情况对比。弹跳曲线为电平信号，高电平代表接通，低电平代表分断。

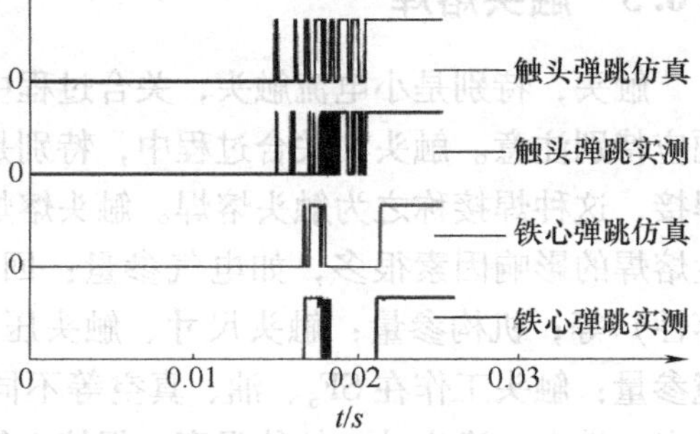

图 4-31　仿真与实测弹跳对比

由图 4-31 可见，仿真计算的触头、铁心弹跳情况与实测的触头、铁心弹跳情况基本一致，说明所建的交流接触器仿真模型能够较真实地反映触头与铁心在吸合过程中的弹跳。

通过所建的三维模型，可以清楚地观察接触器触头系统和电磁机构整体运动情况，并形象清晰地反映出在吸合过程中触头与铁心的弹跳。触头系统三维运动过程的截图如图 4-32 所示。

图 4-32 中，①表示触头初始状态，②表示触头发生接触碰撞瞬间，③表示触头反弹，④表示触头重新闭合。从图中可以看出，桥式触头在吸合过程中，左右触点不是同时发生吸合弹跳的，存在一个触点先接触的现象。在触头吸合弹跳过程中，触头位移还会发生水平方

向的偏移。为了描述方便，将触头置于 XYZ 空间直角坐标系下（如图中左下角所示），定义触头的运动方向为 Z 轴的负方向。为了研究铁心、触头吸合弹跳关系，将整个运动过程中，触头弹跳 XYZ 轴方向的位移做图表示，如图 4-33 所示。图中，触头曲线取两个触点的平均位移，$t=t_1$ 表示铁心发生碰撞时刻。当铁心发生接触碰撞时，将导致触头在 XY 轴方向位移发生较大变化，触头位移从 X 轴方向 +0.22mm变化到 -0.12mm，位移变化幅度为 0.34mm，从 Y 轴方向 -0.49mm变化到 +0.63mm，位移变化幅度为 1.12mm。这台接触器在 Z 轴方向，即反弹方向变化不明显，有的接触器在反弹方向也会有较大变化。由此可见，铁心碰撞不仅仅会导致触头的反弹，还将导致触头 XY 轴方向位移发生变化。由于动、静触头接触表面为弧状，直接接触面积较小，触头 XY 轴方向的位移变化将对触头的接触状态有较大影响，加重触头的吸合磨损。

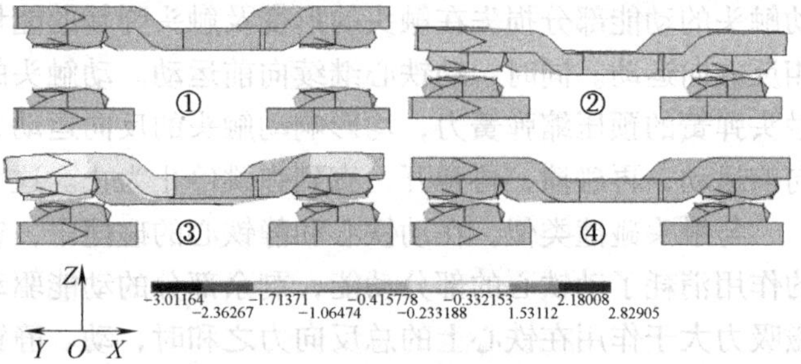

图 4-32 触头系统三维运动过程

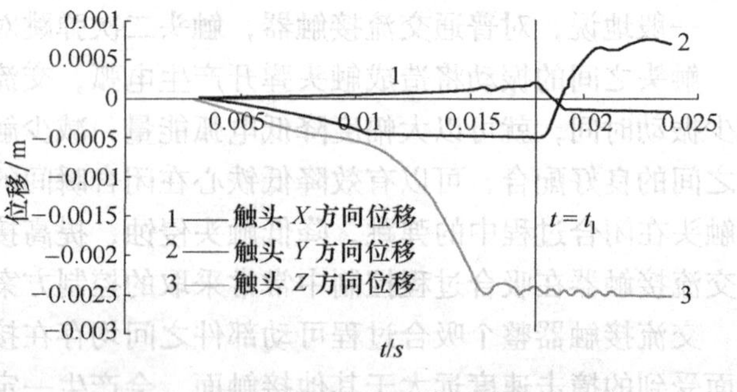

图 4-33 吸合弹跳过程中的触头位移变化

4.6.3 触头熔焊

触头，特别是小电流触头，关合过程中由于触头振动引起的逻辑判断问题及电磁干扰问题应特别注意。触头在关合过程中，特别是关合短路时，除有触头磨损外，还可能产生触头焊接，这种焊接称之为触头熔焊。触头熔焊是开关电器触头系统最严重的故障之一。触头发生熔焊的影响因素很多，如电气参量：回路电流、触头间电压、负载性质（阻性、感性、容性）等；机构参量：触头尺寸、触头压力、表面加工情况、闭合速度、接触形式等；环境参量：触头工作在 SF_6、油、真空等不同介质中；触头材料性质：硬度、电阻率、热容、熔点、沸点、逸出功、拉伸强度、焊接力等。

触头工作时，有两种不同情况可能产生熔焊：

1）由于接触电阻发热使导电斑点及其附近的金属熔化而焊接，这种情况下产生的熔焊称为静熔焊，多半发生在固定接触连接或接触力足够大的闭合状态触头中。

2）除接触电阻的发热外主要是因为触头振动或触头被电动力斥开产生电弧，电弧的高温使触头表面金属熔化和汽化，最后导致触头焊接，这种情况下的熔焊称之为动熔焊，多半在触头闭合过程中或接触力较小的闭合状态触头中出现。

触头熔焊一般都在短路电流或短时强脉冲电流通过时发生，因此触头熔焊现象与电流的关系很大。

触头静熔焊和电流的关系一般有下列现象：电流通过一对处于闭合状态的触头，使电流由零逐渐增大；当电流达到一定数值时，触头接触表面斑点 a 处薄层金属开始熔化，接触电阻下降；这时如果切断电流，能很容易地使触头分开，分开后可以观察到接触表面有轻微的熔化痕迹。触头开始出现熔化现象的电流称为触头开始熔化电流。如果通过触头的电流进一步增大，超过触头开始熔化电流的 20% ~30%，则斑点 a 及其附近的金属会有较大面积的熔化，触头开始焊接；这时要使触头分开必须施加一定的拉力。触头开始出现焊接现象的电流称为开始焊接电流。如果通过触头的电流再继续加大，则斑点 a 附近熔化区向纵深发展，使触头基底金属熔为一体；电流越大，焊接越牢固，焊接力也越大，直至达到或接近触头基底金属的抗拉强度。

触头的开始熔化电流与电流通过触头的时间有关。图 4-34 所示为一对面接触的铜触头，视在接触面积为 50mm × 15mm，在不同的通电时间 t 下所对应的开始熔化电流 I 的实验结果。这组曲线对揭示静熔焊现象有典型的意义。由实验曲线可以看出，当电流通过触头的时间很短时（图中 $t<1\text{s}$），开始熔化的电流很大，并且 t 愈小，I 愈急剧变大。在通电时间超过 1s 以后，开始熔化电流不再变化，表现出与通电时间无关的特点。出现该现象的原因是，斑点 a 及其附近熔化区的体积非常小（斑点 a 尺寸在零点几毫米量级以内），因此其热时间常数极小（为微秒量级），据第 2 章电器发热过程分析，当通电时间达 4 倍热时间常数时，温度即接近稳定状态。对于斑点 a 熔化区，即使通电的时间很短（例如在 1s 以内），也早已到达热稳定状态，因而当 $t>1\text{s}$，开始熔化电流几乎与通电时间无关。

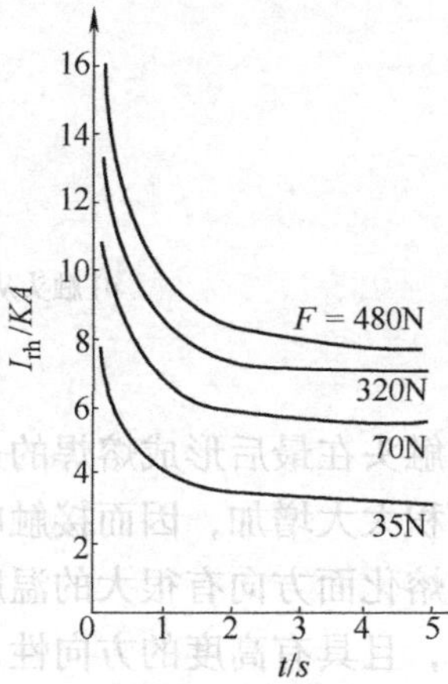

图 4-34　熔化电流与通电时间的关系

由于斑点 a 发热区的热时间常数非常小，当短路电流通过触头，考虑触头的热稳定问题时，近似地可按稳态发热情况处理。例如估算短路下触头的熔化电流，即可利用稳态 φ-θ 关系式（4-34）或式（4-35）进行估算。由于该公式做了许多假设，因此，实际情况下的触头熔焊往往需根据实验研究，或采用三维有限元仿真软件系统进行仿真计算。

触头在闭合过程中如果产生危险的机械振动，或者触头在闭合状态因接触力不够，被触头电动力斥开，则在接触面分离的期间将产生电弧。这时，使接触表面金属熔化和汽化的热源有两部分：一部分是触头体内因电流线收缩而引起的电阻损失，另一部分是触头体外与触头表面接触的电弧产生的损耗。这两部分损失相比，往往是后者大大高于前者。因此，触头静、动熔焊的主要区别是：前者为电阻焊接，后者为电弧焊接。

触头闭合时产生的动熔焊过程可描述如下：当触头闭合接近接触时，因触头间作用有线路电压，间隙可能被击穿而产生短时电弧（此现象称为触头的预击穿）。触头一旦接触，电弧熄灭，电流接通，接触电阻由无限大很快下降到很小的数值，这段期间，只有接触电阻发热。触头第一次碰撞后产生反跳，反跳的原因一是触头机械能量的转换，二是触头电动斥力的作用。当两接触面开始分离时将会产生电弧，电弧使接触面金属熔化、汽化。触头反跳达到最大距离后又开始重新闭合，当两触头重新接触时，电弧熄灭，触头表面熔化的金属被挤压散开迅速冷却，触头焊接。有时，以上过程重复几次，最后焊接。图 4-35 所示为触头闭合产生动熔焊过程示意。

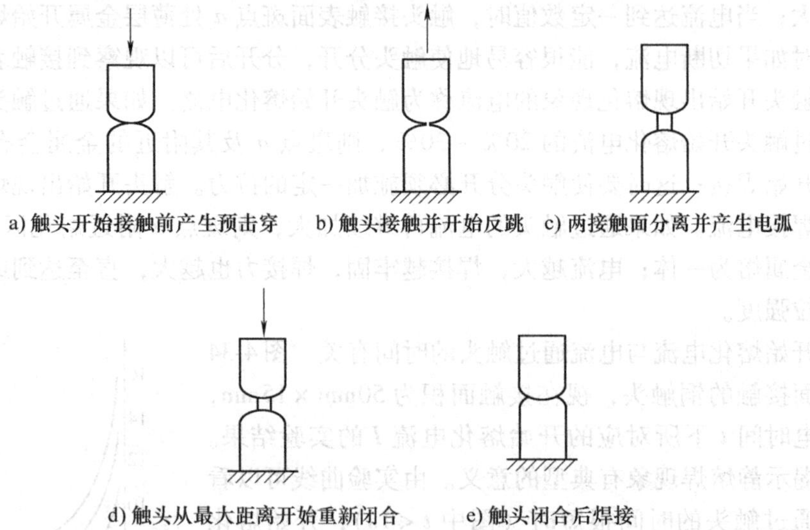

图 4-35 触头闭合产生动熔焊示意

触头在最后形成熔焊的过程中，由于熔化金属被触头弹簧施加的力挤压展开，使实际接触面积大大增加，因而接触电阻和触头电动力都大大减小，热损失也相应地大大减小。由于垂直熔化面方向有很大的温度梯度，同时热传导面积大大扩大，故熔化的金属将迅速冷却、凝固，且具有高度的方向性，整个凝固过程往往只需几毫秒。

触头焊接后需要拉开的力，称之为触头焊接力。减小回路电流、电压、触头表面粗糙度及熔焊后焊接力，增大触头尺寸、材料熔沸点，都有利于提高触头的抗熔焊能力。触头焊接力的大小受许多因素影响，如接触熔化区的熔化面积、熔化深度，熔化区中材料的成分、含量、分布等。触头焊接力等于焊接处金属的抗拉强度乘以熔焊面积。金属的抗拉强度越大，熔焊面积越大，则焊接力也越大。熔焊面积与触头材料的电阻率和熔化温度有关，材料的电阻率越大，接触电阻越大，热损失越大，熔焊面积也越大，而材料的熔化温度越高，熔焊面越小。因此，触头材料的焊接力一般随材料的电阻率和抗拉强度的增大而增大，随材料的熔化温度增高而降低。图 4-36 所示为一些贵金属触头材料的焊接力。图中，ρ 为材料的电阻率，单位为 Ω · m；σ 为材料的抗拉强度，单位为 Pa；T_{rh}为材料的熔化温度，单位为 K。对于某些电阻率和熔化温度比较接近的材料，如金、银、铜等，它们的焊接力则主要决定于材料的抗拉强度。图 4-37 所示为这些材料的实验结果。

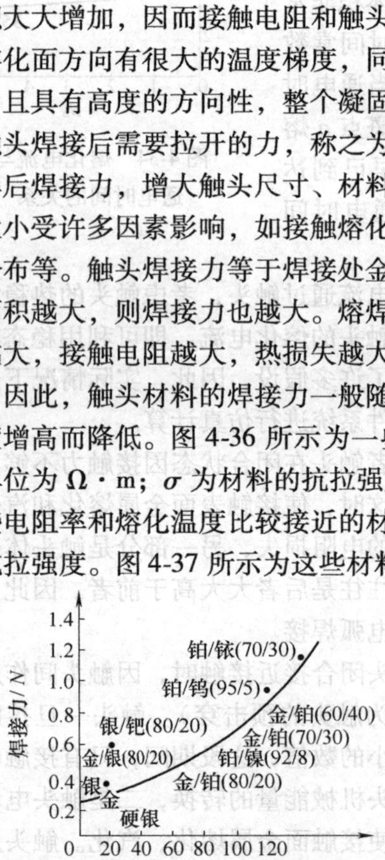

图 4-36 部分贵金属触头材料的焊接力

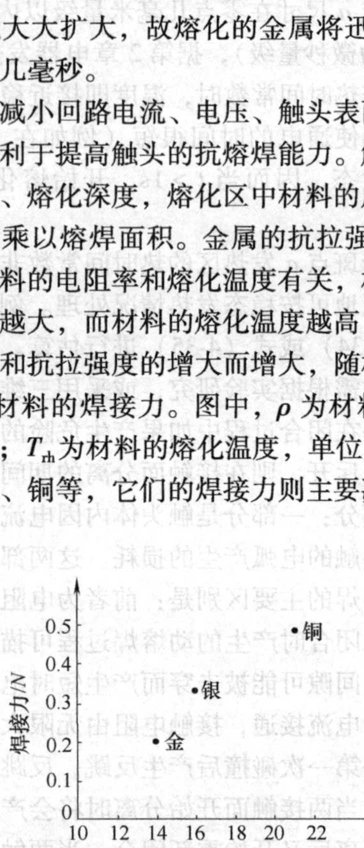

图 4-37 部分金属抗拉强度与焊接力关系

实验表明，触头焊接力表现为随机性，且正态分布。该现象说明接触表面情况和电弧出现位置的随机性显著影响熔焊面的大小和分布，从而使焊接力随机变化。

触头熔焊不仅仅发生在大电流电器的触头中，而且也会发生在中小电流电器的触头中，如继电器触头，所控制的额定电流小于5A，甚至更小。当控制对象为容性负载时，在电路闭合瞬间，有一个上升很快的涌流流过触头，如果接触压降超过了金属材料的熔化电压，甚至汽化电压，触头表面将熔化或者产生爆炸式汽化，导致触头熔焊。

由触头热效应引起的熔焊称为触头的“热熔焊”。还有一种触头熔焊发生于常温情况下，通常将其称为“冷熔焊”。“冷熔焊”常常发生于用贵金属制成的触头中，其表面不易形成氧化膜，或者在压力作用下触头产生碰撞或相对滑动，接触表面产生塑性变形，使表面膜破坏、洁净的金属接触面扩大，由于金属分子和原子之间化学亲和力的作用，形成了两个金属表面的牢固结合，就是所谓的“冷熔焊”。“冷熔焊”产生的触头间粘接力很小，但是在小型或者高灵敏度的继电器中，触头压力一般也很小（小于10g时），常常造成触头粘住不放的故障。

小型密封继电器常采用金或者金合金做成触头镀层或压制成触头，保证接触电阻低值而稳定。金是塑性材料，又不会在金属表面形成氧化膜，化学亲和力好，常常密封于惰性气体中，极易产生“冷熔焊”。

同样，工作在真空中的触头，由于不存在空气对接触面的氧化作用，触头熔焊变得很容易，甚至在轻微的触头振动情况下也能引起触头熔焊。

还有一种触头断不开的故障称为机械咬合。有些频繁操作的电器，虽然触头通过的电流不大，但是触头的磨损严重，触头金属由于各种原因，从一极转移到另外一极，积累起来可能在触头一方形成尖峰凸起，在另一方形成凹坑，当触头闭合后，在触头压力的作用下，可能形成牢固的机械咬合。

对电器工作者来说，研究触头熔焊的目的是要找出一定措施，减小触头熔焊对电器造成的危害。根据前面对影响触头熔焊因素的分析，可以得出如下减轻触头熔焊危害的方法：

1）采用电阻率小、抗拉强度小、熔化温度高的材料。

2）在材料中加入少量其他元素，使熔焊处最后的凝固面变成强度较低的脆性材料。这样，断裂出现在熔焊的交界面上，不至拉伤底层触头材料，且断面光滑，拉开触头所需能量少。

3）优化设计电磁机构的动作性能，减小触头的闭合速度，减小触头的弹跳与振动，在可能的情况下，增加触头压力。

在前面电器电动力计算的讨论中，曾经提出在短路电流峰值的作用下电器的电动稳定性问题，对于触头系统来说，在接触区域接触点处的收缩电动力方向总是朝着推开触头的方向，大小与电流二次方成正比。虽然短路电流持续时间很短（如几十毫秒），但当电动力大于触头压力时，触头就会被推开，产生电弧，导致触头损坏或熔焊。触头能承受短路电流峰值产生的电动力，而不至发生熔焊的能力称为触头的电动稳定性。对于强电流触头，这个问题比较重要，对于小电流触头，一般可以不考虑。触头的电动稳定性通常用实验方法来确定，由实验得到的I_m(A)的经验公式为

$$I_m = K\sqrt{0.1F} \tag{4-57}$$

式中　F——接触压力，单位为N；

K——系数，取决于触头的材料和接触形式，对铜—铜对接式点接触，可取 $K\approx3200\sim4000$，对于铜—铜玫瑰触头的一个触指，$K\approx5000$。

在断路器中常常采用多个触指并联组成的触头，如玫瑰触头。这类触头在通过电流时，由于各触指间流过同方向的电流而产生互相吸引的电动力，从而提高了触头的电动稳定性。

4.7 触头的磨损与材料转移

触头在合分过程中，伴随着机械、化学、热、电等一系列的破坏作用，触头材料会发生消耗及转移（无论通不通电流），而且触头在多次打开和闭合以后（不管是否产生火花或电弧），接触表面会逐步损坏（接触面变得凹凸不平，或出现深坑、凸起、变形、龟裂等），这些都会引起触头压力、接触电阻和开距等参数的改变，从而破坏开关电器的正常工作。上述现象统称为触头磨损。触头磨损到一定程度以后，其工作性能便不能保证，此时触头寿命即告终结。为了延长触头的工作寿命，必须了解触头的磨损规律，以便采取适当措施减小或消除触头磨损。

触头磨损现象非常复杂，但就磨损产生的原因来说主要有三种：机械的、电的（包括热的）和化学的。一般说，触头分合电流造成的磨损主要是电和热的原因。

1. 机械磨损

触头在分合过程中，由于触头之间的撞击和滑动等机械力作用，会造成触头的变形和触头材料的损耗，这一现象称为机械磨损。触头接触压力越大，机械磨损越严重。但机械磨损不是触头磨损的主要形式，即使是动作频繁的控制电器，其机械磨损所占比例也很小，约为电磨损的1%~3%。

2. 化学磨损

触头金属材料由于和周围环境中化学腐蚀性的有害气体相互作用而引起的腐蚀称为化学腐蚀。化学腐蚀使触头表面形成非导电薄膜，导致接触电阻增大和不稳定，甚至完全破坏触头的导电性能。这种非导电膜在触头相互碰撞和接触压力等机械作用下，逐渐剥落，会形成金属材料的损耗。因此，触头的化学腐蚀也可以称为化学磨损。

3. 电磨损

触头在分合电路过程中，触头间隙进行着剧烈的热电物理过程，伴随着金属液桥、电弧和电火花放电等各种现象，金属材料的金属会发生转移、喷溅和汽化，使触头材料损耗和变形。这种现象称为触头的电磨损，也称为触头的电腐蚀，是触头磨损的主要形式。电磨损决定触头的电寿命。

实验表明，通过触头的电流超过了某一数值 I_{00}（I_{00}为形成液态金属桥的最小电流，约为0.05~0.06A），触头开断线路的电压不同，会出现不同的电磨损现象。

若线路电压低于维持电弧所需要的最小电压 U_0（U_0 约为10V），则当触头快要分离时，接触斑点会逐渐由几个减少到一个，而后，最后一个斑点的面积还会继续减小。在斑点减少、导电面积减小的同时，接触电阻和接触电压相应增大。当接触电压增大到等于触头材料的熔化电压时，最后一个接触斑点附近的金属将熔化成液体。这时，若触头继续分开，被熔化的金属便拉成细丝，形成一个高温的液体金属桥，简称金属桥，如图4-38a所示。触头再继续分开，金属桥被拉细，接触电压继续增高，当达到触头材料的沸腾电压时，金属桥突然汽化，桥被拉断，结果在一边触头表面上形成一根针刺，另一边触头表面上形成一个凹坑，触头材料便由一个极定向地转移到了另一个极，如图 4-38b 所示。这种因金属桥作用使触头材料由一极转至另一极的现象称为桥磨损，或桥转移。

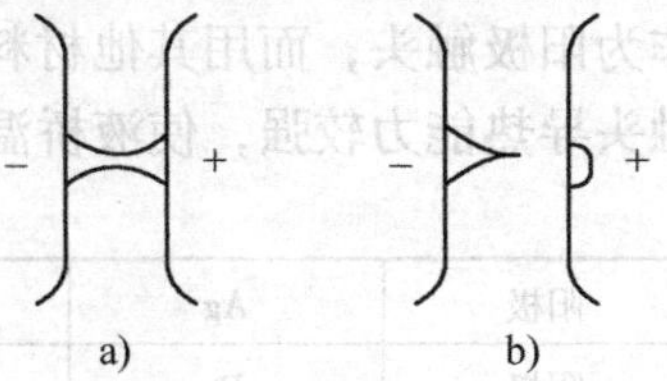

图 4-38　金属桥的形成和拉断示意

如果线路电压高于 U_0，电流超过生弧的最小电流 I_0（I_0 与触头材料有关），则触头开断线路时先出现液态金属桥，桥拉断后立即出现电弧或其他放电现象。如果触头断开的电流不大，触头材料由一极转移至另一极，使一个触头失去材料而另一个触头得到材料。如果触头开断的电流很大，两个触头往往均产生不同程度的烧损而出现净损失。这种因放电引起的触头材料转移和烧损统称为电弧磨损。

下面分别对桥磨损和电弧磨损进行介绍。

（1）桥磨损

通过实验研究可知，金属桥的伏安特性与电弧的伏安特性相类似，具有负电阻性质，即当电流增大时，桥两端的电压降减小。如果保持电流不变，将金属桥拉长，或者把金属桥置于高导热的气体中，桥的电压降便增高。金属桥能否形成和保持稳定，主要是与触头材料和周围介质情况有关。一般说来，贵金属材料较难形成液态金属桥，桥长在微米数量级，而普通金属材料则较易形成液态金属桥，桥长可达毫米数量级。例如，铁在空气中能形成较长和稳定的金属桥，而银和铜就比较困难。

液态金属桥形成后，即使桥的几何形状是完全对称的（中部收细，两端渐粗），其沿轴向的温度分布也并不对称。在一般情况下，桥的最高温度不在桥的中部，而在靠近某个极面的地方。根据各种触头材料的实验结果发现，大部分材料形成的金属桥最高温度均偏向阳极，少数材料也会偏向阴极。

金属桥最高温度的偏移方向，决定了桥最后断开的位置。如果桥最高温度偏向阳极，则桥最后在阳极附近拉断，桥拉断后在阴极表面上形成针刺，阳极表面留下凹坑，这样，材料就由阳极转移到了阴极。与此相反，若桥最高温度偏向阴极，桥最后在阴极附近断开，在阳极形成针刺，阴极形成凹坑，材料便由阴极转至阳极。桥转移现象产生的原因尚不十分清楚，目前随着实验手段的不断完善以及三维有限元分析软件的广泛应用，桥转移的研究工作将会进一步完善。

根据实验结果分析，触头开断一次因桥转移而损失的触头材料体积 V 与开断电流 I 的之间的关系为

$$V = kI^3 \tag{4-58}$$

式中　k——与材料有关的系数，某些材料的 k 值见表 4-6。

表 4-6　几种材料的 k 值　（单位：m^3/A^3）

材料	金	铂	银	钯
$k\times10^{-20}$	4.42	5.63	6.75	5.32

针对液态金属桥温度分布不对称的特点，可用下列方法来限制桥转移的体积。甚至达到转移为零的理想状态。

1）选用导热性较好的材料作为桥最高温度偏移边的触头而组成所谓“补偿触头对”。

例如，在大多数情况下，桥的最高温度均偏向于阳极，故可采用高导热材料，比如银或金，作为阳极触头，而用其他材料作为阴极触头，组成“触头对”，其举例见表 4-7。由于阳极触头导热能力较强，使液桥温度分布接近对称，桥体积减小，因而可以限制桥转移。

表 4-7 触头对举例

阳极	Ag	Ag	Ag	Au	Au	Au
阴极	Pt	Pd	Pt-Ir(10)	Pt	Pd	Pt-Ir(10)

2）利用不同金属材料形成的液桥直径不同，适当选配“触头对”，实现触头正负转移的平衡。例如，用金做阳极，铂做阴极，开始铂形成的液桥直径大，材料从阴极转向阳极，当阳极表面布满铂后，桥转移方向相反，材料又从阳极转向阴极，这样，桥转移就能达到自动补偿的目的。

3）在某些金属材料中加入其他金属成分形成合金，当合金含量比例为某一数值时，金属桥的温度成对称分布。此外，对于某些金属材料，当通过桥的电流增大到某一数值时，桥的温度分布会由不对称变为对称。

4）在触头回路中附加电流回路使触头总电流（等于工作电流加附加回路电流）工作在零转移的电流下。

（2）电弧磨损

若触头分断时的电流大于形成液态金属桥的最小电流 I_{00}，小于维持电弧放电的最小电流 I_0，而线路电压高于维持电弧的最小电压 U_0，则当触头开断线路时先出现液态金属桥，桥拉断后发生电弧。这时，因电流很小，电弧不能维持，桥断后电弧还来不及拉长就熄灭了。由于放电时触头间隙极短，从阴极发射出来的大量电子很少碰到气体分子而直接打入阳极使阳极蒸发，由阳极蒸发出来的金属蒸气落在阴极表面上凝结，造成材料由阳极转移至阴极。这种极短的使阳极磨损的电弧称为短弧或阳极电弧。

在电流小于 I_0 的情况下，如果触头开断瞬间作用于触头间的电压较高（如超过 300V），则虽然因电流太小不足以产生电弧，但因电压较高，触头间将产生火花放电，火花放电时，阴极在正离子的轰击下蒸发而磨损。

如果线路电压和电流均高于维持电弧所需的最小电压 U_0 与最小电流 I_0，则触头开断线路时，在金属桥拉断后必然会出现明显的电弧，电弧可拉长到几倍于弧根的直径。由于电弧拉长，阳极斑点直径大于阴极斑点直径，阳极散热条件得到改善，因此阴极汽化速度反而比阳极高，结果触头材料会由阴极转移至阳极。这种磨损主要由阴极过程决定的电弧称为阴极电弧。

若触头开断的电流再增高，如 10～20A（电压大于 U_0），则金属桥拉断后会出现较强的电弧。此时电弧阳极压降增大，大量电子以高速打入阳极使阳极汽化速度增高，因阳极汽化速度高于阴极，合成效应使阳极磨损。

如果触头开断电流增高到几十安以上，甚至几百到几千安或更大（电压高于 U_0），则触头开断后产生极强的电弧。此时，电弧两极斑点的电流密度大、温度高，弧根处附近的触头材料不仅大量汽化，而且熔化的金属被强烈的气流和电动力吹离触头，形成液滴式的喷溅。因为从两触头蒸发和喷出的金属多数都被抛到触头间隙以外，不再沉积到触头表面（称为净损失），故强电流下不论阳极或阴极触头都遭受严重的电弧磨损。

归纳上述现象可以得出，触头的电弧磨损有两种不同的机理：一种是带电粒子在电场的作用下轰击电极，使表面材料蒸发而损失；另一种是电动力和气吹作用，使熔化金属成滴状喷出而损失。

*4.8　电器电极材料喷溅侵蚀的理论计算[18]

开关触头在分合电路时如满足起弧条件便会产生电弧放电现象。在电弧和触头相互作用中，电弧向触头输入能量，使触头受热熔化形成熔池。熔池形成后，熔池中的液态金属便会在电弧机械力作用下以小液滴的形式喷溅出去，从而造成材料损耗。实验表明：在较大电流等级下，喷溅侵蚀是电弧侵蚀的主要形式。以往对喷溅侵蚀的研究多以实验为主，近年来随着仿真技术、预测技术和电器理论的迅速发展，已可以从统计学的角度，对熔池中液态金属的喷溅概率进行分析和研究，建立喷溅侵蚀的数学统计模型。

4.8.1　喷溅产生的原因

研究表明：力的作用、熔池气泡的逸出、液池瀑沸等因素导致熔池产生喷溅现象。

1）力的作用：作用于熔池表面的力有电磁收缩力、电子轰击力、电场力和由温度梯度引起的表面张力等。在这些力的作用下，熔池中的液态金属将流动。当液态金属的流速超过一定值时，熔池便会出现紊流现象。紊流时液体的粘性阻力很小，且流体做不规则运动，所以紊流状态下极易产生喷溅现象。相反，流体处于层流时，由于粘性阻力大，几乎不发生喷溅。因此，紊流现象的存在是喷溅现象具有随机性和离散性的重要原因之一。

2）熔池气泡的逸出：气泡逸出主要是指某些金属在液态时溶解了气体，当温度的升高或气体压强的增大时，溶解度增大，而当温度或压强减小时，溶解度就会降低而产生过饱和气体，进而发生爆炸式逸出导致喷溅。气泡的逸出将对熔池的稳定产生随机扰动，破坏熔池内部的平衡流动状态。气泡的逸出不但使紊流区的喷溅概率增大，而且使液态金属在层流区也有可能产生喷溅，因此它进一步加剧了喷溅现象的随机性和离散性。

3）液池瀑沸：熔池表面可能存在某些高压区，在高压区内，不但材料的沸点将提高，而且该区域内液体的温度将超过材料在低压时的沸点。因电弧不稳定，故局部高压区不能保持，因此这些区域中的液体便成为过热液体，进而产生瀑沸喷溅现象。

4.8.2　喷溅概率的影响因素

熔池的尺寸和形状会影响紊流区的深度和形状，而熔池的温度决定着气泡逸出程度和瀑沸程度，所以熔池尺寸、形状和温度将影响熔池喷溅概率。

1. 熔池尺寸和形状对喷溅概率的影响

紊流程度的大小可用雷诺系数 Re 描述

$$Re = \frac{\rho v l}{\mu} \tag{4-59}$$

式中　ρ——密度，单位为 kg/m^3；

v——速度，单位为 m/s；

l——流体通道的特征尺寸，单位为 m；

μ——动力粘度系数，单位为 Pa·s。

当 $Re>2300$ 时，出现紊流。如果流体通道为规则的圆柱体，则圆柱体直径就是特征尺寸。由于熔池是不规则的流体通道，因此熔池中不同点所在位置的特征尺寸也就不同。可用熔池内部不同深度处的固液分界面的水平宽度衡量不同位置处的特征尺寸。图 4-39 所示为熔池几何形状示意。

图 4-39 中，A_1、B_1 处于同一水平面，到熔池表面的距离相等为 h_1。A_1、B_1 的连线与固液分界面相交于 C、D 两点，C、D 两点间的长度 L_1 即是深度为 h_1 时的固液分界面的宽度。同理，L_2 是深度为 h_2 时的固液分界面的宽度。h 是熔池最大深度，r_1 为熔池半径。

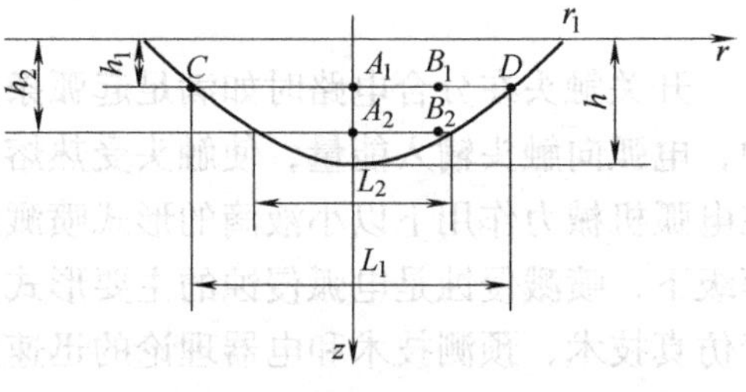

图 4-39　熔池几何形状示意

由熔池几何形状可知，当熔池中任意一点 B_1 远离熔池表面，即 h_1 增大时，它所对应的固液分界面宽度 L_1 变窄，进而特征尺寸 l 变小，与此同时，B_1 离熔池表面越远，该点温度越低，该处运动粘滞系数增大，并导致流速 v 减小。l、v 减小，μ 增大，故雷诺系数迅速减小。当 $Re<2300$ 时，紊流消失。因此，紊流区只是存在于从熔池表面起的一个较薄区域内，并且越靠近中心轴线区（中心轴线区温度较高），紊流区的厚度越厚。靠近固液分界面的区域为层流区。对熔池而言，紊流区所占比例越大，喷溅概率越大。在熔池半径一定的情况下，熔池曲率半径越大，紊流区所占比例越大，因此，喷溅概率也越大。

2. 温度对喷溅概率的影响

由喷溅产生原因可知，熔池温度越高，气泡逸出和液池瀑沸程度越剧烈，喷溅概率越大。因粘滞阻力是抑制喷溅的重要因素，所以，熔池粘度越大，越难发生喷溅。可用运动粘性系数 ν 来表征材料粘度大小

$$\nu=\frac{\mu}{\rho}=A\rho^{\frac{2}{3}}\mathrm{e}^{\frac{\rho D}{T}} \tag{4-60}$$

式中　T——热力学温度；

A、D——与物质有关的特征常数；ρD 的数量级为 $1\times10^4\sim1\times10^5$K。

通过考察熔融态金属的运动粘性系数发现，ν 的数量级为 $10^{-7}\mathrm{m^2/s}$。其中，在沸点附近 ν 的范围为 $(1\sim3)\times10^{-7}\mathrm{m^2/s}$。对于某一特定的金属材料，$\nu$ 的变化规律主要取决于温度 T，即 $\frac{\mathrm{d}\nu}{\mathrm{d}T}=-\frac{\rho D}{T^2}\nu=-B\nu$，$B=\frac{\rho D}{T^2}$。因为开关触头材料一般是高熔点材料，可见温度对运动粘度的影响不是特别大。因此，温度对喷溅概率的影响主要体现在对气泡逸出程度和液池瀑沸程度的影响。

以上分析表明，熔池尺寸、形状和温度是表征熔池特征及喷溅概率的三个基本参数，即在已知熔池尺寸、形状和熔池温度分布的条件下，熔池喷溅概率是可以确定的。

4.8.3　喷溅模型

1. 熔池基本参数

熔池的基本参数可由温度场的计算结果给出，而温度场的数值计算已很成熟，并有专用

软件如ANSYS等，故这里只介绍温度场的计算方法。触头在电弧作用下发生了材料相变，故电弧作用下的触头热传播过程属于移动边界问题，一般采用焓法和显热容法解决移动边界问题。焓法的主要思路是将热焓和温度一起作为待求函数，在整个区域（包括液相、固相和两相界面）建立一个统一的能量方程，利用数值方法求出热焓分布，然后确定两相界面。因此不需跟踪界面，就可将液相区和固相区分开处理。假设固、液两相的比热为常数 c，温度和焓的关系式为（考虑一级相变）

$$T=\begin{cases}h/c_1,\ h<cT_m\\ T_m,\ c_1T_m\leqslant h\leqslant c_1T_m+\lambda\\ (h-\lambda)/c_1,\ c_1T_m+\lambda\leqslant h\end{cases}\tag{4-61}$$

式中　T_m——触头材料的熔点，单位为°C；

h——焓，单位为J/kg；

λ——熔化潜热，单位为J/kg。

由温度与焓的关系可得出焓法模型的传热方程

$$\rho\frac{\partial h}{\partial t}=k\left[\frac{1}{r}\frac{\partial}{\partial r}\left(r\frac{\partial T}{\partial r}\right)+\frac{\partial^2 T}{\partial z^2}\right]\tag{4-62}$$

边界条件和初始条件（见图4-40）为

$$\begin{cases}-k\dfrac{\partial T}{\partial z}=q_a(r,\ c),\ z=0,\ \text{端面}\\ \dfrac{\partial T}{\partial r}=0,\ r=R_0,\ \text{侧面}\\ T=T_0,\ z=Z_0,\ \text{底面}\\ T(r,\ z,\ 0)=T_0,\ \text{初始温度}\end{cases}\tag{4-63}$$

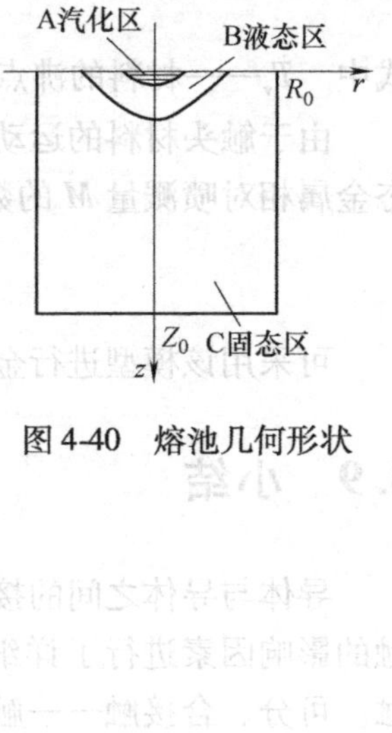

图4-40　熔池几何形状

式中　T——温度，T_0 为室温，单位为°C；

k——热导率，单位为W/m·°C；

c——比热容，单位为J/(kg·°C)；

q_a——r 方向的热流密度，单位为W/m²；

R_0——触头半径，单位为m；

r——触头表面宽度方向任意一点离端面中心的距离；

z——触头深度方向任意一点离端面的距离。

采用有限差分或有限元对式（4-62）和式（4-63）进行离散化，然后编程计算，即可得到熔池半径、深度和熔池的温度分布。温度场的计算结果表明，在电弧的电流强度、弧根半径以及触头材料的物理化学性质等条件一定的情况下，可唯一确定熔池的基本参数，即喷溅概率具有唯一性。

2. 喷溅模型

对于一个确定的熔池，如果喷溅概率 f 已知，喷溅量 M 为

$$M=\iiint_{\Omega}\rho f\mathrm{d}\Omega\tag{4-64}$$

式中　Ω——熔池体积；

f——熔池尺寸、形状、温度函数。

若从熔池中取一微单元，则 f 可表示为

$$f=f(h、r、T) \tag{4-65}$$

h、r、T 相互独立，则变量分离

$$f=f_1(h)f_2(r)f_3(T) \tag{4-66}$$

式（4-66）中，参量含义如图4-41所示。熔池中的液态金属处于紊流态时极易发生喷溅，而处于层流时喷溅概率很小。因为熔池中紊流区域很薄，所以喷溅概率从紊流区到层流区衰减很快，可以认为其服从指数衰减。

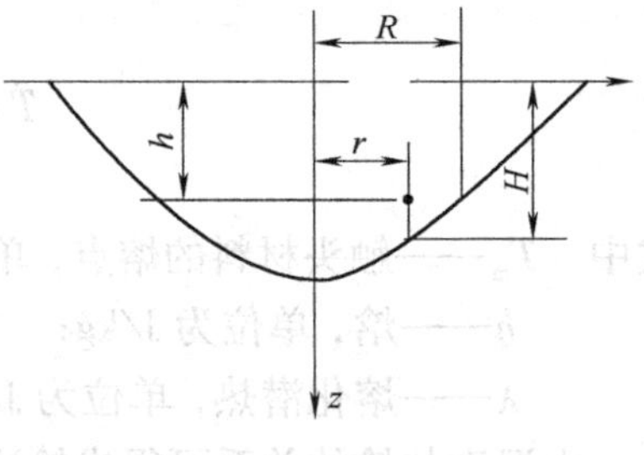

图4-41 熔池某一微单元

通过温度场计算可知，熔池内温度变化梯度不太剧烈，不会发生突变。因此，气泡逸出和液池瀑沸概率变化相对较缓慢，即喷溅概率的变化趋势相对比较缓慢。所以，先把温度与喷溅概率的关系假设成抛物线映射关系，然后由试验结果验证。采用抛物线映射，不仅简单，而且具有普遍的适用性。前已分析指出，温度对运动粘度影响很小，故由温度决定的液体粘度、气泡逸出、液池瀑沸的喷溅概率可认为

$$f_3=\mathrm{e}^{-i}[(T-T_{\mathrm{m}})/(T_{\mathrm{v}}-T_{\mathrm{m}})]^2 \tag{4-67}$$

式中 T_{v}——材料的沸点，单位为°C。

由于触头材料的运动粘性系数数量级很小，约为 1×10^{-7}，故 $\mathrm{e}^{-i}\approx1$。由此可得衡量液态金属相对喷溅量 M 的数学模型

$$M=\iiint_{\Omega}\rho f_1f_2f_3\mathrm{d}\Omega \tag{4-68}$$

可采用该模型进行金属材料喷溅量的计算。

4.9 小结

导体与导体之间的接触称之为电接触。本章对电接触的物理现象、电接触的分类、电接触的影响因素进行了详细的论述。电接触分为固定接触，可分、合接触以及滚动和滑动接触。可分、合接触——触头系统是研究的重点。触头是有触点开关电器最重要的组成部分，直接影响电器的各项性能指标。接触电阻是电接触中重要的物理现象，由膜电阻和收缩电阻组成，无论何种接触形式，都希望具有低值而稳定的接触电阻。对接触电阻的计算可采用经验公式、三维有限元计算、实验研究的方式得到。

材料是影响接触电阻最直接的因素之一。触头材料的研究是目前国内外比较活跃的一个研究领域，新材料的不断涌现，给开关电器带来了发展空间。接触形式、接触压力、接触表面情况以及接触区域温度，都是影响接触电阻的重要因素，需要根据应用场合、负载、容量综合考虑。

触头在运动过程中的振动十分有害，其将导致触头的磨损发生，甚至熔焊。在设计中，需要对电器的整体进行优化设计，减小触头的吸合弹跳。近年来，随着开关电器智能控制技术的发展，对电器实行吸合、吸持、分断全过程智能控制成为可能。通过智能控制，可以大幅度减小甚至消除触头在运行过程中的振动与弹跳。

触头最严重的故障就是触头的熔焊，通过对熔焊机理的分析研究，找出了减轻触头熔焊的一些方法。触头的磨损分为电磨损、机械磨损和化学磨损，电磨损是重点需要掌握的内容，其主要由金属桥转移和电弧烧损引起，触头材料、触头压力、电路负载性质、电路电流大小、电路电压的高低，都会对触头的电磨损产生影响。

最后介绍了电器电极材料喷溅的理论计算，通过对喷溅产生原因的分析，以及熔池尺寸、形状、温度等表征喷溅概率的基本参数的研究，介绍了喷溅模型。

4.10　思考题与习题

4-1　接触电阻的形成以及影响接触电阻的因素是什么？

4-2　对于不同的触头材料，温度对接触电阻的影响是否相同？为什么？

4-3　开关电器触头在吸合运动过程中为什么会产生触头弹跳？其有何危害？如何降低开关电器吸合过程的触头弹跳？

4-4　试分析触头熔焊的原因。如何考虑强电流触头的结构与材料？

4-5　高压断路器和低压断路器的触头形式大都采用何种方式？为什么？

4-6　低压继电器和低压接触器的触头接触形式有何异同点？结合具体电器分析之。

4-7　低压断路器使用的触头材料如下：动触头为银-镍（30%），静触头为银-石墨（5%）；触头压力为 10N，线接触形式。试求触头的接触电阻。

4-8　有一额定发热电流 $I=400\mathrm{A}$ 的交流接触器，触头为双断点桥式，触头材料为银，其 $\lambda\rho=8.2\times10^{-6}\mathrm{V^2/K}$，触头接触压降 $U_j=0.01\mathrm{V}$，连接导电板的截面积 $A=7\mathrm{mm}\times25\mathrm{mm}$，导电板材料为铜，其热态电阻率（100℃）$\rho=2.3\times10^{-8}\Omega\cdot\mathrm{m}$，散热系数 $K_T=7\mathrm{W/(m^2\cdot K)}$。试计算触头的最高温升。

4-9　你认为在一台完整的电器产品中，最薄弱的环节是在什么部位？它是因为什么原因引起的？应该如何设计和改善。

第 5 章　电器的电弧理论

5.1　引言

电缆故障电弧

在大气中开断电路时，如果被开断的电流超过 0.25 ~ 1A，电路开断后加在触头上的电压超过 12 ~ 20V，在触头间隙（简称弧隙）中，通常会产生一团温度极高、发出强光、能够导电，外观近似圆柱体的气体，这就是电弧。电弧具有温度高和发强光的性质，被广泛应用于焊接、熔炼和强光源等各个领域。但是，在开关电器中，电弧的存在具有两重性：一方面给电路中磁能的泄放提供通路，降低电路开断时产生的过电压，或者作为限流电阻串入电路；另一方面，延迟电路开断、烧损触头，严重情况下，可能引起开关电器的着火和爆炸。对于开关电器的研究者来说，研究电弧的目的是为了尽快地熄灭电弧。

电器电弧的研究主要有仿真和实验两种手段。仿真方法从电弧机理和内部现象出发，通过描述电弧微观或者宏观过程的数学模型，利用数值方法实现电弧数学模型求解，得到温度场、流体场特性。电弧仿真方法起源于 20 世纪 70 年代，在 90 年代得到迅速发展。电弧实验方法直接观察电弧的电、磁、热、光学等现象，获得电弧形态、组份、温度等特性，通过测量电弧电压、电弧电流等外部特性，分析电弧所处金属相或气相阶段，以及电弧运动特性。电弧的研究早期以实验方法为主，近年来，电弧仿真技术得到了突飞猛进的发展。

电弧仿真也有两种途径：一为电弧微观模型，其将电弧区域存在的基本现象（如复合、激发、电离、碰撞等）用化学和数学公式表达，实现对电弧能量变化的清晰认识。微观模型需要求解大量的方程式，在电弧领域研究的不多。二为电弧宏观模型，其将电弧各种变化过程用非线性微分方程来描述，使电弧求解转变成流体场、电场、磁场、温度场相互耦合的宏观场域求解。电弧物理特性如热导率、电导率、粘度、比热容、热熔，以及焓等均随温度变化而剧烈变化，加剧了模型非线性程度，从而增加了电弧宏观模型的求解难度。目前，研究者们针对具体条件对电弧进行建模，并做出各种假设与简化，使宏观模型易于使用和求解。现有的电弧模型大部分属于宏观模型。宏观模型经历了黑盒模型、一维模型、二维模型和磁流体动力学模型等几个阶段[4]。

弧隙中气体由绝缘状态变为导电状态的现象称为气体放电，电弧实质上就是气体放电的一种形式。所以，为了弄清楚电弧的性质，首先必须了解气体放电的物理过程。

5.2　气体放电的物理基础

5.2.1　电离和激励

众所周知，物质的原子是由原子核和若干电子构成，电子沿着一定的轨道围绕着原子核运动。在正常状态下，电子按照一定的数量规律分布在最低能级的轨道上。但是，当原子受到外界能量（热、光、碰撞等）作用时，外层轨道上的电子就有可能吸收这些能量，克服原子核的吸引力而跃迁到更外层较高能级的轨道上去，此时的电子处于一种不稳定的状态，或吸收少部分能量继续跳出原子核的吸引力；或以光量子的形式释放掉多余的能量，回到原来的轨道上。

当外界施加到电子上的能量足够大，使电子能够跳出原子核的吸引力自由活动，成为自由电子，而原来的中性粒子变成了带正电荷的正离子时，这种现象称为电离。电离一个电子所需要的能量称为电离能 W_{yl}

$$W_{yl}=eU_{yl} \tag{5-1}$$

式中 e——电子的电量，为 1.6×10^{-19}C；

U_{yl}——电离电位。

部分气体和金属蒸气的电离能和激励能见表5-1。括号中的数字分别表示从原子中电离出第二个、第三个、第四个电子所需要的电离能。

表5-1 部分气体和金属蒸气的电离能和激励能

元　素	电离能/eV	激励能/eV	元　素	电离能/eV	激励能/eV
氢	13.54	10.2(12.1)	铝	5.98	—
氧	13.5(35,55,77)	7.9	镉	9.0(16.9)	3.95(5.35)
氮	14.55(29.5,47,73)	6.3	镍	7.63	—
氩	15.7(23,41)	11.5(12.7)	锡	7.33	—
氟	17.4(35,63.9,114)	—	锌	9.39(18.0)	4.02(5.77)
碳	11.3(24.4,48,65)	—	铁	7.9	—
银	7.57	—	汞	10.4(19,35,72)	4.86(6.67)
钨	7.98	—	钠	5.14(47.3)	2.12(3.47)
铜	7.72	—			

如果加到中性粒子上的能量不够大，只能使电子由正常的运行轨道跳到较外层的轨道上，则该现象称为激励。激励一个电子所需要的能量称为激励能。一个原子可以有几个不同的激励能，分别对应不同的外层轨道。

已被激励的中性粒子比较容易电离，此时电离所需的能量少于正常中性粒子所需的能量，减少的数值等于该元素的激励能。这种经过激励状态再电离的现象叫做分级电离。激励是一种不稳定的状态，大多数被激励的中性粒子会以光量子的形式释放掉能量，再返回到正常状态。中性粒子处于激励状态的时间一般低于 $10^{-9}\sim10^{-8}$s。

有一种特别的激励状态，在该状态下，已经跳到较外层轨道上的电子不能很快返回原来的正常轨道，常常必须再由外部增加能量，使已经处于较外层轨道上的电子跳到更外层的轨道上，然后才能跳回原来的轨道，或者电子在第二次外界能量的作用下发生电离。这种激励状态称为介稳状态。中性粒子处于介稳状态的时间可以达到 $10^{-4}\sim10^{-2}$s，甚至更长，因而在电离过程中起的作用比较大。

5.2.2 气体的电离方式

气体通常是不导电的。但是，如果气体中含有带电粒子（电子、正离子、负离子），就变成能够导电的电离气体了。带电粒子占气体粒子数的百分数叫做电离度。电离度越高，气体的电导率越大。气体电离方式可以分为表面发射和空间电离两大类。

1. 表面发射

金属电极表面在某些情况下，能够发射电子进入弧隙。按照发射电子的原因，又可以分为：

1）热发射：当金属的温度升高时，其表面的自由电子可能获得足够的动能，以超越金属表面晶格电场造成的势垒而逸出。一个电子逸出金属表面所需的能量叫做逸出功，用 W_{yc} 表示，单位也用电子伏表示。部分元素的逸出功见表 5-2。

表 5-2 部分元素的逸出功

元素	碳	汞	铬	银	钨	铜	铝	镉	镍	锡	锌	铁
W_{yc}/eV	4.4	4.53	4.6	4.74	7.49	4.4	4.25	4.1	4.5	4.38	4.24	4.63

根据量子力学理论，对于一个洁净的均匀表面，其饱和热发射电流密度 J_{rf}（A/cm^2）为

$$J_{rf} = A_1 T^2 e^{-\frac{11600W_{yc}}{T}} \tag{5-2}$$

式中 A_1——常数，一般 $A_1 = 60.2 \sim 120$，对于纯金属，可取 $A_1 = 100$；

W_{yc}——逸出功，单位为 eV；

T——金属表面温度，单位为 K。

热发射最大电流密度取决于金属材料的沸点。沸点越高，热发射最大电流密度越大。对于难熔金属（如钨），可达几千安每平方厘米，而对于易熔金属（如铜、银），则不超过 1A/cm^2。

2）场致发射（高电场发射）：当金属表面存在较高的电场强度（大于 10^6V/cm）时，金属表面势垒厚度减小，自由电子可能在常温下穿过势垒（所谓的隧道效应），逸出金属。这种现象叫做场致发射，也称为高电场发射。在较高温度时，其电流密度 J_{cf}（A/cm^2）为

$$J_{cf} = A_1 (T + A_2 E)^2 e^{-\frac{11600W_{yc}}{T+A_2E}} \tag{5-3}$$

式中 E——金属表面的电场强度，单位为 V/cm；

A_2——常数，对于铁，$A_2 = 0.01$。

3）光发射：当光线和射线照到金属表面时，引起电子逸出的现象。光波越短，引起的光发射作用越强，并且从金属表面逸出的电子速度越快。波长较长的光量子，虽然能量不足以直接引起电子发射，但是，却能够被金属吸收，改变金属中自由电子的运动速度，使动能超过逸出功的电子逸出金属。

4）二次发射：当正离子以很高的速度撞击阴极，或者电子、负离子以很高的速度撞击阳极时，都可能引起金属电极表面发射电子，这种现象称为二次发射。在气压较高的放电间隙，通常阴极附近比阳极附近的电场强度高，所以，阴极表面二次发射较强。二次发射在气体放电过程中起着重要作用。

2. 空间电离

电极间气体自身由绝缘状态变成导电状态（不是由外界送入带电粒子）的现象，叫做空间电离。按照电离的原因，可分为以下三种：

1）光电离：中性粒子受到频率为ν的光照射时，如果满足条件

$$h\nu \geqslant W_{yl} \tag{5-4}$$

式中 h——普朗克常量，$h=6.624\times10^{-34}\mathrm{J\cdot s}$；

W_{yl}——中性粒子的电离能，单位为J。

则可能被电离，这一现象叫做光电离。光的频率越高（即波长越短），电离作用越强。所以X射线，α、β、γ、宇宙射线和紫外线都有较强的电离作用，而可见光几乎不引起气体电离。

2）电场电离（碰撞电离）：设有一个质量为m的带电粒子，在电场作用下被加速，速度为v，于是具有动能为$\frac{1}{2}mv^2$，如果$\frac{1}{2}mv^2>W_{yl}$，则当它在前进过程中撞到另一中性粒子时，就可能使之电离。

电子因体积小、自由行程长，容易积累足够的动能，在产生电场电离中起着重要的作用。通常电极间气体中进行电场电离的电子来源于两方面：①金属表面的电子发射；②光电离。电场电离发生后，气体中的电子数迅速增多，为进一步加剧电场电离创造了有利条件。

动能超过电离能的电子，不是每次碰撞中性粒子后都有可能产生碰撞电离，而是存在一定的概率。电离概率的大小由粒子动能和两个粒子（带电粒子和中性粒子）电磁场相互作用的时间决定。动能较小的电子，也可能通过碰撞使中性粒子先处于激励状态，然后再受到另一电子或其他粒子的碰撞而电离。通常情况碰撞发生电离或激励的概率比较低，如在电场强度$E=(1\sim2)\times10^4\mathrm{V/m}$时，碰撞电离的概率仅为0.2%~0.4%，激励的概率为1%或更小。

有时，电子碰撞中性粒子后，既不使之电离，也不使之激励，而是附着在上面构成负离子，这种现象叫做粘合。

3）热电离：气体粒子由于高速热运动相互碰撞而产生电离。

在室温下，产生热电离的可能性极小。只有当温度高达3000~4000K以上时，气体的热电离才显著起来。温度越高，气体的热电离度x越高。x与温度的关系可用沙哈公式表示，在通常的电弧中，$x<<1$，此时沙哈公式为

$$x=1.55\times10^{-2}\frac{T^{1.25}}{\sqrt{\frac{p}{133}}}\mathrm{e}^{-\frac{5800W_{yl}}{T}} \tag{5-5}$$

式中 p——气体压力，单位为Pa；

T——气体温度，单位为K。

根据图5-1可知，金属蒸气的电离能比一般气体的小很多，所以，在相同温度下，前者的电离度大于后者。图5-1为铜、汞蒸气和几种气体的电离度与温度之间的关系。由此可知，在同一温度下，当气体中含有金属蒸气时，其电离度比纯气体时高，即电导率比较大。在一个大气压时，空气的热电离电流密度J_{ry}（$\mathrm{A/cm^2}$）可用下式计算：

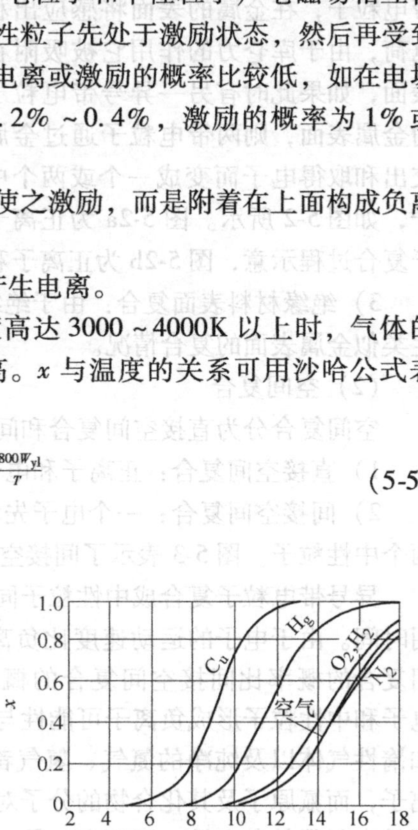

图5-1 部分金属蒸气和气体电离度与温度关系

$$J_{ry}=2740T^{0.75}E^{0.5}e^{-\frac{5800W_{yl}}{T}} \tag{5-6}$$

式中 E——电场强度，单位为V/cm。

5.2.3 气体的消电离方式

电离气体中带电粒子自身消失或者失去电荷变为中性粒子的现象，叫做消电离。气体消电离的方式分为复合和扩散。

1. 复合

两个带有异号电荷的粒子相遇后相互作用而消失电荷的现象，叫做复合。在实际情况下，复合可分为以下两种。

（1）表面复合

电极表面、金属表面、绝缘材料表面都会产生复合现象。

1）电极表面复合：电子进入阳极；正离子接近阴极从阴极取得电子，自身变为中性粒子；负离子接近阳极将电子移给阳极，自身变为中性粒子。

2）金属表面复合：走向带电金属的带电粒子，在金属的表面将感应出相反的电荷，由于库仑力的作用它被吸附在金属表面，如果此时有另一异号带电粒子也走向金属表面，则两带电粒子通过金属分别交出和取得电子而变成一个或两个中性粒子，如图5-2所示。图5-2a为正离子和电子复合过程示意，图5-2b为正离子和负离子复合成两个中性粒子的过程示意。

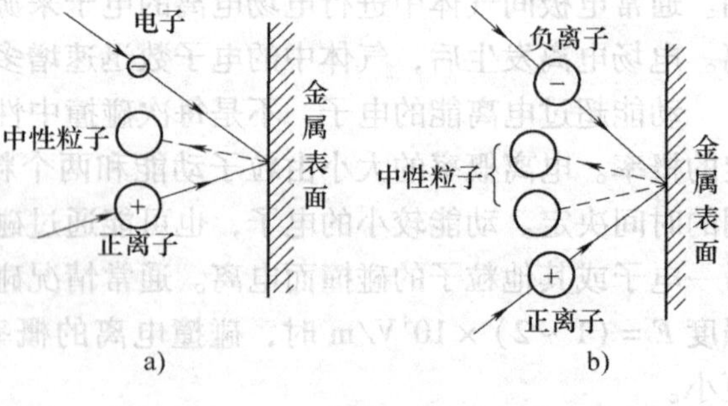

图5-2 金属表面的复合过程示意

3）绝缘材料表面复合：由于绝缘体被带电感应极化后能吸引异号的带电粒子，也会产生类似金属表面的复合情况。

（2）空间复合

空间复合分为直接空间复合和间接空间复合。

1）直接空间复合：正离子和电子在空间相遇后形成一个中性粒子的过程。

2）间接空间复合：一个电子先和中性粒子粘合形成负离子，然后再与正离子复合形成两个中性粒子。图5-3表示了间接空间复合的过程。

异号带电粒子复合成中性粒子同样是由于电磁场相互作用的结果，因而也需要一定的作用时间。由于电子的运动速度比负离子大很多，所以直接空间复合的概率比间接空间复合的概率小很多（约为10^{-3}）。电子和中性粒子形成负离子可能性与气体的性质和纯度有关，如惰性气体以及纯净的氮气、氢气都不能和电子粘合形成负离子，而氟原子及其化合物的分子对电子的粘合作用特别强，即具有很强的负电性，因而SF_6是一种很好的灭弧介质。

电离气体中带电粒子复合速度可用下式计算：

$$\frac{dn_+}{dt}=\frac{dn_-}{dt}=-\alpha_f n_+ n_- \tag{5-7}$$

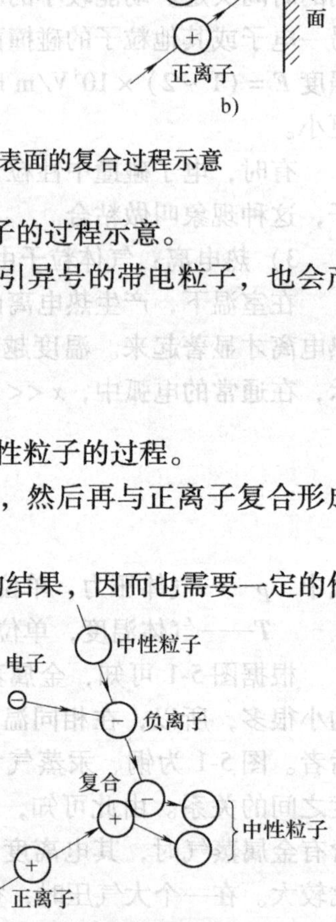

图5-3 间接空间复合的过程

式中 n_+——电离气体中正离子数密度；

n_-——电离气体中负离子数密度；

α_f——复合系数，与气体的种类、温度、气压等因素有关，单位为 cm^3/s。

在一个大气压时，复合系数为

$$\alpha_f = 7.6\times10^{-8}\left(\frac{273}{T}\right)^3 \tag{5-8}$$

复合的过程总是伴随着能量的释放。在表面复合的情况下，释放出的能量多用于加热电极、金属或绝缘物的表面；在空间复合的情况下，释放出的能量常以光的形式向周围空间辐射，或一部分用以增加中性粒子的速度。

2. 扩散

电离气体中的带电粒子由于热运动从浓度较高的区域向浓度较低的周围气体中移动的现象称为扩散。扩散使电极间电离气体中带电粒子减少，从而其电离度下降。

设电离气体呈圆柱形，则扩散使带电粒子数密度降低的速度可用下式计算：

$$\frac{dn}{dt} = -\frac{Kn}{d^2} \tag{5-9}$$

式中 n——带电粒子数密度；

d——圆柱体的直径；

K——系数，对于氢气约为 $1000cm^2/s$，对于空气约为 $600cm^2/s$。

当电离气体中正负带电粒子数相等（称为等离子体）时，扩散必然是所谓的双极性扩散，即在同一时间内，扩散的正离子数和负带电粒子数相等。否则，扩散不能继续进行。例如，设多扩散走一个负带电粒子，则电离气体中相对地多了一个正离子，于是，电离气体中将产生一个正电场，对正离子进行排斥，对负带电粒子进行吸引。结果，将加速正离子的扩散而阻碍负带电粒子的扩散，使电离气体中带电粒子数趋于新的平衡。

通过以上分析可知，气体的电离和消电离与弧隙中气体性质、气体压力、电场强度、温度等诸多因素有关。可以通过弧隙中气体带电粒子数的情况来分析电弧的燃烧状况。

弧隙中带电粒子数随时间的变化率为

$$\frac{dN}{dt} = \left(\frac{dN}{dt}\right)_r + \left(\frac{dN}{dt}\right)_q + \left(\frac{dN}{dt}\right)_f + \left(\frac{dN}{dt}\right)_e \tag{5-10}$$

式中 $\frac{dN}{dt}$——弧隙中带电粒子数随时间的变化率；

$\left(\frac{dN}{dt}\right)_r$——由于光、热发射和光、热电离作用，带电粒子数随时间的变化率；

$\left(\frac{dN}{dt}\right)_q$——由于高电场发射、二次电子发射和电场电离作用，带电粒子数随时间的变化率；

$\left(\frac{dN}{dt}\right)_f$——由于复合作用，带电粒子数随时间的变化率；

$\left(\frac{dN}{dt}\right)_e$——由于扩散作用，带电粒子数随时间的变化率。

如果$\frac{dN}{dt}>0$，则弧隙中的带电粒子数随着时间越来越多，电离作用增强，电弧燃烧将趋于炽烈；如果$\frac{dN}{dt}<0$，则弧隙中的带电粒子数随着时间越来越少，电离作用减弱，电弧燃烧将趋于熄灭；如果$\frac{dN}{dt}=0$，则弧隙中的带电粒子数保持不变，电弧将稳定燃烧。由此可见，根据式（5-10）可以方便地判断弧隙中电弧燃烧情况。式（5-10）称为弧隙中离子平衡方程式。

5.2.4 气体的放电特性

1. 气体放电间隙伏安特性

通过前面分析，已经了解了气体放电的物理过程，现在分析电弧间隙对外电路所呈现的电气特性。在正常状态下，气体间隙具有良好的电气绝缘性能，但当在气体间隙的两端加上足够大电场时，就有可能引起电流通过气体间隙。现取一简单的直流电路来进行分析，如图5-4所示。图中，电源电动势为E，电路电阻为R，电极1和电极2构成一个气体放电间隙。

实验开始逐渐增大E，然后逐渐减小R，以增大流过间隙的电流，电极1、电极2两端的电压与流过间隙的电流之间的关系称之为气体放电间隙的伏安特性，如图5-5所示。按照放电的性质不同，其伏安特性可以分为自持放电阶段和非自持放电阶段。

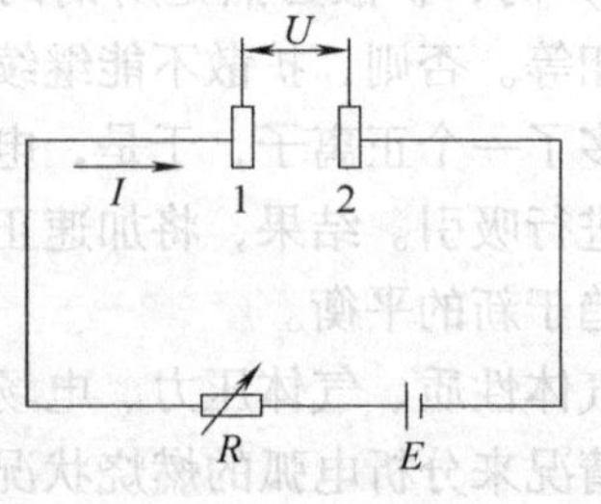

图5-4 直流电路

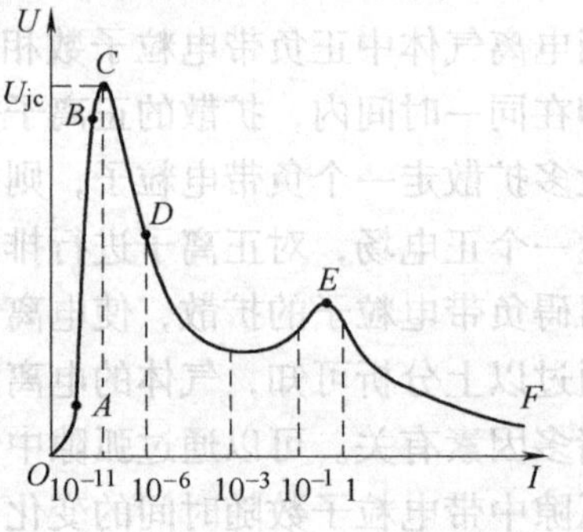

图5-5 气体放电间隙的伏安特性

1）非自持放电阶段（*OABC*）：除去外加的电离因素，间隙中无自由电子存在，放电停止。

*OA*区域：外加电压非常低，间隙中电场强度很小，外加电离因素（如各种光线、射线作用）产生的带电粒子数不能够全部到达阳极，电流随着电压的增加而增加；

*AB*区域：间隙中的电场强度仍然很小，不足以产生电场电离和电场发射，间隙中的带电粒子还是由外部的电离因素产生，带电粒子数目较少，当电压超过A点时，间隙中的带电粒子可以全部到达阳极，对外所呈现的是间隙中电流大小与电压无关的特点；

*BC*区域：由于间隙两端的电压较大，间隙中的电场强度较大，在电场的作用下，电场发射和电场电离已经产生，随着电压的升高电流增加。

此阶段显著特点就是带电粒子是由于外界的电离因素产生的。

2）自持放电阶段（*CDEF*）：不依赖外界电离条件，仅有外施电压作用即可以维持的气体放电。

CD 区域：当电压升到 *C* 点时，由于高电场和二次电子发射产生的电子数足够多，存在一个击穿效应，*C* 点对应的电压称之为击穿电压，用 U_{jc} 表示。*C* 点附近的 *BD* 区域，由于汤逊（Townsend）最早对此进行研究，又称为汤逊放电区。

DE 区域：气体呈现辉光，称为辉光放电区域，间隙中气体电离方式主要为电场电离，放电通道温度为常温，电流密度较小（约为 0.1A/m^2），阴极压降较高，可达 200V 左右。

EF 区域：放电形式转为弧光放电，放电通道产生明显的边界，通道中温度极高，可达 6000K 以上，电流密度大，可达 10^7A/m^2 数量级，阴极压降小，大约为 10V 左右，电离方式主要为热电离。

通常所研究的各种气体放电形式如辉光放电、电晕放电、火花放电、电弧放电等都属于自持放电。

2. 气体放电间隙击穿特性

从上分析可知，在电压升高过程中，间隙气体进入自持放电阶段，如果与弧隙串联的电阻数值较小，那么间隙中将流过较大的电流，而迅速进入辉光放电或弧光放电区域，气体间隙由绝缘状态变为导电状态，这一现象称为气体间隙击穿。

汤逊气体放电理论假定：

1）当电子的动能小于气体粒子的电离能时，两者碰撞后不发生电离，反之，则一定电离。

2）电子和气体粒子碰撞时，放出全部动能，然后再从零速开始下一次行程。

3）电子沿电场方向运动，不考虑其实际轨迹为“之”字形的特征。

由此导出，一个电子沿电场运动时，在单位距离内由电场电离而产生的带电粒子对数（一个电子和一个正离子为一对）α 为

$$\alpha = \frac{A_0 p}{T} e^{-\frac{B_0 p}{TE}} \tag{5-11}$$

式中　E——电极间的电场强度；

p——气体压力；

T——气体温度；

A_0、B_0——经验系数。

α 称为空间电离系数，又称汤逊第一系数。

下面分析在均匀电场情况下间隙的击穿条件。

在图 5-6 所示的两电极之间取一宽度为 dx 的狭小区域，此区域与阴极的距离为 x，两电极之间的距离为 l。设单位时间内从阴极方面进入此狭小区域的电子数为 N。那么，在通过 dx 区域后，由于电场电离作用，电子的增量为

$$dN = \alpha N dx \tag{5-12}$$

将式（5-12）积分，并设 $x=0$ 处（即阴极表面）$N = N_0$，则得

$$N = N_0 e^{\alpha x} \tag{5-13}$$

在 $x=l$ 处（即阳极表面）电子数为

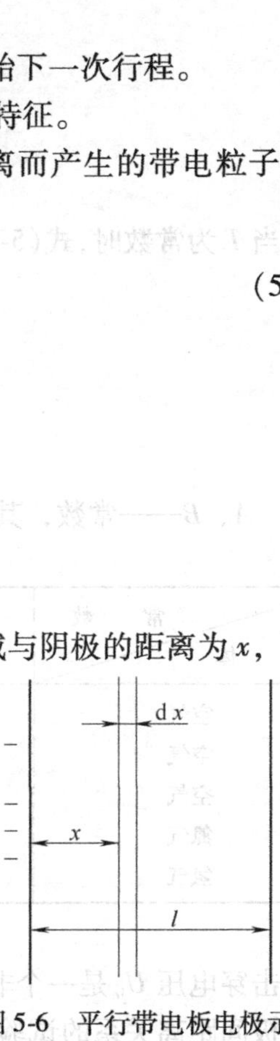

图 5-6　平行带电板电极示意

$$N' = N_0 e^{\alpha l} \tag{5-14}$$

间隙中由于电场电离而产生的正离子数为

$$N_+ = N_0 e^{\alpha l} - N_0 = N_0 (e^{\alpha l} - 1) \tag{5-15}$$

正离子在电场作用下向阴极方向运动，到达阴极后轰击阴极，产生二次发射。一个正离子使阴极由于二次发射产生的电子数称为表面电离系数或汤逊第二系数，通常以字母 γ 表示，部分数值见表5-3。如果二次发射产生的电子数恰好为 N_0，则阴极表面处将总是保持 N_0 个电子，而气体间隙就可以在无需外界作用影响的情况下维持放电。因此，对此均匀电场，产生气体间隙击穿的条件为

$$\gamma N_+ = \gamma N_0 (e^{\alpha l} - 1) = N_0$$

即

$$\gamma (e^{\alpha l} - 1) = 1 \tag{5-16}$$

表5-3 不同气体和不同电极材料时的 γ 值

阴极材料	空气	氢(H_2)	氮(N_2)
铝 Al	0.035	0.1	0.1
铜 Cu	0.025	0.05	0.065
铁 Fe	0.02	0.06	0.06

因此，对于均匀电场的间隙，可得击穿电压 U_{jc} 为

$$U_{jc} = \frac{B_0 pl}{T\ln\left[\dfrac{A_0 pl}{T\ln\left(1+\dfrac{1}{\gamma}\right)}\right]} \tag{5-17}$$

当 T 为常数时，式(5-17)可写成

$$U_{jc} = \frac{Bpl}{\ln\left[\dfrac{Apl}{\ln\left(1+\dfrac{1}{\gamma}\right)}\right]} \tag{5-18}$$

式中 A、B——常数，其值见表5-4。

表5-4 常温下不同气体时的 A、B 值

气体＼常数	$A/(\text{Pa}\cdot\text{cm})^{-1}$	$B/[\text{V}\cdot(\text{Pa}\cdot\text{cm})^{-1}]$	$\frac{E}{p}\Big/[\text{V}\cdot(\text{Pa}\cdot\text{cm})^{-1}]$
空气	0.0433	1.84	0.15~0.3
空气	0.0668	1.88	0.3~1.13
空气	0.1100	2.74	1.13~6.0
氮气	0.0950	2.57	0.75~4.5
氢气	0.3760	0.977	1.13~4.5

击穿电压 U_{jc} 是一个非常重要的参量，图5-7所示为铜电极时空气的击穿电压与气体压力、极间距离关系的试验曲线（实线），以及令 $\gamma = 0.025$，按式（5-18）计算的计算曲线

（虚线）。可以看出，两者比较接近，说明计算公式能够比较真实的反映击穿电压的变化规律。

存在一击穿电压最小值 U_{jcmin} 和相对应的 $(pl)_{lj}$（临界值）。当 pl 大于或小于 $(pl)_{lj}$ 时，U_{jc} 将随着 pl 的增大或减小而增大。这说明，提高间隙中的气压或者将间隙放在高度真空中，都可以提高其击穿电压。若将式（5-18）对 pl 求极值，则可得最小击穿电压，对于空气，为

$$U_{jcmin}=B\ (pl)_{lj}\approx 248\text{V} \tag{5-19}$$

对于氢气，约为220V。按照汤逊理论可以解释气体间隙击穿的机理，但是，对长间隙气体放电过程并不完全相符，这时要涉及流注理论作为补充。

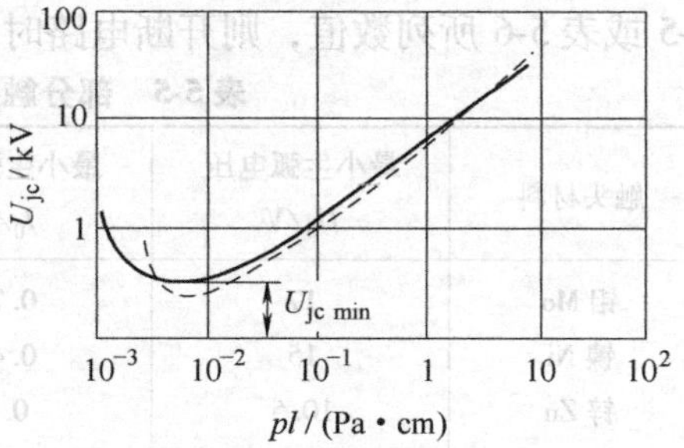

图5-7　铜电极 U_{jc} 与 pl 的关系

按照流注理论，气体间隙的击穿过程如下：从阴极发射的电子，在电场作用下向阳极运动的过程中，通过一系列碰撞，在其途径上产生大量新的电子和正负离子。由于电子运动速度较快，大量地集中在前进方向的前部，而正离子分布在其后部。这样，就在空间形成了如图5-8中 A 处所示的电子和正离子的集合体——电子崩。沿电子崩轴线的电子和正离子数的密度分布如图5-9所示。随着电子崩向阳极的移动，其中电子和正离子也愈积愈多。这一方面改变了间隙中的电场分布情况，使崩头和崩尾部分的电场强度增大；另一方面，由于崩头和崩尾的电荷削弱了电子崩内部的电场，使得其中的复合作用加强。复合过程中放出大量的光子。如果这些光子在距电子崩A头部不远处使气体粒子电离产生了电子，那么，这些电子将在较强的电场作用下向阳极移动，通过电场电离经较短时间后又产生第二个电子崩B。如此继续发展，又产生第三个电子崩C。每一电子崩的头部和尾部分别向阳极和阴极发展，很快就连成一个从阳极到阴极的电离气体通道，使间隙击穿。因为这一理论是基于光子的辐射作用使气体逐段电离，然后连成一片，不需要从阴极发射的电子跑完整个极间的距离，所以能够较好地解释长间隙击穿过程。

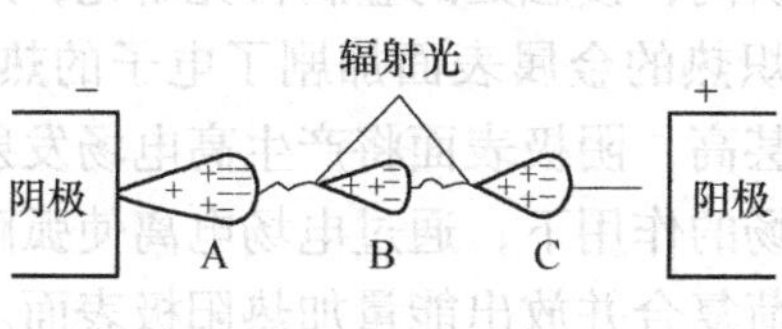

图5-8　流光放电示意

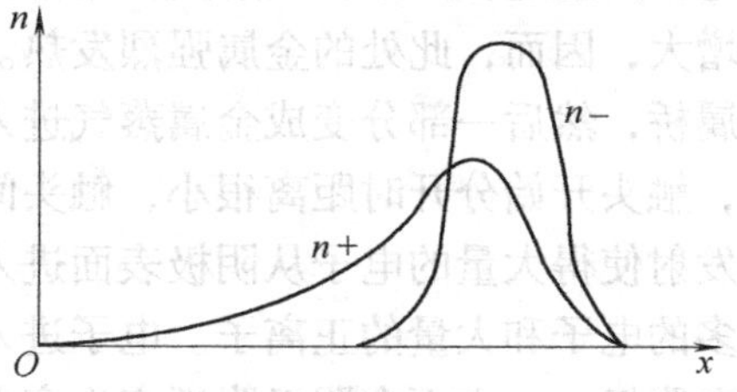

图5-9　沿电子崩轴线的电子和正离子数的密度分布

5.3　电弧的物理特性

5.3.1　开断电路时电弧的产生过程

对于不同材料的触头，在大气中开断直流电路时，如果被开断的电流和开断后加在触头

两端的电压超过表5-5所列的最小生弧电流和电压的数值，弧隙中就将产生电弧。而开断交流电路时，在不同电压情况下，产生电弧的最小生弧电流见表5-6。如果电流或电压小于表5-5或表5-6所列数值，则开断电路时只能产生一为时极短的弧光放电，即火花。

表5-5　部分触头材料的最小生弧电压和生弧电流

触头材料	最小生弧电压 U_0/V	最小生弧电流 I_0/A	触头材料	最小生弧电压 U_0/V	最小生弧电流 I_0/A
钼 Mo	17	0.75	银 Ag	12	0.4
镍 Ni	15	0.45	钨 W	15	1.1
锌 Zn	10.5	0.1	铜 Cu	13	0.43
铁 Fe	14	0.45	镉 Cd	11	0.1
碳 C	20	0.02			

表5-6　不同触头材料、不同交流电压时的最小生弧电流值（幅值）　（单位：A）

电压 / 生弧电流 / 触头材料	电压 U/V			
	25	50	110	220
碳	—	5	0.7	0.1
钨	12.5	4	1.8	1.4
铜	—	1.3	0.9	0.5
银	1.7	1	0.6	0.25
青铜	—	0.7	0.4	0.3
锌	0.5	0.5	0.5	0.5
铁	—	1.5	1.0	0.5

开关电器在工作时，大部分情况下，其开断电流和开断电压均大于生弧电流和生弧电压，因此在触头之间不可避免的要产生电弧。

电弧产生过程如下：当触头开始做分离运动时，接触面积逐渐减少，接触处的电流密度逐渐增大，因而，此处的金属强烈发热。在触头分离瞬间，接触处的金属首先熔化，形成液态金属桥，然后一部分变成金属蒸气进入触头间隙。炽热的金属表面加剧了电子的热发射；同时，触头开始分开时距离很小，触头间的电场强度甚高，阴极表面将产生高电场发射。这两种发射使得大量的电子从阴极表面进入弧隙，在电场的作用下，通过电场电离使弧隙中产生更多的电子和大量的正离子。电子进入阳极与正电荷复合并放出能量加热阳极表面。正离子走向阴极；一方面在阴极附近产生高电场轰击阴极，另一方面从阴极取得电子进行复合并释放能量加热阴极，维持电子的热发射。还有一部分电子和正离子在弧隙空间复合，放出能量以光的形式进行辐射或增加气体粒子的热运动。结果，弧隙中的温度越来越高，热电离变成了主要的电离因素，致使气体中带电粒子数越来越多，气体的电导率越来越大，电弧电压越来越小。直到弧隙中单位时间产生的带电粒子数和通过复合与扩散消失的带电粒子数相等时，过程进入稳定状态。

5.3.2　电弧的近极区和弧柱区特性

对于稳定燃烧的直流电弧，在阴极和阳极之间可以分为三个区域：近阴极区C、弧柱区

Z、近阳极区A。图5-10所示为稳定燃弧的直流电弧示意。

经过研究发现，电弧压降沿弧长并非均匀分布，各个区域具有不同的特点。

1. 近阴极区

近阴极区的特点是，在阴极区附近积聚着大量的正离子，构成一个正空间电荷区，电位有一急剧的改变。这一区域的长度约等于电子的平均自由行程（小于 10^{-4}cm），电场强度很高（平均可达 $10^6 \sim 10^7$V/m），对于加速正离子向阴极运动、轰击阴极表面产生二次发射、形成高电场发射起着重要作用。阴极压降用 U_c 表示，阴极压降数值取决于阴极材料、气体介质等因素。不同触头材料和气体介质时，阴极压降的数值见表5-7。根据表中参数可知，阴极压降约等于阴极材料蒸气的电离电位。如果阴极材料的沸点很高，则阴极压降约等于气体介质的电离电位。

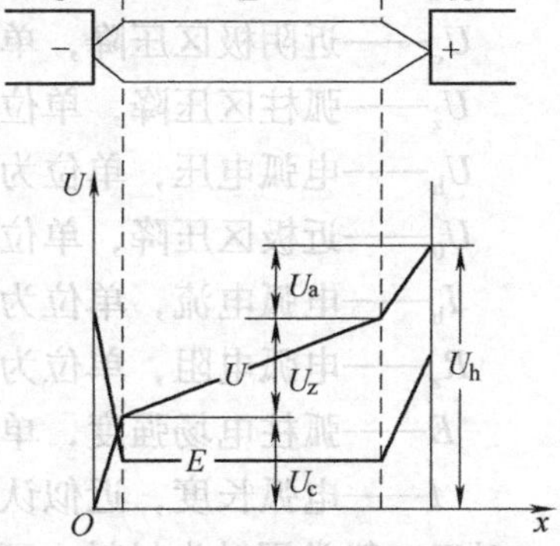

图5-10　直流电弧特性示意

表5-7　不同阴极材料和气体介质时的阴极压降

阴极材料	气体介质	电流范围/A	阴极压降/V	阴极材料	气体介质	电流范围/A	阴极压降/V
铜	空气	1~20	8~9	钠	真空	5	4~5
铁	空气	10~300	8~12	汞	真空	1~1000	7~10
碳	空气	2~20	9~11	碳	氮气	—	20

2. 近阳极区

近阳极区的特点是，在阳极区附近积聚着大量的电子，形成一个负空间电荷区，电位也有一急剧的改变，其长度是近阴极区的几倍。近阳极区压降用 U_a 表示，数值也随近阳极区的材料而异。例如，铝、铜约为10~11V，铁约为9V。由于阳极压降数值与阴极压降数值相近，而近阳极区比较长，因此近阳极区的电场强度比近阴极区小。当电弧稳定燃烧时，随着电流的变化，阴极和阳极的压降数值变化不大，一般可以近似认为是常数，合起来称之为近极区压降，用 U_0 表示，$U_0 = U_a + U_c$。

3. 弧柱区

弧柱区的特点是，在近阴极区和近阳极区之间，自由状态下呈现圆柱形。该区存在着大量的带电粒子，正负带电粒子数相等，故此处又称之为等离子体。由于不存在空间电荷，弧柱区的特性类似一金属导体电阻，即每一单位长度上的电压降基本相等。换言之，弧柱中的电场强度 E 沿弧长可以看成是一个常数。E 的大小与许多因素有关，如电极材料、电流大小、气体介质种类、气压、介质对电弧的作用强烈程度等。表5-8列出了不同条件下 E 的近似值。

表5-8　不同条件下弧柱区电场强度 E 的近似值

试验条件	电流范围 I/A	电场强度 $E/(\mathrm{V \cdot m^{-1}})$
在空气中自由燃弧	200	800
在横吹磁场中熄弧	200	4000
在每厘米长有两块隔板的灭弧栅中	200	5000
在缝宽为1mm的窄缝灭弧室中	200	8500
在缝宽为0.5mm的窄缝灭弧室中	200	10000
在变压器油中自由燃弧	<10000	12000~20000
在变压器油中自由燃弧	>10000	9000~12000

对于弧柱区，可以效仿一般金属导体，有

$$U_z = I_h R_z = El \tag{5-20}$$

$$U_h = U_a + U_c + U_z = U_0 + El \tag{5-21}$$

式中 U_a——近阳极区压降，单位为 V；

U_c——近阴极区压降，单位为 V；

U_z——弧柱区压降，单位为 V；

U_h——电弧电压，单位为 V；

U_0——近极区压降，单位为 V；

I_h——电弧电流，单位为 A；

R_z——电弧电阻，单位为 Ω；

E——弧柱电场强度，单位为 V/m；

l——电弧长度，近似认为等于极间距离，单位为 m。

对于一般常用触头材料，可认为 $U_0 \approx 20\text{V}$。如果极间距离比较长，弧柱区压降在电弧电压中所占的比例比较大，可称之为长弧；反之，如果极间距离比较短，弧柱区压降在电弧电压中所占比例比较小，称之为短弧。由此可引出长弧灭弧法和短弧灭弧法的概念：提高近极区压降，使电弧电压升高，外电路电源不足以维持电弧燃烧的灭弧方法，称之为短弧灭弧法；提高弧柱区压降，使电弧电压上升，电弧熄灭的灭弧方法，称之为长弧灭弧法。

5.3.3 电弧的温度

电弧弧柱具有 6000K 以上的温度，任何材料与之长时间接触都可能汽化。目前常常采用仿真和实验的手段研究电弧，如可采用电、磁、热、光学等现象，获得电弧形态、组份、温度特性对电弧进行分析，也可以采用三维场域计算，研究电弧的各种特性。电弧的温度有可能在几微秒的时间内达到 4000 ~ 50000K 的高温，在开关电器中一般认为，炽热燃弧时电弧温度范围在 6000 ~ 20000K，电弧趋于熄灭时，温度范围在 3000 ~ 4000K。根据前面图 5-1 所示的热电离度与温度关系可知，如果电弧温度超过 20000K，热电离度 x 趋近于 1，当温度范围低于 3000 ~ 4000K 时，热电离度 x 趋近于 0。

图 5-11 所示为 200A 碳电极、垂直放置时，稳定燃烧的电弧温度场。由图可以看出，弧柱中心温度为 10000 ~ 12000K，即电弧的中性面温度最高，离开中性面越远，弧柱温度越低。

在低压电器中，断路器是最典型的一种开关电器，由于需要开断短路电流，因此，其电弧特性是最需要进行分析和研究的。可以通过对流体动力学（CFD）进行二次开发，采用磁流体力学（MHD）理论建立三维仿真模型，对电弧弧柱收缩、等离子体喷流、电弧形态等进行描述，寻找尽快熄灭电弧的方法。

图 5-12 和图 5-13 所示为低压断路器灭弧室内电弧等离子体的温度分布仿真计算结果[19]。

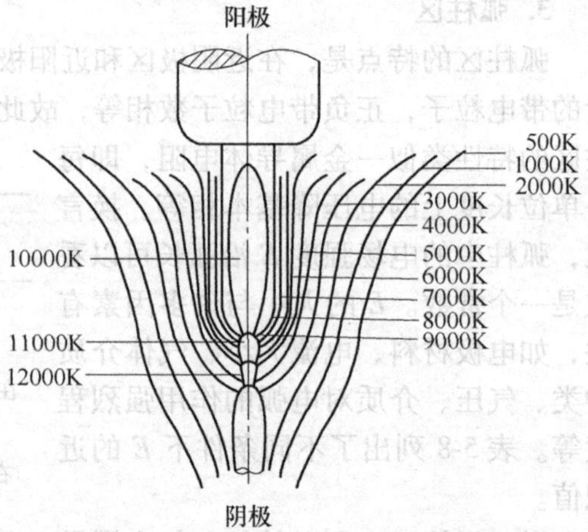

图 5-11 200A 碳电极电弧的温度场

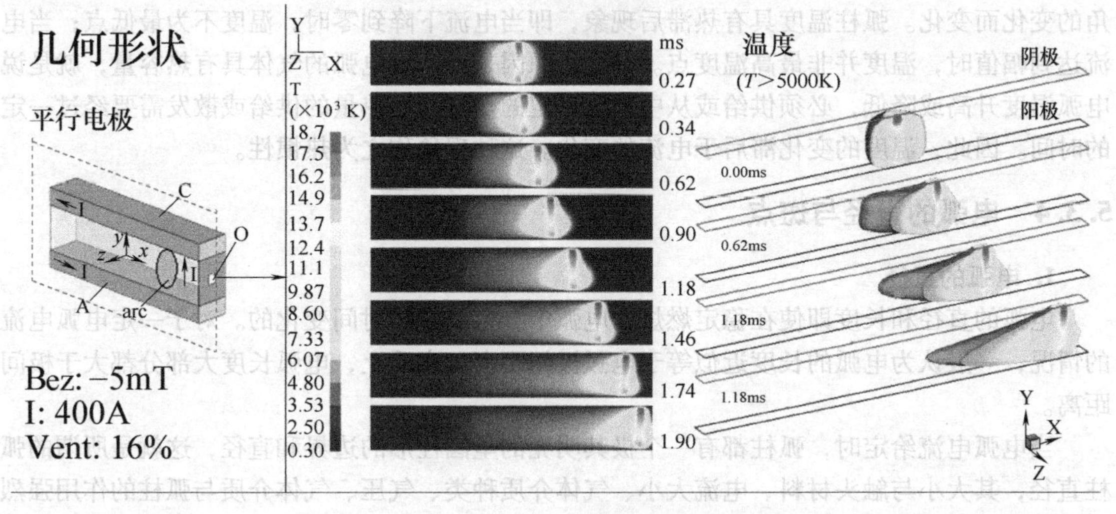

图 5-12　不同时刻电弧温度分布

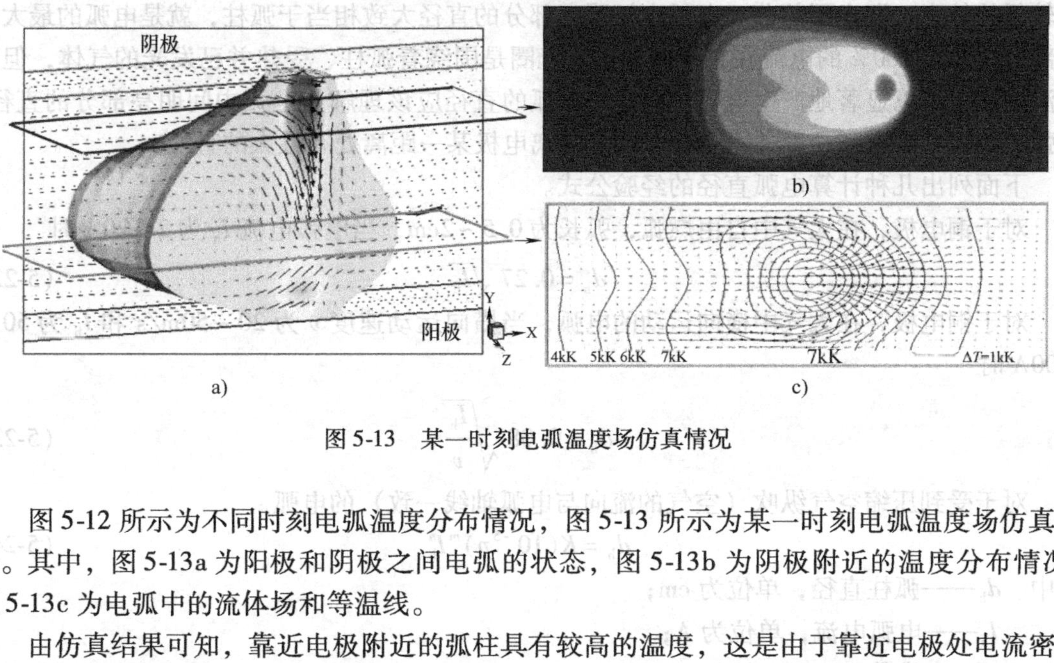

图 5-13　某一时刻电弧温度场仿真情况

图 5-12 所示为不同时刻电弧温度分布情况，图 5-13 所示为某一时刻电弧温度场仿真结果。其中，图 5-13a 为阳极和阴极之间电弧的状态，图 5-13b 为阴极附近的温度分布情况，图 5-13c 为电弧中的流体场和等温线。

由仿真结果可知，靠近电极附近的弧柱具有较高的温度，这是由于靠近电极处电流密度相对较大以致该处的焦耳热较强烈。根据图 5-12，在开始时刻，起始弧柱位于灭弧室中间位置，整个弧柱在磁场力的作用下向右移，最终弧柱中心到达灭弧室的边缘位置。电弧在运动过程中形态变化比较大，在气流场作用下，弧柱后面出现了温度为几千开的“拖尾”部分。由于“拖尾”部分温度依然较高，因此很容易给电弧的熄灭造成重击穿。根据图 5-13，在阳极附近弧柱有一个“鼓包”存在，在弧柱的中间存在有两个漩涡状的场域分布，这给进一步研究电弧的灭弧措施奠定了理论基础。

当然，电弧的仿真研究是一个复杂的过程，对目前的许多现象还需要进一步探讨与分析。当电弧电流、电极材料、电极尺寸、电极形状、放置位置不同，以及介质对电弧的作用方式不同时，电弧温度场将有很大的不同。

在交流电弧的情况下，弧柱温度不仅随着电流有效值的增大而增大，而且随着电流相位角的变化而变化。弧柱温度具有热滞后现象，即当电流下降到零时，温度不为最低点；当电流达到幅值时，温度并非最高温度点。其主要原因是，构成电弧的气体具有热容量，就是说电弧温度升高或降低，必须供给或从中散发一定的热量，而热量的供给或散发需要经过一定的时间。因此，温度的变化滞后于电流的变化。这种现象称之为热惯性。

5.3.4 电弧的直径与斑点

1. 电弧的直径

电弧的直径和长度即使在稳定燃烧的电弧中，也是在随时间变化的。对于一定电弧电流的情况，一般认为电弧的长度近似等于电弧极间距离。实质上，电弧长度大部分都大于极间距离。

当电弧电流给定时，弧柱都有一个极其明亮的呈圆柱形的边界和直径，这就是所谓的弧柱直径，其大小与触头材料、电流大小、气体介质种类、气压、气体介质与弧柱的作用强烈程度有关。在大多数情况下，电弧包括中间明亮的部分，即弧柱本身，以及周围较宽广而亮度较低的外壳，即光圈部分。电弧中间明亮部分的直径大致相当于弧柱，就是电弧的最大导电部分，几乎100%的电流在它中间通过。光圈是围绕着弧柱、受热并已发光的气体，但它的温度还不足以显著地产生电导。因此，电弧的直径应该理解为电弧中间明亮部分的直径。电弧的直径沿着电弧长度并不是相等的，在离电极某一距离处有最大的直径。

下面列出几种计算电弧直径的经验公式。

对于铜电极，在大气中自由燃弧，弧长为0.5～2cm，当电弧电流 I_h 为2～20A时

$$d_h = 0.27\sqrt{I_h} \tag{5-22}$$

对于铜电极，在大气中横向运动的电弧，当横向运动速度 v 为20～50m/s 和 I_h 为50～1000A时

$$d_h = 0.08\sqrt{\frac{I_h}{v}} \tag{5-23}$$

对于受到压缩空气纵吹（空气的流向与电弧轴线一致）的电弧

$$d_h = K(10^{-5}p)^m I_h^n \tag{5-24}$$

式中 d_h——弧柱直径，单位为cm；

I_h——电弧电流，单位为A；

K——常数，$K=0.0023\sim0.0039$；

p——压缩空气的压力，单位为Pa；

m、n——指数，$m=0.22\sim0.27$，$n=0.6\sim0.7$。

弧柱并非在任何情况下都是呈圆柱形。当电弧垂直放置时，由于对流作用，热气流上升，弧柱直径上部会变粗形成倒圆锥形；当电弧处于耐弧绝缘材料的狭缝中燃烧时，由于受到缝壁的约束，弧柱截面近似椭圆形。

还可以通过实验和仿真的方法分析电弧的形状，由此得出电弧的直径和长度。

2. 电弧的弧根与斑点

弧柱贴近电极的部分叫做弧根，弧根在电极表面上形成的圆形明亮点叫做斑点。阴极和阳极弧根的截面积通常小于弧柱的截面积，因而接近电极的弧根呈现出收缩状态。阴极斑点

是维持电弧存在的电子发射处，电流密度高，在大气中自由燃弧可达$10^4 A/cm^2$。在如此高的电流密度下，电极材料迅速汽化，形成金属蒸气进入弧隙。同时，斑点区产生热发射、高电场发射、二次发射，给弧隙提供大量电子，阴极表面逐渐被烧损，形成凹坑。阳极斑点是电子进入阳极的主要入口，面积一般比阴极斑点大，电流密度较小，温度较高，可达到电极材料的沸点。

阴极和阳极斑点的温度大致等于材料的沸点，因此，如果采用沸点低的金属材料制造开关电器的触头，则燃弧时弧隙中的金属蒸气较多，不利于灭弧。但是，在交流情况下，电流过零后阴极热发射电子的数量较少，对熄弧有利（具体情况见后续内容分析）。在一般情况下，金属蒸气的量的多少，对长弧影响较大，热发射电子的多少，对短弧影响较大。

5.3.5 电弧的能量

弧柱为一等离子体，弧柱的能量过程在电弧中将起很大的作用。通过前面分析可知，电弧间隙存在近阴极区、近阳极区、弧柱区三个部分，能量过程各有特点。这里仅讨论弧柱的能量过程问题，原因是：电弧静特性和动特性的变化过程基本上与弧柱的能量过程有关；弧柱特性对近极区域有直接影响；弧柱的实验研究比较容易进行。弧柱的电特性，如电位梯度、导电系数、电流密度，可利用电磁场方程来进行分析计算；弧柱的热特性，如温度、粒子密度、热流，可以根据温度场来确立它们的方程式。

电弧相当于一纯电阻的发热元件，其消耗功率可表示为

$$P_h = I_h U_h = I_h (U_0 + U_z) \tag{5-25}$$

在短弧情况下，极间距离较短，电极的温度又远低于弧柱的温度，由电弧功率损耗变成的热量主要是先传给电极，然后由电极传给其他零件和散向周围介质。可以认为，功率$I_h U_0$由电极散发，功率$I_h U_z$由弧柱散发。

弧柱散发的功率P_z有三种方式，热传导P_{cd}、热辐射P_{fs}、热对流P_{dl}。即

$$P_z = P_{cd} + P_{fs} + P_{dl} \tag{5-26}$$

分别近似计算如下。

1. 热传导散发的功率 P_{cd}

如果认为弧柱截面为圆形，半径为r_h，长度为l，表面温度为T_h，在弧柱外围半径为r_0处（如取$r_0 = 100 r_h$）气体温度与环境温度T_0相等，又设气体的热导率λ为常数，则弧柱由热传导散发的功率P_{cd}为

$$P_{cd} = \frac{2\pi \lambda l (T_h - T_0)}{\ln \frac{r_0}{r_h}} \tag{5-27}$$

实际上，气体的热导率不是常数，其与温度的关系如图5-14所示。

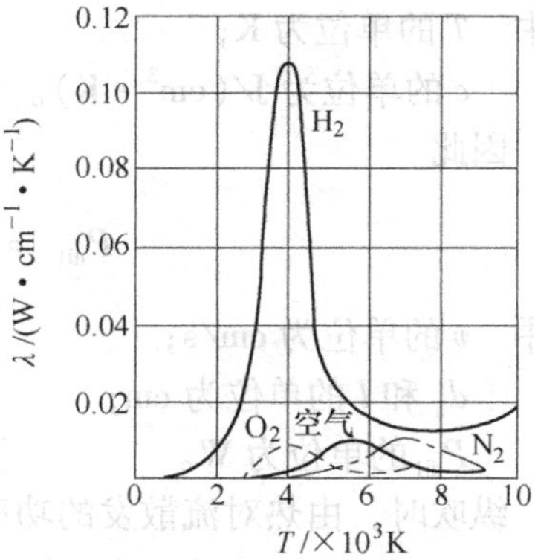

图5-14 不同气体热导率与温度的关系

由图5-14可见，不同气体热导率与温度的关系不是一条单调变化的曲线，而是存在一最大值，此最大值即相应于气体分子离解为原子时的温度。因为离解需要吸收热量，离解而成的原子扩散到弧柱区外后结合为分子时又放出热量，这就等效于热导率的增大。式（5-27）

用于计算是近似的，但仍具有一定的理论意义。因为此式表明，λ 愈大，则 P_{cd} 愈大。对照图 5-14 可以看到，氢气的 λ 比氧气和氮气大很多，因而当其他条件相同时，在氢气中燃烧的电弧散发功率最大，反过来说，在氢气中为维持电弧燃烧需要消耗较大的功率。所以，当电弧电流相同时，在氢气中燃烧的电弧，其电压较高且比较容易熄灭。

2. 热对流散发的功率 P_{dl}

在气体介质中自由燃弧时，由于弧柱温度远高于周围气体介质的温度，电弧中气体便和周围气体产生对流，弧柱中炽热的电离气体流入周围冷的气体介质，而弧柱本身则有冷的气体介质流入进行补充，于是一部分热量散向周围介质。在这一情况下，热对流和热传导散发的功率在同一数量级上。而当采用强迫吹弧（即强制气体或液体介质相对于电弧快速移动）时，则是对流散热起主要作用。最常见的强迫吹弧方式有横吹和纵吹两种，分别如图 5-15a 和 b 所示。所谓横吹就是流体介质运动的方向与电弧轴线垂直，所谓纵吹，就是流体介质运动的方向与电弧轴线平行。横吹或者介质不动而电弧本身作横向运动时，由热对流散发的功率 P_{dl1} 可认为与弧柱的纵断面面积成正比，即

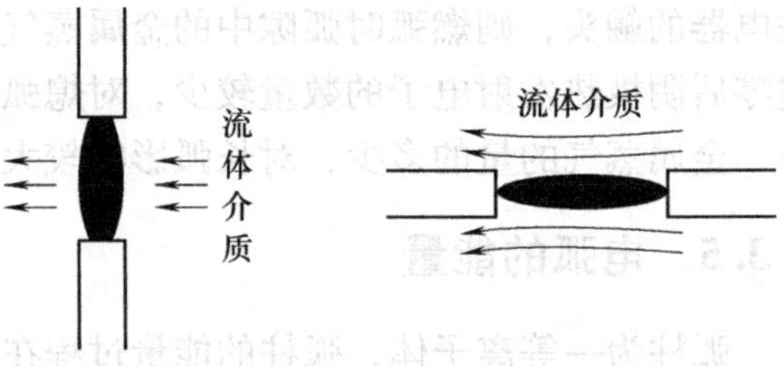

a) 横吹　b) 纵吹

图 5-15　电弧被冷却示意

$$P_{dl1} = vd_h l\int_{T_0}^{T_h} c\mathrm{d}T \tag{5-28}$$

式中　v——流体介质垂直于电弧轴线运动的速度；

T_0——流体介质未与电弧接触时的温度；

T——流体介质被电弧加热后的温度；

T_h——弧柱平均温度；

c——单位体积流体介质的比热容；

d_h——弧柱直径；

l——弧柱长度。

对于空气，在一个大气压下，c 可以简单地用以下数值公式表示：

$$c = \frac{0.41}{T} \tag{5-29}$$

式中　T 的单位为 K；

c 的单位为 J/(cm³ · K)。

因此

$$P_{dl1} = vd_h l\int_{T_0}^{T_h}\frac{0.41}{T}\mathrm{d}T = 0.41vd_h l\ln\frac{T_h}{T_0} \tag{5-30}$$

式中　v 的单位为 cm/s；

d_h 和 l 的单位为 cm；

P_{dl1} 的单位为 W。

纵吹时，由热对流散发的功率 P_{dl2}（单位为 W）可以认为与弧柱横断面面积成正比，即

$$P_{dl2} = \frac{\pi}{4}d_h^2 v\int_{T_0}^{T_h} c\mathrm{d}T = 0.322d_h^2 v\ln\frac{T_h}{T_0} \tag{5-31}$$

式（5-31）中，各量物理意义和单位与上相同。

由于没有考虑触头尺寸等参数的影响，采用式（5-31）计算所得是十分粗略的值。同时，在实际情况下，流体介质的运动方向常用人为的方法使之向弧柱轴线收拢，因而弧柱的侧面也会起到一部分散热作用。

从式（5-30）和式（5-31）可知，无论是横吹还是纵吹，热对流散发的功率都与介质吹弧速度 v 成正比，所以，增大 v 是加强对电弧冷却作用的有效手段之一。

3. 热辐射散发的功率 P_{fs}

由于电弧本身是透明体，所以热辐射散发的功率 P_{fs}（单位为 W）与其体积成正比，数值计算公式为

$$P_{fs} \approx 71.6 r_h^2 l \varepsilon_{fs} \left[\left(\frac{T_h}{1000} \right)^4 - \left(\frac{T_0}{1000} \right)^4 \right] \tag{5-32}$$

式中 ε_{fs}——弧柱发射率，单位为 $W/(cm^3 \cdot K^4)$；

r_h、l 单位为 cm；

T_h、T_0 单位为 K。

试验表明，热辐射散发的功率与电极材料以及气压等参数有关。在大气中自由燃弧的情况下，通常只占总散发功率的百分之几到十几。所以，当开关电器中采用了强迫冷却的措施时，辐射散热可以忽略不计。

在长弧时，电弧总散发功率 P_s 为

$$P_s = P_z + I_h U_0 \tag{5-33}$$

按照能量平衡原理，将电弧产生后进入稳定燃烧的过程叙述如下：设电弧电流 I_h 为一固定值。在电弧产生初期，弧柱温度较低，直径较小。这时，一方面，电弧电阻 R_h 较大，电弧电压 $U_h = I_h R_h$ 较大，因而电弧的输入功率 $I_h U_h$ 较大；另一方面，从散热的公式可见，此时散发功率 P_s 较少。因此，电弧的输入功率 $I_h U_h$ 将大于散发功率 P_s，而多余的功率将用以提高弧柱的温度和扩大其直径。随着弧柱温度的提高和直径的扩大，R_h 将下降，输入电弧的功率 $I_h^2 R_h$ 将减少，而 P_s 将增大。这一过程一直进行到 $I_h U_h = P_s$ 为止。此时弧柱的温度和直径便稳定在一固定的数值上，通常称为电弧进入稳定燃烧状态。电弧电流数值不同时，进入稳定燃烧状态的弧柱温度和直径不同，因而相应的电弧电阻也不同。一般在自由燃弧时，电弧电流越大，稳定燃弧时的弧柱温度越高、直径越大，同时，电弧电阻越低，电弧压降越小。但是，电弧的输入功率则越大，否则电弧的输入功率将不能补偿由于弧柱温度升高和直径增大而增加的散发功率。

这种电弧能自动调节其弧柱温度和直径以达到输入和散发功率平衡的现象，不仅在电弧产生的过程中如此，而且当电弧电流改变时以及当介质对弧柱冷却作用的强烈程度改变时也是如此。然而，由于弧柱温度和直径的变化都意味着弧柱含热能的变化，而热量的吸收或散发都需要经历一定的时间，所以，上述的弧柱温度和直径的自动调节作用不能瞬时完成，而是要滞后于电弧电流或散热情况的变化。

电弧动态能量平衡方程式如下：

$$\frac{dW_Q}{dt} = P_h - P_s \tag{5-34}$$

式中 W_Q——电弧所含的能量；

t——时间；

P_h、P_s——分别为电弧功率、散发功率。

如果 $P_h > P_s$，则 W_Q 逐渐增多，弧柱趋于温度增高和直径扩大，即电弧燃烧趋向炽烈；如果 $P_h < P_s$，则 W_Q 逐渐减少，弧柱趋于温度降低和直径缩小，即电弧趋向熄灭；如果 $P_h = P_s$，则 W_Q 保持不变，弧柱的温度和直径也保持不变（动态平衡状态），即电弧处于稳定燃烧状态。

故式（5-34）为根据弧隙中能量增减情况来判别电弧燃烧情况的公式，称之为电弧能量平衡公式。

5.4 直流电弧的特性与熄灭原理

5.4.1 直流电弧的伏安特性

1. 直流电弧的静态伏安特性

设有如图5-16所示的直流电路，电源电动势为E，电弧在触头1和2之间燃烧，可变电阻R用以改变流过电弧的电流I_h。如果在维持弧长l_1不变的情况下，给定每一电流后稍停一些时间（大于几百微秒），等电弧中的发热和散热过程达到平衡后，测量弧隙两端的电压U_h，则U_h和I_h的关系如图5-17所示。这一关系叫做直流电弧的静态伏安特性。当弧长较长（如为l_2，$l_2 > l_1$）时，可以测得另一较高的静态伏安特性。

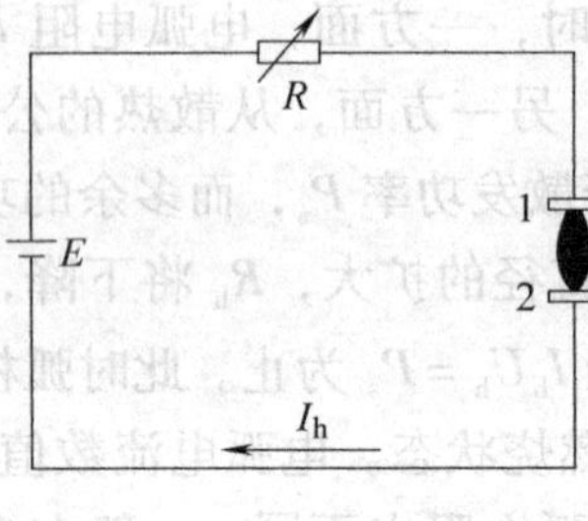

图5-16 直流电路

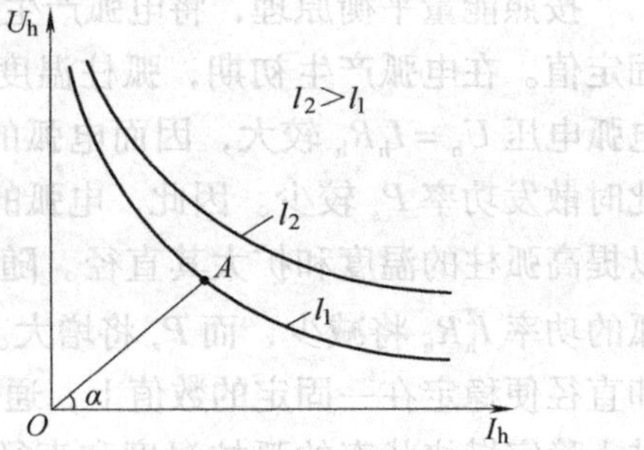

图5-17 直流电弧的静态伏安特性

由图5-17可以看出，直流电弧静态伏安特性具有和一般金属导体不同的性质，即当I_h增大时，U_h减小。或者说电弧电阻R_h（静态伏安特性上任一点A的$R_h = U_h/I_h = \tan\alpha$）是随着$I_h$的增加而减少的。直流电弧静态伏安特性呈如此形状的原因是，当I_h增大时，输入电弧的功率U_hI_h增加，于是弧柱的温度升高，直径增大，因而使R_h剧烈下降，对外呈现负阻性。

直流电弧的静态伏安特性与许多因素有关。除电弧长度外，还有电极材料、气体介质种类、压力和介质相对于电弧的运动速度等。在实际工作中，可以通过试验测得具体条件下的电弧静态伏安特性。对于在空气中自由燃弧的情况，也可以采用以下经验公式进行估算。

1）一个大气压下、弧长大于1cm，I_h在几十安以下时，电弧电压为

$$U_h = A + Bl + \frac{C + Dl}{I_h^n} \tag{5-35}$$

$$n = 2.62 \times 10^{-4} T$$

式中　l——电弧长度，单位为cm；

U_h——电弧电压，单位为V；

I_h——电弧电流，单位为A；

T——阳极材料的沸点，单位为K，见表5-9；

A、B、C、D——常数，对于铜$A = 30$，$B = 17$，$C = 48$，$D = 33$。

表5-9　电极材料的沸点　（单位：K）

材料	银	钨	铜	铝	镉	镍	锡	锌	铁
沸点	2273	6203	2873	2573	1038	3003	2563	1179	3013

2）一个大气压下、铜电极，弧长为0.8cm，I_h在600A以下时，电弧电压为

$$U_h = 31 + \frac{96.7}{\sqrt{I_h}} \tag{5-36}$$

3）高气压气体介质中，I_h在1～20A范围内，弧柱电场强度（单位为V/cm）为

$$E = cI_h^{-n}(10^{-5}p)^m \tag{5-37}$$

式中　p——气体介质气压，单位为Pa；

c、n、m——常数，对于空气：$c = 80$，$n = 0.6$，$m = 0.31$；对于氢气：$c = 400$，$n = 0.7$，$m = 0.32$。

4）一个大气压下，弧柱电场强度（单位为V/cm）为

$$E = cI_h^{-n} \tag{5-38}$$

式中　c、n——常数，在大电流时，$n = 0.25 \sim 0.35$，平均取0.3。

对于在一个大气压的空气中、铜电极间横向运动的电弧，当运动速度v在200m/s以下，I_h在600A以下时，弧柱电场强度E（单位为V/cm）为

$$E = \frac{9.2(v + 10)}{\sqrt{I_h}} \tag{5-39}$$

由此可见，即使同样在一个大气压下自由燃弧，在不同情况下得到的试验公式也有很大的差异。差异的原因可能由于试验条件不同，也可能由于试验数据的分散性或数据处理方法不同。通常为了理论分析方便，直流电弧的静态伏安特性常采用以下经验公式：

$$U_h = U_0 + \frac{cl}{I_h^n} \tag{5-40}$$

式中　c、n——常数，视具体情况而定；

l——电弧长度。

2. 直流电弧的动态伏安特性

当I_h随时间以某一速度变化时，U_h也随之变化。如果热的变化跟不上电的变化，就产生了直流电弧的动态伏安特性，如图5-18所示。

图5-18中，曲线A-A表示电弧的静态伏安特性。设开始时$I_h = I_1$，电弧稳定地燃烧在曲

线 A-A 上的点 1。此时通过改变电路参数（如改变与电弧串联的电阻），使 I_h 以某一较快的速度由 I_1 增大到 I_2，则此时 U_h 将不是沿着曲线 A-A 下降，而是沿着较高的曲线 1-3 趋向点 4。如果 I_h 从 I_1 瞬时地增大到 I_2（即 $dI_h/dt=\infty$），则 U_h 将沿着直线 1-2 趋向点 4。反之，如果 I_h 以某一较快的速度从 I_1 减小到 I_3，则此时 U_h 将沿着比曲线 A-A 较低的曲线 1-5 趋向点 6。如果 I_h 从 I_1 瞬时地减小到零（即 $dI_h/dt=-\infty$），忽略近极压降时，U_h 将沿着直线 1-0 趋向于零。曲线 1-3 和 1-5 称为电流以某一速度变化时的电弧动态伏安特性，而直线 0-1-2 称为电流变化速度为无穷大时的电弧动态伏安特性。电弧动态伏安特性之所以会不同于静态伏安特性是因为弧柱的温度和直径具有热惯性。当 I_h 快速增大时，R_h 来不及减小，以致 U_h 大于新的稳态时的数值；而当 I_h 减小时，R_h 来不及增大，以致 U_h 小于新的稳态时的数值。当 $dI_h/dt=\infty(-\infty)$ 时，在 I_h 变化期间，弧柱温度、直径保持不变，因而 R_h 也保持不变，所以此时的 U_h 沿着直线 0-1-2 变化。

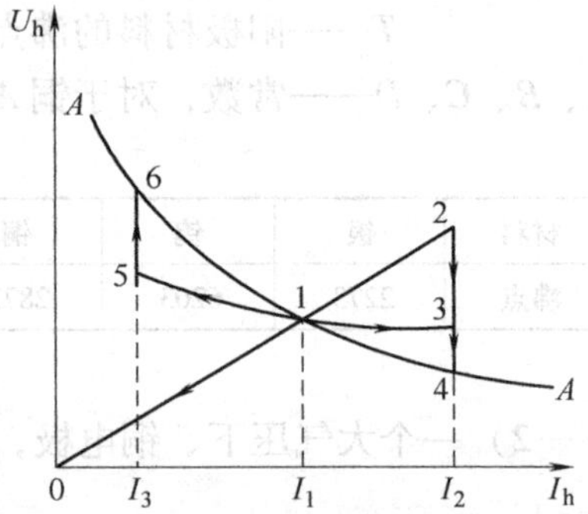

图 5-18　直流电弧的动态伏安特性

从图 5-18 可以看到，在一定条件下，电弧的静态伏安特性只有一条，而动态伏安特性却随着 I_h 变化速度不同可有无数条。当 I_h 随时间变化的速度也在变化时（如在交流情况下），电弧的动态伏安特性将会表现出更为复杂的特征。

5.4.2　直流电弧的熄灭原理

研究开关电弧的目的是为了熄灭电弧。设有如图 5-19 所示的直流电路，E 为电源电动势，L 和 R 分别为电路中的电感和电阻，C 为折算到弧隙两端的线路电容。通常 C 的数值很小，当电弧电压变化不快时其影响可以不计。当触头 1、2 之间存在电弧时，对此回路可写出下列微分方程：

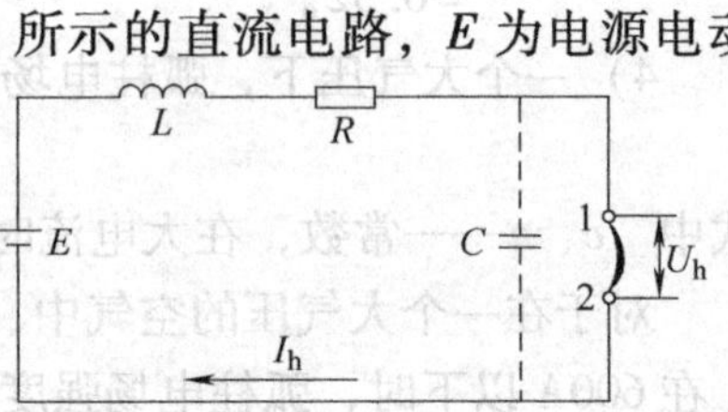

图 5-19　带有电弧的直流电路

$$E=L\frac{dI_h}{dt}+RI_h+U_h \tag{5-41}$$

或

$$L\frac{dI_h}{dt}=E-RI_h-U_h \tag{5-42}$$

电路伏安特性

$$f_1(i_h)=E-RI_h \tag{5-43}$$

电弧伏安特性

$$f_2(i_h)=U_h \tag{5-44}$$

由于电弧的静态伏安特性呈非线性，因此采用图解法求解稳态 I_h 较为方便。在图 5-20 中，曲线 A-A 表示给定条件下电弧的静态伏安特性，水平直线 ab 表示电源电动势 E，斜向直线 ac 与 ab 成一夹角 α。令 $\alpha=\arctan R$，于是 ac 高度即代表 $E-RI_h$。

由图 5-20 可见，直线 ac 和曲线 A-A 交于 1 和 2 两点。在点 1 以左和点 2 以右，直线 ac 的高度低于曲线 A-A 的高度，即 $E-RI_h-U_h<0$。可知，$LdI_h/dt<0$。所以，在这两区域内，I_h 将随时间的变化而减小。在点 1 以右和点 2 以左，直线 ac 的高度高于曲线 A-A 的高度，

即 $E - RI_h - U_h > 0$。可知，$L\mathrm{d}I_h/\mathrm{d}t > 0$。所以，在这一区域内，$I_h$ 将随时间的变化而增大。只有在点 1 和 2 上，才有 $E - RI_h - U_h = 0$，即 $L\mathrm{d}I_h/\mathrm{d}t = 0$，于是 I_h = 常数。就是说，此时，I_h 不随时间变化，电弧处于稳定燃烧状态。

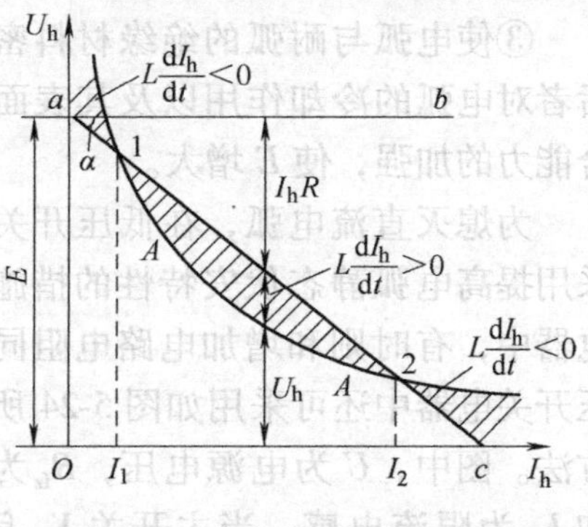

图 5-20　直流电弧的熄灭原理

由上分析可知，存在两个稳定点：1 点和 2 点，分别相应于两个电流：I_1 和 I_2。但是，如果仔细分析便可知道，点 1 的稳定燃烧是虚假的。因为，当 $I_h = I_1$ 时，如果由于某种原因（如弧长稍有变化），引起 I_h 大于 I_1，则电路工作状态将背离点 1 进入点 1 和点 2 之间区域，在此区域内，$\mathrm{d}I_h/\mathrm{d}t > 0$，于是 I_h 将继续增大，直到等于 I_2；反之，当由于某种原因引起 I_h 小于 I_1，则电路工作状态也将背离点 1 进入点 1 以左的区域，在此区域内，$\mathrm{d}I_h/\mathrm{d}t < 0$，$I_h$ 将继续减小，直到电弧熄灭。点 2 情况则完全不同，当 $I_h = I_2$ 时，不论何种原因引起 I_h 稍大或稍小于 I_2，使电路工作状态进入点 2 以右或以左区域。I_h 都会自动返回到点 2。由此可见，只有点 2 才是电弧燃烧真正的稳定点。

希望电弧熄灭，就是希望点 2 不存在。为此，将图 5-20 部分地重绘于图 5-21。分析该图，可从两个方面采取措施，促使电弧迅速熄灭。一方面是增大电阻 R，如在熄弧过程中再将另一电阻串入电路，此时，图 5-21 中的 α 角增大，直线 ac 移到虚线 ac' 的位置，不与曲线 A-A 相交，使得 $RI_h + U_h > E$，因而电弧不能维持而趋于熄灭。另一方面可以提高电弧的静态伏安特性曲线 A-A 到图 5-21 中虚线 A'-A' 所示的位置，使之不和直线 ac 相交。这样，电弧也将趋于熄灭。

为了提高曲线 A-A 可以采取下列方法：

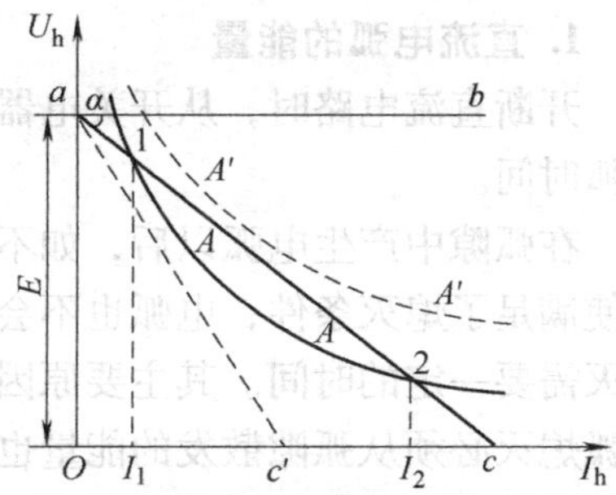

图 5-21　灭弧措施

1）增大近极压降 U_0：采用许多平行排列的金属栅片，如图 5-22 所示，将电弧分割成许多串联的短弧，因为每一短弧都有一阴极和阳极压降，总的电弧电压便大为增加。此时有

$$U_h = nU_0 + El' \tag{5-45}$$

式中　n——串联的短弧数；

l'——全部短弧的长度之和。

2）增大电弧长度 l：增大电弧长度 l 可以提高 U_h。常用的方法有：

①用机械的方法增加触头之间距离，如图 5-23a 所示；

②依靠导电回路自身的磁场或外加磁场使电弧横向拉长，如图 5-23b 所示；

③在磁场作用下，使弧根在电极上移动以拉长电弧，如图 5-23c 所示。

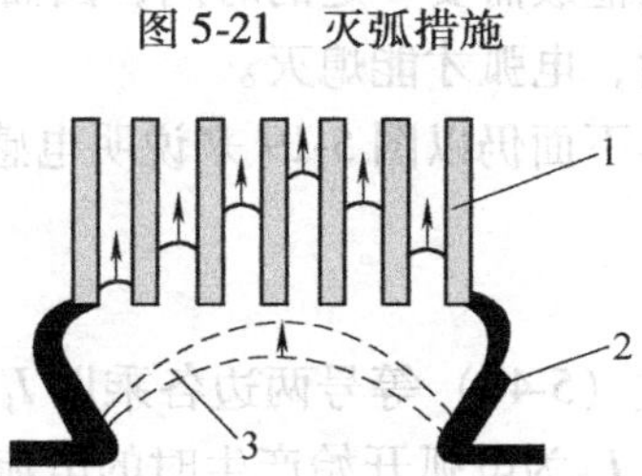

图 5-22　金属栅片

1—灭弧栅片　2—触头　3—电弧

3）增大弧柱的电场强度 E：

①增高气体介质的压力 p；

②增大电弧与流体介质之间的相对运动的速度 v，可以使电弧在磁场作用下，在静止的流体介质中横向运动，也可以用高速运动的流体介质横吹或纵吹电弧；

③使电弧与耐弧的绝缘材料密切接触，依靠后者对电弧的冷却作用以及其表面对带电粒子复合能力的加强，使 E 增大。

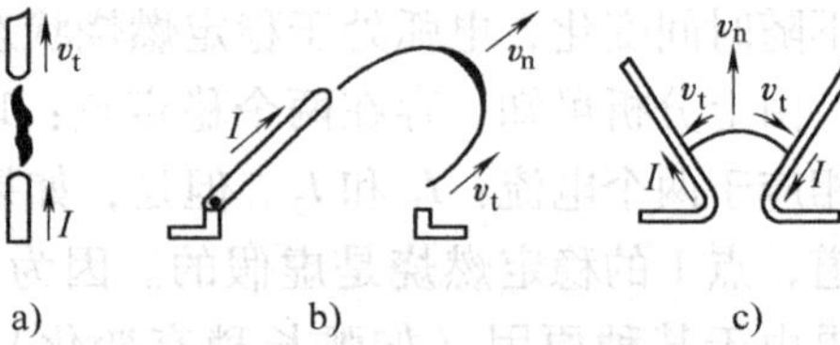

图 5-23 增大弧长的方法

v_t—切向速度 v_n—法向速度

为熄灭直流电弧，在低压开关电器中，通常采用提高电弧静态伏安特性的措施。在高压开关电器中，有时则和增加电路电阻同时使用。在高压开关电器中还可采用如图 5-24 所示的人工过零方法。图中，U 为电源电压，R_{fz} 为负载电阻，L_1 和 L_2 为限流电感。当主开关 K_1 闭合时（此时，辅助开关 S_2 打开），电路中流过电流为 I_1，由辅助开关 S_2 控制的 LC 回路与 K_1 弧隙并联。电容 C 上预先充有如图 5-24 所示极性的电压。当开断电路时，弧隙 K_1 中产生电弧，此时将开关 S_2 闭合，电容 C 便通过电感 L、开关 S_2 和 K_1 的弧隙放电。放电电流 I_2 是按正弦规律上升的。这样，由于 I_2 和 I_1 的方向相反，流过 K_1 弧隙的电流 $I_1 - I_2$ 便逐渐减小。当 $I_1 = I_2$ 时，弧隙 K_1 中的电流为零，于是电弧熄灭。只要此时触头分开的距离足以承受熄弧后加在触头两端的电压而不发生击穿，电路便被完全开断。L_1 和 L_2 在电容 C 放电时起减少放电电流流入电源和负载的分流作用。

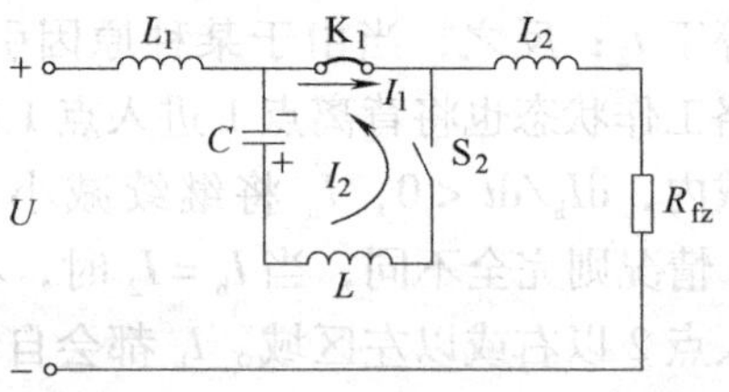

图 5-24 人工过零电路

5.4.3 直流电弧的能量与熄弧过电压

1. 直流电弧的能量

开断直流电路时，从开关电器触头分开产生电弧起到熄灭为止的时间，称为直流电弧的燃弧时间。

在弧隙中产生电弧以后，如不满足直流电弧的熄灭条件，电弧不会熄灭。但是实际上，即使满足了熄灭条件，电弧也不会立即熄灭，而只是开始趋向熄灭。也就是说，直流电弧的熄灭需要一定的时间。其主要原因是：①电路存在电感，电路电感 L 越大，其中储能越多，电弧熄灭必须从弧隙散发的能量也越多，电弧越难熄灭；②弧柱具有热惯性，由于电弧中能量的泄放需要一定的时间，因而电弧不能立即熄灭，必须等弧中能量泄放完或基本上泄放完之后，电弧才能熄灭。

下面仍以图 5-19 来说明电感的存在对直流电弧燃弧时间的影响：

$$U_h = E - RI_h - L\frac{dI_h}{dt} \tag{5-46}$$

将式（5-46）等号两边各乘以 $I_h dt$，然后进行积分，并令积分上下限如下：当 $t = 0$ 时，$I_h = I_{h0}$（I_{h0} 为电弧开始产生时的电流），$t = t_{rh}$（t_{rh} 为燃弧时间）时，$I_h = 0$。于是得

$$\int_0^{t_{rh}} I_h U_h dt = \int_0^{t_{rh}} I_h E dt - \int_0^{t_{rh}} RI_h^2 dt + \frac{LI_{h0}^2}{2} \tag{5-47}$$

式（5-47）中，等号左边为燃弧期间电弧中消耗的能量；等号右边第一项为在此期间电

源供给的能量，第二项为在此期间电阻 R 中消耗的能量，第三项为燃弧开始时电感中储存的能量。由此可见，整个燃弧过程中消耗在电弧中的能量，除去电源供给的能量与电阻中消耗的能量之差以外，还要加上电感中储存的能量。换言之，燃弧开始时储存在电感中的能量是不能返回电源的，而必须泄放到弧隙中。电感中能量的泄放需要一定的时间，因而电感的存在使电弧不能立即熄灭。

2. 直流电弧熄灭时的过电压

为了减轻电弧对触头和灭弧室的烧损以及降低它们的温升，通常希望燃弧时间越短越好。但是，由于电路中不可避免地总是存在一定的电感，当燃弧时间过短，也即电弧电流从某一起始值下降到零的速度过快时，电感中将产生很大的自感电动势。它连同电源电动势一起加在弧隙两端以及与之相连的线路和电气设备上，其电压可能比电源电压大好多倍，通常称之为过电压。过电压产生后，一方面可能击穿弧隙，使电弧继续燃烧；另一方面，可能将电气设备的绝缘击穿，引起破坏性事故。所以在直流电路中，若没有采取措施限制过电压的数值，则不可以过分减少燃弧时间。

根据图5-19，加在弧隙两端过电压 U_g 的计算公式如下：

$$U_g = U_h = E - RI_h - L\frac{dI_h}{dt} \tag{5-48}$$

通常在 I_h 趋于零时 U_h 最高，也即此时过电压 U_g 最大，所以 U_g 的最大值可表示为

$$U_{gmax} = E - L\frac{dI_h}{dt}\bigg|_{I_h\to 0} \tag{5-49}$$

可见：

1）当其他条件不变时，L 越大，U_{gmax} 越大，灭弧越困难。

2）电弧电流趋近于零时的下降速度越快，弧隙的消电离作用越强，U_{gmax} 越大，在未采取限制过电压措施时，采用消电离作用过分强烈的灭弧方法，非但无益，反而有害。

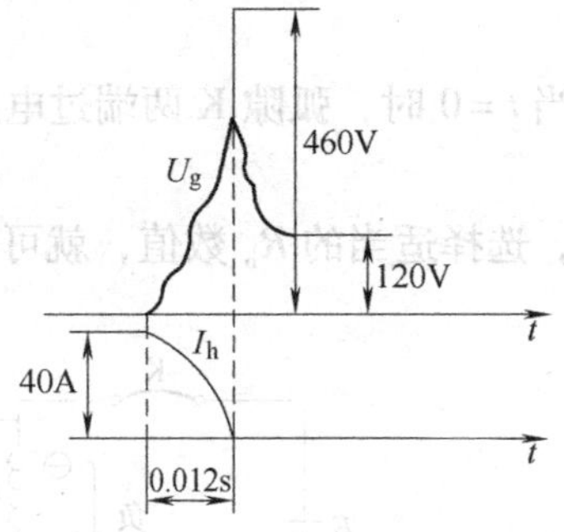

图5-25　开断电感性负载时的波形

图5-25表示开断电感性负载时，弧隙两端电压 U_g 和 I_h 变化情况的波形。由图可见，I_h 在0.012s时间内下降到零，U_g 在 I_h 过零时升到最高值460V，为电源电压的4倍。

在弧隙的消电离作用过分强烈的情况下，甚至可能发生电弧电流小到某一数值时，弧隙中电离气体被强行吹走、电弧电流被强行截断的情况。因为流过的电流不可能突然停止，于是原来流过弧隙的电流便转而流入与弧隙并联的电容 C，电容器充电使其电压升高。当 L 中电流等于零时，C 上的电压 U_C，即弧隙两端的电压 U_g 达到最大值 U_{gmax}，C 再对 L 和电源放电，L 经几次衰减振荡之后，最后弧隙两端电压稳定在电源电动势的数值。U_C 或 U_g 的衰减过程如图5-26所示。

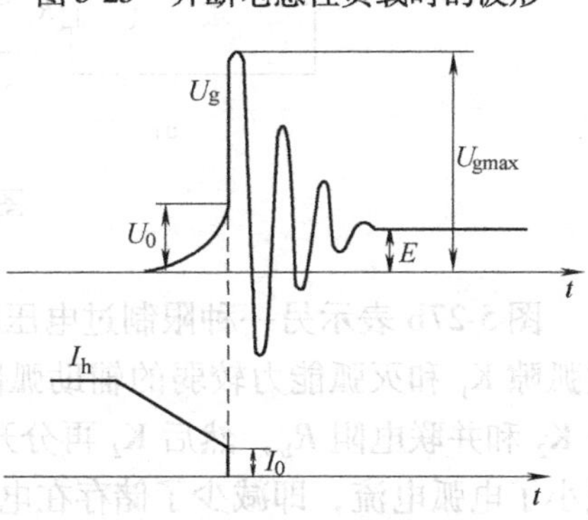

图5-26　U_C 或 U_g 的衰减过程

设电流被截断时的瞬时值为 I_0，此时弧隙两端电压为 U_0，按能量平衡原理，可以得出

$$\frac{1}{2}CU_{\mathrm{gmax}}^2=\frac{1}{2}CU_{C\mathrm{max}}^2=\frac{1}{2}LI_0^2+\frac{1}{2}CU_0^2 \tag{5-50}$$

式中 U_{gmax}、$U_{C\mathrm{max}}$——分别为弧隙两端、电容 C 上的电压峰值。

于是，在最不利的情况下，弧隙两端的过电压峰值为

$$U_{\mathrm{gmax}}=\sqrt{\frac{L}{C}I_0^2+U_0^2} \tag{5-51}$$

为了防止开断电感性负载时产生太高的过电压，通常可采用如图 5-27 所示的限制过电压措施。图 5-27a 为与负载并联一个串有整流器件 VD 的电阻 R_{b}。当开关闭合时，电阻 R_{b} 中不流过电流。

设弧隙 K 开断时电弧电流下降到 I_0 时被截断，则因此时负载电感中自感电动势的方向如图中带圈的正负号所示，在 L-R-R_{b}-VD-L 回路中产生电流 I，若不计 VD 的正向压降。I 的变化过程可用下式描述：

$$L\frac{\mathrm{d}I}{\mathrm{d}t}+(R+R_{\mathrm{b}})I=0 \tag{5-52}$$

起始条件为 $t=0$ 时，$I=I_0$，则

$$I=I_0\mathrm{e}^{-\frac{R+R_{\mathrm{b}}}{L}t} \tag{5-53}$$

负载两端的电压

$$U_{\mathrm{fz}}=IR_{\mathrm{b}}=R_{\mathrm{b}}I_0\mathrm{e}^{-\frac{R+R_{\mathrm{b}}}{L}t} \tag{5-54}$$

当 $t=0$ 时，弧隙 K 两端过电压的最大值为

$$U_{\mathrm{gmax}}=E+U_{\mathrm{fzmax}}=E+R_{\mathrm{b}}I_0 \tag{5-55}$$

可见，选择适当的 R_{b} 数值，就可以降低过电压。这一方法常用在低压开关电路中。

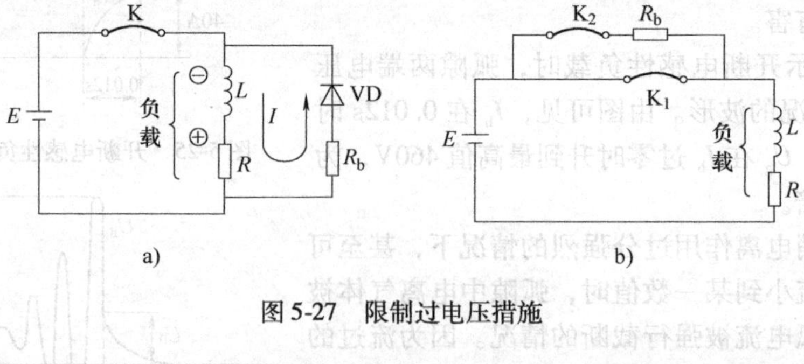

图 5-27 限制过电压措施

图 5-27b 表示另一种限制过电压的方法。开关电器有两个并联的弧隙：灭弧能力较强的主弧隙 K_1 和灭弧能力较弱的辅助弧隙 K_2。开断电路时，K_1 先分开，熄灭电弧后，电流流经 K_2 和并联电阻 R_{b}，然后 K_2 再分开并熄弧。这样，一方面由于电路中串入了较大的电阻，减小了电弧电流，即减少了储存在电感中的能量；另一方面，由于 K_2 灭弧能力较弱，不会使电流下降速度过快甚至截断，防止产生很高的过电压。

5.5　交流电弧的特性与熄灭原理

5.5.1　交流电弧的伏安特性

对随时间变化的电弧电压和电弧电流，分别以小写字母 u_h 和 i_h 来表示。当 i_h 随时间按正弦规律变化时，在稳定燃弧的情况下，如果弧长不变，并且介质对电弧的冷却作用不太强烈，使得在 i_h 过零期间 R_h 为一有限值，则一个周期内 u_h 和 i_h 的关系如图5-28所示，称为交流电弧伏安特性。

图5-28中，箭头表示 i_h 变化方向。用电弧能量平衡原理解释如下：

OA 段：当 i_h 从零上升时，由于在 i_h 过零期间，输入电弧的功率 $P_h \approx 0$，根据电弧动态能量平衡方程式 $dW_Q/dt = P_h - P_s$（P_h 为电弧功率，P_s 为电弧散发功率）得，$dW_Q/dt = -P_s$，即 W_Q 随时间的变化而减少。于是弧柱变冷、变细，R_h 增大，过零后，$u_h = R_h i_h$ 将以很陡的斜率上升。

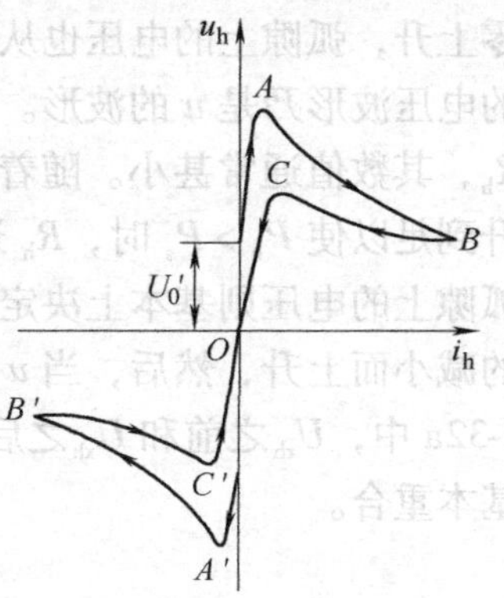

图5-28　交流电弧伏安特性

AB 段：随着 i_h 的增大，P_h 也增大。当 $P_h > P_s$ 时，由于 $dW_Q/dt = P_h - P_s > 0$，即 W_Q 逐渐增多，于是弧柱变热、变粗，R_h 迅速下降。当 R_h 的下降速度大于 i_h 的增长速度时，u_h 开始随着 i_h 增长而下降。对应于最高点（*A* 点）的电压叫做燃弧尖峰 U_{rh}。

BC 段：当 i_h 到达最大值 *B* 点后，开始减少，沿曲线 *BC* 上升。因为弧柱存在热惯性，这时的 R_h 要比 i_h 增大情况下同一 i_h 时的数值小，所以曲线 *BC* 比 *AB* 值低。

CO 段：随着 i_h 的减小，P_h 也减少，R_h 逐渐上升。当 i_h 下降的速度大于 R_h 上升速度时，u_h 又开始随着 i_h 的减小而下降。当 i_h 趋近于零时，u_h 也趋近于零。对应于最高点（*C* 点）的电压通常叫做熄弧尖峰 U_{xh}。

电流在负半周时，电弧的伏安特性处于坐标的第三象限，形状与正半周完全相同。

U_{rh} 和 U_{xh} 的高低以及它们与纵坐标的距离和电流幅度值大小、介质对电弧的冷却作用等因素有关。当 i_h 幅值较小或介质的冷却作用很强时，在 i_h 过零期间，R_h 几乎为无穷大，此时电弧的伏安特性将具有如图5-29所示的形状，即曲线的 *OA*、*OC* 段皆与纵坐标重合。

图5-30表示图5-28情况下 u_h 随时间 t 变化的波形。

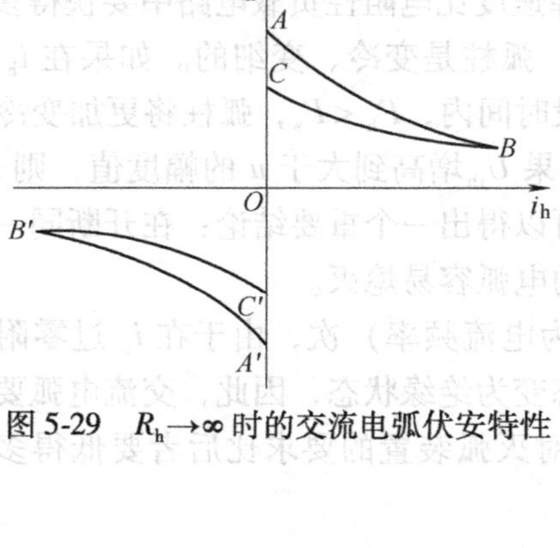

图5-29　$R_h \to \infty$ 时的交流电弧伏安特性

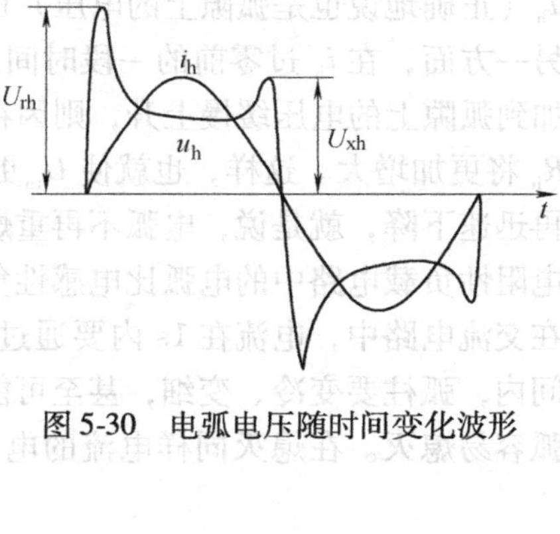

图5-30　电弧电压随时间变化波形

由图 5-30 可见，在 i_h 半波的中部，u_h 曲线比较平坦，而在 i_h 半波的开始和终了附近，u_h 曲线都出现较高的峰值——U_{rh}和 U_{xh}，并且 $U_{rh}>U_{xh}$，这一形状通常称为马鞍形。

以上讨论的是 i_h 为正弦波时，u_h 在理论上的形状。实际上，在如图 5-31 所示带有电弧的交流电路中，u_h 还要受到负载的影响。

图 5-32a、b 分别表示在电阻性和电感性负载电路中 u_h 和 i_h 的波形。在电阻性负载电路中，i_h 和电源电压 u 同相，当 i_h 过零时 u 也过零。在 i_h 过零后 U_{rh}到来之前，由于 R_h 迅速增大，加在弧隙上的电压实际上等于 u 的瞬时值。u 从零上升，弧隙上的电压也从零上升。这就是说，此时弧隙上的电压波形乃是 u 的波形。i_h 等于弧隙上的电压除以此时的 R_h，其数值通常甚小。随着 u 的上升，i_h 逐渐增大。当 u 上升到足以使 $P_h>P_s$ 时，R_h 迅速减小，i_h 迅速增大。此后 i_h 基本决定于电路负载的大小，而弧隙上的电压则基本上决定于相应的电弧动态伏安特性。在 i_h 半波结束附近，开始 u_h 随 i_h 的减小而上升，然后，当 u 下降到低于U_{xh}时，弧隙上的电压便又随 u 而变化。所以，在图 5-32a 中，U_{rh}之前和 U_{xh}之后的 u_h 波形（正确地说应是弧隙上的电压波形），都和 u 的波形基本重合。

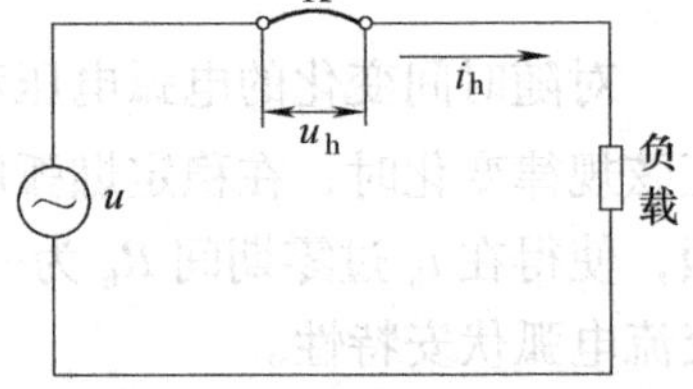

图 5-31　带有电弧的交流电路

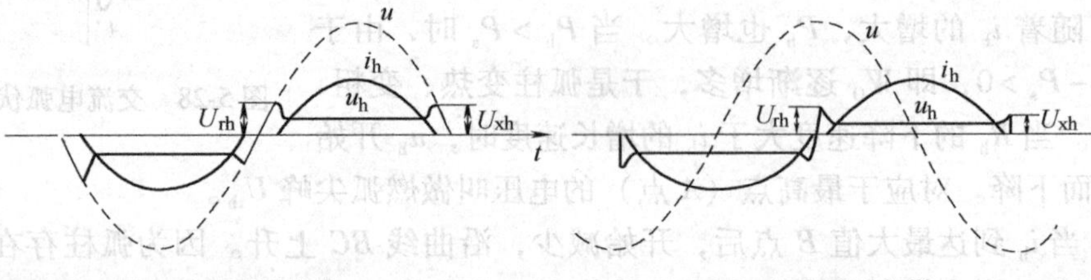

a) 电阻性负载　　b) 电感性负载

图 5-32　交流电弧电压和电弧电流波形

在图 5-32b 所示的电感性负载电路中，i_h 落后于 u 约 90°。当 i_h 过零时，u 大约处于幅值。在 i_h 过零后，由于 R_h 迅速增加，电路相当于完全断开，u 将以极快的速度加到弧隙上。换言之，弧隙上的电压将从零以比电阻性负载电路时快得多的速度趋向 u 的幅值。这样一来，U_{rh}出现较早，弧隙中通过较大负载电流的时间也将提前。在 i_h 半波接近结束时，弧隙上的电压系由负载电感中自感电动势所产生，与 u 的数值无关，所以此时弧隙上的电压基本上取决于电弧的动态伏安特性。由上分析可见，在电感性负载电路中，在 U_{rh}之前和 U_{xh}之后，u_h（正确地说也是弧隙上的电压）的上升和下降速度比电阻性负载电路中要快得多。

另一方面，在 i_h 过零前的一段时间内，$P_h<P_s$，弧柱是变冷、变细的。如果在 i_h 过零后，加到弧隙上的电压缓慢上升，则因在较长的一段时间内，$P_h<P_s$，弧柱将更加变冷、变细，R_h 将更加增大。这样，也就使 U_{rh}更加增高。如果 U_{rh}增高到大于 u 的幅度值，则 R_h 将不能再迅速下降，就是说，电弧不再重燃。由此，可以得出一个重要结论：在开断同一电流时，电阻性负载电路中的电弧比电感性负载电路中的电弧容易熄灭。

在交流电路中，电流在 1s 内要通过零点 $2f$（f 为电流频率）次，由于在 i_h 过零附近一段时间内，弧柱要变冷、变细，甚至可能由导体状态变为绝缘状态，因此，交流电弧要比直流电弧容易熄灭。在熄灭同样电流的电弧时，前者对灭弧装置的要求比后者要低得多。同时，由于交流开关电器（特别是低压开关电器）大多是利用 i_h 过零时熄弧的原理，称之为自然过零灭弧，电弧熄灭时电感中的能量趋近于零，因此一般开断大电流时产生过电压的可能性较小。

5.5.2 交流电弧对电路的影响

1. 电弧电压对交流电路电流的影响

(1) 零休现象

交流电路中存在电弧时，由于电弧具有 i_h 减小时 u_h 上升的伏安特性，电路电流不再呈正弦形。其偏离正弦形的程度以电流半波开始和末尾部分最为显著，而且随电路负载性质不同而不同。在电阻性负载电路中，电流过零后，由于弧隙上电压上升缓慢，P_h 上升速度较小，弧隙被冷却的时间相对较长，因而 U_{rh} 出现较迟。在 U_{rh} 出现之前，R_h 很大，此时与负载电流相比，几乎可以认为是零。这一现象通常称为电流过零后的“零休”。在 U_{xh} 出现之后，同样因为 u 低于 U_{xh}，此时 i_h 迅速减小到很小的数值，这一现象称为电流过零前的“零休”。在电感性负载电路中，在 U_{rh} 出现之前，情况与电阻性负载电路相似，但因为此时弧隙上电压上升速度较快，U_{rh} 出现较早，所以电流过零后的零休时间要短得多；在 U_{xh} 出现之后，此时弧隙上的电压可由电感中自感电动势维持而与 u 无关，i_h 几乎不存在零休现象。由于零休现象的存在，因此电流在过零前后，其波形不再表现为平滑的正弦形，而是变化比较强烈，甚至产生曲折的现象。这一情况，在电阻性负载电路中比电感性负载电路中要严重得多。

电流过零前零休时间的长短对电弧的熄灭过程有很大的影响。因为零休期的增长意味着在电流过零前的较长一段时间内，$P_h \approx 0$，所以，在电流过零时和过零后，弧柱将更冷、更细，更有可能产生弧柱消失、弧隙中气体转变成绝缘状态的现象。显然，这对防止电弧重燃起着非常有利的作用。这从另一个角度也说明，电阻性负载电路中的电弧比电感性负载中的电弧要容易熄灭。

图5-32a、b中的电流零休时间，是为了清楚起见故意画大了的。实际上，它们存在的时间最多只有几百微秒。如果超过这一数值，那么，电弧一般已经不会再产生了。

(2) 电流过零时的下降速度

在电感性负载电路中，u_h 对 i_h 的另一影响是，当 i_h 下降到接近零时，使 i_h 的下降速度变快。证明如下：当电路中不存在电弧时，由于此时电流滞后于电源电压90°，因此当电流下降到零时，电源电压正处于最大值。电弧电流的变化率为

$$\left.\frac{\mathrm{d}i_h}{\mathrm{d}t}\right|_{i_h\to 0} = \pm\frac{U_m}{L} \tag{5-56}$$

式中 i_h——电弧电流；

U_m——电源电压幅值；

L——电路中的电感。

如果电路中存在电弧，设 u_h 比 u 的幅值小很多，则 i_h 仍然落后于 u 约为90°，当 i_h 下降到零时，u 正处于接近幅值。i_h 过零时，$U_h = U_{xh}$，如图5-32b所示，此时 i_h 的下降速度为

$$\left.\frac{\mathrm{d}i_h}{\mathrm{d}t}\right|_{i_h\to 0} = \pm\frac{U_m + U_{xh}}{L} \tag{5-57}$$

式（5-57）中，将 U_m 和 U_{xh} 相加，是因为在 i_h 落后于 u 近 90°的情况下，i_h 过零时的 u_h 总是和 u 的方向相反。

由此可见，当电路中存在电弧时，i_h 过零时的下降速度随着 U_{xh} 的增大而加快。而 i_h 下降速度增大意味着在过零前电弧的散热时间较短，在过零后弧柱将较热、较粗，仅从这一点来看，U_{xh} 的增大不利于电弧的熄灭。

除了电弧电压外，并联在弧隙两端的电容（见图 5-33a），也将影响电路电流。该电容是归算到弧隙两端的线路间电容。设负载为电感性负载，其流过的电流为 i_L，电容中流过的电流为 i_C，弧隙中流过的电流为 i_h，则

$$i_L = i_C + i_h = C\frac{du_h}{dt} + i_h \tag{5-58}$$

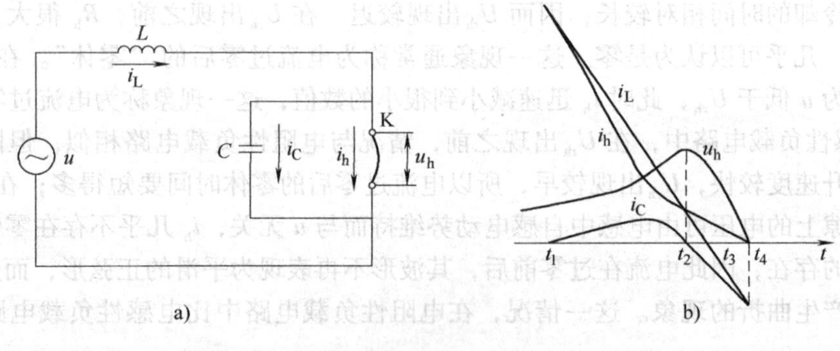

图 5-33　弧隙并联电容时对电路电流的影响

图 5-33b 所示为根据电流之间的关系，见式（5-58），作出的 i_h 过零附近各电流变化示意图。当 i_L 数值较大时，电弧电压 u_h 基本上是一条水平直线，此时 $i_C = C\frac{du_h}{dt} = 0$，于是，$i_L = i_h$。当 i_L 和 i_h 下降到某一数值时（t_1 点），u_h 开始上升，$\frac{du_h}{dt} > 0$，i_C 从零开始上升，于是，$i_L > i_h$。如果弧柱的热惯性比较大，i_h 减小时，弧柱电阻 R_h 增大比较慢，由于 $u_h = i_h R_h$，当 i_h 减小到某一数值后，再减小，弧隙两端电压不仅不增加，反而下降，出现了熄弧尖峰电压 U_{xh}（t_2 点）。此时，$\frac{du_h}{dt} = 0$，$i_C = 0$，$i_L = i_h$。随着 i_L 和 i_h 的继续减小，弧隙两端的电压下降，电容对弧隙进行放电，i_C 变为负值。当 $i_L = 0$ 时（t_3 点），$i_h = -i_C$，即流过弧隙的电流全部为电容的放电电流。最后，电容放电完毕（t_4 点），$i_h = 0$，$u_h = 0$，$i_L = i_C$。

可以看出，当弧隙两端有并联电容时，由于其在电弧电压上升期间的分流作用和在电弧电压下降期间的放电作用，使得流过弧隙的电流在过零之前较早地下降到一个较小的数值，然后缓慢趋向零点，增大了电流过零前电弧的冷却时间，有利于熄弧。

（3）限流作用

设有如图 5-34a 所示的交流电路，电源电压为 u，电路电感为 L，为了方便说明问题，假定电源电压刚好处于幅值时，线路发生短路。这样，短路电流中将不存在非周期分量。经过 t_1（$t_1 < 0.005$s）后，开关触头以速度 v 分开。这一情况下短路电流的波形可用叠加原理进行计算，即将图 5-34a 所示电流 i 看做是图 5-34b 和 c 两种情况下电流 i' 和 i'' 的叠加

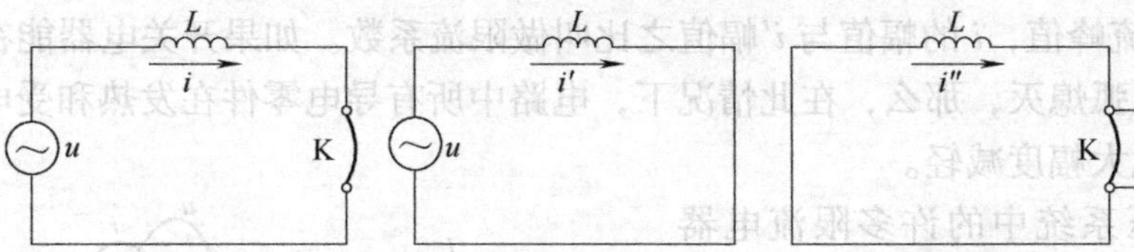

a) 交流电路　　b) 计算电路1　　c) 计算电路2

图 5-34　电弧电压随时间增长时的短路电流计算

$$i = i' + i'' \tag{5-59}$$

对于图 5-34b，计算方程如下：

$$L\frac{\mathrm{d}i'}{\mathrm{d}t} = U_{\mathrm{m}}\cos\omega t \tag{5-60}$$

式中　i'——电路中不存在电弧时的短路电流瞬时值；

L——线路电感；

t——时间；

U_{m}——电源电压幅值；

ω——电源电压角频率。

在起始条件 $t=0$ 时，$i'=0$ 的条件下，有如下等式：

$$i' = \frac{U_{\mathrm{m}}}{\omega L}\sin\omega t \tag{5-61}$$

对于图 5-34c，如果假定弧长 $l=v(t-t_1)$ 和弧柱电场强度 E 为常数，则在长弧的情况下可忽略近极压降 U_0，得 $u_{\mathrm{h}}=El=Ev(t-t_1)$。于是，有如下微分方程：

$$L\frac{\mathrm{d}i''}{\mathrm{d}t} = -Ev(t-t_1) \tag{5-62}$$

式中　i''——电弧电压在电路中产生的电流瞬时值；

E——弧柱电场强度；

v——触头分开速度。

在起始条件 $t=t_1$ 时，$i''=0$ 的条件下，有如下等式：

$$i'' = -\frac{Ev}{2L}(t-t_1)^2 \tag{5-63}$$

总短路电流为

$$i = i' + i'' = \frac{U_{\mathrm{m}}}{\omega L}\sin\omega t - \frac{Ev}{2L}(t-t_1)^2 \tag{5-64}$$

得到的 i'、i''和 i 的波形如图 5-35 所示。

可见，由于电弧的迅速拉长，使得短路电流第一个半波的最大值小于无电弧时短路电流的幅值，并且第一个半波时间小于电流频率的半波时间。

以上讨论的是电流 i' 中不存在非周期分量的情况，当 i'中存在非周期分量时，u_{h} 同样起着减小短路电流峰值和缩小第一个半波电流时间的作用，这一现象叫做限流作用。

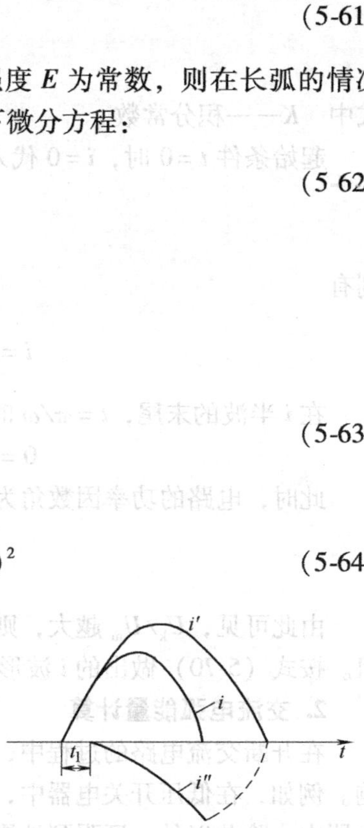

图 5-35　电流波形

i 的幅值叫做限流峰值，i 的幅值与 i' 幅值之比叫做限流系数。如果开关电器能在第一个半波电流过零时将电弧熄灭，那么，在此情况下，电路中所有导电零件在发热和受电动力作用方面的工作条件就大幅度减轻。

目前，低压系统中的许多限流电器正是利用了电弧的这一特点进行限流的。而高压断路器中，因为 u_h 与 U_m 相比数值较小（1/10 以下），即使快速分开触头，对短路电流第一个半流的限流作用一般也不太显著，所以不常采用此方法。

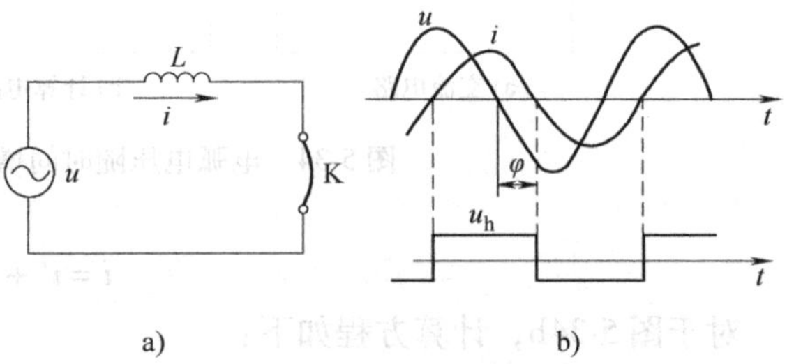

图 5-36　电弧电压对电路功率因数的影响

（4）减少电路的功率因数角 φ

当交流电路中存在电弧时，电路的功率因数角将减小。在电路为电感性负载的情况下，φ 减小的程度可计算如下：设有如图 5-36a 所示的电路，其电路电压 u 的幅值为 U_m，电路电感为 L。设弧隙 K 的 $u_h = U_k$ 为常数，则当电弧稳定燃烧时，如以电流 i 正半波起始零点为起点，可列出微分方程如下：

$$L\frac{\mathrm{d}i}{\mathrm{d}t} + U_k = U_m\sin(\omega t + \varphi) \tag{5-65}$$

式中　φ——$t=0$ 时电源电压的相位角。

由此可以解得

$$i = -\frac{U_m}{\omega L}\cos(\omega t + \varphi) - \frac{U_k}{L}t + K \tag{5-66}$$

式中　K——积分常数。

起始条件 $t=0$ 时，$i=0$ 代入，可得

$$K = \frac{U_m}{\omega L}\cos\varphi \tag{5-67}$$

则有

$$i = -\frac{U_m}{\omega L}\cos(\omega t + \varphi) - \frac{U_k}{L}t + \frac{U_m}{\omega L}\cos\varphi \tag{5-68}$$

在 i 半波的末尾，$t = \pi/\omega$ 时，$i=0$，代入可得

$$0 = -U_m\cos(\pi + \varphi) - U_k\pi + U_m\cos\varphi \tag{5-69}$$

此时，电路的功率因数角为

$$\varphi = \arccos\frac{\pi U_k}{2U_m} \tag{5-70}$$

由此可见，U_k/U_m 越大，则 φ 越小，就是说，电弧的存在，相当于在电路中串联了电阻。按式（5-70）做出的 i 波形以及 i 和 u 的相位关系如图 5-36b 所示。

2. 交流电弧能量计算

在开断交流电路的过程中，弧隙中的放出能量的多少对开关电器的工作性能有很大的影响。例如，在低压开关电器中，它影响到触头和灭弧室的烧损程度和发热情况；在高压开关电器中，除此以外，还强烈地影响到灭弧装置的灭弧性能。因此，在很多情况下，需要对开断交流电路过程中产生的电弧能量进行计算。

计算交流电弧能量 W_h 的基本公式为

$$W_h = \int_{t_s}^{t_x} u_h \mid i_h \mid \mathrm{d}t \tag{5-71}$$

式中　u_h——电弧电压；

i_h——电弧电流；

t——以触头分开瞬间前电流过零起点计算的时间；

t_s——燃弧时刻；

t_x——熄弧时刻。

i_h 取绝对值是因为 u_h 总是与 i_h 同向，即 P_h 总为正值，为了计算方便，通常取 u_h 为正，因而需取 i_h 为绝对值。

计算 W_h 通常采取下列假定：

1）i_h 为一幅值不变的正弦电流，即

$$i_h = I_m \sin\omega t \tag{5-72}$$

式中　I_m——电弧电流幅值；

ω——电源角频率。

2）不计每一电流半波开始和结束时出现的 U_{rh} 和 U_{xh}。因为这些尖峰出现时 i_h 的数值很小，忽略不计对计算的结果影响不大。同时，认为在燃弧的每半波期间弧柱电场强度 E 为常数，则

$$u_h = El + U_0 \tag{5-73}$$

由此可得

$$W_h = \int_{t_s}^{t_x} (El + U_0) I_m \mid \sin\omega t \mid \mathrm{d}t = \int_{\omega t_s}^{n\pi} \frac{(El + U_0) I_m}{\omega} \mid \sin\omega t \mid \mathrm{d}(\omega t) \tag{5-74}$$

式中　n——包括触头分开瞬间所在电流半波在内到电弧熄灭为止总共燃烧的半波数。

式（5-74）的积分上限取为 $n\pi$，是因为实际上大部分交流电弧的熄灭总是在电流过零时。

设弧长 l 为常数，则

$$W_h = \frac{(El + U_0) I_m}{\omega} \left\{ \left| [-\cos\omega t]_{\omega t_s}^{\pi} \right| + \left| [-\cos\omega t]_{\pi}^{2\pi} \right| + \cdots + \left| [-\cos\omega t]_{(n-1)\pi}^{n\pi} \right| \right\} \tag{5-75}$$

故

$$W_h = \frac{(El + U_0) I_m}{\omega} (2n - 1 + \cos\omega t_s) \tag{5-76}$$

设 $l = v_{pj}(t - t_s)$，v_{pj} 为触头分开的平均速度，单位为 cm/s，则

$$W_h = \int_{\omega t_s}^{n\pi} \frac{(Ev_{pj} t - Ev_{pj} t_s + U_0) I_m}{\omega} \mid \sin\omega t \mid \mathrm{d}(\omega t) \tag{5-77}$$

整理后

$$W_h = \frac{Ev_{pj} I_m}{\omega^2} [n^2 \pi - (2n-1)\ \omega t_s - \sin\omega t_s] + \frac{U_0 I_m}{\omega} (2n - 1 + \cos\omega t_s) \tag{5-78}$$

也可以通过三维仿真和实验研究的方法，对交流电弧的能量进行详细的分析。

通过以上分析可知，交流电弧与直流电弧相比，有许多不同之处。交流电源比直流电源

普遍，交流开关的用量远大于直流开关，因此，研究交流电弧的熄灭原理具有重要意义。由于交流电路的电流每秒钟要过零 $2f$（f 是电源频率）次，在电流过零期间，电弧的输入功率为零，因此给交流电弧的熄灭创造了非常有利的条件。大部分的交流开关电器都利用了交流的这一特点来熄灭电弧，使电路开断。在交流电流过零以后，弧隙中和弧隙上同时进行着两个相互联系的过程：一是弧隙中电离气体从导体状态迅速转变为绝缘状态，使弧隙能够承受电压作用而不发生电弧重燃的过程，叫介质恢复过程，可用介质恢复强度 u_{jf} 来表示；另一是由于熄弧后电路将被开断，电源电压加到弧隙两端触头上的过程，叫电压恢复过程，可用恢复电压 u_{hf} 来表示。在每一次电流过零后的熄弧期间，这两个过程皆同时进行。电弧熄灭与否，决定于这两过程的"竞赛"。如果介质恢复强度 u_{jf} 的数值总是大于恢复电压 u_{hf} 的数值，则电弧趋于熄灭；如果 u_{jf} 在某一瞬间小于 u_{hf}，则电弧可能继续燃烧。下面详细介绍这两个过程。

5.5.3 交流电弧的介质恢复过程

1. 介质恢复过程

交流电流过零以后，弧隙中的介质恢复过程在近阴极区和弧柱区有着不同的情况。

（1）近阴极区的介质恢复过程

设有如图 5-37 所示的弧隙，在电流过零之前，左边电极为正，右边电极为负。在电流过零期间，弧隙两端的电压也将过零。此时弧隙中的正负带电粒子由于热运动而处于均匀分布状态。当弧隙两端的电压极性改变而成为左负右正（见图 5-37a）时，电子将迅速向正电极方向运动，而正离子由于质量很大，加速缓慢，在极短时间内可以认为是停留在原来的位置上。这样，如果在电流过零期间，新的阴极（即原来的阳极）已冷却到基本上不产生热发射的温度，则在阴极附近就形成了正的空间电荷，从而在阴极表面就作用了一个电场。此处电场强度 E 可以由泊松方程计算

$$\frac{d^2U}{dx^2} = -\frac{dE}{dx} = -\frac{nq}{\varepsilon} \tag{5-79}$$

式中 x——距阴极的距离；

U——距阴极 x 处相对于阴极的电位；

n——正电荷的数密度；

q——一个带电粒子的电量；

ε——气体的介电常数。

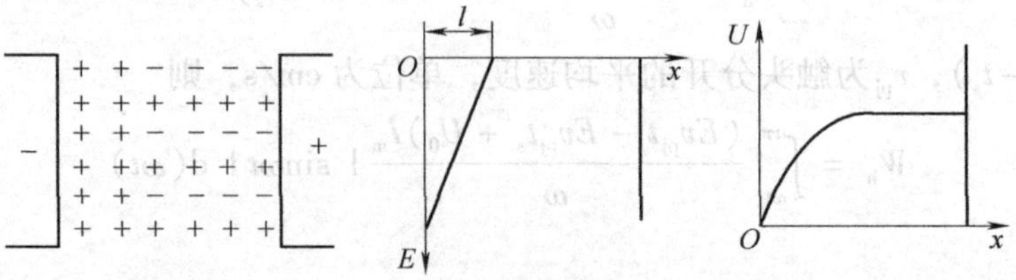

a) 带电粒子　　b) 电场强度　　c) 电压

图 5-37 交流电流过零后弧隙中各参数的分布情况

将式（5-79）积分，并假设 $x=l$（l 为正空间电荷层的厚度，见图 5-37b）处 $E=0$，于是可得

$$E = -\frac{nq}{\varepsilon}(l-x) \tag{5-80}$$

式（5-80）中，等号右边的负号表明 E 的方向为指向阴极的方向。可知，当 $x=0$ 时（即在阴极表面处），E 的绝对数值最大，其值为

$$E_0 = \frac{nql}{\varepsilon} \tag{5-81}$$

将式（5-80）对 x 积分，并令 $x=0$ 时 $U=0$，则得

$$U = \frac{nqx}{\varepsilon}\left(l - \frac{x}{2}\right) \tag{5-82}$$

作出的 E 和 U 在弧隙中分布规律如图 5-37b 和 c 所示。因为假设 $x=l$ 处 $E=0$，故式（5-82）只适用于 $x \leqslant l$ 有正空间电荷的部分。在弧隙中其他部分，此时正负带电粒子数仍然相等，电导很大。因此，可以认为，当 $x=l$ 时，在空间电荷层上作用的电压 U 等于此时加在电极上的电压 U_j，即

$$U_j = \frac{nql}{\varepsilon}\left(l - \frac{l}{2}\right) = \frac{nql^2}{2\varepsilon} \tag{5-83}$$

电流过零瞬间 E_0 和 U_j 的关系为

$$E_0 = \sqrt{\frac{2nqU_j}{\varepsilon}} \tag{5-84}$$

式（5-84）表明，随着 U_j 的增长，E_0 也增大。如果要产生电弧，必须由阴极发射电子进入弧隙。在电流过零时阴极较冷的情况下，电子只能靠阴极表面处存在的高电场进行发射，当电场 $E_0 > 10^6\text{V/cm}$ 时，才可能发射电子，所以必须使 U_j 大于一定值，否则 E_0 就不足以产生高电场发射，电弧便不能再产生。从电路的角度来看，弧隙好像在电流过零后立即获得了一定的耐压强度。这一现象叫做近阴极效应。电流过零后弧隙立即能承受的电压数值叫做介质初始恢复强度，用 U_{jf0} 来表示。

实验表明，在铜的冷电极（用于电流小于 100A 系统中的触头）情况下，U_{jf0} 约为 250V，而在热电极（用于电流大于 100A 系统中的触头）情况下约为 160V。进一步的研究表明，U_{jf0} 并非是一固定的数值，它和电流过零瞬间原来的阳极（过零后新阴极）温度关系很大。当电弧电流 I_h（有效值）增大时，电流过零瞬间电极的温度很高，因而 U_{jf0} 下降。铜电极、短间隙情况下测得的 U_{jf0} 和 I_h 的关系见表 5-10。

表 5-10　介质初始恢复强度 U_{jf0} 和电弧电流 I_h 的关系

I_h/A	5	20	30	43	68	82	123	265	344	525	840
U_{jf0}/V	340	261	210	190	180	170	142	98	65	43	30

表 5-10 中，U_{jf0} 随 I_h 增大而下降的原因，是由于热发射作用的缘故。当热发射作用更强时，电流过零后弧隙类似一阻值较高的导体，阴极效应将不甚明显。研究近阴极区的介质恢复过程，对熄灭交流短弧有很大意义。阳极是电子汇集的场所，近阳极区对介质恢复过程一般不起重要作用。

（2）弧柱区的介质恢复过程

当 i_h 过零时，一般地说，虽然 $P_h=0$，但由于弧柱具有热惯性，在 i_h 过零瞬间和过零以后相当时间内，R_h 并不为无穷大，而是随灭弧介质对电弧作用强烈程度的不同，具有一定数值。如果此时在弧隙上加有足够高的电压，使 $P_h>P_s$，则 R_h 将迅速下降，最终可能使电弧又剧烈燃烧。如果此时在弧隙上施加的电压相当小或者是零，则 R_h 将继续增大直至趋向无穷大（相应于 R_h 趋向无穷大的弧柱温度为3000～4000K）。这时热电离已基本停止，即使在弧隙上仍加有电压，弧隙中也不能再流过较大的电流。在电流过零后这一阶段中，电弧重燃的物理本质是由于电弧的输入功率大于其散发功率（即 $P_h>P_s$），弧柱被加热引起的结果，所以这种重燃称为热击穿，而这一阶段称为热击穿阶段。

热击穿阶段弧柱的 u_{jf} 可以根据能量平衡原理来计算。设在弧柱上加有的电压 u_z 较大时，使弧柱的输入功率 u_z^2/R_z 大于其散发功率 P_s，则 R_z 减小，而 R_z 的减小又将使 u_z^2/R_z 进一步增大。从电弧重燃的角度来看，就意味着此时弧隙已耐受不住所加的电压 u_z，将致使电弧发生重燃。反之，如果所加的电压 u_z 较小，使 u_z^2/R_z 小于 P_s，则 R_h 将增大，而 R_z 的增大又使 u_z^2/R_z 进一步减小。从电弧重燃角度来看，就意味着此时弧隙能承受得住所加的电压 u_z，电弧不会重燃。在临界情况下，即 $u_z^2/R_z=P_s$，而 R_z 保持不变，弧柱上所能施加的电压就代表了弧柱此时的介质恢复强度 u_{jf}。按照这一看法，可写出弧柱介质恢复强度的表达式为

$$u_{jf}=\sqrt{R_zP_s} \tag{5-85}$$

当电流过零后，弧柱温度降低到3000～4000K以下时，热电离作用已基本上停止，R_z 趋向无穷大，说明弧隙中气体粒子已由电离状态转变为正常状态。从物理意义上说，电弧已不存在，弧隙中所存在的只是一团温度较高的气体。此时若在弧隙上施加电压，则按电极形状和介质情况不同，弧隙中将产生分布情况不同的电场。如果电场强度足够高，则有可能产生间隙击穿而使电弧重燃。这一原因引起的重燃称为电击穿，电流过零后的这一阶段称为电击穿阶段。

电击穿阶段中，弧隙在每一瞬时所能耐受的最大电压，可以看做是此阶段弧柱的 u_{jf}。u_{jf} 的大小与介质种类、气压、温度以及介质流动速度等参数在弧隙中的分布情况有关，同时，触头的材料种类、形状和表面状况也有重要影响。目前，大多数是通过试验对电击穿阶段进行研究的，随着三维仿真技术的发展，仿真手段也不失为一种方便的分析方法。

综上所述，在电流过零后，一般电弧的熄灭过程要经过两个阶段——热击穿阶段和电击穿阶段：前者的特征为，弧隙具有一定数值的电阻，当弧隙上加有电压时，弧隙中可以流过电流；后者的特征为，弧隙电阻趋向无穷大，但由于介质温度较高，此时弧隙的耐压强度远比常温介质低，因而击穿比较容易。这两阶段的划分，对熄弧现象的本质给出了清晰的概念。但是，在实际工作中，由于两个阶段之间有一个过渡阶段，对每一种具体情况，过渡阶段的到来有迟有早，因而很难对上述两个阶段给以明确的划分。

在特殊情况中，如灭弧介质对电弧的冷却作用非常强，可能在电流过零时，弧隙中的热电离作用已经停止，这样，在电流过零之后，就不存在热击穿阶段，立即进入电击穿阶段。研究弧柱的介质恢复过程，对交流长弧的熄灭有重要意义，是高压开关电器和部分低压开关电器设计的理论基础。

2. 介质恢复强度特性

弧隙的介质恢复强度随时间变化的关系叫做弧隙介质恢复强度特性。对于此特性的研究

近年来得到广泛的关注，国内外许多会议和相关杂志的论文都有相关报道，在此仅进行一般性的分析。

低压开关电器中，弧隙的介质恢复过程可分为三步：①电流过零开始到阴极斑点冷却不足以热发射电子为止；②近极区逐渐冷却；③整个弧柱区冷却到 3000 ~ 4000K 以下，热电离基本停止。

对于低压开关电器，在电流过零后 0 ~ 300μs 内（电弧熄灭与否的关键阶段），u_{jf} 可用下式表示：

$$u_{jf} = U_{jf0} + K_{jf}t \tag{5-86}$$

式中 U_{jf0}——介质初始恢复强度；

K_{jf}—介质恢复强度的上升速度；

t——从电流过零瞬时起计算的时间。

在大气中自由燃弧情况下，不同开断电流 I_0 时，交流电弧第一次电流过零后 u_{jf} 和 t 的变化关系如图 5-38 所示。按此图求得的 U_{jf0} 和 K_{jf} 随 I_0 变化的关系如图 5-39 所示。可见，随着 I_0 的增大，U_{jf0} 下降。因为开断电流 I_0 的增大，使得弧柱温度升高、直径变粗，在电流过零后，新的阴极受弧柱高温的影响保持着较高的温度，有助于电子的热发射，从而使近阴极效应作用降低，U_{jf0} 下降。

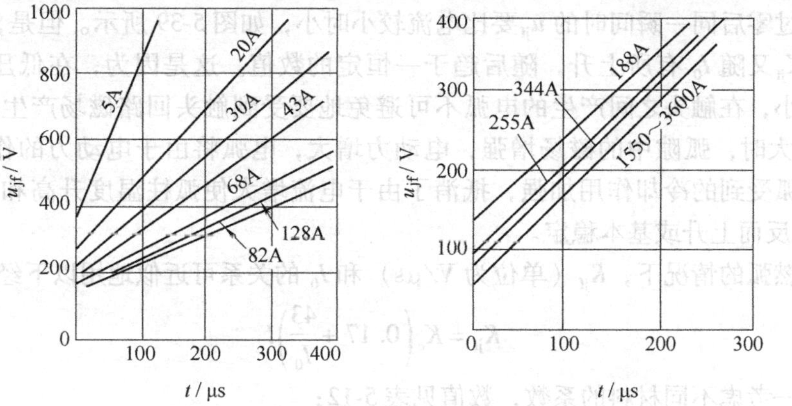

a) 小电流　　b) 大电流

图 5-38 介质恢复强度 u_{jf} 随时间 t 的变化关系

在自由燃弧情况下，当 $I_0 = 5 \sim 100$A 时，U_{jf0}（单位为 V）可用下式表示：

$$U_{jf0} = A_0 e^{-0.0035I_0} + \frac{B_0}{I_0} \tag{5-87}$$

式中 A_0、B_0——系数，取决于触头材料，数值见表 5-11。

对于铜触头，当 $I_0 = 100 \sim 2400$A 时，U_{jf0}（单位为 V）可用下式计算：

$$U_{jf0} = 50 + 145e^{-0.0035I_0} + \frac{790}{I_0} \tag{5-88}$$

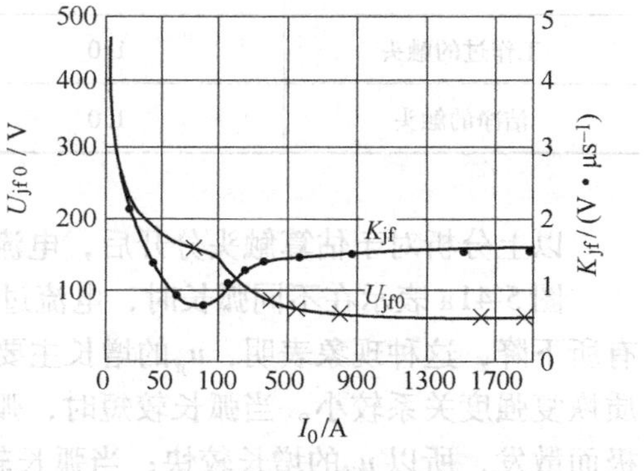

图 5-39 U_{jf0} 和 K_{jf} 随开断电流变化

触头材料对 U_{jf0}影响很大。图 5-40 表示不同触头材料时，触头工作一段时间后 U_{jf0}和 I_0 的关系。可见，在相同的 I_0 下，银的 U_{jf0}最大，而银—石墨的 U_{jf0}最小。因为电弧阳极斑点的温度大约等于触头材料的沸点，触头材料的沸点越高，则阳极斑点的温度就越高。在电流过零后，阳极变为新阴极，原阳极斑点区域的高温要传向触头其他部分，触头材料的热导率越大，则原阳极斑点区域冷却越迅速，也即新阴极越冷。从这两点看，银有最高的热导率和最低的沸点，故其 U_{jf0}最高。

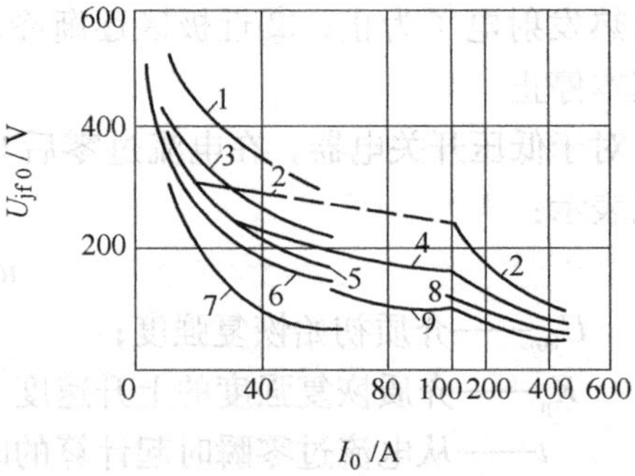

图 5-40　不同触头材料 U_{jf0}与开断电流关系

1—银　2—黄铜　3—银-镍　4—铜　5—银-钨　6—镍—氧化镉　7—银—石墨　8—铝　9—钢

表 5-11　A_0 和 B_0 数值

系数	铜	黄铜	银
A_0	210	320	300
B_0	400	40	2300

K_{jf}的数值决定于弧柱的冷却情况。一般地说，随着 I_0 的增大，弧柱温度升高，直径变粗，在电流过零后同一瞬间时的 u_{jf}要比电流较小时小，如图 5-39 所示。但是，当 I_0 超过 70 ~80A 时，K_{jf}又随 I_0 有所上升，随后趋于一恒定的数值。这是因为，在低压开关电器中，触头开距较小，在触头之间产生的电弧不可避免地要受到触头回路磁场产生的电动力的影响。当 I_0 较大时，弧隙中的磁场增强，电动力增大，电弧将由于电动力的作用迅速运动。这样就使电弧受到的冷却作用加强，抵消了由于电流增大使弧柱温度升高和直径变粗的影响，因而 K_{jf}反而上升或基本稳定。

在自由燃弧的情况下，K_{jf}（单位为 V/μs）和 I_0 的关系可近似地用以下经验公式计算：

$$K_{jf} = K_c\left(0.17 + \frac{43}{I_0}\right)l \tag{5-89}$$

式中　K_c——考虑不同材料的系数，数值见表 5-12；

　　l——电弧长度。

表 5-12　K_c 数值

触头情况	铜	黄铜	银
工作过的触头	1.0	0.8	2.0
洁净的触头	1.0	1.0	3.5

以上分析对于估算触头分开后，电流第二次过零、第三次过零后的 U_{jf0}和 K_{jf}同样适用。

图 5-41a 表示在不同弧长时，电流过零后 u_{jf}随 t 变化的关系。随着弧长的增大，u_{jf}反而有所下降，这种现象表明，u_{jf}的增长主要由近极区的介质恢复强度所决定，而与弧柱中的介质恢复强度关系较小。当弧长较短时，弧隙中含有的热量较少，近极区的热量又容易传向电极而散发，所以 u_{jf}的增长较快；当弧长较长时，弧柱中的热量将向近极区传送，从而近极区的温度下降较慢，所以 u_{jf}的增长也就减慢。

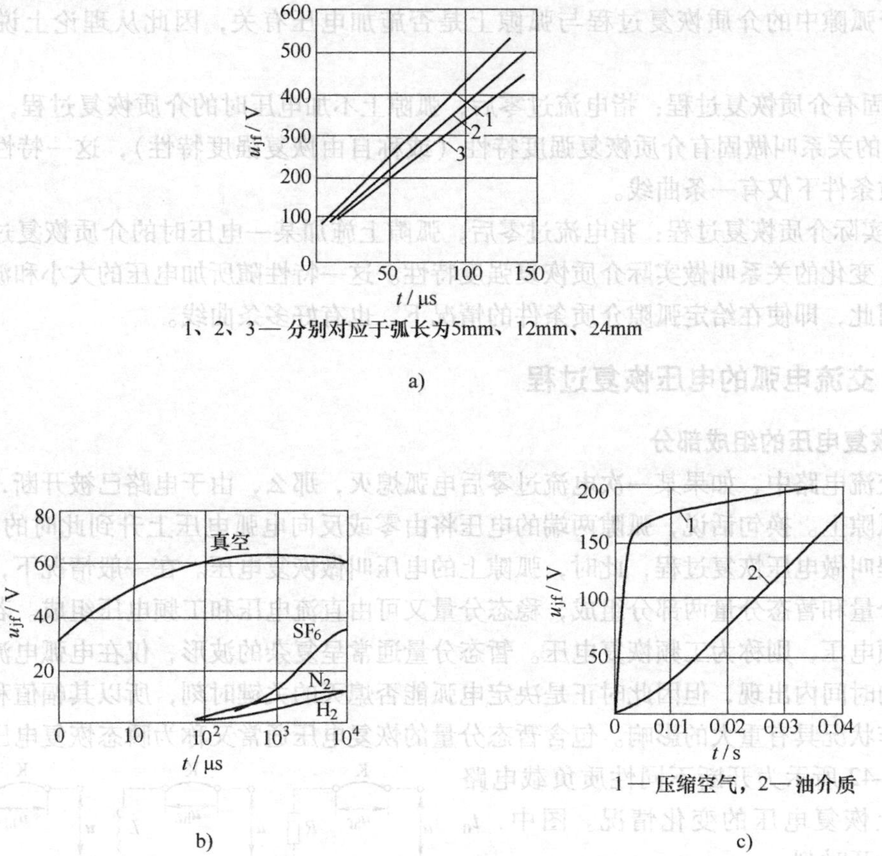

1、2、3 — 分别对应于弧长为5mm、12mm、24mm

a)

b)

1 — 压缩空气，2— 油介质

c)

图 5-41　u_{jf}随时间变化规律

在高压开关电器中，弧隙的介质恢复强度主要依赖于灭弧介质对弧柱的冷却和消电离作用，因此为了加强灭弧效果，高压开关电器多采用灭弧能力较强的灭弧介质，如变压器油、压缩空气、SF_6 和真空等。由于在电弧的高温作用下，变压器油被分解为气体，其主要成分是氢，因此电弧在油中燃烧时，情况相似于在氢气中燃烧。而空气的主要成分为氮气，若用压缩空气吹弧，则实际上相当于用氮气吹弧。为了说明以上介质中电弧的介质恢复强度特性，在图 5-41b 中列出同一条件（I_0 = 1600A，触头开距为 6mm）下测得的弧隙介质恢复强度特性。由图可见，u_{jf} 在氢气和氮气中，增长较慢，在 SF_6 中，增长较快，但它们都有一共同的特点，即电流过零后隔一定时间（约 100μs），u_{jf} 才开始上升。在真空中则不然，它的 u_{jf} 在电流过零后立即具有很高的数值，而且在相同的触头开距下，它的 u_{jf} 比前三种介质高很多。由此可见，真空是个颇为理想的灭弧介质，其次为 SF_6，而变压器油和压缩空气的灭弧性能要差一些。

将变压器油和压缩空气相比，介质恢复强度特性也有所不同。图 5-41c 表示用这两种灭弧介质制成的高压断路器弧隙介质恢复强度特性。可见，压缩空气断路器的介质恢复强度特性上升较陡，而油断路器的上升较缓。当采用某些特殊结构（如用外力推动活塞强迫变压器油吹向弧隙的所谓强迫油吹灭弧装置）时，油断路器弧隙也可获得上升较陡的介质恢复强度特性。

由于弧隙中的介质恢复过程与弧隙上是否施加电压有关，因此从理论上说可以分为两种：

1）固有介质恢复过程：指电流过零后，弧隙上不加电压时的介质恢复过程，相应的 u_{jf} 随 t 变化的关系叫做固有介质恢复强度特性（或称自由恢复强度特性），这一特性在给定的弧隙介质条件下仅有一条曲线。

2）实际介质恢复过程：指电流过零后，弧隙上施加某一电压时的介质恢复过程，相应的 u_{jf} 随 t 变化的关系叫做实际介质恢复强度特性。这一特性随所加电压的大小和波形不同而不同，因此，即使在给定弧隙介质条件的情况下，也有好多条曲线。

5.5.4 交流电弧的电压恢复过程

1. 恢复电压的组成部分

在交流电路中，如果某一次电流过零后电弧熄灭，那么，由于电路已被开断，电源电压将加到弧隙上。换句话说，弧隙两端的电压将由零或反向电弧电压上升到此时的电源电压。这一过程叫做电压恢复过程，此时，弧隙上的电压叫做恢复电压。在一般情况下，恢复电压由稳态分量和暂态分量两部分组成，稳态分量又可由直流电压和工频电压组成。若稳态分量仅为工频电压，则称为工频恢复电压。暂态分量通常呈复杂的波形，仅在电弧电流过零后几百微秒的时间内出现，但因此时正是决定电弧能否熄灭的关键时刻，所以其幅值和波形对弧隙的工作状况具有重大的影响。包含暂态分量的恢复电压通常又称为瞬态恢复电压。

图 5-42 所示为开断不同性质负载电路时弧隙上恢复电压的变化情况。图中，t_0 为触头分开时刻。

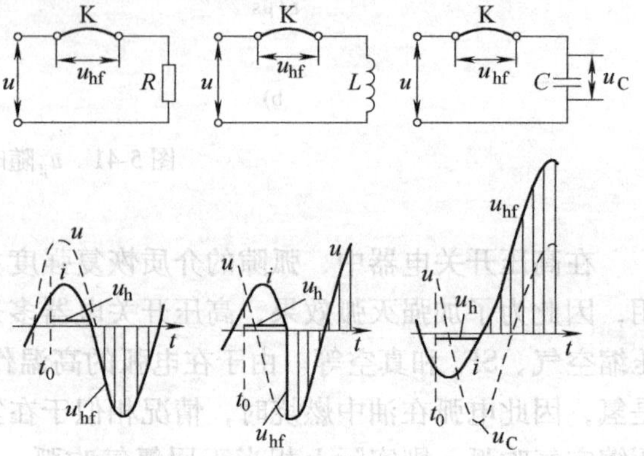

a) 电阻性　b) 电感性　c) 电容性

图 5-42　开断不同性质负载电路时弧隙上恢复电压的变化情况

图 5-42a 表示开断电阻性负载电路时，弧隙 K 两端恢复电压的情况。此时电弧电流 i_h 和电源电压 u 同相位，在 i_h 过零时 u 也过零。所以在熄弧后，u_{hf} 由零按正弦规律上升，没有暂态分量，稳态分量即是工频电压。也就是说，作用在弧隙上的只有工频恢复电压。

图 5-42b 表示开断电感性负载电路时的情况。此时 i_h 落后于 u 约 90°，当 i_h 过零时，u 约处于幅值，如果在 i_h 过零后电弧熄灭，电路开断，则 u_{hf} 在理论上将从零跃升到 u 的幅值（实际上由于弧隙两端总有并联电容存在，弧隙两端电压是按一快速的过渡过程上升的，此情况留待后述），然后再按工频电压变化。所以，在开断电感性负载电路时，u_{hf} 通常含有暂态分量，其上升速度比开断电阻性负载时要快得多。

图 5-42c 表示开断电容性负载电路的情况。此时，i_h 超前于 u 约 90°。当 i_h 过零时，u 也约处于幅值。但是，在 i_h 过零瞬间，电容 C 被充电到约为 u 的幅值，弧隙 K 中电弧熄灭后，电容 C 上电荷无处泄放，将一直保持其两端电压约为 u 的幅度（相当于一个直流分量），u_{hf} 在 i_h 过零后起初为零，然后随着 u 的变化逐渐增大，再叠加一个直流分量。当 u 达

到反向幅值时，弧隙上电压将达到约两倍电源电压的幅值。由此可见，开断电容性负载电路时，u_{hf}不含有暂态分量，其稳态分量为直流电压与工频电压之和，u_{hf}的最大值约为工频电压两倍。

实际情况中，开关电器多数是工作于非电容性电路的，而开断电感性负载电路对弧隙的要求远比开断电阻性负载电路严，并且，一般电网中短路电流的性质都是电感性的，因此，除一些特殊情况外，开关电器灭弧装置的设计和试验都以开断电感性电路为准。下面详细讨论弧隙开断电感性负载电路的变化情况。

认为u_{hf}的稳态分量即为工频恢复电压，在i_h过零瞬间工频恢复电压的瞬时值U_{go}可用下式计算：

$$U_{go}=U_{gm}\sin\varphi=\sqrt{2}K_xU_\phi\sin\varphi \tag{5-90}$$

式中 U_{gm}——工频恢复电压的幅值；

U_ϕ——电源电压相电压的有效值；

φ——被开断电路的电流和电源电压相角差；

K_x——线路因数，用于考虑不同开断情况，定义为$K_x=\dfrac{U_{gp}}{U_\phi}$，$U_{gp}$为电路开断后加在弧隙上的工频电压有效值。

K_x的数值与被开断电路的相数、每相电路中的弧隙数，以及弧隙在电路中的工作情况有关，具体情况如下：

1）开断一相单弧隙电路（见图5-43a）：开断后加在弧隙上的工频电压即为相电压，所以$K_x=1$。

2）开断两相两弧隙电路（见图5-43b）：当两弧隙的触头同时分开，且工作情况完全一致时，因为开断后加在两弧隙上的工频电压为电源的线电压，所以$K_x=\sqrt{3}/2$。但实际上两弧隙的工作情况不可能完全一致，因而弧隙承受的工频电压不可能完全相同，所以在这一情况下，需要视具体情况而定。

3）开断电源和负载中性点都不接地的三相三弧隙电路（见图5-43c）：当三相负载平衡时，由于各相电流之间相差120°，必有一相（设A相）电流先过零，此时另外两相弧隙仍处于燃弧状态，相当于弧隙短接。这样，最先电流过零的A相（称为首先开断相）弧隙的两个触头，一个和A相的电源电压同电位，另一个和B、C相线电压中心（见图5-43c中的m点）同电位。0、m两点间电压的数值恰好为电源相电压的一半。所以，在此情况下，首先开断相承受的工频电压为1.5倍相电压，即$K_x=1.5$。电

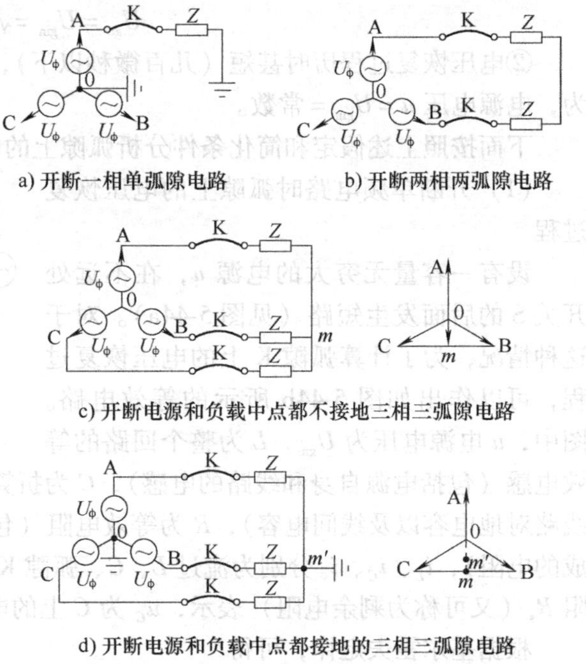

a) 开断一相单弧隙电路　b) 开断两相两弧隙电路

c) 开断电源和负载中点都不接地三相三弧隙电路

d) 开断电源和负载中点都接地的三相三弧隙电路

图5-43 不同开断情况下线路因数的确定

源或负载有一方中性点接地的情况与此相同。

4）开断电源和负载中性点都接地的三相三弧隙电路（见图5-43d）：例如超高压电网中发生三相接地短路的情况。首先开断相（设为A相）上工频电压的计算与图5-43c相似，但是，由于此时电源和负载中性点的接地阻抗非无穷大，因此A相一个触头的电位点m'落在0、m点的连线上，$0m'<0m$，所以，此时$1<K_x<1.5$。

三相开关电器一般都有三个弧隙，由于在开断电路的过程中，不能肯定哪一相首先熄弧，而且从以上几种开断情况可知，以图5-43c中的首开相开断情况K_x数值最大，因此对三相开关电器的每相弧隙，都按$K_x=1.5$进行考核。只有在超高压电网中，由于电源中性点是接地的，而且线路上发生三相短路时必然伴有接地短路，因此才对每相弧隙取$K_x=1.3$。

2. 理想弧隙时弧隙上的电压恢复过程

在交流电路中电流过零后极短时间（几百微秒）内，弧隙上恢复电压的幅值和波形与两方面参数有关：一是电路参数，如电路的接线方式、电路中集中的或分布的电感、电容和电阻等；另一是电弧参数，如电弧电压、剩余电阻等。

为了说明恢复电压和电路参数的关系，假定弧隙是所谓的理想弧隙，即在电流过零之前，电弧电阻等于零，在电流过零后，电弧电阻立即变为无穷大。同时，为了便于说明问题的实质，在分析电压恢复过程时进行了如下简化：

①在实际电网中发生短路时，电流落后于电源电压的相角接近90°，所以可认为电路中电阻等于零，于是可得电流过零时工频恢复电压为

$$U_{go}=U_{gm}=\sqrt{2}K_xU_{\phi} \tag{5-91}$$

②电压恢复过程历时甚短（几百微秒以下），在此期间电源电压变化甚微，所以可以认为，电源电压$u=U_{gm}=$常数。

下面按照上述假定和简化条件分析弧隙上的电压恢复过程：

(1) 开断单频电路时弧隙上的电压恢复过程

设有一容量无穷大的电源u，在不远处开关S的后面发生短路（见图5-44a）。对于这种情况，为了计算弧隙K上的电压恢复过程，可以作出如图5-44b所示的等效电路。

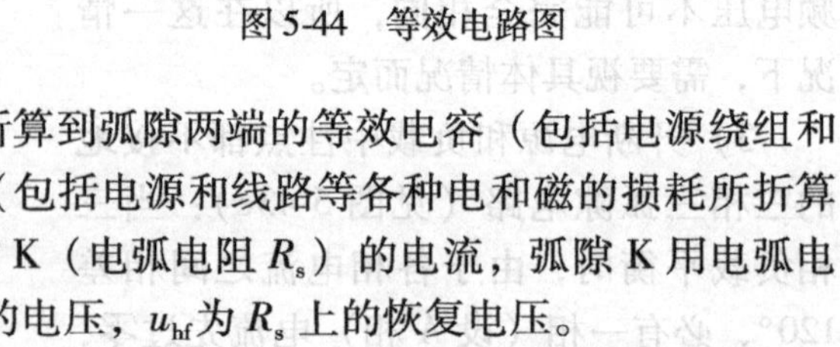

a) 单频电路　　b) 等效电路

图5-44　等效电路图

图中，u电源电压为U_{gm}，L为整个回路的等效电感（包括电源自身和线路的电感），C为折算到弧隙两端的等效电容（包括电源绕组和线路对地电容以及线间电容），R为等效电阻（包括电源和线路等各种电和磁的损耗所折算成的电阻），i_L、i_C、i_s分别为流过L、C、弧隙K（电弧电阻R_s）的电流，弧隙K用电弧电阻R_s（又可称为剩余电阻）表示，u_C为C上的电压，u_{hf}为R_s上的恢复电压。

根据基尔霍夫定律，可得

$$U_{gm}=i_LR+L\frac{di_L}{dt}+u_{hf} \tag{5-92}$$

因为

$$u_{hf}=\frac{1}{C}\int i_C dt=i_sR_s \tag{5-93}$$

$$i_L = i_C + i_s \tag{5-94}$$

整理后可得

$$U_{gm} = L\frac{di_C}{dt} + \left(R + \frac{L}{R_s C}\right)i_C + \left(1 + \frac{R}{R_s}\right)u_{hf} \tag{5-95}$$

又因为$\frac{dU_{gm}}{dt}=0$，$i_C = C\frac{du_{hf}}{dt}$，所以

$$L\frac{d^2 i_C}{dt^2} + \left(R + \frac{L}{R_s C}\right)\frac{di_C}{dt} + \frac{1}{C}\left(1 + \frac{R}{R_s}\right)i_C = 0 \tag{5-96}$$

解二阶常系数微分方程

$$\frac{d^2 i_C}{dt^2} + \left(\frac{R}{L} + \frac{1}{R_s C}\right)\frac{di_C}{dt} + \frac{1}{LC}\left(1 + \frac{R}{R_s}\right)i_C = 0 \tag{5-97}$$

对于

$$\frac{d^2 i_C}{dt^2} + B_1\frac{di_C}{dt} + B_2 i_C = 0 \tag{5-98}$$

特征方程为

$$\alpha^2 + B_1\alpha + B_2 = 0 \tag{5-99}$$

特征根为

$$\alpha_{1,2} = \frac{-B_1 \pm \sqrt{B_1^2 - 4B_2}}{2} \tag{5-100}$$

所以

$$\alpha_{1,2} = -\frac{1}{2}\left(\frac{R}{L} + \frac{1}{R_s C}\right) \pm \sqrt{\frac{1}{4}\left(\frac{R}{L} - \frac{1}{R_s C}\right)^2 - \frac{1}{LC}} \tag{5-101}$$

由此可以看出

1）当$\frac{1}{4}\left(\frac{R}{L} - \frac{1}{R_s C}\right)^2 > \frac{1}{LC}$时，方程具有两个不相等的实数根。

2）当$\frac{1}{4}\left(\frac{R}{L} - \frac{1}{R_s C}\right)^2 < \frac{1}{LC}$时，方程具有两个共轭虚根。

3）当$\frac{1}{4}\left(\frac{R}{L} - \frac{1}{R_s C}\right)^2 = \frac{1}{LC}$时，方程具有两个相等的实数根，为临界状态。

根据第1）种情况可得

$$u_{hf} = \frac{1}{C}\int i_C dt = \frac{1}{C}\int_0^t (K_1 e^{\alpha_1 t} + K_2 e^{\alpha_2 t})dt \tag{5-102}$$

起始条件为：$t=0$时，$i_C = 0$，$u_{hf} = -U_{xh}$；$t = \infty$时，$u_{hf} = U_{gm}$，$\alpha_1 \ll \alpha_2$，整理后可得

$$u_{hf} = U_{gm}(1 - e^{\alpha_1 t}) \tag{5-103}$$

此时恢复电压呈现非周期变化过程，如图5-45所示。

根据第2）种情况，$\frac{1}{4}\left(\frac{R}{L} - \frac{1}{R_s C}\right)^2 < \frac{1}{LC}$，那么，微分方程具有两个共轭虚根，$\alpha_{1,2} = -\delta \pm j\omega_s$。

令衰减系数为

$$\delta = \frac{1}{2}\left(\frac{R}{L} + \frac{1}{R_s C}\right) \tag{5-104}$$

实际振荡角频率为

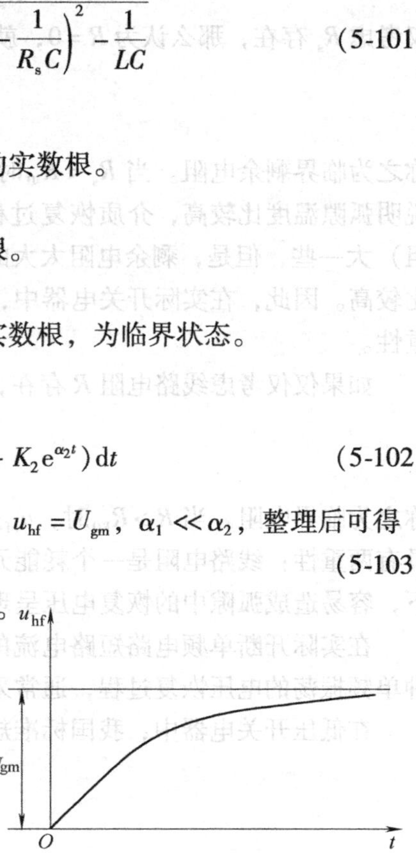

图5-45　非周期变化过程

$$\omega_s = \sqrt{\frac{1}{LC} - \frac{1}{4}\left(\frac{R}{L} - \frac{1}{R_s C}\right)^2} \tag{5-105}$$

同样，根据起始条件可得

$$i_C = e^{-\delta t}(K_1 \cos\omega_s t + K_2 \sin\omega_s t) \tag{5-106}$$

由于是理想弧隙，$\delta = \frac{1}{2}\left(\frac{R}{L}\right)$，$R_s = \infty$，$\omega_s = \sqrt{\frac{1}{LC} - \frac{1}{4}\left(\frac{R}{L}\right)^2}$，$\frac{1}{LC} >> \frac{1}{4}\left(\frac{R}{L}\right)^2$，所以固有振荡角频率为

$$\omega_0 = 2\pi f_0 \tag{5-107}$$

又因为 $U_{gm} >> U_{xh}$，故

$$u_{hf} = U_{gm}\ (1 - e^{-\delta t}\cos\omega_0 t) \tag{5-108}$$

恢复电压呈现周期变化过程，如图 5-46 所示。

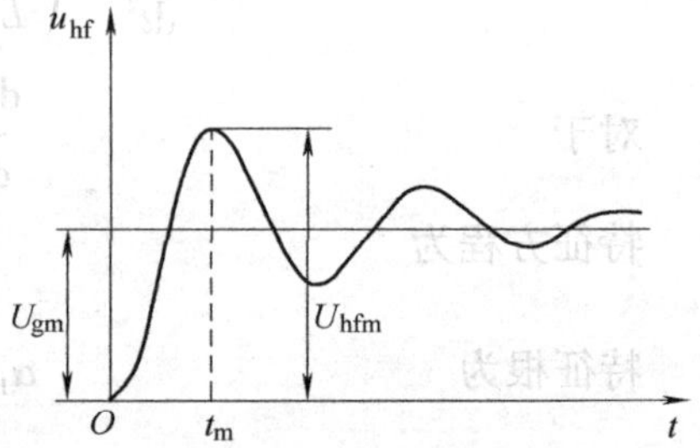

图 5-46　周期变化过程

当 $R=0$，$\delta = \frac{R}{2L} = 0$（$R_s = \infty$），$t = \frac{\pi}{\omega_0}$时，出现最大恢复电压值，$U_{hfm} = 2U_{gm}$。此时，$u_{hf}$ 比较大，电弧不容易熄灭。

根据第 3）种情况，$\frac{1}{4}\left(\frac{R}{L} - \frac{1}{R_s C}\right)^2 = \frac{1}{LC}$，如果仅仅考虑 R_s 存在，那么认为 $R=0$，就有

$$R_{s0} = \frac{1}{2}\sqrt{\frac{L}{C}} \tag{5-109}$$

称之为临界剩余电阻。当 $R_s < R_{s0}$时，u_{hf}呈非周期过程变化，电弧容易熄灭。剩余电阻小，说明弧隙温度比较高，介质恢复过程慢，电弧不易熄灭，所以一般希望剩余电阻（电弧电阻）大一些，但是，剩余电阻太大的话，弧隙的恢复电压将呈现周期性变化，恢复电压值比较高。因此，在实际开关电器中，熄灭电弧是一个复杂过程，不能简单而论，R_s 具有两重性。

如果仅仅考虑线路电阻 R 存在，认为 $R_s = \infty$，那么

$$R_{K0} = 2\sqrt{\frac{L}{C}} \tag{5-110}$$

称之为临界电阻。当 $R > R_{K0}$时，u_{hf}呈非周期过程变化，电弧容易熄灭。很显然，电阻 R 也具有两重性：线路电阻是一个耗能元件，希望其越小越好，但是，当线路中电阻很小的情况下，容易造成弧隙中的恢复电压呈现周期振荡变化，造成电弧熄灭困难。

在实际开断单频电路短路电流的情况下，u_{hf}大多数为图 5-46 所示的振荡波形。对于这种单频振荡的电压恢复过程，通常采用两个参数来表示其特征，称为二参数法。

在低压开关电器中，我国标准规定采用振幅因数 γ 和振荡频率 f 两个参数。其定义为

$$\gamma = \frac{U_{hfm}}{U_{gm}} \tag{5-111}$$

$$f = \frac{1}{2t_m} \tag{5-112}$$

式中　U_{hfm}——恢复电压的最大值；

t_m——从电流过零时刻起，到 U_{hfm} 出现所经历的时间。

按此定义，当 $t=t_m=\pi/\omega_0$ 时，可得

$$U_{hfm}=U_{gm}+U_{gm}e^{-\frac{\pi\delta_0}{\omega_0}} \tag{5-113}$$

故振幅因数为

$$\gamma=\gamma_0=1+e^{-\frac{\pi\delta_0}{\omega_0}} \tag{5-114}$$

式中　γ_0——固有振幅因数，一般 $1\leqslant\gamma\leqslant2$。

振荡频率为

$$f=f_0=\frac{\omega_0}{2\pi} \tag{5-115}$$

式中　f_0——电路固有振荡频率。

在高压开关电器中，我国标准规定采用恢复电压峰值 U_c 和峰值时间 t_3 两个参数，如图5-47所示。

对于如图5-47所示任一给定的单频振荡恢复电压 u_{hf} 波形，求取 U_c 和 t_3 的方法如下：从原点 O 作一直线 OB 与 u_{hf} 曲线相切，过 u_{hf} 曲线的峰值作一水平切线 AC 与 OB 相交于 A 点，A 点的纵标即为 U_c，其横坐标即为 t_3。此外，为了描述 u_{hf} 曲线起始上升部分的凹度，标准还规定了另一个参数——时延 t_d，在 OA 的右方作一与之平行的直线和 u_{hf} 曲线的凹部相切，此切线与横坐标轴交点的时间值即为 t_d。

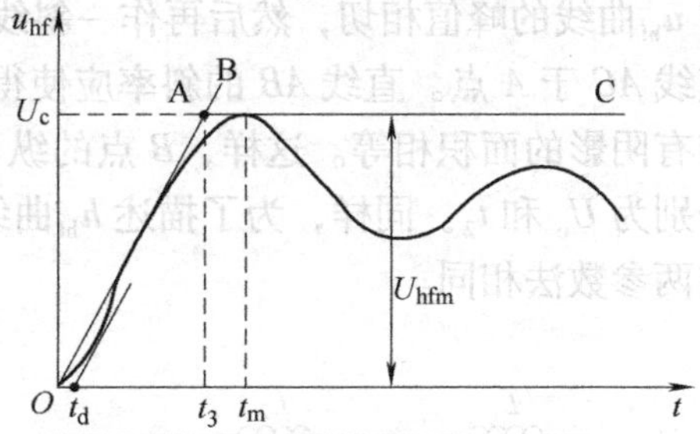

图5-47　高压开关二参数取值

（2）开断多频电路时弧隙上的电压恢复过程

在多数实际情况下，开关电器开断的电路不是单频，而是双频或多频的电路。

假设有如图5-48a所示的电路，如果在变压器T的一次侧发生短路，而短路电流由开关 S_1 开断，其等效电路将如图5-48b所示。图中，L_1、C_1 和 R_1 为开关 S_1 左侧电源和有关线路的等效电感、电容和电阻，L_2、C_2 和 R_2 为 S_1 右侧变压器和有关线路的等效电感、电容和电阻。从图可见，通过 S_1 的电流过零后，电路分裂为两个独立的振荡回路 L_1-C_1-R_1 和 L_2-C_2-R_2，因而 u_{hf} 包含两个频率的暂态分量。在此情况下，若设 $R_1=R_2=\infty$，则 u_{hf} 可用下式表示：

$$u_{hf}=U_{gm}\left(1-\frac{L_1}{L_1+L_2}\cos\omega_1 t-\frac{L_2}{L_1+L_2}\cos\omega_2 t\right) \tag{5-116}$$

式中　$\omega_1=\dfrac{1}{\sqrt{L_1C_1}}$，$\omega_2=\dfrac{1}{\sqrt{L_2C_2}}$

对于图5-48所示的电路，如果在变压器T的二次侧发生短路，短路电流由开关 S_2 开断，则其等效电路将如图5-49所示。图中，L_1、C_1 和 R_1 为变压器电源及其有关线路的等效电感、电容和电阻，L_2、C_2 和 R_2 为变压器及其二次侧线路的等效电感、电容和电阻。在这一情况下，u_{hf} 也包含两个频率的暂态分量，其通用计算公式甚为复杂，可查阅相关手册。

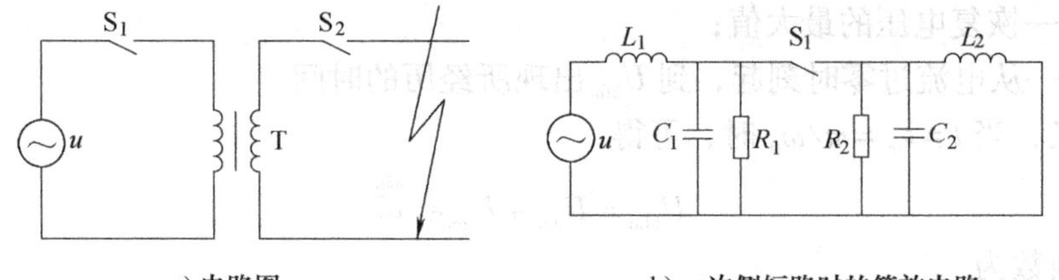

a) 电路图　　b) 一次侧短路时的等效电路

图 5-48　双频电路

在其他更为复杂的电网接线中，u_{hf}可能包含更多频率的暂态分量。对多频振荡的恢复电压，比较合理的是采用第一波幅值 U_1，第一波幅时间 t_1、峰值 U_c 和峰值时间 t_2 四个参数来表示其特征，这一表示方法叫四参数法。

对不同形状的多频振荡的恢复电压，如何求取其 U_1、t_1、U_c 和 t_2 四个参数，在 IEC 国际电工委员会）标准中有具体规定。图 5-50 表示对一双频振荡的恢复电压用四参数法表示时，求取 U_1、t_1、U_c 和 t_2 的方法。从原点 O 作一直线 OB 与 u_{hf}曲线相切，又作一水平线 AC 与 u_{hf}曲线的峰值相切，然后再作一斜线 AB 与 u_{hf}曲线在 D 点相切并交直线 OB 于 B 点，交直线 AC 于 A 点。直线 AB 的斜率应使得在 D 点两边、u_{hf}曲线与直线 AB、OB、AC 所构成的带有阴影的面积相等。这样，B 点的纵、横坐标即分别为 U_1 和 t_1，而 A 点的纵、横坐标即分别为 U_c 和 t_2。同样，为了描述 h_{hf}曲线起始上升部分的凹度，标准还规定了时延 t_d，求法与两参数法相同。

图 5-49　二次侧短路时的等效电路

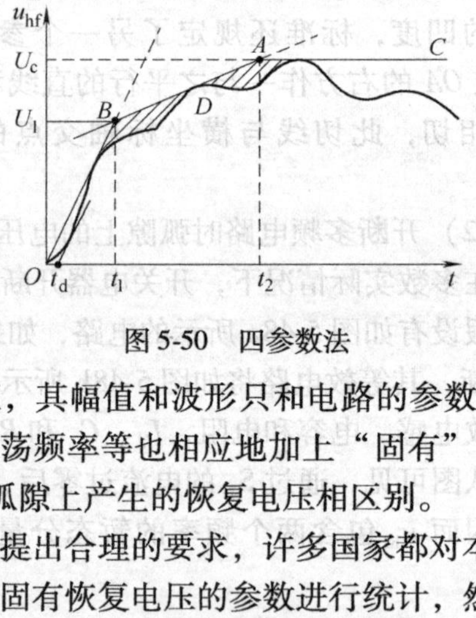

图 5-50　四参数法

在理想弧隙开断电路时，弧隙上产生的恢复电压，其幅值和波形只和电路的参数有关，通常称为电路的固有恢复电压。相应的振幅因数和振荡频率等也相应地加上“固有”二字，并用 γ_0 和 f_0 表示，以便与用实际弧隙开断电路时在弧隙上产生的恢复电压相区别。

为了对开关电器开断电路时应能承受的恢复电压提出合理的要求，许多国家都对本国的电力系统、电动机和用电设备等，在不同运行情况下固有恢复电压的参数进行统计，然后制订出试验标准。在我国低压电器基本标准中，对交流电主回路用控制电器作接通和开断能力试验以及电寿命试验时，电路的固有振荡频率 f_0（单位为 kHz）、固有振幅因数 γ_0 规定如下：

$$f_0 = 2000 I_0^{0.2} U_N^{-0.8} \tag{5-117}$$

$$\gamma_0 = 1.1 \pm 0.05 \tag{5-118}$$

式中　I_0——开关电器的开断电流，单位为 A；

U_N——被开断电路的额定电压，单位为 V。

对于高压开关电器，在不同开断电流时，被开断电路恢复电压的固有参数见相关手册。

5.5.5　交流电弧的熄灭条件

前已述及，交流电流过零以后，电弧的熄灭与否取决于介质恢复过程和电压恢复过程的“竞赛”。在分别介绍了这两过程之后，下面讨论交流电弧熄灭需要的条件。

设有弧隙1和2，分别在不同条件下开断电路，在某一次电流过零之后，它们的固有u_{jf}特性和它们所在处的固有u_{hf}特性分别如图5-51a和b中的实线所示。在这两种情况下，电弧究竟是熄灭还是重燃？粗看起来，似乎可以说，在图5-51a中，由于固有u_{jf}总是高于固有u_{hf}，电弧将趋于熄灭，而在图5-51b中，由于固有u_{hf}在局部地方超过固有u_{jf}，电弧发生重燃。然而，如果对此两图作进一步分析，可以看出，问题并不如此简单。因为在图5-51a和b中实线表示的是u_{jf}和u_{hf}的固有特性，也即前者是在弧隙上未加u_{hf}情况下的u_{jf}，后者是在弧隙中R_s（剩余电阻）为无穷大时的u_{hf}。实际上，在弧隙灭弧过程中，介质恢复过程和电压恢复过程同时进行，两者是相互联系、相互影响的。在弧隙介质恢复过程中，如果弧隙上加有u_{hf}，则在电流过零后的热击穿阶段，由于弧隙的R_s不是无穷大，弧隙中将流过某一数值的剩余电流，也即有一定功率输入弧隙，使弧隙的u_{jf}上升缓慢甚至下降。又如，在电压恢复过程中，如果弧隙在u_{hf}最大峰值来到之前R_s相当小，则R_s将对电压恢复过程起阻尼作用，使u_{hf}的初始阶段上升速度减慢，峰值降低，甚至可能使u_{hf}暂态分量由振荡性的变为单调变化的。两者相互影响的结果，使u_{jf}和u_{hf}特性的高度都趋于降低，波形也发生变化。高度降低和波形变化的程度随弧隙和开断条件的不同而不同。这样一来，对于图5-51a、b两图实线所示的情况，如果相互影响后的实际u_{jf}和实际u_{hf}分别变为如两图虚线所示的图形，则实际上弧隙1中电弧将发生重燃，而弧隙2中电弧将趋于熄灭。因此，要判断电流过零后电弧是否熄灭，不能简单地将弧隙的固有u_{jf}和固有u_{hf}特性进行比较，而应该将它们相互作用后得出的实际特性进行比较。所谓“电弧熄灭与否取决于介质恢复过程和电压恢复过程的竞赛”应理解为实际恢复过程的竞赛，而非固有恢复过程的竞赛。交流电弧熄灭条件的正确表达应为：在交流电流过零后，弧隙中实际介质恢复强度特性总是高于加到弧隙上实际恢复电压特性。

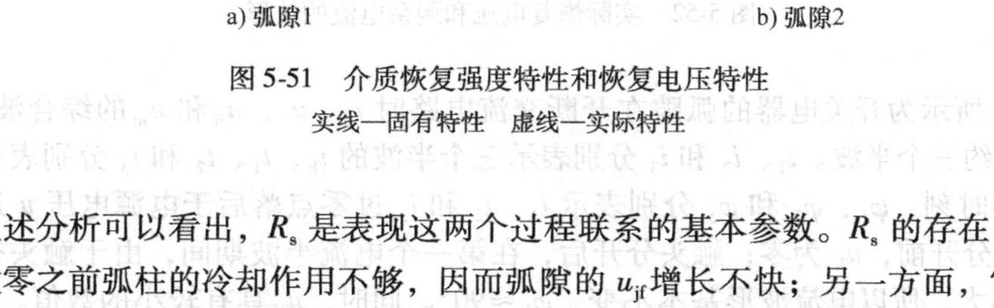

图5-51　介质恢复强度特性和恢复电压特性

实线—固有特性　虚线—实际特性

通过上述分析可以看出，R_s是表现这两个过程联系的基本参数。R_s的存在，一方面说明在电流过零之前弧柱的冷却作用不够，因而弧隙的u_{jf}增长不快；另一方面，它又使电路的u_{hf}特性降低，从而有助于电弧的熄灭。由于R_s具有这样的二重性能，所以，对不同类型弧隙的开断能力（即在给定电源电压下开断电流的大小），并不能从R_s的大小进行评价。

在开断同一电流的情况下，R_s 较大的弧隙所能开断的极限电流未必较大，反之亦然。同样，对于同一弧隙，当随着开断电流的增加而 R_s 减小时，也只能说弧隙的极限开断电流即将来到，而很难指出 R_s 减小到何值时到达极限开断电流。

正因为弧隙的 R_s 能改变电路的固有 u_{hf}特性以增大弧隙的开断电流，所以，在开关电器开断能力试验标准中规定的是试验电路的固有 u_{hf}特性而不是实际 u_{hf}特性。这就是说，只要开关电器能在规定的固有 u_{hf}特性的电压作用之下开断某一电流，就认为该开关电器具有相应的开断能力，而不管开关电器本身采用了何种措施来达到这一效果。如果因开关电器弧隙具有较小的 R_s，从而改变了电路的 u_{hf}特性而能开断更大的电流，则应将此看作是设计者为提高开关电器开断电流而采取的一种技术措施。例如，某些高压开关电器在弧隙上采用并联电阻以提高其开断能力，就是这个道理。

当上述交流电弧的熄灭条件不满足时，弧隙在熄弧过程中将由于热击穿或电击穿而发生重燃。可以借助于在熄弧过程中测得的实际 u_{hf}波形和剩余电流 i_s 波形来判定，重燃的原因究竟是由于热击穿阶段还是由于电击穿阶段的介质恢复强度不够。

图 5-52 所示为几种典型的实际恢复电压 u_{hf}和剩余电流的 i_s 波形。图 5-52a 所示为在电压恢复过程中，弧隙中有 i_s 流过，但最终电弧还是熄灭了。图 5-52b 所示为在电压恢复过程中，弧隙中有 i_s 流过，当 u_{hf}上升到某一数值时，超过了弧隙 u_{jf}，于是弧隙中 i_s 迅速上升，转为燃弧时的电弧电流，表明弧隙由于热击穿而发生重燃。图 5-52c 所示为 u_{hf}上升初期，弧隙中没有 i_s，当 u_{hf}上升到某一数值时，i_s 突然出现，并立即增大到燃弧时的电弧电流，表明在电流过零后，弧隙不存在热击穿阶段，在 u_{hf}作用下弧隙发生了电击穿而重燃。图 5-52d 所示为在 u_{hf}上升初期，弧隙中流过 i_s，在 i_s 下降到零后间隔一小段时间，又重新出现并转变为燃弧时的电弧电流，表明在热击穿阶段，弧隙的 u_{jf}足够承受 u_{hf}的作用，而在电击穿阶段 u_{jf}较低，因此弧隙产生击穿，引起电弧的重燃。通过了解弧隙在灭弧过程中 u_{jf}的薄弱环节，有目的地改进灭弧装置，可提高开关的灭弧能力。

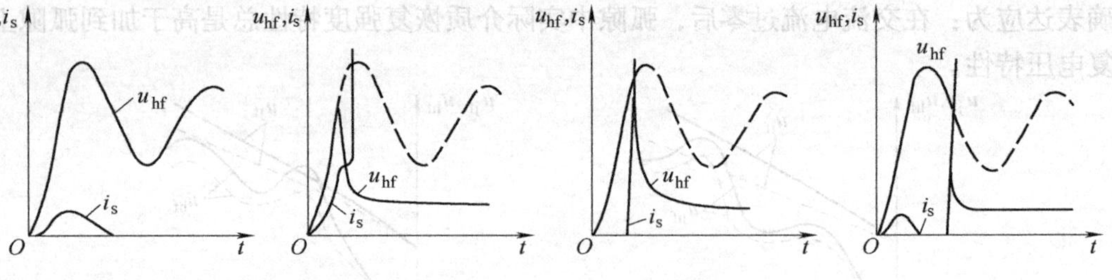

图 5-52 实际恢复电压和剩余电流的波形

图 5-53 所示为开关电器的弧隙在开断交流电路时 i_h、u_h、u_{jf}和 u_{hf}的综合波形。图中，电弧燃烧共约三个半波。i_1、i_2 和 i_3 分别表示三个半波的 i_h，t_1、t_2 和 t_3 分别表示三个电流半波的过零时刻，φ_1、φ_2 和 φ_3 分别表示 i_1、i_2 和 i_3 过零点落后于电源电压 u 过零点的相角。在触头分开前，u_h 为零；触头分开后，在第一个电流半波期间，由于触头初分，弧长较短，u_h 不大，所以电流波形基本不变，$\varphi_1 \approx 90°$。同时，u_{jf}具有较小的数值。在 t_1 时刻，i_h 第一次过零，由于此时弧隙 u_{jf}不高，当弧隙上 u_{hf}上升到 U_h'时，弧隙发生重燃，电流继续流通。在第二个电流半波期间，弧长和 u_h 较前增大，因而 i_h 幅值减小，电流过零附近的波

形也有些畸变，$\varphi_2<\varphi_1$，u_{jf}也较前增大。在 t_2 时刻，i_h 第二次过零。由于此时 u_{jf} 仍然不够高，当 u_{hf} 上升到 U''_{rh} 时，弧隙又发生重燃，电流又继续流通。在第三个电流半波期间，弧长和 u_h 更加增大，因而 i_h 的幅值更加减小，波形畸变也剧烈，$\varphi_3<\varphi_2$，弧隙的 u_{jf} 也更加增高。在 t_3 时刻，i_h 第三次过零。此时由于 $\varphi_3<90°$，u_{hf} 将在较低的工频恢复电压瞬时值的作用下上升。从图中可见，虽然电压恢复过程是振荡性的而且有 i_s 流过，但因此时弧隙的实际 u_{jf} 的数值总是大于实际的 u_{hf} 的数值，电弧没有再发生重燃，交流电路终于被开断。

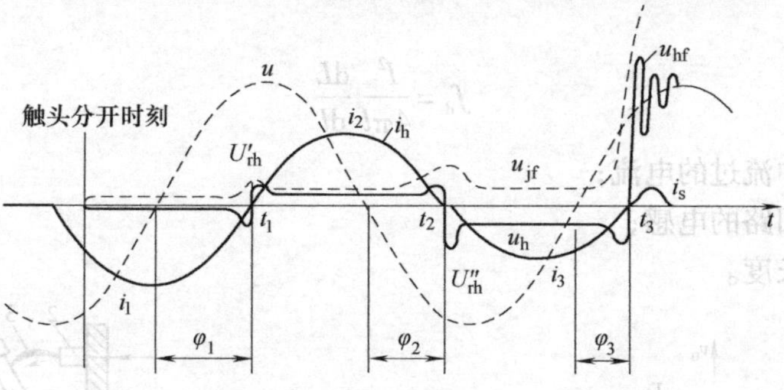

图 5-53　开断交流电路时弧隙上各参数的综合波形

如果交流电弧完整地燃烧半个周波，过零后分断电路，则根据前面的能量分析可知

$$W_h=\int_0^{\frac{\pi}{\omega}}(E-i_hR)i_h\mathrm{d}t-\int_0^0 Li_h\mathrm{d}i_h=\int_0^{\frac{\pi}{\omega}}(E-i_hR)i_h\mathrm{d}t \tag{5-119}$$

可以看出，如果电弧完整地燃烧半个周波，则电感中储存的能量没有释放到弧隙中去，而是返回电源。因此，利用交流电路的自然过零而灭弧的开关电器，不会产生过电压。但是，如果在非自然过零时刻分断电弧（截流），则仍然会产生过电压。

5.6 开关电器典型灭弧装置的工作原理

5.6.1　简单开断

依靠在大气中分开触头以拉长电弧使电弧熄灭的方法叫做简单开断。在低压开关电器中，采用这一灭弧方法的最有代表性的电器是刀开关。

电磁式交流接触器触头分断电弧

电弧拉长后，电弧电压就增大，其静态伏安特性向上移动，当电弧的静态伏安特性高于电源电压与电路电阻上电压降之差时，电弧就要熄灭，称为长弧灭弧法。依靠拉长电弧使之恰好熄灭所达到的长度，叫做临界长度 l_{lj}。当触头分开速度在 1～10m/s 范围内时，直流电弧的 l_{lj}（单位为 cm）可用下式计算：

$$l_{lj}=KI_0^{0.6} \tag{5-120}$$

式中　K——常数，当电源电压为 500V 时，$K=0.75$，当电源电压为 250V 时，$K=0.15$；

I_0——开断电流的起始值（有效值），单位为 A。

开断交流电路时，由于交流电流自身过零的作用，电弧的临界长度要比开断相同电流时直流电弧的临界长度小，即开断交流电弧比同等容量的直流电弧容易。

除依靠触头分开拉长电弧以外，还可依靠导电回路的电流产生磁场，使电弧弯曲来拉长电弧。前者是沿着电弧的轴向（也称切向）拉长电弧，后者是沿着垂直于弧轴的方向（也称法向）拉长电弧，如图 5-54 所示。因为法向拉长电弧不仅使电弧长度增加，还使电弧产生横向运动，受到空气的冷却，灭弧效果较好，所以在低压开关电器中被广泛采用。

图 5-55 表示了刀开关中同时利用触头分开运动和导电回路产生磁场拉长电弧的情况。当将闸刀 1 的手柄向下扳动时，在静触头 2 和闸刀 1 之间产生电弧 3，电弧一方面被闸刀沿轴向拉长，另一方面受回路电动力作用向上运动。作用在单位弧长上电动力的平均值 f_d 可用下式近似计算：

$$f_d = \frac{I^2}{4\pi l}\frac{dL}{dl} \tag{5-121}$$

式中 I——闸刀中流过的电流；

L——闸刀回路的电感；

l——闸刀长度。

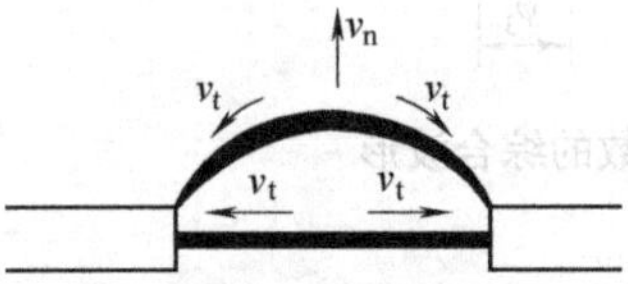

图 5-54 沿切向和法向拉长电弧

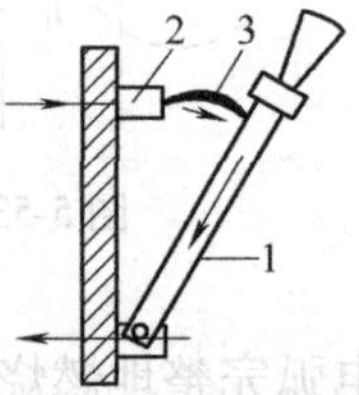

图 5-55 刀开关中的电弧情况

1—闸刀 2—静触头 3—电弧

根据计算可知，当闸刀长度增大时，dL/dl 增加较少，故适当缩短闸刀长度可以使 f_d 增大，即使电弧法向速度增大，增强了灭弧效果。

图 5-56 所示为电磁式交流接触器的结构，其触头系统采用了双断点桥式触头系统。图 5-57a 表示该交流接触器触头系统导电回路的原理设计，当动触头 2 向上运动与静触头 1 分离时，在左右两个弧隙中产生两个彼此串联的电弧，一方面被切向拉长，另一方面受导电回路磁场产生的电动力作用，向两侧作法向运动，使电弧受到拉长和冷却；有些型号的触头系统可以制成如图 5-57b 中的具有引弧角的形状，当触头分开产生电弧时，弧根将在导电回路磁场产生的电动力作用下，迅速移到引弧角 3 上燃烧，这样，不仅使电弧迅速拉长、冷却，而且可以大大减少对触头的烧损。

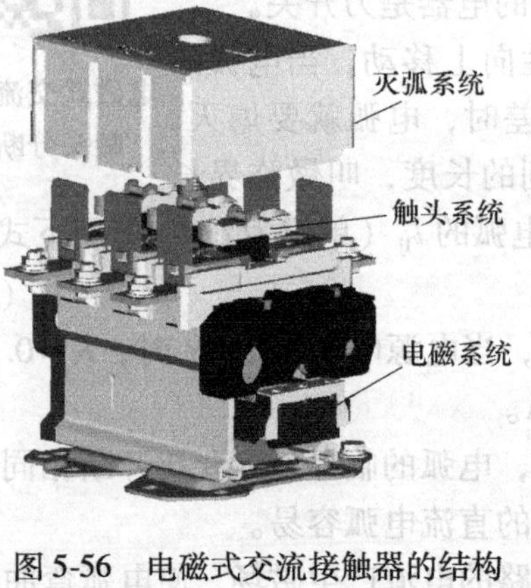

图 5-56 电磁式交流接触器的结构

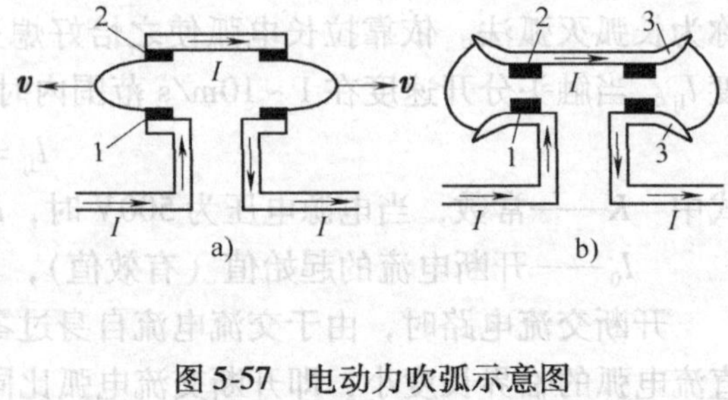

图 5-57 电动力吹弧示意图

1—静触头 2—动触头 3—引弧角

第 3 章中的图 3-1 ~ 图 3-4 均为采用电动力吹弧的例子。

5.6.2　磁吹灭弧

当需要更大的电动力驱使电弧进入灭弧室时，可以采用图 5-58 所示的磁吹线圈以产生附加的磁场。图中，磁吹线圈 1 由几匝粗导体绕成，在电路上与静触头 7 相串联。为了减小磁路的磁阻以增大穿过触头间隙的磁通，在磁吹线圈的中心装一铁心 2，铁心两端平行地固定着两块钢夹板 5（见图 5-58b），动、静触头便安置在两钢夹板之中。当触头处于闭合状态并流过电流时，磁吹线圈在钢夹板之间产生磁通，其方向如图 5-58b 中虚线箭头所示。当动、静触头分开并产生电弧 4 时，由于钢夹板中磁通方向与电弧的轴线垂直，电弧就在电动力作用之下向上运动（在图 5-58b 中是垂直于纸面运动的）并转移到引弧角上燃烧，电弧熄灭。

磁吹灭弧

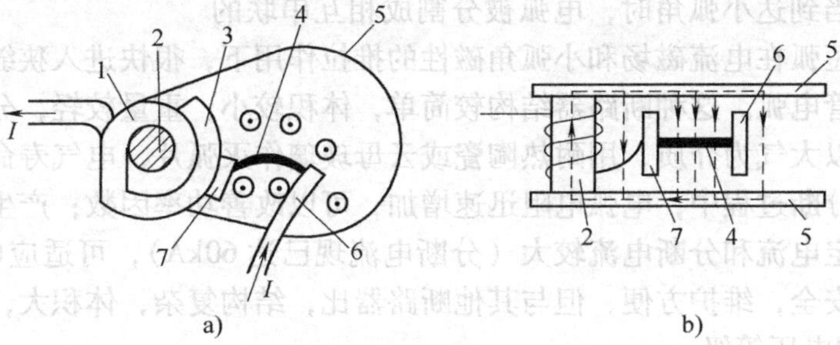

图 5-58　磁吹线圈的结构

1—磁吹线圈　2—铁心　3—引弧角　4—电弧　5—钢夹板　6—动触头　7—静触头

磁吹线圈与开断电路采用串联的连接方式，称之为串联磁吹。该磁吹线圈在开断直流和交流电路时均适用。在开断交流电路时，为了减少涡流损耗和避免由于钢夹板中磁通与电弧电流相位不同而产生反向电动力，铁心 2 上可开一槽，或者用硅钢片叠成。当铁心不饱和时，弧隙中的磁感应强度 B 与开断电流 I_0（也即电弧电流 I_h）成正比，于是作用在单位弧长上的电动力为

$$f_d = BI_h^2 = KI_h^2 \tag{5-122}$$

式中　K——比例系数。

在串联磁吹中，电弧中流过的电流和磁吹线圈中通过的电流是同一个电流，有可能产生最难熄弧区，如图 5-59 所示。图中，I_{lj}为临界电流。

在 I_{lj}附近灭弧困难。原因如下：如果磁吹线圈在开断大电流时产生的磁场适当，则在开断小电流时将因电动力过小而引起吹弧困难。又如果设计成磁吹线圈在开断小电流时产生的磁场适当，则一方面将使磁吹线圈的匝数增加，增大了线圈体积和多用了有色金属；另一方面将使开断大电流时产生的磁场过强，过强的磁场，不仅会使燃弧区扩展过大和容易产生不能允许的过电压，而且因为在触头刚分瞬间，触头间形成的熔化金属桥可能被过大的电动力驱赶到接触区以外，使得触头的电磨损大大增加。

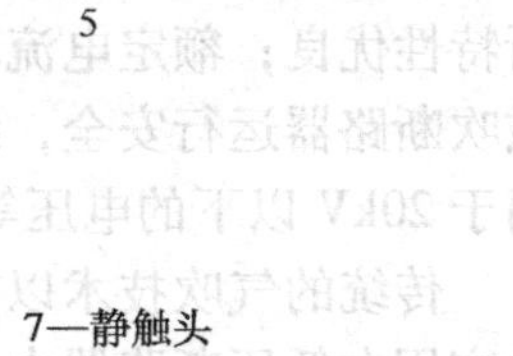

图 5-59　最难熄弧区

为了缓和上述矛盾，可以通过适当选择磁吹线圈的匝数以及铁心和钢夹板的截面积，使

得在开断小电流时磁场加强，在开断大电流时因磁路饱和而使磁场不至过强，进而使得电弧所受到的电动力不再随开断电流成二次方倍数地增加，以解决最难熄弧区问题。

磁吹灭弧一般可以和后面要介绍的纵缝灭弧、栅片灭弧等灭弧方式结合使用。

图5-60所示为电弧螺线管式磁吹灭弧装置。电弧螺线管式磁吹断路器出现于20世纪60年代。其原理是利用绝缘灭弧片和小弧角（装在灭弧片下端的U形钢片）将电弧分割，形成连续的螺线管电弧，并产生强磁场，从而驱使电弧在灭弧片狭缝中迅速运动，直至熄灭。这种断路器三相装在一个手车式底架上，配用一个操动机构。合闸时，由动、静主触头快速接通导电回路；分闸时，电弧在动、静触头之间产生，在流经触头回路的电流磁场和压气皮囊的作用下，被转移到大弧角上。此时，在辅助系统的磁场驱动下，电弧继续迅速向上运动。当到达小弧角时，电弧被分割成相互串联的若干短弧，这些短弧在电流磁场和小弧角磁性的推拉作用下，很快进入狭缝，形成一个直径不断增大的螺线管电弧。这种断路器结构较简单，体积较小，重量较轻，分断性能高。

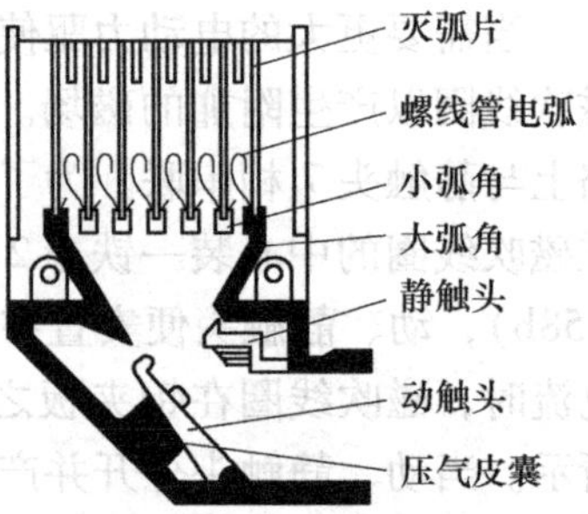

图5-60 电弧螺线管式磁吹灭弧装置

磁吹断路器以大气为介质，用耐热陶瓷或云母玻璃作灭弧片，电气寿命长，能适应频繁操作的场合；在分断过程中，电弧电阻迅速增加，可以改善功率因数；产生的过电压小，分断特性优良；额定电流和分断电流较大（分断电流现已达60kA），可适应电网发展的需要。磁吹断路器运行安全，维护方便，但与其他断路器比，结构复杂，体积大，成本高，一般适用于20kV以下的电压等级。

传统的气吹技术以前大多应用在高压断路器中，20世纪以来，人们开始注意将这种技术应用在低压断路器中。低压断路器的气动吹弧技术主要依靠电弧自身的能量，使灭弧室的压力增高，这个压力与灭弧室外的大气压之间的压力差就可以形成由灭弧室通过出气口的气流。这一气流有两种作用：一是对电弧产生冷却作用，另一是对电弧产生驱动力，迫使电弧进入灭弧栅片。传统的低压塑壳断路器，依靠自励磁场驱动力，一般灭弧栅片的间距取2mm左右，新型断路器采用气吹以后，额定电流为250A的框架，栅片间距可以减小到1～1.5mm，因而，在相同的灭弧室体积下，灭弧栅片可以增多。传统的无气吹塑壳断路器一般栅片数在7片左右，而新型有气吹断路器在同一灭弧室尺寸下栅片数可以增加到10～11片，大幅度提高了断路器的开断能力。

依靠电弧能量提高灭弧室压力来产生气吹作用的途径有两条：①利用电弧高温加热灭弧室内气体形成气吹；②在灭弧室内放置产气材料，在电弧高温侵蚀后产生大量气体，促使灭弧室压力增高，形成气吹[16]。

5.6.3 栅片灭弧

灭弧室内采用的栅片有两大类，一类为金属栅片，另一类为绝缘栅片。金属栅片又称为去离子栅片，是低压断路器中广泛采用的一种灭弧方式。图5-61所示为一种小型断路器的内部结构，图5-62所示为采用三维仿真技术建立的三维仿真模型，其灭弧装置的原理结构示意如图5-63所示。

小型断路器分断电弧仿真　小型断路器触头分断电弧　金属栅片灭弧

图 5-61　小型断路器的内部结构

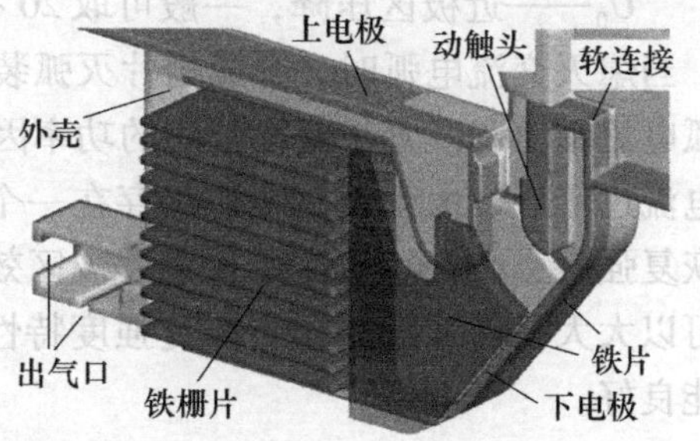

图 5-62　三维仿真模型

金属栅片灭弧装置的原理结构如图 5-63a 所示。灭弧室 1 内装有许多由厚度为 2 ~ 3mm 钢板冲成的横向栅片 2。栅片外表面镀铜以增大传热能力和防止钢片生锈。每一栅片上冲有三角形的缺口。缺口的位置稍许偏在栅片中心线的一边，安装时，将上下栅片的缺口错开（见图 5-63b）。栅片之间的间隙视工作条件不同为 2 ~ 12mm。当装在缺口附近的动、静触头 4、5 分开并产生电弧 3 时，由于栅片的存在，电弧电流在周围空间产生的磁通路径发生畸变，见图 5-63b 中虚线，这样就产生一将电弧拉向栅片的吸力。栅片缺口错开的作用为了减少电弧初始碰到的栅片数，从而减少进入的阻力。

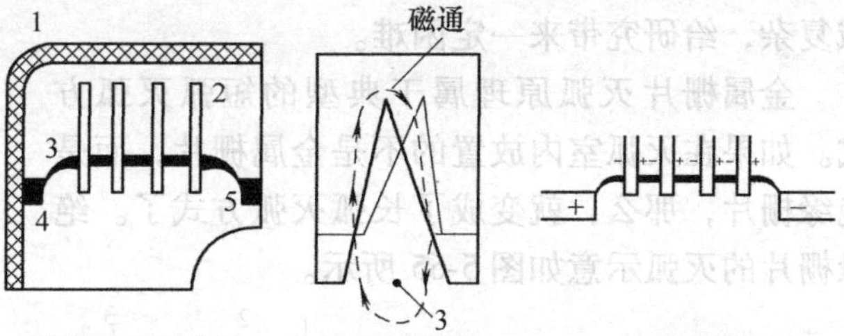

a) 装置的原理结构　b) 栅片形状　c) 串联短弧

图 5-63　金属栅片装置灭弧原理结构示意

1—灭弧室　2—金属栅片　3—电弧　4、5—动、静触头

电弧进入栅片后，被分割成许多串联的短弧，如图 5-63c 所示，由前可知，每一电弧都有一近极区压降 U_0，在电弧稳定燃烧时它的数值几乎不随电流大小而变。设电弧进入栅片之前电弧电压为

$$U_h = U_0 + El \tag{5-123}$$

式中　E——弧柱平均电场强度；

　　l——电弧长度。

电弧进入栅片之后，电弧电压变为

$$U_h' = nU_0 + El' \tag{5-124}$$

式中　n——被栅片分成的短弧数；

　　l'——扣除栅片厚度后的电弧长度。

通常 l' 和 l 相差不大，当 n 数值较大时，$El' \ll nU_0$，故，电弧电压 $U_h' > U_h$。

金属栅片灭弧装置既能用于熄灭直流电弧，也能用于熄灭交流电弧。当熄灭直流电弧时，按式（5-124），如果 n 很大，弧柱压降 El' 可以忽略不计，只要满足下式，就可以保证电弧熄灭：

$$n \geqslant \frac{U_N}{U_0} \tag{5-125}$$

式中　U_N——被开断电路的电源额定电压；

U_0——近极区压降，一般可取 20～24V。

当熄灭交流电弧时，金属栅片灭弧装置不仅在电流过零前，由于电弧电压升高可以减小电弧电流幅值和改善被开断电路的功率因数、降低电流过零时的工频恢复电压瞬时值，而且在电流过零后，由于每一短弧都存在一个介质初始恢复强度，n 个短弧就有 n 个近极区效应，从而可以大大提高弧隙的介质恢复强度特性，灭弧性能良好。

图 5-64 所示为开关开断 350A 电流时 U_{jf0} 的变化情况。

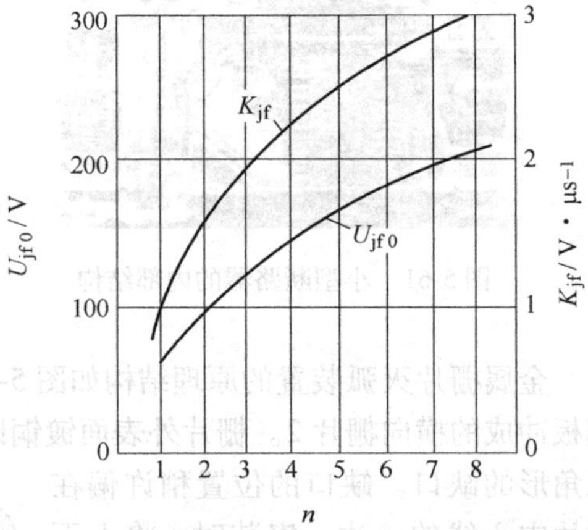

栅片厚2mm，片距5mm

图 5-64 开断 350A 电流时 U_{jf0} 的变化情况

金属栅片灭弧装置的灭弧室中，除了电弧能量损耗之外，还有电阻、磁滞涡流损耗，加之栅片间间隙较小，造成灭弧室内温度高，涉及的场域复杂，给研究带来一定困难。

金属栅片灭弧原理属于典型的短弧灭弧方式。如果在灭弧室内放置的不是金属栅片，而是绝缘栅片，那么，就变成了长弧灭弧方式了。绝缘栅片的灭弧示意如图 5-65 所示。

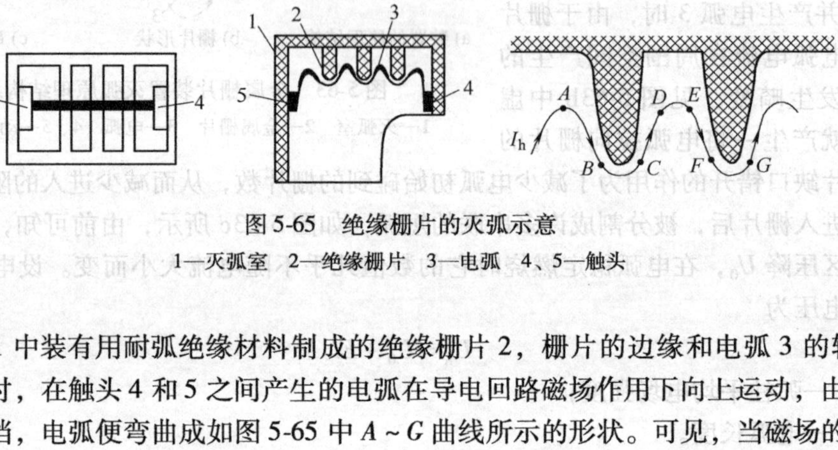

图 5-65 绝缘栅片的灭弧示意

1—灭弧室 2—绝缘栅片 3—电弧 4、5—触头

灭弧室 1 中装有用耐弧绝缘材料制成的绝缘栅片 2，栅片的边缘和电弧 3 的轴线垂直。当开断电流时，在触头 4 和 5 之间产生的电弧在导电回路磁场作用下向上运动，由于受到绝缘栅片的阻挡，电弧便弯曲成如图 5-65 中 $A \sim G$ 曲线所示的形状。可见，当磁场的方向为垂直于纸面向下时，电弧 AB、BC 和 CD 段所受的电动力都使电弧压向绝缘栅片顶部，增大与栅片表面的接触面积，从而加强了电弧的冷却和消电离作用。而 DE 段所受的电动力使电弧向上拉长，更加深入栅片间隙和增加电弧与绝缘栅片的接触面积。电弧 CD 段和 EF 段相互作用产生相斥电动力，使 CD 和 EF 段压向绝缘栅片。CD 段和 EF 段对 DE 段相互作用也产生相斥电动力，使 DE 段向上运动。这种灭弧装置充分利用了电弧自身磁场产生的电动力作用，可以获得较好的灭弧效果。

5.6.4 纵缝灭弧

纵缝灭弧是利用吹弧线圈产生的吹弧力将电弧驱入用耐弧绝缘材料（石棉、水泥、陶土等）制成的具有纵缝的灭弧室中进行灭弧。它既可用于熄灭直流电弧，也可用于熄灭交流电弧。纵缝是指灭弧室的缝隙方向与电弧的轴线平行。缝隙按照尺寸和形式，可分为单纵缝和多纵缝两种，如图 5-66 所示。

图 5-66a 表示单纵缝灭弧装置的原理结构。图中，1 为用耐弧绝缘材料制成的灭弧室壁，2 为磁吹线圈的钢夹板，3 为电弧。通常上部缝宽小于需熄灭电弧的直径。开断电流时，电弧 3 在吹弧力作用下被驱入上部窄缝，与缝壁紧密接触，弧柱受到强烈冷却和消电离，电弧电压迅速上升，电弧熄灭。图 5-67 表示在不同缝宽、不同电弧横向运动速度下，弧柱电场强度 E（单位为 V/cm）和电弧电流 I_h 之间的关系。

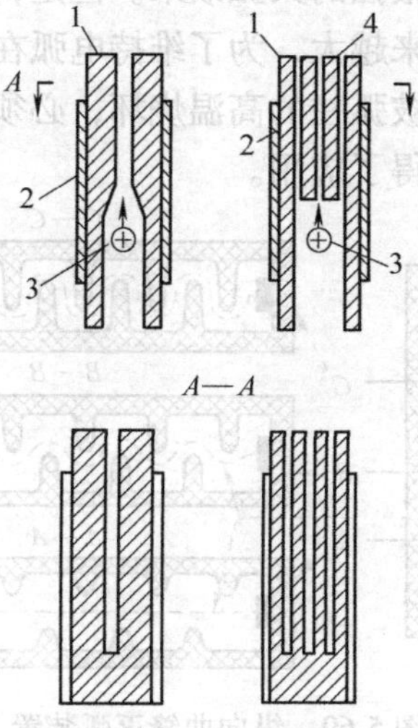

a) 单纵缝　　b) 多纵缝

图 5-66　纵缝灭弧室

1—灭弧室壁　2—钢夹板

3—电弧　4—绝缘隔板

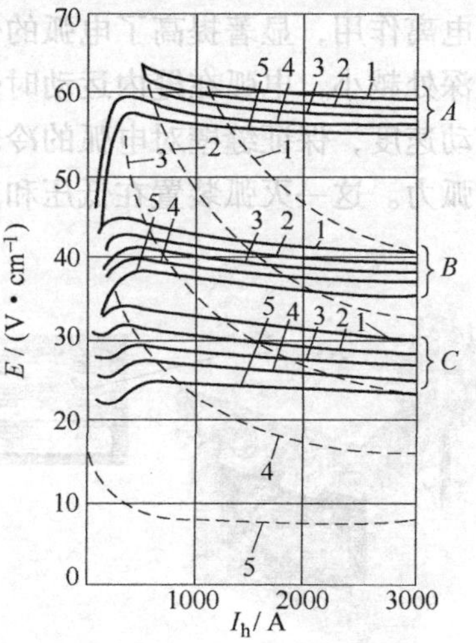

缝宽：A—1mm　B—2mm　C—4mm

虚线—自由燃弧

电弧运动速度：1—200m/s　2—150m/s

3—100m/s　4—50m/s　5—0m/s

图 5-67　纵缝中弧柱电场强度和电流的关系

数值估算公式为

$$E = 7 + \frac{133}{I_h^{2/3}} + \frac{48}{\delta^{0.8}}\left[1 - e^{-0.02 I_h^{\delta - 2/3}}\right] + \frac{8.5v}{I_h^{1/2}}\left[1 - e^{-0.01\sqrt[3]{I_h \delta}}\right] \tag{5-126}$$

式中　δ——缝宽，单位为 mm；

v——电弧横向运动速度，单位为 m/s；

I_h——电弧电流，单位为 A。

由图 5-67 可见，当电流较大时，纵缝灭弧装置中的电弧伏安特性随电弧电流增加而下降的程度比自由燃弧时的伏安特性下降程度要缓慢很多，甚至可以认为 E 等于常数。随着缝宽的减小和电弧横向运动速度的提高，电弧的伏安特性也升高，表明灭弧能力随之增强。

图 5-66b 表示多纵缝灭弧装置的原理结构。图中，灭弧室内空间用绝缘隔板 4 分隔成几条平行的缝隙。开断电路时，电弧 3 在吹弧力作用下被驱入上部窄缝。如果电弧弧柱较粗，开始时可能被隔板分裂成两个平行的电弧。但是，由于伏安特性下降的两个并联电弧是不稳定的，就是说，如果某一电弧中电流较小，则其电弧电阻较大，反过来又将引起流过它的电流继续减小，直至熄灭，因此，在熄弧过程的后期，灭弧室内实际上仍然仅存在一个电弧。采用多纵缝可以减小电弧进入上部窄缝的阻力，给定吹弧力后，可以采用比单纵缝灭弧室更

小的缝隙，显然，这将使灭弧室壁对电弧的冷却和消电离作用更加强烈。低压交流接触器灭弧室中，许多都是采用了多纵缝灭弧装置，如图5-68所示。

图5-69所示为纵向曲缝（也称迷宫式）灭弧装置。灭弧室由耐弧绝缘材料制成，内腔缝壁制成凹凸相间的齿状，上下齿相互错开，在电弧进入处齿长较短，越往深处，齿长越长。电弧受外加吹弧力的作用，从灭弧室下部进入，逐步向上运动，由于受到缝壁上下齿的排挤，它不仅与缝壁的接触面积越来越大，而且长度也越来越长。这就大大加强了弧柱的冷却和消电离作用，显著提高了电弧的伏安特性，因而具有很强的灭弧效果。但是，也正因缝隙越往深处越小，电弧在缝内运动时受到的气动阻力将越来越大，为了维持电弧在缝内有足够的运动速度，保证缝壁对电弧的冷却作用和使缝壁不至被弧柱的高温烧坏，必须提供足够大的吹弧力。这一灭弧装置在低压和高压开关电器中都获得了应用。

图5-68 交流接触器灭弧室

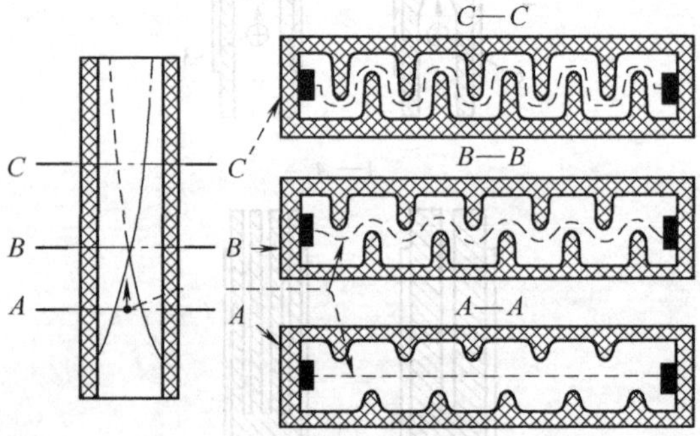

图5-69 纵向曲缝灭弧装置

5.6.5 熔断器

熔断器（Fuse）是指当电流超过规定值时，以本身产生的热量使熔体熔断，断开电路的一种电器，是一种电流保护器。熔断器广泛应用于高低压配电系统和控制系统以及用电设备中，作为短路和过电流的保护器件，是应用最普遍的保护器件之一。熔断器主要由熔体和熔管以及外加填料等部分组成。使用时，将熔断器串联于被保护电路中，在被保护电路的电流超过规定值，并经过一定时间后，由熔体自身产生的热量熔断熔体，使电路断开，从而起到保护的作用。熔断器具有反时限特性，当过载电流小时，熔断时间长，过载电流大时，熔断时间短，在一定过载电流范围内，熔断器不会熔断，可以继续使用。根据使用电压熔断器可分为高压熔断器和低压熔断器；根据被保护对象可分为保护变压器用的熔断器、保护电压互感器的熔断器、保护电力电容器的熔断器、保护半导体元件的熔断器、保护电动机的熔断器和保护家用电器的熔断器等。

图5-70示出了部分熔断器。

根据结构，熔断器又可以分为敞开式、半封闭式、管式和喷射式熔断器。

敞开式熔断器结构简单，熔体完全暴露于空气中，由瓷柱作支撑，没有支座，适于低压户外使用，分断电流时在大气中产生较大的声光。

半封闭式熔断器的熔体装在瓷架上，插入两端带有金属插座的瓷盒中，适于低压户内使用。分断电流时，所产生的声光被瓷盒挡住。

管式熔断器的熔体装在熔断体内，然后插在支座或直接连在电路上使用，熔断体是两端套有金属帽或带有触刀的完全密封的绝缘管。这种熔断器的绝缘管内，若充以石英砂，则分断电流时具有限流作用，可大大提高分断能力，故称为高分断能力熔断器；若管内抽真空，则称为真空熔断器；若管内充以 SF_6 气体，则称为 SF_6 熔断器，其目的是改善灭弧性能。由于石英砂、真空和 SF_6 气体均具有较好的绝缘性能，故这种熔断器不但适用于低压系统，也适用于高压系统中。

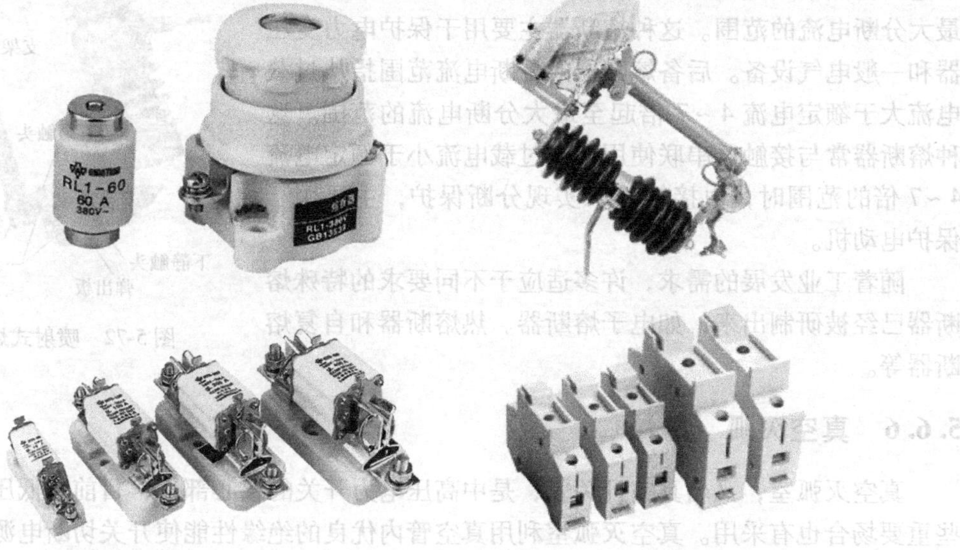

图 5-70　部分熔断器

图 5-71 所示为石英砂熔断器的结构。熔管 1 用瓷制成，2 和 3 分别为端盖和接线板，为了能够在通大电流时迅速熔断和减少弧隙中的金属蒸气量、增大灭弧能力，熔片 4 采用纯银片并冲成许多狭颈的形状。管内充满颗粒适当大小的石英砂 5。当短路电流通过时，熔片 4 狭颈处熔断、汽化，形成几个串联的短弧，这些短弧继续将熔片狭颈部分汽化。由于熔片汽化后让出的空间很小，每一段短弧都相当于在石英砂包围的狭缝中燃烧，并因为和石英砂紧密接触而受到强烈的冷却。同时，由于熔片 4 金属从固态变为气态后，体积受周围石英砂的限制，不能自由膨胀，于是燃弧区形成很高的压力，此压力推动弧隙中电离气体迅速向周围石英砂中扩散，并在那里受到石英砂的冷却和消电离，对弧隙的冷却作用大大加强。石英砂熔断器采用了多断口串联、提高弧隙中气压、加强电离气体的扩散作用、狭缝冷却等一系列灭弧措施，灭弧能力很强，限流效果非常显著。

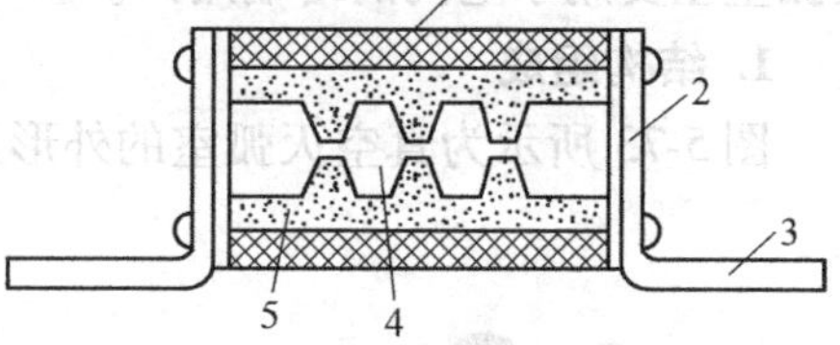

图 5-71　石英砂熔断器的结构
1—熔管　2—端盖　3—接线板
4—熔片　5—石英砂

喷射式熔断器是将熔体装在由固体产气材料制成的绝缘管内。固体产气材料可采用电工反白纸板或有机玻璃材料等，如图 5-72 所示。当短路电流通过熔体时，熔体随即熔断产生电弧，高温电弧使固体产气材料迅速分解产生大量高压气体，从而将电离的气体带电弧在管子两端喷出，发出极大的声光，并在交流电流过零时熄灭电弧而分断电流。绝缘管通常是装在一个绝缘支架上，组成熔断器整体。有时绝缘管上端做成可活动式，在分断电流后随即脱开而跌落，这种喷射式熔断器俗称跌落式熔断器。

喷射式熔断器一般适用于电压高于6kV的户外场合。

此外，熔断器根据分断电流范围还可分为一般用途熔断器、后备熔断器和全范围熔断器。一般用途熔断器的分断电流范围指从过载电流大于额定电流1.6～2倍起，到最大分断电流的范围。这种熔断器主要用于保护电力变压器和一般电气设备。后备熔断器的分断电流范围指从过载电流大于额定电流4～7倍起至最大分断电流的范围。这种熔断器常与接触器串联使用，在过载电流小于额定电流4～7倍的范围时，由接触器来实现分断保护，主要用于保护电动机。

随着工业发展的需求，许多适应于不同要求的特殊熔断器已经被研制出来，如电子熔断器、热熔断器和自复熔断器等。

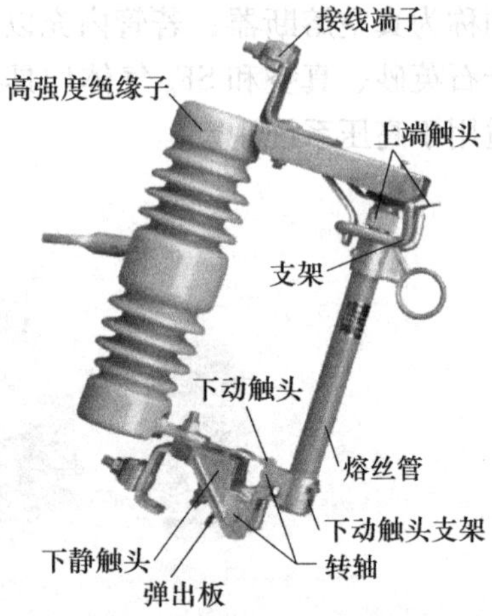

图5-72 喷射式熔断器

5.6.6 真空灭弧

真空灭弧室，又名真空开关管，是中高压电力开关的核心部件，目前在低压系统中的一些重要场合也有采用。真空灭弧室利用真空管内优良的绝缘性能使开关切断电源后能迅速熄灭电弧、抑制电流，主要应用于电力的输配电控制系统，以及冶金、矿山、石油、化工、铁路、广播、通信、工业高频加热等配电系统中，具有节能、节材、防火、防爆、体积小、寿命长、维护费用低、运行可靠和无污染等特点。真空灭弧室从用途上可分为断路器用灭弧室和负荷开关用灭弧室，断路器灭弧室主要用于电力部门中的变电站和电网设施，负荷开关用灭弧室主要用于电网的终端用户。

1. 结构组成

图5-73所示为真空灭弧室的外形及结构，其主要由以下几个部分组成：

a) 玻璃真空灭弧室 b) 陶瓷外壳真空灭弧室 c) 内部结构

图5-73 真空灭弧室的外形及结构

1—动导电杆 2—导向套 3—波纹管 4—动端盖板 5—波纹管屏蔽罩 6—气密绝缘外壳 7—屏蔽筒 8—触头系统 9—静导电杆 10—定端盖板

（1）气密绝缘系统

由玻璃或陶瓷制成的气密绝缘外壳、动端盖板、定端盖板、不锈钢波纹管组成了气密绝缘系统。为了保证玻璃、陶瓷与金属之间有良好的气密性，除了封接时要有严格的操作工艺外，还要求材料本身的透气性尽量小和内部放气量限制到极小值。不锈钢波纹管的作用不仅能将真空灭弧室内部的真空状态与外部的大气状态隔离开来，而且能使动触头连同动导电杆在规定的范围内运动，以完成真空开关的闭合与分断操作。

（2）导电系统

由静导电杆、静跑弧面、静触头、动触头、动跑弧面、动导电杆构成了灭弧室的导电系统。其中，静导电杆、静跑弧面、静触头合称为静电极，动触头、动跑弧面、动导电杆合称为动电极。由真空灭弧室组装成的真空断路器、真空负荷开关和真空接触器合闸时，操动机构通过动导电杆的运动，使两触头闭合，完成电路的接通。为了使两触头间的接触电阻尽可能低值稳定，而且在灭弧室承受动稳定电流期间有良好的机械强度，真空开关在动导电杆一端设置有导向套，并使用一组压缩弹簧，使两触头间保持有一个额定压力。当真空开关分断电流时，灭弧室两触头分离并产生电弧，直至电流自然过零时电弧熄灭，便完成了电路的开断。

（3）屏蔽系统

真空灭弧室的屏蔽系统主要由屏蔽筒、屏蔽罩和其他零部件组成。屏蔽系统的主要作用如下：

1）防止触头在燃弧过程中产生大量的金属蒸气和液滴喷溅，污染绝缘外壳的内壁，避免造成真空灭弧室外壳的绝缘强度下降或产生闪络。

2）改善真空灭弧室内部的电场分布，有利于真空灭弧室绝缘外壳的小型化，尤其是对于高电压的真空灭弧室，小型化有显著效果。

3）吸收一部分电弧能量，冷凝电弧生成物。特别是真空灭弧室在开断短路电流时，电弧所产生的热能大部分被屏蔽系统所吸收，有利于提高触头间的介质恢复强度。屏蔽系统吸收电弧生成物的量越大，说明吸收的能量也越大，这对增加真空灭弧室的开断容量起到了良好的作用。

（4）触头

触头是产生电弧、熄灭电弧的主要部件，对材料和结构的要求都比较高。根据电接触部分的研究可知，对触头材料有如下要求：

1）高开断能力，要求材料本身的电导率大，热导率小，热容量大，热电子发射能力低。

2）高击穿电压，介质恢复强度高，对灭弧有利。

3）高的抗电腐蚀性，经得起电弧的烧蚀，金属蒸发量少。

4）抗熔焊能力强。

5）低截流电流值，希望在2.5A以下。

6）低含气量，是对真空灭弧室内部使用的所有材料的要求，特别是铜材，必须使用低含气量的特殊工艺处理的无氧铜，而焊料等则应采用白银、铜的合金。

目前断路器用真空灭弧室的触头材料大都采用铜铬合金，铜与铬各占50%。在上、下触头的对接面上各焊上一块铜铬合金片，一般厚度各为3mm。其余部分称为触头座，用无氧铜制造即可。

触头结构对灭弧室的开断能力有很大影响。采用不同结构触头产生的灭弧效果有所不同。早期触头结构采用简单的圆柱形触头，结构虽然简单，但开断能力不能满足断路器的要求，仅能开断10kA以下电流，目前只有真空负荷开关、高压真空接触器等采用。其余触头结构则常采用有螺旋槽型结构触头、带斜槽杯状结构触头和纵磁场杯状结构触头三种，其中多数采用纵磁场杯状结构触头。部分真空开关触头如图5-74所示。

（5）波纹管

真空灭弧室的波纹管主要担负保证动电极在一定范围内运动和长期保持高真空的功能，并保证真空灭弧室具有很高的机械寿命。真空灭弧室的波纹管是由厚度为0.1～0.2mm的不锈钢制成的薄壁元件。真空开关在分合过程中，灭弧室波纹管受伸缩作用，波纹管截面上受变应力作用，所以波纹管的寿命应根据反复伸缩量和使用压力来确定。

图5-74 真空开关触头

波纹管的疲劳寿命与工作条件、受热温度等因素有关，真空灭弧室在分断大的短路电流后，导电杆的余热传递到波纹管上，使波纹管的温度升高，当温升达到一定程度时，就会影响波纹管的疲劳强度。

2. 工作原理

（1）真空电弧的产生

真空灭弧室是利用真空作为绝缘与灭弧介质进行灭弧的。真空一般是指气体稀薄的空间，凡是绝对压力低于正常大气压力的状态都可以认为是真空状态。绝对压力为零的空间，称为绝对真空。真空程度以气体的绝对压力值来表示，压力越低真空度越高。真空灭弧室的真空度高于1.33×10^{-2}Pa（真空压力值低于此数值）时，间隙中的气体分子非常少，每立方厘米空间中含有的气体分子数仅为标准大气压环境下的千万分之一。在这样稀薄的气体中，即使真空间隙存在电子，它们从一个电极飞向另一个电极时，也很少有机会与气体分子碰撞造成真空间隙的电击穿。因此，高真空间隙的绝缘强度比变压器油、高压力的压缩空气、六氟化硫气体要高许多。

可以看出，真空击穿并不是由电子和气体分子相互碰撞造成的。研究表明，真空击穿完全是由电极过程引起的。首先，场致发射可能引起真空击穿。实际电极表面微观上存在许多局部凸起点，这些凸起部分的电场强度是间隙平均电场强度的数十倍，再加上表面膜和电阻的影响，致使凸起部分产生严重发热，触头一分开就会产生金属蒸气，给电弧发生提供带电粒子。其次，电极表面不可避免地粘有杂质颗粒，这些微粒在电场作用下依附电荷运动，产生微粒击穿现象。这些带电粒子在电场作用下，轰击阴极，引起二次电子发射，使间隙中带电粒子数增多，引起间隙击穿。真空电弧一旦形成，就会出现高电流密度的阴极斑点，使阴极表面局部区域的金属不断熔化和蒸发，以维持真空电弧，也就是说，维持真空电弧的是金属蒸气而非气体分子。真空间隙距离、间隙中的真空度、电极材料、电极表面情况是直接影响间隙击穿和真空电弧的主要因素。

真空电弧有两种形态，小电流的扩散型真空电弧和大电流的集聚型真空电弧。

1）扩散型真空电弧：当真空电弧电流较小时（对于铜电极来说一般不超过 7~8kA），阴极斑点将不停的运动，并且通常是由电极中心向边缘运动。当阴极斑点运动到达边缘时，就会突然熄灭，而在电极中心又会继续不断地产生新的阴极斑点。电弧电流保持不变，阴极表面存在的阴极斑点数基本维持不变，当电弧电流增大或减小时，阴极斑点也随之增加或减小。这种存在许多阴极斑点的真空电弧，随着阴极斑点的运动不断向四周扩散，称之为扩散型真空电弧，如图 5-75 所示。

当电流很小的时候，电弧只有一个阴极斑点，一条弧柱，不存在阳极斑点，如图 5-76 所示。

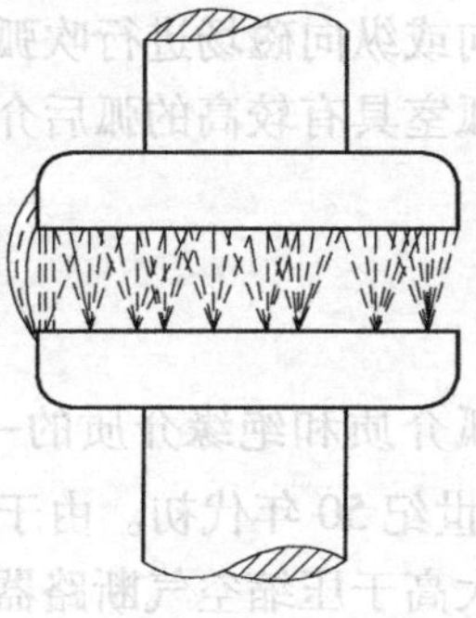
图 5-75　扩散型真空电弧

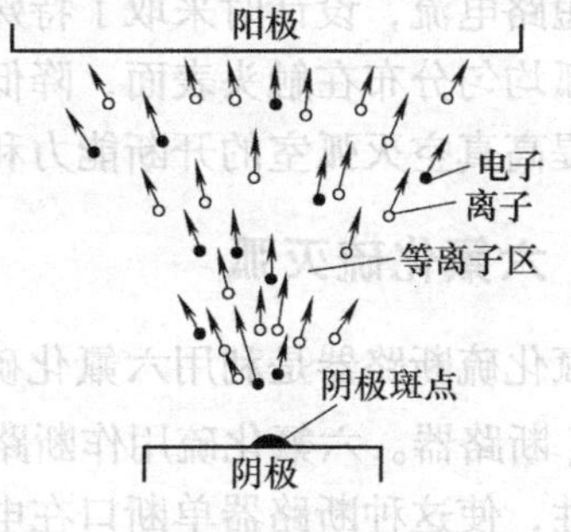

图 5-76　单个阴极斑点真空电弧

2）集聚型真空电弧：当真空电弧电流很大时（如对于铜电极，电弧电流超过 10kA 时），电弧的外形将突然发生变化，阴极斑点不再向四周扩散，而是相互吸引，结果所有的阴极斑点都聚集成一个斑点团，阴极斑点团的直径可达 1~2cm。此时，阳极上出现了阳极斑点，阴极表面和阳极表面均有强烈的光柱，阴极光柱与阳极光柱自由的向电极的四周扩散成为数条连续的闪光，有时偶尔也与电极平行。真空电弧一旦聚集，阴极斑点与阳极斑点便不再移动或仅以缓慢的速度运动，阳极和阴极表面被局部强烈地加热，导致严重熔化，这种电弧叫做集聚型真空电弧，如图 5-77 所示。

（2）真空电弧的熄灭条件

真空电弧是依靠电极不断产生金属蒸气来维持燃烧的，因此，要熄灭真空电弧就必须将电弧电流减小到一定程度，使之不足以维持电弧燃烧，才有可能将电弧熄灭。在交流情况下，可以依靠电流过零点来熄灭电弧，而对于直流电弧，必须设置一个电力转向装置，使直流真空电弧电流有一个过零的机会，创造熄弧条件。真空电弧熄灭交流电弧时，与触头之间弧区电流过零前的金属蒸气密切相关，当电流过零前弧区金属蒸气浓度很小时，电弧在过零时不足以维持电弧燃烧，电弧熄灭；反之，电流过零前弧区金属蒸气浓度较大，电弧便不会熄灭。

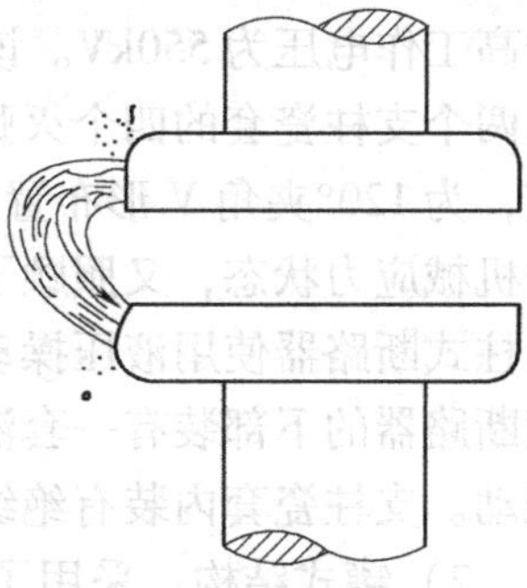
图 5-77　集聚型真空电弧

金属蒸气来自于触头的电弧斑点，电弧斑点和金属蒸气都随着电弧电流瞬时值的变化而变化，电弧电流过零前的一小段时间里，触头间金属蒸气的浓度降低速度取决于电弧斑点的冷却时间常数。

1）小电流真空电弧的熄弧：小电流真空电弧是一种扩散型真空电弧，它只有阴极斑点，无阳极斑点，各分支电弧均分布于触头表面上，且处于移动状态，所以触头表面电弧斑点熔区面积小、深度浅、热惯性小，冷却时间常数有数微秒，有足够时间让阴极斑点冷却，因此，金属蒸气浓度低。金属蒸气在温差、浓度差、压力差作用下，迅速向弧区外扩散，电流过零后，电弧即熄灭。

2）大电流真空电弧的熄弧：大电流真空电弧是一种集聚型真空电弧，不仅产生阴极斑点，还会产生阳极斑点，从而导致电极严重熔化，并产生过量的金属蒸气。在真空灭弧室分断交流电弧时，电流过零后，这些过量的金属蒸气在电极间还将持续一段时间，电极间的介质恢复速度低，从而很可能导致分断失败。因此，为了熄灭大电流真空电弧，必须采取一定措施，避免阳极斑点的产生，从而就可以避免产生过量的金属蒸气。为了能够开断10kA及以上的短路电流，设计时采取了特殊的触头结构，施加横向或纵向磁场进行吹弧，这个磁场可使电弧均匀分布在触头表面，降低电弧电压，使真空灭弧室具有较高的弧后介质强度恢复速度，提高真空灭弧室的开断能力和使用寿命。

5.6.7 六氟化硫灭弧

六氟化硫断路器是利用六氟化硫（SF_6）气体作为灭弧介质和绝缘介质的一种断路器，简称 SF_6 断路器。六氟化硫用作断路器中灭弧介质始于20世纪50年代初。由于这种气体的优异特性，使这种断路器单断口在电压和电流参数方面大大高于压缩空气断路器和少油断路器，并且不需要高的气压和相当多的串联断口数。在20世纪60～70年代，SF_6 断路器已广泛用于超高压大容量电力系统中，80年代初已研制成功363kV单断口、550kV双断口和额定开断电流达80kA、100kA的 SF_6 断路器。但是，由于 SF_6 断路器价格偏高，且对 SF_6 气体的应用、管理、运行都有严格要求，故在中压（35kV、10kV）应用还不够广，主要应用于比较高端的场合。

1. 结构形式

1）瓷柱式结构：取积木式结构，系列性强，可用多个相同的单元灭弧室和支柱瓷套组成不同电压等级的断路器。FA4—550型 SF_6 断路器为瓷柱式结构，其额定电压为500kV，最高工作电压为550kV。该型断路器由三个独立的单相和一个液压、电气控制柜组成。每相由两个支柱瓷套的四个灭弧室（断口）串联而成。在每个支柱瓷套顶部装着两个单元灭弧室，为120°夹角V形布置，两个均压并联电容器为水平布置。这种结构布置既考虑到结构的机械应力状态，又照顾了绝缘的要求。灭弧室和支柱瓷套内均充有额定压力的 SF_6 气体。瓷柱式断路器使用液压操动机构。液压机构的控制和操动元件以及线路均设于控制柜内。每相断路器的下部装有一套液压机构的动力元件，如液压工作缸等。灭弧室由液压工作缸直接操动。支柱瓷套内装有绝缘操作杆，操作杆与液压工作缸相连接。

2）罐式结构：采用了箱式多油断路器的优点，将断路器与互感器装在一起，结构紧凑，抗地震和防污能力强，但系列性较差。LW—220型罐式 SF_6 断路器单相结构如图5-78所示。该断路器为三相分装式。其中，每相由基座、绝缘瓷套管、电流互感器和装有单断口灭弧室的壳体组成。每相配有液压机构和一台控制柜，可以单独操作，并能通过电气控制进行三相操作。断路器采用双向纵吹式灭弧室，分闸时通过拐臂箱传动机构，带动气缸及动触头运动。灭弧室充有 SF_6 气体。图5-79所示为LW8A—40.5型（中置式）SF_6 断路器的外形。

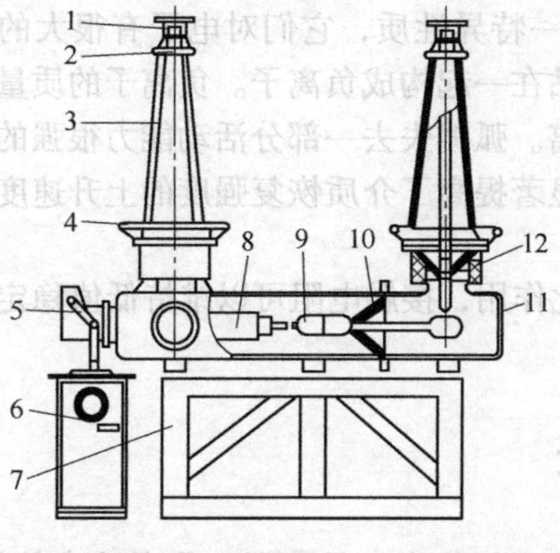

图5-78　LW—220型罐式SF_6断路器单相结构

1—接线端子　2—上均压环　3—出线瓷套管　4—下均压环　5—拐臂箱　6—机构箱　7—基座　8—灭弧室　9—静触头　10—盆式绝缘子　11—壳体　12—电流互感器

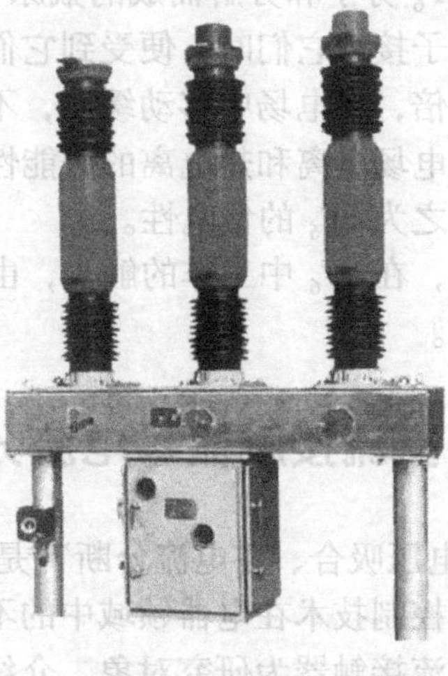

图5-79　LW8A—40.5型（中置式）SF_6断路器的外形

2. 灭弧原理

SF_6是目前开关电器中使用的最优良的灭弧和绝缘介质之一，具有无色、无味、无毒、不易燃烧等特点。SF_6气体比空气重5.135倍，1大气压（1at = 98.0665kPa）时，沸点为-60℃。在150℃以下，SF_6具有良好的化学稳定性，不与断路器中常用的金属、塑料及其他材料发生化学作用。在大功率电弧引起的高温下分解成各种不同成分时，电弧熄灭后的极短时间内又会重新合成。SF_6中没有碳元素，没有空气存在，可避免触头氧化。SF_6的介电强度很高，且随压力的增高而增长。在1大气压下，SF_6的介电强度约等于空气的2~3倍。绝对压力为3大气压时，SF_6的介电强度可达到或超过常用的绝缘油。SF_6灭弧性能良好，在一个简单开断的灭弧室中，其灭弧能力比空气大100倍。在SF_6中，当电弧电流接近零时，仅在直径很小的弧柱心上有很高的温度，而其周围是非导电层。这样，电流过零后，电弧间隙介电强度将很快恢复。

SF_6之所以具有很强的灭弧性能，主要原因如下：

1）SF_6在高温时形成由硫、氟的原子、正负离子和电子构成的等离子体，与一般灭弧介质相比，这一等离子体具有较高的电离度，因而在同样的电流时，电弧电压较低，燃弧时弧隙中产生的热量少，无须施加很大的介质吹弧速度，便可以使弧隙得到足够的冷却作用。

2）图5-80表示相同条件下，在氮气N_2中和在SF_6中，弧柱的温度T沿半径r_h分布的情况。

由图5-80可见，在SF_6中弧柱温度分布的半径远比在N_2中燃烧的弧柱温度分布半径小，说明在SF_6中燃烧的电弧弧柱细，含热能少，因而电弧的热时间常数也大大减少（约为空气中相同电流时的1/10~1/100）。时间常数小表明弧隙的介质恢复速度上升快。

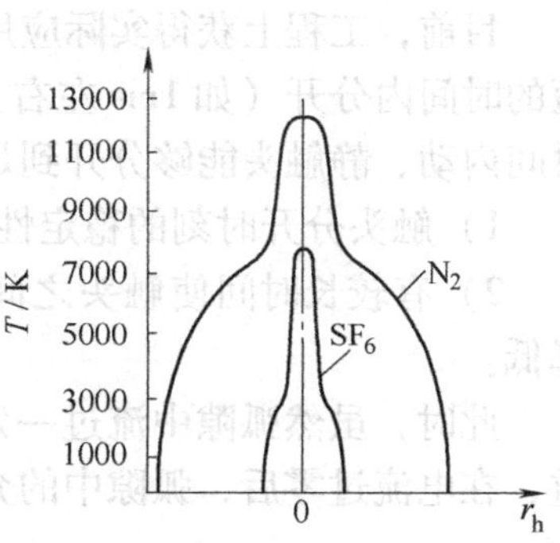

图5-80　弧柱温度沿半径的分布情况

3）SF_6 分子和分解而成的氟原子在高温时具有一特异性质，它们对电子有很大的亲和力。当电子接近它们时，便受到它们的吸附作用而粘在一起构成负离子。负离子的质量为电子的几千倍，在电场中移动缓慢，不易产生电场电离。弧隙失去一部分活动能力很强的电子后，产生电场电离和热电离的可能性大幅度下降，显著提高了介质恢复强度的上升速度。这一特性称之为 SF_6 的负电性。

此外，在 SF_6 中工作的触头，由于不会发生氧化作用，接触电阻可以维持低值稳定，触头磨损小。

*5.7 交流接触器零电流分断控制技术

“零电压吸合、零电流分断”是开关电器工作的理想状态，是电器工作者追求的目标。随着智能控制技术在电器领域中的不断完善，开关电器的各项性能指标得到了全面的提高。下面以交流接触器为研究对象，介绍开关电器的零电流分断控制技术。

吸合时触头的弹跳、分断过程中触头之间的电弧，对交流接触器危害极大，在执行重任务的场合，电弧问题直接影响接触器的寿命、通断能力、运行的可靠性和各项性能指标。实现分断过程零电流分断控制，是智能电器力图达到的目标。交流电弧具有电流过零的特点，因此控制交流接触器的电磁机构动作时间，使接触器的触头在接近电流零点时打开，就可以将电弧消灭在萌芽阶段。由于接触器的分断过程是一个极其复杂的物理、化学过程，存在着电、磁、光、热、机械等多种能量转换，因此，其分断过程是非线性的、复杂的动态过程。该过程无法建立精确的数学模型，理论分析十分困难，而且影响触头电流过零分断控制过程的因素很多，工作环境复杂，实现产品化也具有一定难度。

通过前面的学习可知，交流电流每秒要通过零点 $2f$（f 是电源频率）次。如果能够控制开关电器的触头在电流零点分开，并以极高速度拉开到足以承受恢复电压而不发生间隙击穿的距离，则电弧不再产生，也不存在所谓的热击穿阶段；同时，由于弧隙是未电离的间隙，因此只需极小的极间距离，就可以承受较高的恢复电压。这种开断电路的方法称为同步开断，相应的开关称为同步开关。理论上，这种理想的同步开关可以不需要灭弧装置，但是，实际上要实现这一理想方案非常困难。首先，由于机构的分散性和触头系统的磨损等原因，无法保证开关电器的触头每次都在电流零点瞬间分开；其次，需要在短时间内对动触头施加足够的动能，加速触头的运动，这也是一件比较困难的事情。

目前，工程上获得实际应用的是一种带灭弧系统的同步开关，控制触头在电流过零前很短的时间内分开（如 1ms 左右），同时，提高触头分开速度，使触头从分开到电流过零这段时间内动、静触头能够分开到足够的距离。该同步开关有如下优点：

1）触头分开时刻的稳定性要求降低。

2）有较长时间使触头之间在电流过零时达到一定的开距，对触头分开运动速度要求降低。

此时，虽然弧隙中流过一定电流，但数值较小，且持续时间短，弧隙中电离情况不严重，在电流过零后，弧隙中的介质恢复强度高，电弧容易熄灭[8]。

5.7.1 零电流分断控制原理分析

交流接触器正常工作时，其三相电流的相位相差 120°。下面以最常见的三相中性线不接地电感性负载系统为例，讨论其首相开断的问题。三相平衡工作系统电压、电流波形如图 5-81 所示。

由图 5-81 中可以看出，在三相平衡系统工作过程中，必有一相电流最先过零点。假设某相电流先过零点，并且该相电弧首先熄灭，此时另外两相弧隙仍然处于导通状态。

如果接触器触头在图中的第Ⅰ相角区打开，那么 B 相电流首先过零，B 相为首开相。如果 B 相触头电弧在电流过零点熄灭，电路中的电流变为线电流 i_{ca}，i_b 的零点正好对应 i_{ca} 的峰值，即再过 5ms 时间 i_{ca} 过零，所以 A、C 两相燃弧时间等于 B 相燃弧时间加上 5ms。

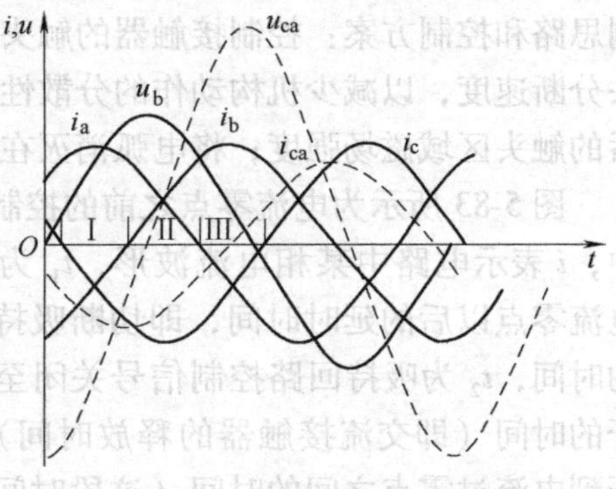

图 5-81　三相电路电压、电流波形

由于在开断过程中无法肯定哪一相触头首先熄灭电弧，所以在传统的交流接触器中，触头系统的灭弧均按首开相的电弧来考虑其触头系统的灭弧能力。

实现交流接触器三相触头系统的零电流分断控制，有以下几种可供选择的控制方案：

1）通过软件控制使三相触头轮流在电流过零点分断，按统计规律，每一相触头在整个工作过程均有 1/3 次分断实现了零电流分断。

2）改变触头系统的结构，使三相触头具有不同的开距，即令三相触头不同步。首开相（固定为中间相）触头的开距大于其余两相的触头开距。通过控制接触器首开相（中间相）的分断时刻，实现三相触头系统的零电流分断控制。

3）采用组合式接触器本体，实现分相控制。用两台结构简单、体积小巧的交流接触器构成组合式接触器控制三相电路，其中一台为单极交流接触器，控制首开相电路；另一台为双极交流接触器，控制后分断的两相主电路。通过单片机系统控制，实现三相电路的零电流分断。

5.7.2　零电流分断控制原理的实现

如前所述，采用新型的触头结构，首开相触头的开距大于其余两相，在结构上实现非首开相触头的打开时刻比首开相触头打开时刻滞后 5ms 左右，从而只要控制好首开相触头的打开时刻，就可以实现三相触头系统的零电流分断控制，如图 5-82 所示。或者采用组合式交流接触器结构形式，单独控制三相触头，实现分相控制。接触器分断动作时间均由以微处理器为核心的智能控制系统控制。

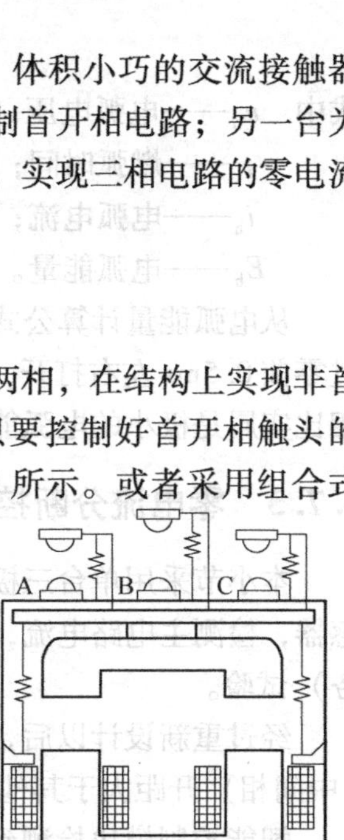

图 5-82　三极交流接触器本体（触头开距不同）

控制好首开相触头的动作时间是能否实现智能交流接触器零电流分断控制的关键。其难点在于：

1）技术上，由于工艺和动作机构等原因，交流接触器的分断动作时间不稳定，呈现较大分散性，因此，无法保证交流接触器的触头每次都稳定在某一时刻打开。

2）提高交流接触器触头的分断速度，会给电器的动作机构带来一定的困难，增加电器的负担。

3）工业现场的复杂情况，给智能交流接触器的控制系统增加了精确控制的难度。

为了成功进行智能交流接触器的零电流分断控制，针对首开相零电流分断，提出以下控制思路和控制方案：控制接触器的触头在电流过零之前一个较小的区域内打开；同时提高触头分断速度，以减少机构动作的分散性；设计适应于小电流开断的灭弧系统，增加触头打开后的触头区域磁场强度；将电弧消灭在萌芽阶段。

图5-83所示为电流零点之前的控制时间示意。图中，i表示电路中某相电流波形，t_1为单片机检测到电流零点以后的延时时间，即切断吸持回路控制信号的时间，t_2为吸持回路控制信号关闭至接触器触头打开的时间（即交流接触器的释放时间），t_3为触头打开到电流过零点之间的时间（这段时间的电弧能量是决定电流过零以后电弧熄灭与否的关键）。

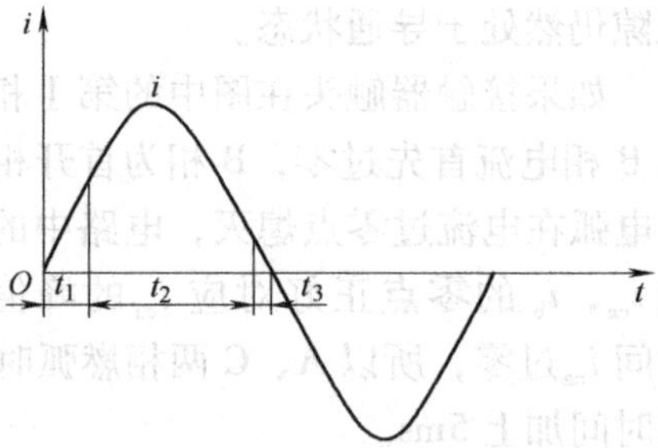

图5-83 首开相开断电路时相位控制示意

在运行过程中，接触器的释放时间除受到结构、工艺、电磁系统与触头系统所受电动力等因素影响会发生变化外，经过电弧烧损、结构磨损等因素，接触器释放时间也将发生变化，故控制好时间t_2是零电流分断的一个难点。时间t_3由两方面因素决定：一是电流过零时刻触头之间的距离，距离太小触头间隙能承受恢复电压的能力太弱，弧隙容易击穿，造成电弧重燃；二是电弧的能量，触头打开时刻越靠近电流零点，电弧中积聚的能量越小，电弧越容易熄灭。弧隙的电弧能量计算公式如下：

$$E_h = \int_0^{t_r} u_h \mid i_h \mid \mathrm{d}t \tag{5-127}$$

式中 u_h——电弧电压；

t_r——燃弧时间；

i_h——电弧电流；

E_h——电弧能量。

从电弧能量计算公式（5-127）可知，按统计的规律，智能交流接触器触头如果在电流过零前0.5ms左右打开，从打开到电流过零的电弧能量与传统的交流接触器分断电弧能量相比实属是极小的电弧能量，显然存在一个零电流分断控制的最佳开断区域。

5.7.3 零电流分断控制原理的实验研究

本小节采用单台三极交流接触器本体，将中间相触头作为首开相，在首开相加装电流互感器，检测主电路电流，进行接触器零电流分断过程控制的实验研究及AC4电寿命（重任务）试验。

经过重新设计以后，将智能控制模块配以单台交流接触器本体，触头系统采用了首开相（中间相）开距大于其他两相开距的结构，如图5-82所示。

智能控制模块检测到电源电压低于最高释放电压以后，转入分断控制程序。电流互感器信号经处理后输入电流采样通道，由智能控制模块检测电流零点，检测到电流零点之后，经延时时间t_1关断吸持回路控制信号，再经过接触器释放时间t_2后，首开相触头打开。首开相触头打开后，再经过时间t_3，在电流的下一个电流零点电路开断。然后，非首开相触头经过4~5ms的时间延时（结构上保证），在电流零点之前打开，实现三相电路的零电流分断控制。

显而易见，控制好接触器的释放时间，是实现智能交流接触器零电流分断控制的关键，所以接触器必须具有快速而稳定的释放时间。

1. 释放时间范围的研究

1）采用原CJ20—63A型交流接触器整体结构，即保留分磁环，且三相主触头开距相同，配以智能控制模块。经大量实验，实测接触器释放时间为12.3~12.9ms（空载）。显然，上述释放时间太长，不利于分断过程控制。

2）由于智能交流接触器是直流起动、直流吸持的工作状态，所以样机不装分磁环，并采用不同步主触头结构，适当增加反力。经大量实验，实测其释放时间为4.4~4.8ms，显然，该时间大幅度缩短。

图5-84所示为动静铁心分离、非首开相触头打开、首开相触头打开的实测波形。

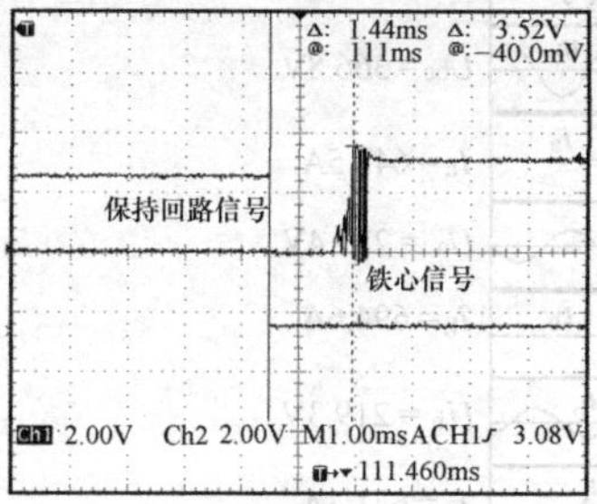

a) 铁心分离时间

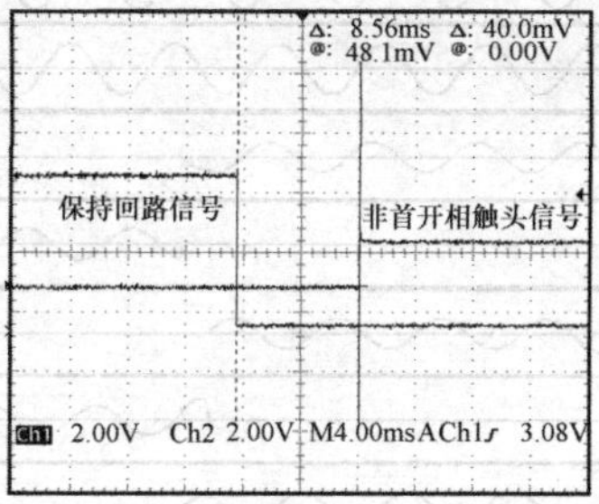

b) 非首开相触头的打开时间

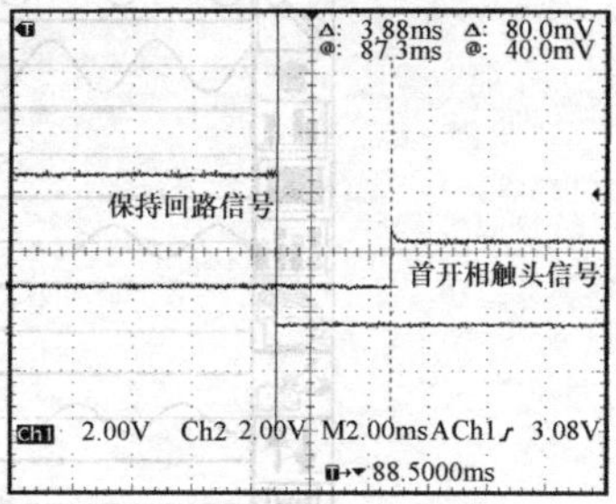

c) 首开相触头的打开时间

图5-84　分断时间的实测波形

在不同系统反力、不同吸持电压情况下，首开相触头打开、非首开相触头打开、铁心分离时间实测数据的平均值见表5-13。

表5-13　动作时间实测参数平均值

系统反力	吸持电压/V	铁心分离时间/ms	首开相触头打开时间/ms	非首开相触头打开时间/ms
63A反力	12	1.44	4.60	9.16
100A反力	12	1.44	4.56	9.02
2倍100A反力	12	1.44	3.88	8.56
3倍100A反力	12	1.42	3.56	7.54
63A反力	8	1.15	4.19	9.06
100A反力	8	1.12	4.19	8.86
2倍100A反力	8	1.12	3.72	8.66
3倍100A反力	8	1.12	3.22	7.06
63A反力	6	0.92	4.04	8.66
100A反力	6	0.92	3.98	8.46
2倍100A反力	6	0.92	3.76	8.44

注：表中系统反力是指CJ20系列各规格交流接触器的系统反力。

由实测参数可以看出，在接触器结构一定情况下，系统反力越强，释放时间越短；吸持电压越高，释放时间越长。因此，在可靠吸合的前提下，可以适当降低吸持电压，增加系统的弹簧反力。研究样机选定的反力弹簧为CJ20—100A型交流接触器的反力弹簧，吸持电压为6V。

2. 最佳分断区域的试验研究

最佳分断区域试验研究的样机采用上述新型380V、100A的智能交流接触器。进行AC4电寿命试验。试验条件为：额定电压（380V），通断600A的试验电流，操作频率为600次/h（标准规定普通CJ20—100A型交流接触器AC4试验操作频率为300次/h，电寿命3万次）。

通断过程的完整试验波形（零电流分断）如图5-85所示。由图5-85看出，在吸合与分断的全过程中，实现了触头不弹跳接通与零电流分断。

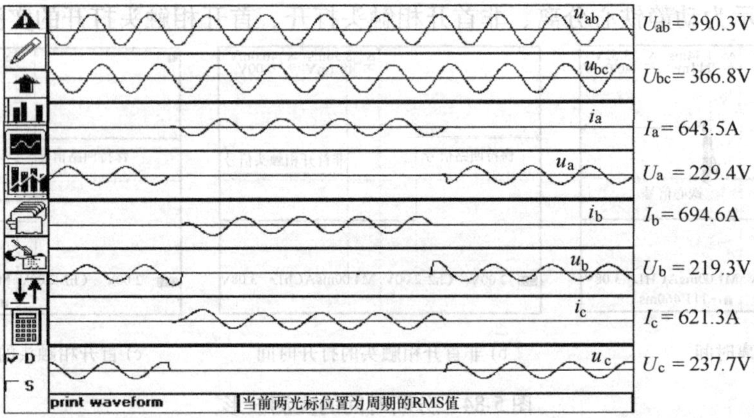

图5-85 通断过程的完整试验波形

注：图中，i_a、i_b、i_c分别代表三相电流；u_a、u_b、u_c分别代表触头电压；u_{ab}、u_{bc}分别代表线电压。图右侧数据为对应参数的方均根值大小。

毫无疑问，首开相触头零电流分断较非首开相触头零电流分断更困难。因此，以下重点研究首开相触头零电流分断。

图5-86所示为首开相触头在电流过零前0.2～0.6ms时间区域打开，成功实现了零电流分断的波形。图中各参数意义同图5-85。

由上述波形图中可以发现，当接触器的首开相触头在电流零点之前0.2～0.6ms之间分开时，首开相触头在电流过零后不产生电弧重燃。由于非首开相触头与首开相触头之间的分断动作时间差平均值为4.45ms（结构上延时），所以非首开相触头在分断过程中将产生一个能量非常微弱的电弧，电流过零后，该微能量电弧熄灭，从而实现三相电路的零电流分断控制。

由于接触器释放时间的分散性，同一台接触器在试验过程中释放时间会发生改变。当接触器首开相触头在电流零点之前大于0.6ms或小于0.2ms的时间区域内打开时，在电流过零之后，电弧重燃，零电流分断控制失败。图5-87所示为零电流分断控制失败的波形。

从图5-87a、b可知，当首开相触头在电流零点之前0.15ms或者是刚好在电流的零点打开时，由于过零时刻触头之间的间隙非常小，所能够承受击穿电压的能力很低，电流过零之后，电弧重燃。此时，首开相变成非首开相，其电弧燃烧时间增加，零电流分断控制失败。图5-87c所示为原首开相触头在电流零点之后才打开，零电流分断控制失败的波形。

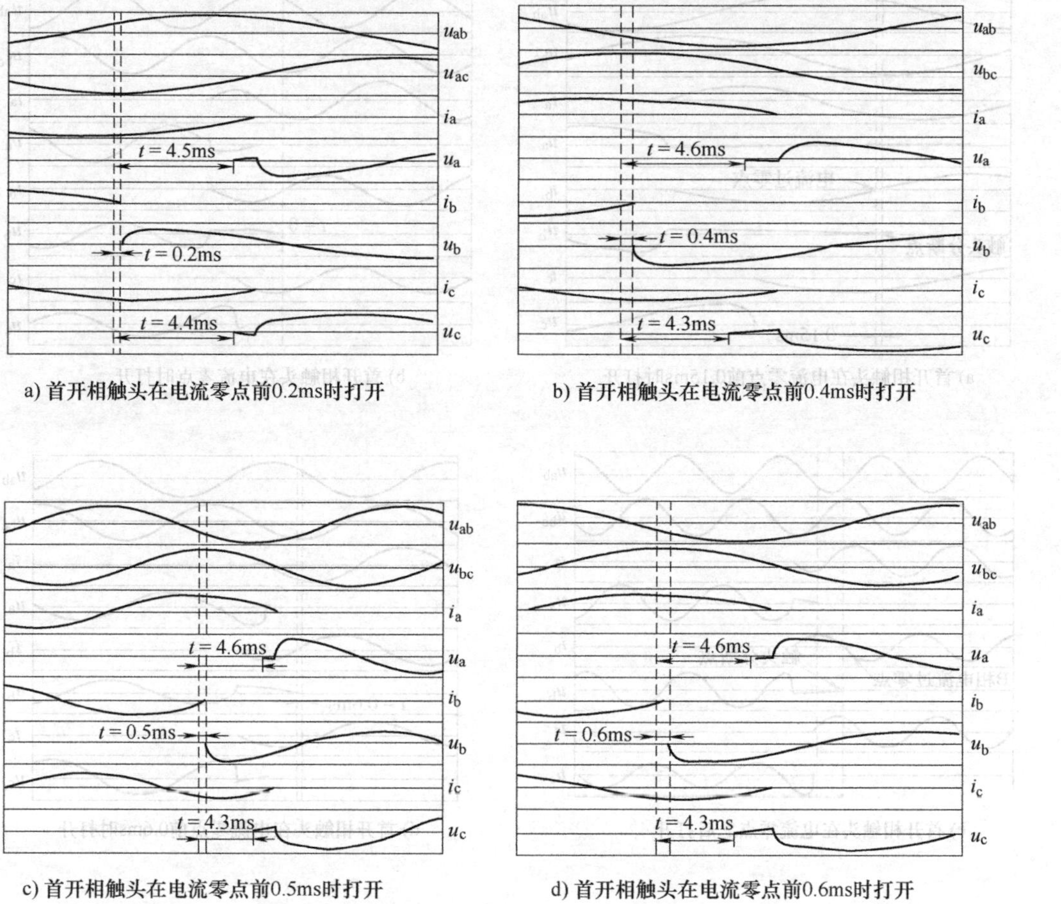

图5-86 首开相触头零电流分断控制成功波形

如果首开相触头在电流零点之前打开的时刻超过0.6ms（如图5-87e、f所示，首开相触头打开时刻分别为电流过零前0.7ms和0.8ms），触头打开以后，触头间电弧能量太大，电流过零后电弧重燃，零电流分断控制失败。

所以，首开相触头最佳的打开时刻是电流零点之前0.2～0.6ms的时间区域。

由图5-87d可知，当首开相触头在电流零点之前0.6ms时打开时，将偶然出现电弧过零不熄灭的现象，此时刻为临界打开时刻。

因此，稳定接触器的释放时间，即将接触器首开相触头的打开时刻稳定控制在电流过零之前的一个小的时间区域内，并适当扩大零电流分断控制的该时间区域（以下简称零电流分断控制时间区域），是实现零电流分断控制的重要因素。

如前所述，有两个因素直接影响首开相零电流分断的成功与否：一是触头间电弧能量的大小；另一是首开相触头在电流过零点时刻的间隙大小。适当增大系统反力，是一种简单可行的稳定接触器释放时间的方法，其不仅缩短并稳定了接触器的释放时间，同时加大在电流零点时刻触头之间的间隙，可将电弧消灭在萌芽阶段，从而提高了零电流分断的成功率。因此，实现零电流分断控制，应该对传统的触头系统进行重新设计。

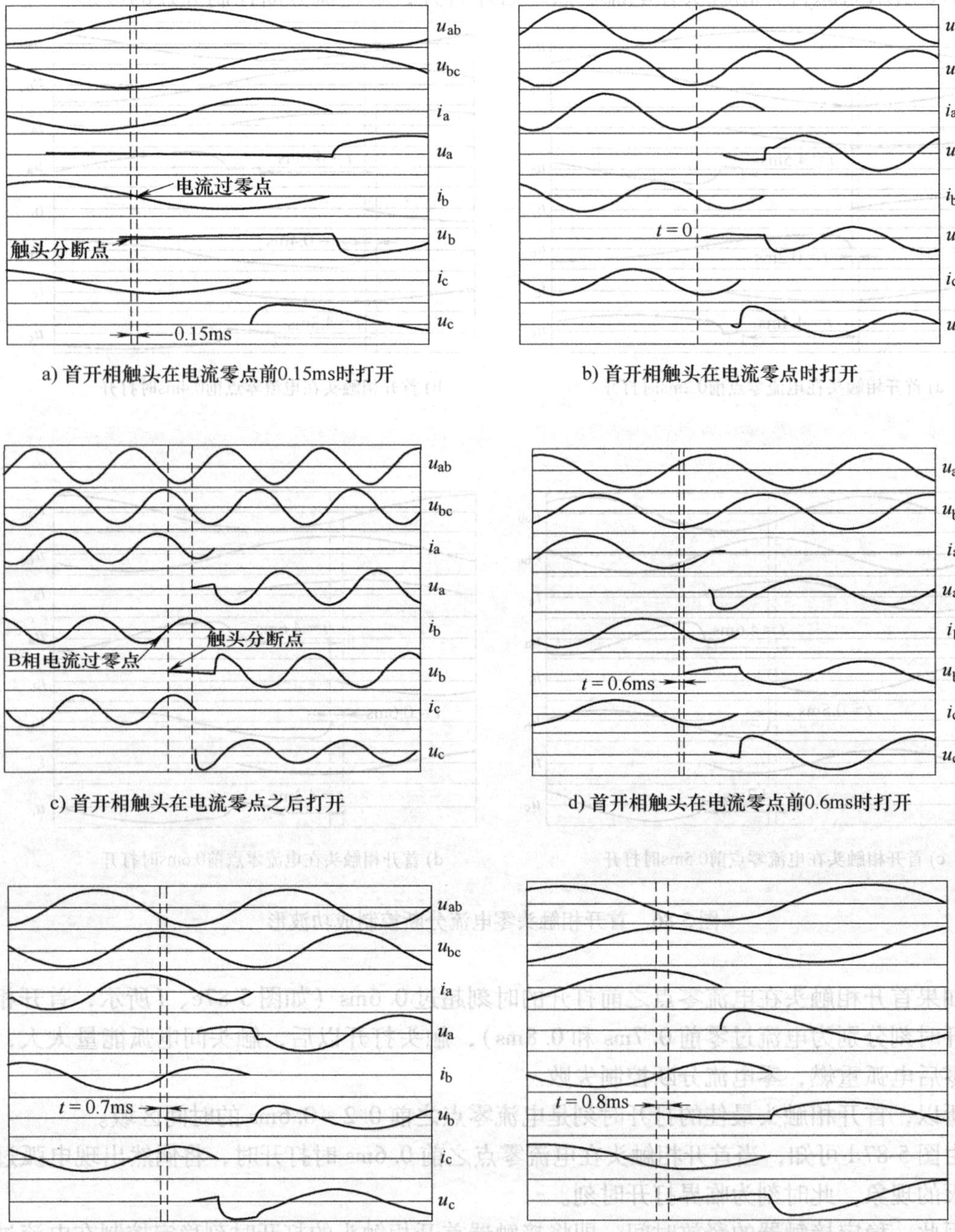

a) 首开相触头在电流零点前0.15ms时打开　　b) 首开相触头在电流零点时打开

c) 首开相触头在电流零点之后打开　　d) 首开相触头在电流零点前0.6ms时打开

e) 首开相触头在电流零点前0.7ms时打开　　f) 首开相触头在电流零点前0.8ms时打开

图 5-87　首开相触头零电流分断控制失败的波形

目前，考虑触头磨损和机构老化的新型智能控制模式——全闭环实时控制的交流接触器智能控制方案，正在研究过程中。

5.8　小结

电弧是开关电器工作中必然产生的一种现象。电弧的实质是气体放电，要了解电弧，首先必须掌握气体放电的物理基础。气体通常是不导电的，但是，如果气体中含有带电粒子就变成了电离气体。气体的电离方式有表面发射和空间电离；消电离的方式有复合和扩散。影响气体电离和消电离的主要因素有气体性质、气体压力、电场强度、温度、触头材料等。气体放电对电路呈现的特性有气体放电间隙伏安特性和气体放电间隙击穿特性。

在气体放电基础上，研究电弧的物理特性。当触头开断电路时，电路电压大于生弧电压、电流大于生弧电流，在触头之间将产生电弧。稳定燃烧的直流电弧，存在近阴极区、近阳极区和弧柱区。近阴极区积聚着大量的正离子，正空间电荷区，电场强度高，对电离起着重要的作用；近阴极区和近阳极区共同组成近极区；弧柱区为等离子体区。电弧的温度可采用三维仿真计算和实验的方法得到，弧柱中心在稳定燃弧时温度可以达到12000K。弧柱的长度、直径、斑点都是电弧的物理特性参数。同样，电弧的散热也有热传导、热对流、热辐射三种方式，这些方式在不同情况下对电弧能量有不同的影响，其中热辐射常常可以不计。

通过对直流电弧静态伏安特性和动态伏安特性的分析可以得出：当电弧静态伏安特性高于电路伏安特性时，外加电源不足以维持电弧燃烧，直流电弧熄灭。在熄灭过程中，由于电感中储存的能量释放到弧隙中去，会产生过电压，过电压是直流电弧熄灭过程中需要认真对待的一种现象。

交流电弧的熄灭不同于直流电弧，因为交流电流存在过零时刻，在电流过零时，电弧是一个单纯的散热体，电弧受到强烈的冷却作用，因此，交流电弧比同等容量的直流电弧要容易熄灭。大部分的灭弧都是利用电弧电流的过零点的特点来熄灭交流电弧的。在电流过零以后，弧隙上和弧隙中存在着两个过程：电压恢复过程和介质恢复过程，当实际介质恢复强度处处高于实际恢复电压时，电弧熄灭；否则电弧重燃。可以通过研究交流介质恢复过程和恢复电压，来研究交流电弧的影响因素和熄灭原理。

在此基础上，介绍了开关电器中七种典型灭弧装置的工作原理与灭弧方法，最后介绍了交流接触器零电流分断控制技术。

5.9　思考题与习题

5-1　何谓自持放电？何谓非自持放电？气体放电可分为几个阶段？如何解释长间隙气体放电过程？

5-2　弧隙中的电离和消电离过程，在电弧的发生、稳定燃烧、熄灭阶段有何异同？

5-3　在大气中自由燃弧的情况下，一个电极间两个并联的电弧是否都能稳定地燃烧，为什么？

5-4　弧长不变的交流电弧，在稳定燃烧时为什么燃弧尖峰总是高于熄弧尖峰？

5-5　金属栅片灭弧装置在熄灭直流和交流电弧时各利用什么原理？对哪种更有利？栅片数的确定原则是什么？绝缘栅片又将如何？

5-6 在电感性电路系统中，熄灭交流电弧时不存在过电压，这种提法对吗？为什么？

5-7 在什么场合会出现最难熄弧区问题？如何消除最难熄弧区现象？

5-8 真空开关触头开断电路时，为什么还会产生电弧？屏蔽罩有何作用？在真空断路器中集聚型真空电弧和扩散型真空电弧各有何主要特点？

5-9 试解释纵缝灭弧装置的灭弧原理。宽缝、窄缝和多纵缝灭弧各有何特点？其常常与什么灭弧措施相配合使用？

5-10 简述在电流过零后恢复电压加上时，弧隙中剩余电阻 R_s 数值不同时对电压恢复过程的影响。指出交流电弧在电流过零后不发生重燃的条件。

5-11 SF_6 介质具有很强的灭弧性能，主要原因是什么？

5-12 石英砂的灭弧原理是什么？结合具体电器分析。

第6章　电器的电磁机构理论

6.1　引言

电磁系统是由磁机构（主要由两个相对运动的铁心及气隙等组成的、具有闭合磁路的电器组件）和线圈组成，用以进行电磁转换的电器组件或部件。电器的电磁系统主要是借助线圈励磁使磁系统磁化，产生电磁吸力吸引衔铁，使之运动做机械功，从而达到某些预定的目的。通过线圈从电源吸取能量，并借助衔铁的运动输出机械功，是电磁系统进行能量转换的一个方面；通过线圈输入电磁信号，并借助衔铁的机械运动输出指令，是电磁系统实行控制作用的又一个方面。

电磁系统的用途非常广泛：既可以单独成为一类电器，诸如用作牵引电磁铁、制动电磁铁、起重电磁铁和电磁离合器及电磁吸盘等，也可作为电器的组件或部件，如用作电磁接触器、电磁式继电器、电磁式脱扣器等的感测部件，以及电磁操作机构的执行部件。此外，从广义角度来看，电磁传感器、电磁稳压器乃至磁放大器等，也可视为电磁系统。在本书中，主要讨论能通过衔铁做机械功的一类电磁系统。

在电磁系统的线圈通电以后，其周围空间内便建立了一个磁场。电磁系统的计算实质上就是其磁场的计算。由于电磁系统的磁场大都是三维场，因此按解析法计算是很困难的。近年来，随着大型有限元计算软件的迅速发展，电磁场数值计算得到了广泛的重视，通过电磁场计算分析软件，可以充分了解电磁系统的磁场分布情况和电磁吸力、能量等参量大小。因此，在讨论电磁系统的计算方法时，除了介绍传统的电磁机构计算方法外，还将介绍采用有限元软件的基本分析方法。

目前，计算电磁机构主要有两种计算方法：一种是采用“磁场”的计算方法；另一种是采用“磁路”的计算方法。两种算法各有利弊。

采用“磁场”的计算方法，计算准确、直观，三维结果能够形象地反映电磁系统磁通、磁感应强度、磁场强度、漏磁的分布状况，还可以进行耦合场的计算和分析，缺点是需要的资源多，计算软件价格高、维护升级费用不容忽视。三维磁场建模与计算，必须耗费大量的计算机资源，如果需要计算动态过程的话，还必须进行二次开发。目前市面上商业有限元软件，磁场的计算方法大都是针对静态过程进行的。

诚然，以“磁路”的方法计算电磁系统，常常会出现较大的误差，但这并非“磁路”的方法本身的问题，而是“磁路”未能准确地等效“磁场”所致。实际上，将三维场简化为二维场后进行计算，同样会引入误差，或者在三维建模中未能建立与实际相符的磁场模型，也会引起较大误差。因此，即使是电子计算机和数值计算方法已经得到迅速发展和广泛应用的今天，由于种种技术上和经济上的原因，在实际应用中“磁路”的方法仍然是电磁系统设计与计算的一种工程上常用的算法。尤其在优化设计和动态特性分析中，“磁路”的计算方法不失为一种简便可行的计算方法。

6.2 电磁场的基本概念与基本定律

6.2.1 电磁感应定律

电场和磁场可以分别是静止的或恒定的，它们分别是由静止电荷和稳态电流产生的。在恒定场情况下，电场和磁场之间没有相互作用和影响。如果电荷和电流随时间变化，这时，它们在空间产生的电场和磁场也会随时间变化，因而使电场和磁场间发生相互作用；变化的磁场感应出电场，而电场变化时依然也会产生磁场。所以，相互影响的电场和磁场便成了统一电磁场两个不可分割的部分，统称为时变电磁场。

随时间变化的磁场产生电场的现象称为电磁感应，是法拉第于1831年首先发现的。当时，他根据大量实验结果，总结出电磁感应定律：当穿过闭合导体回路中的磁通量发生变化时，回路中将产生感应电动势及感应电流。而且，所产生的感应电动势等于磁通对时间的变化率的负值，即

$$\boldsymbol{e} = -\frac{\mathrm{d}\boldsymbol{\Phi}}{\mathrm{d}t} \tag{6-1}$$

规定的感应电动势正方向和磁通正方向之间存在着右手螺旋关系，如图6-1所示。式(6-1)不仅说明了感应电动势的大小正比于磁通的变化率，还说明了感应电动势的方向，即表示了任何时间在回路中产生的感应电动势的大小和方向。

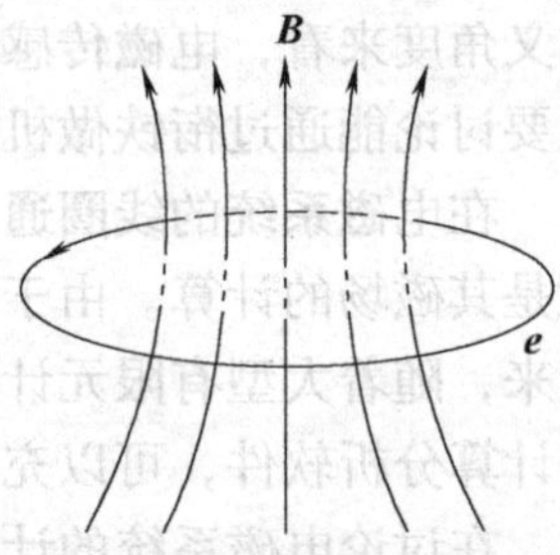

图6-1 感应电动势和磁通的关系

由于在回路中出现感应电动势是在回路中出现感应电场的结果，因而，回路中的电动势可以看作是沿着回路上各点电场力对单位正电荷做功的总和，即 $\boldsymbol{e} = \oint \boldsymbol{E}\mathrm{d}\boldsymbol{l}$。如果只考虑磁场随时间变化所产生的感应电动势，不考虑回路相对磁场运动的结果，将式(6-1)中的全导数改写成偏导数 $\frac{\partial \boldsymbol{\Phi}}{\partial t}$ 并带入关系式 $\boldsymbol{\Phi} = \int \boldsymbol{B}\mathrm{d}s$，法拉第的电磁感应定律便可以写成

$$\oint \boldsymbol{E}\mathrm{d}\boldsymbol{l} = -\frac{\partial}{\partial t}\int_s \boldsymbol{B}\mathrm{d}s \tag{6-2}$$

即

$$\oint \boldsymbol{E}\mathrm{d}\boldsymbol{l} = -\int_s \frac{\partial \boldsymbol{B}}{\partial t}\mathrm{d}s \tag{6-3}$$

如果对公式左端应用斯托克斯定理，于是

$$\oint \boldsymbol{E}\mathrm{d}\boldsymbol{l} = \int_s \nabla \times \boldsymbol{E}\mathrm{d}s = -\int_s \frac{\partial \boldsymbol{B}}{\partial t}\mathrm{d}s \tag{6-4}$$

便可以得到电磁感应定律的微分形式

$$\nabla \times \boldsymbol{E} = -\frac{\partial \boldsymbol{B}}{\partial t} \tag{6-5}$$

这个结果表明，感应电场和静电场的性质完全不同，是个有旋度的场。

值得指出的是，虽然电磁感应现象是在导体回路的情况下发现的，但是，麦克斯韦在分

析了一些电磁感应现象之后，敏锐地感觉到感应电动势产生的现象预示着有关电磁场的新效应。即使不存在导体回路，而在一切介质中，变化的磁场在其周围也是会激发出一种电场，这种电场即感应电场或漩涡电场。由此，可以把感应电动势认为是电场力作用的结果，这样，不管感应电流是否存在，当磁通变化时，这种感应电场总是存在的。

麦克斯韦对电磁感应定律应用的推广，说明了电场和磁场间紧密联系的一个方面——变化的磁场产生电场。因此，式（6-3）和式（6-4）反映了电磁场的一个重要规律，是麦克斯韦电磁场方程式的重要组成之一。

6.2.2　自感与互感

众所周知，一个电流回路在它的周围空间产生磁场。如果电流是随时间变化的，那么，在周围空间产生的磁场也是变化的。根据电磁感应定律，若在该电流回路的附近空间里有另一个闭合导体回路的话（见图 6-2），则由第一个电流回路中变化的电流所激发的变化的磁场，会在第二个线圈中产生感应电动势。同样，当第二个电流回路通以变化的电流时，也会在第一个电流回路中产生感应电动势。这种现象称为互感现象，所产生的感应电动势也叫互感电动势。

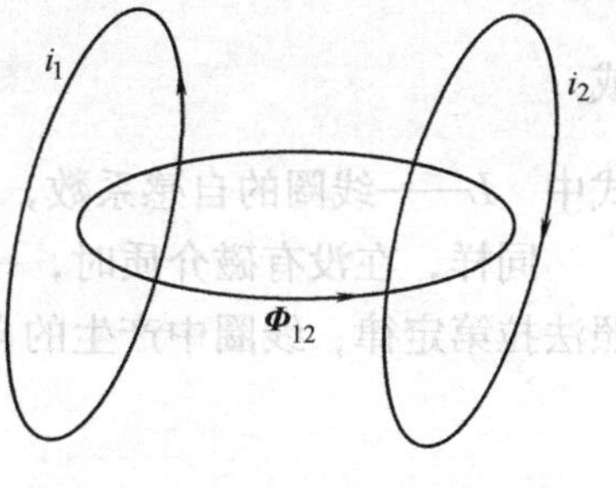

图 6-2　具有磁耦合的两个回路

根据比奥-沙伐定律，在没有磁介质时，一个电流回路在空间任意一点产生的磁场与这个回路的电流成正比。如果两个电流回路 c_1 和 c_2，分别通电流 i_1 和 i_2，电流 i_1 产生的磁场 B_1 穿过回路 c_2 的磁链用 Ψ_{21} 表示。磁链是导电线圈或电流回路所链的磁通量，等于导电线圈匝数 N 与穿过该线圈各匝的平均磁通量 Φ 的乘积，故又称磁通匝。很显然，Ψ_{21} 与 i_1 成正比，即

$$\Psi_{21} = M_{21} i_1 \tag{6-6}$$

或

$$M_{21} = \frac{\Psi_{21}}{i_1} \tag{6-7}$$

完全相似，由电流 i_2 产生的穿过回路 c_1 的磁链与电流成正比，即

$$\Psi_{12} = M_{12} i_2 \tag{6-8}$$

或

$$M_{12} = \frac{\Psi_{12}}{i_2} \tag{6-9}$$

这里 Ψ_{12} 和 Ψ_{21} 都是互感磁链，其下标的第一个数字表示磁通所穿过的回路，第二个数字表示产生磁通的电流回路。M_{12} 和 M_{21} 称为互感系数，简称互感，单位为亨（H）。理论和实验都证明，M_{12} 和 M_{21} 相等。它们一般用 M 表示，即

$$M_{12} = M_{21} = M \tag{6-10}$$

因而，可以不再去区分哪一个线圈与哪一个线圈的互感系数。根据法拉第电磁感应定律可以分别计算两个线圈中产生的互感电动势。在线圈 2 中有

$$e_2 = -\frac{d\Psi_{21}}{dt} = -M_{21}\frac{di_1}{dt} = -M\frac{di_1}{dt} \tag{6-11}$$

同理，在线圈 1 中有

$$e_1 = -\frac{\mathrm{d}\Psi_{12}}{\mathrm{d}t} = -M_{12}\frac{\mathrm{d}i_2}{\mathrm{d}t} = -M\frac{\mathrm{d}i_2}{\mathrm{d}t} \tag{6-12}$$

可以看出，互感系数越大，互感电动势越大，互感现象也就越强。而且，在两个具有互感的线圈中，若线圈中的电流变化率相同，则分别在另一个线圈中产生相等的感应电动势。

值得指出的是，在没有磁介质时，两个线圈之间的互感只与线圈的几何形状、大小、匝数及线圈之间的相对位置有关，而与电流无关。

通过互感的讨论还可以发现，当一个线圈中的电流变化时，它激发的磁场通过线圈本身的磁通量（或磁链）也在变化，从而使线圈自身也产生感应电动势。这种因线圈中电流变化而在线圈自身所引起的电磁感应现象叫自感现象，所产生的感应电动势叫自感电动势。

根据比奥-沙伐定律，在自感现象中，通过线圈中的电流所激发的磁感应强度也与电流成正比，因此，通过线圈的磁链也正比于线圈中的电流，即

$$\Psi = Li \tag{6-13}$$

或

$$L = \frac{\Psi}{i} \tag{6-14}$$

式中 L——线圈的自感系数，简称自感，单位为 H。

同样，在没有磁介质时，一个线圈的自感系数只与线圈的几何形状大小及匝数有关。按照法拉第定律，线圈中产生的自感电动势为

$$e = -L\frac{\mathrm{d}i}{\mathrm{d}t} \tag{6-15}$$

可以看出，对于相同的电流变化率，自感系数 L 越大的线圈所产生的自感电动势越大，即自感作用越强。

6.2.3 麦克斯韦方程

电磁场的基本方程式即著名的麦克斯韦方程组。它是麦克斯韦系统地总结了前人的研究成果，特别是总结了从库仑定律到安培、高斯、法拉第等人有关电磁学的全部成就，又在此基础上加以推广和发展，把电和磁的全部关系归纳成的一组以他的名字命名的方程。这组方程主要包括四个方程式：一个来源于安培环路定律，一个来源于法拉第电磁感应定律，其余两个则分别从电和磁的高斯定律导出。

无论采用“磁场”的计算方法，还是采用“磁路”的计算方法，麦克斯韦方程式均为基本方程式。

安培环路定理的实质在于说明激发涡旋磁场的来源是传导电流，即

$$\oint_l \boldsymbol{H} \cdot \mathrm{d}\boldsymbol{l} = \sum \boldsymbol{I} \tag{6-16}$$

式中 $\boldsymbol{H}$——磁场强度矢量，单位为 A/m。

它只适合于稳恒场合。在非稳恒条件下（例如电容的充放电过程），由于存在电流不连续的现象，应用安培环路定理似乎就遇到了障碍。通过麦克斯韦在理论上的深入研究，提出了“位移电流”的假设，假定“位移电流”也就是激发磁场的源泉，计算公式为

$$\oint_l \boldsymbol{H} \cdot \mathrm{d}\boldsymbol{l} = I_0 + \int_s \frac{\partial \boldsymbol{D}}{\partial t}\mathrm{d}s \tag{6-17}$$

式（6-17）中，I_0 为传导电流，$\int_s \frac{\partial \boldsymbol{D}}{\partial t} \mathrm{d}\boldsymbol{s} = \frac{\partial}{\partial t}\int_s \boldsymbol{D}\mathrm{d}\boldsymbol{s}$ 为电位移通量相对时间的变化率，称为“位移电流”。

由此可知，变化的电场激发涡旋磁场；反之，变化的磁场也将产生“涡旋电场”。在非稳恒条件时，有

$$\oint_l \boldsymbol{E} \cdot \mathrm{d}\boldsymbol{l} = -\int_s \frac{\partial \boldsymbol{B}}{\partial t} \mathrm{d}\boldsymbol{s} \tag{6-18}$$

电场高斯定理

$$\oint_s \boldsymbol{D} \cdot \mathrm{d}\boldsymbol{s} = q_0 \tag{6-19}$$

表示了电场是有源场，其源为电荷。

磁场高斯定理

$$\oint_s \boldsymbol{B} \cdot \mathrm{d}\boldsymbol{s} = 0 \tag{6-20}$$

式中　$\boldsymbol{B}$——磁感应强度矢量，单位为 T。

式（6-20）表示了磁场的无源性，磁场实际上不可能由磁荷产生。穿过磁场内任一封闭曲面的磁通恒等于零，磁力线为不间断的自身闭合曲线，即

$$\sum \boldsymbol{\Phi} = 0 \tag{6-21}$$

推广后，在非稳恒状态下同样适用，这样，就得到了在普遍情况下的电磁场必须满足的方程式，公式（6-17）～式（6-20）便为麦克斯韦电磁方程组的积分形式。

在介质中，上述方程式并不完备，需要补充描述介质的方程式。对于均匀介质来说

$$\boldsymbol{D} = \varepsilon \boldsymbol{E} = \varepsilon_r \varepsilon_0 \boldsymbol{E} \tag{6-22}$$

$$\boldsymbol{B} = \mu \boldsymbol{H} = \mu_r \mu_0 \boldsymbol{H} \tag{6-23}$$

$$\boldsymbol{J} = \sigma \boldsymbol{E} \tag{6-24}$$

式中　μ_0——真空磁导率，值为 $4\pi \times 10^{-7}$H/m；

μ——绝对磁导率，单位与 μ_0 相同；

μ_r——相对磁导率，无量纲；

ε_0——真空介电常数，值为 $\varepsilon_0 = 8.85 \times 10^{-12}$F/m；

ε——绝对介电常数，单位与 ε_0 相同；

ε_r——相对介电常数，无量纲；

σ——电导率，单位为 $1/(\Omega \cdot \mathrm{m})$ 或（S/m）；

D——电位移，单位为 $\mathrm{C/m^2}$；

E——电场强度，单位为 V/m。

麦克斯韦电磁方程组的微分形式为

$$\nabla \times \boldsymbol{H} = \boldsymbol{J} + \frac{\partial \boldsymbol{D}}{\partial t} \tag{6-25}$$

$$\nabla \times \boldsymbol{E} = -\frac{\partial \boldsymbol{B}}{\partial t} \tag{6-26}$$

$$\nabla \cdot \boldsymbol{D} = \rho \tag{6-27}$$

$$\nabla \cdot \boldsymbol{B} = 0 \tag{6-28}$$

式中 $\boldsymbol{J}$ ——电流密度矢量，单位为 A/m^2；

$\dfrac{\partial \boldsymbol{D}}{\partial t}$ ——位移电流密度；

ρ ——自由电荷体密度。

通常所说的麦克斯韦方程组，大多是指微分形式。

6.2.4 似稳电磁场

麦克斯韦电磁方程组归纳了所有宏观电磁现象的规律。无疑，各种场合的电磁现象都可以用特定条件下的麦克斯韦方程组来描述。

例如，在静电场中，电荷不变化，有 $\dfrac{\partial \boldsymbol{E}}{\partial t}=0$，$\boldsymbol{I}=0$；在静磁场中，磁场不变化，有 $\dfrac{\partial \boldsymbol{B}}{\partial t}=0$。麦克斯韦方程组简化如下：

静电场

$$\oint \boldsymbol{E}\cdot \mathrm{d}\boldsymbol{l}=0 \tag{6-29}$$

$$\oint \boldsymbol{D}\cdot \mathrm{d}\boldsymbol{s}=0 \tag{6-30}$$

静磁场

$$\oint \boldsymbol{H}\cdot \mathrm{d}\boldsymbol{l}=0 \tag{6-31}$$

$$\oint \boldsymbol{B}\cdot \mathrm{d}\boldsymbol{s}=0 \tag{6-32}$$

再如，在稳恒场中，由稳恒电流产生的电场和磁场的条件是

$$\boldsymbol{I}\neq 0,\boldsymbol{J}\neq 0,\frac{\partial \boldsymbol{E}}{\partial t}=0,\frac{\partial \boldsymbol{B}}{\partial t}=0 \tag{6-33}$$

于是麦克斯韦方程组如下：

恒定电场

$$\oint \boldsymbol{E}\cdot \mathrm{d}\boldsymbol{l}=0 \tag{6-34}$$

$$\oint \boldsymbol{J}\cdot \mathrm{d}\boldsymbol{s}=0 \tag{6-35}$$

恒定磁场

$$\oint \boldsymbol{H}\cdot \mathrm{d}\boldsymbol{l}=\boldsymbol{I} \tag{6-36}$$

$$\oint \boldsymbol{B}\cdot \mathrm{d}\boldsymbol{s}=0 \tag{6-37}$$

事实上，在麦克斯韦方程组中，对于电磁场的传播最关键的是下面两个方程：

$$\oint \boldsymbol{H}\cdot \mathrm{d}\boldsymbol{l}=\boldsymbol{I}_0+\int \frac{\partial \boldsymbol{D}}{\partial t}\mathrm{d}s \tag{6-38}$$

$$\oint \boldsymbol{E}\cdot \mathrm{d}\boldsymbol{l}=-\int \frac{\partial \boldsymbol{B}}{\partial t}\mathrm{d}s \tag{6-39}$$

在正弦时变电磁场中，当频率 $f=\dfrac{\omega}{2\pi}$ 较低时，$\dfrac{\partial \boldsymbol{D}}{\partial t}$ 和 $\dfrac{\partial \boldsymbol{B}}{\partial t}$ 一般比较小，往往可以忽略，这样，当忽略位移电流 $\left(\text{即}\dfrac{\partial \boldsymbol{D}}{\partial t}\text{项}\right)$ 时，$\boldsymbol{H}$ 和 $\boldsymbol{I}_0$ 的关系就和恒定磁场条件下的一样满足方程式

$$\oint \boldsymbol{H}\cdot \mathrm{d}\boldsymbol{l}=\boldsymbol{I}_0 \tag{6-40}$$

磁场几乎完全由传导电流的瞬时分布所决定。而当忽略磁场对时间的相对变化 $\dfrac{\partial \boldsymbol{B}}{\partial t}$ 时，则和电场中的稳恒电路中的情况一样，满足方程式

$$\oint \boldsymbol{E}\cdot \mathrm{d}\boldsymbol{l}=0 \tag{6-41}$$

通常，把这类场称为似稳电磁场[20]。

在电磁学中，对于稳恒场问题的理论分析，更多的是利用电路理论中的基本定律（即基尔霍夫定律）来处理。既然似稳电磁场具有与稳恒电磁场相同的电磁方程组，因而由它组成的电路的性质必定在许多方面与稳恒电路相似。这类由似稳电磁场组成的电路通常叫似稳电路。处理似稳电路可以采用和稳恒电路相似的方法（即求解具有集中参数的电路）。在实际工程中，对于某些不完全具备集中参量元件的场合，只要能够满足似稳电路的基本条件，仍然可以利用各种等效电路，把它简化成集中参数的电路形式，然后加以分析计算。

6.3　典型电磁系统的结构原理与基本特性

6.3.1　电磁系统的结构原理

图 6-3 所示为直流接触器样机，图 6-4 所示为直流接触器结构示意。

图 6-3　直流接触器样机

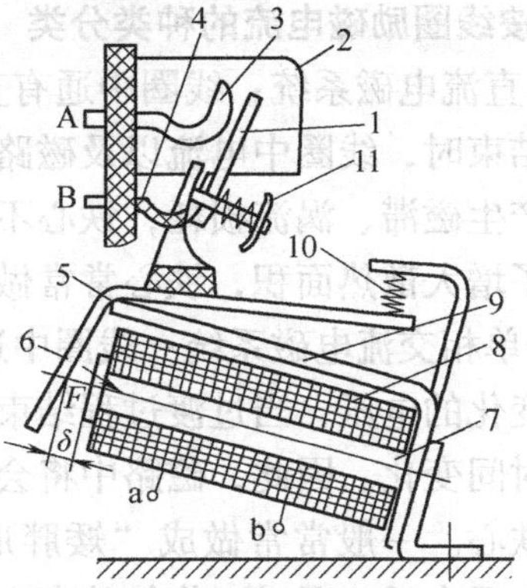

图 6-4　直流接触器结构示意

1—动触头　2—灭弧罩　3—静触头　4—软连接
5—棱角　6—衔铁　7—铁心柱　8—线圈
9—磁轭　10—释放弹簧　11—触头弹簧
A—进线柱　B—出线柱　a、b—线圈端头

这是一种主触头采用转动式的单极结构。动触头支架固定于衔铁尾板上。衔铁 6 沿磁轭 9 的棱角 5 转动，克服了弹簧 10 的反力矩后带动动触头 1 闭合，或者在弹簧 10 的作用下使

衔铁 *6* 释放和动触头 *1* 打开。因此弹簧 10 叫做释放弹簧或叫做开断弹簧。电磁铁的线圈 8 接通操作电源后，衔铁上便呈现吸力 F，当这个吸力矩克服 10 的反力矩后，衔铁便开始闭合运动。与此同时，动触头 1 向静触头 3 靠近直到接触，动、静触头相遇后，触头弹簧 11 被压缩，同时呈现和弹簧 10 相似的反力矩。之后，衔铁全部吸合，沿铁心柱 7 中线到衔铁的气隙 δ 接近于零，弹簧 10 压缩到最终位置，主触头紧密接触，完成主电路的接通任务。反之，当线圈失去励磁或励磁电流过小时（操作电压低引起），电磁吸力矩小于释放的反力矩，已经闭合的衔铁开始释放，同时主触头也随之开断主电路。这里的反力由释放弹簧 10 和触头弹簧 11 提供。每个主触头都有一个初压力值和终压力值。所谓初压力乃是动、静触头刚接触时动触头上呈现的压力，此时触头弹簧被压缩至预先设定的初始工作高度。至于终压力，乃是触头完全闭合而动静触头接触末了时动触头上呈现的压力，此时触头弹簧被进一步压缩至最终工作高度。从动、静触头接触开始（衔铁尚未全部闭合）到触头支架运动结束（衔铁全部闭合）的行程叫做触头的超额行程。触头的超额行程简称超程，专为触头磨损后仍能可靠接触而设。

磁系统由铁心、磁轭（也称为轭铁）、衔铁、励磁线圈和反力弹簧组成。铁心和磁轭的作用是加强工作区域内的磁场，并安装励磁线圈。衔铁的作用在于实现电磁能与机械能的转换。励磁线圈从电源获取能量建立磁场。反力弹簧是使衔铁于工作完毕后返回起始位置的储能元件。当励磁线圈接通电源时，建立磁场，使铁心和磁轭磁化，产生电磁吸力吸引衔铁。一旦电磁吸力大于反力弹簧产生的阻力，衔铁就开始运动，带动与之连动的动触头向静触头移动。动、静触头接触后，将电路接通。最后，衔铁被吸持在终止位置，即铁心与磁轭的接触位置上。如果切断线圈的电源，磁场便逐渐消失，衔铁在反力弹簧的作用下脱离铁心与磁轭，并带动动触头脱离静触头，返回起始位置。

6.3.2 电磁系统的分类

电磁系统的种类很多，有多种分类方法。

1. 按线圈励磁电流的种类分类

1）直流电磁系统：线圈中通有直流电流的电磁机构。如果电源电压确定为常数，当过渡过程结束时，线圈中电流以及磁路中磁通、磁链等参数为稳定值。在稳定工作阶段，磁路中不会产生磁滞、涡流损耗，铁心不发热，为加工方便可以采用整块的电工钢来制作铁心。一般为了增大散热面积，铁心常常做成“瘦高形”结构。

2）单相交流电磁系统：线圈中通有单相交流电流的电磁机构。如果电源电压确定为一个正弦变化的电压，当过渡过程结束时，线圈中的电流以及磁路中磁通、磁链、磁动势等参数均随时间变化。因此，磁路中将会产生磁滞、涡流损耗，使铁心严重发热，必须采用硅钢片制成铁心。一般常常做成“矮胖形”结构。由于单相交流电磁机构在铁心吸合后，通过工作气隙产生的电磁吸力含有交变分量，因此必须在铁心端面装加分磁环（即短路环）。

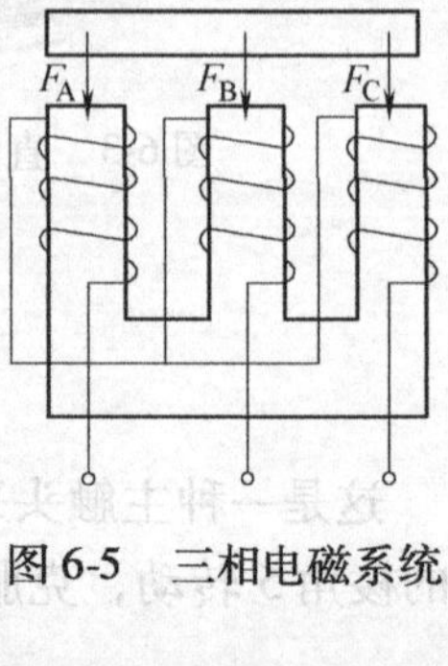

图 6-5 三相电磁系统

3）三相交流电磁系统：三个相的线圈分别绕在三个铁心柱上，如图 6-5 所示。如果电源电压确定为正弦变化的三相平衡电压源，当过渡过程结束时，线圈中的电流以及磁路中磁通、磁链、磁动势等参数均随时间变化，磁路中将会产生磁滞、涡流损耗，使铁心严重发热，必须采用硅钢片制成铁心。当三个相的铁心柱具有相同的几何参数且电磁参数又平衡时，三相铁心端面处电磁吸力的合力为一个常数，无须在铁心端面装加分磁环。

4）极化电磁系统：一种含有永久磁铁的电磁系统，如图 6-6 所示。该系统主要用在极化、磁保持、平衡力等类型的继电器和斩波器中作为感测部件，也常用在快速动作机构中。

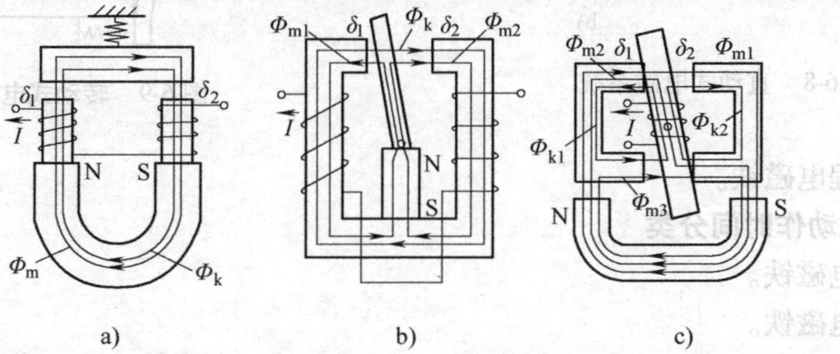

图 6-6 极化电磁系统

5）交直流同时磁化的电磁系统：含有交流和直流两种励磁电流的电磁系统。

2. 按线圈的连接方式分类

1）并励电磁系统：线圈电压与电源电压采用并联的方式。该方式必须单独产生电磁吸力，带动机构动作，一般情况，并励线圈匝数多、线径细，自身的电阻和电抗较大。

2）串励电磁系统：线圈电压与电源电压采用串联的方式。该方式线圈与主回路相串联，因此，将要通过主电路电流，串励线圈常常匝数少、线径粗，自身的电阻和电抗比较小。

3. 按衔铁与铁心的形状及运动方式分类

按衔铁与线圈的相对位置分，有衔铁穿入线圈内腔的内衔铁式运动方式和衔铁在线圈外腔运动的外衔铁式运动方式。按形状区分有 E 形电磁系统、U 形电磁系统、螺线管式电磁系统和拍合式电磁系统等。

图 6-7a 所示为单 E 形直动式电磁系统，有单 E 形（仅铁心为 E 形）和双 E 形（铁心和衔铁均为 E 形）之分。至于 U 形电磁系统可以看成是 E 形电磁系统的特例。这种电磁系统多用于交流接触器、交流继电器和其他交流电磁系统。图 6-7b 所示为螺线管式电磁系统，动铁心在线圈内腔运动，常常用于牵引电磁系统、电磁阀、低压断路器、高压开关的操作机构中。图 6-7c 所示为拍合式电磁系统，大多数用于直流接触器、直流继电器，有时也用于交流继电器中。

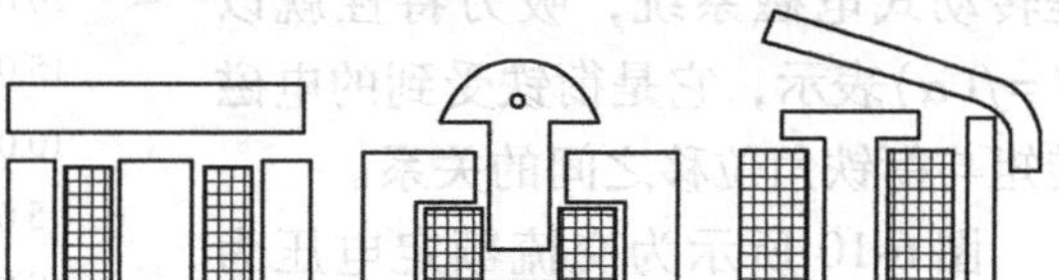

图 6-7 典型电磁系统

动、静铁心之间的运动是呈现直线的运动方式称之为直动式，图 6-8 中的 a、b，有时也可以作为转动式结构。动、静铁心之间的运动是呈现转动的运动方式称之为转动式，如图 6-9 所示。

4. 按衔铁的运动行程分类

1）长行程电磁铁。

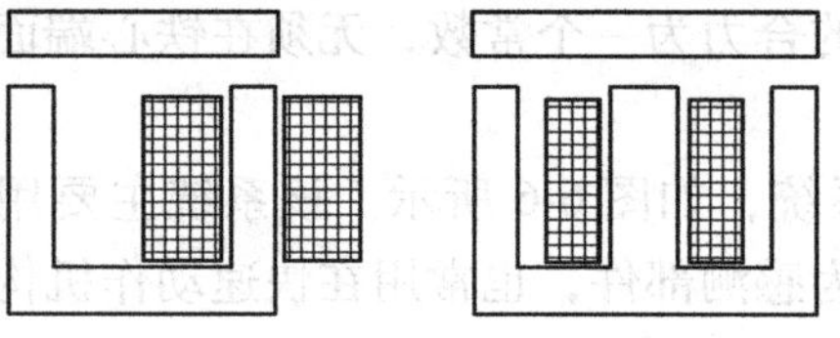

图 6-8 直动式电磁系统

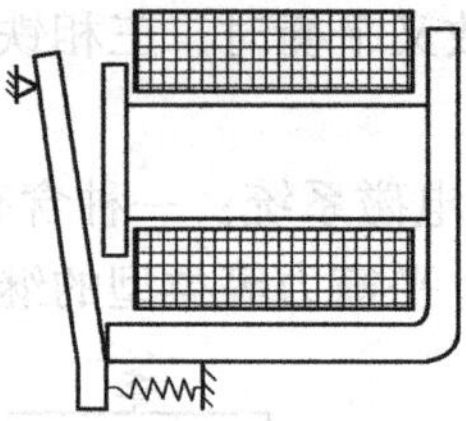

图 6-9 转动式电磁系统

2）短行程电磁铁。

5. 按衔铁动作时间分类

1）一般电磁铁。

2）快速电磁铁。

3）延时电磁铁。

总之，电磁系统的分类方式很多，并且，不同的分类方式具有不同的特征。在设计时往往根据具体电器的反力特性、吸力特性与反力特性的配合要求、动作时间、寿命、使用场合等，确定电磁系统。

6.3.3 电磁系统的基本特性

1. 吸力特性

电磁系统既然是一种依靠电磁吸力使衔铁产生机械位移而输出机械功的电工装置，驱动衔铁运动的电磁吸力 F_x 和衔铁的机械行程 δ 自然就是它的基本参数，这两个参数在一定条件下呈现的关系 $F_x=f(\delta)$ 也就成了电磁系统的基本特性。这个特征表征了电磁系统带动负载的吸引能力，所以习惯上被称为吸力特性。如果是转动式电磁系统，吸力特性就以 $M=f(\alpha)$ 表示，它是衔铁受到的电磁转矩与衔铁角位移之间的关系。

图 6-10 所示为交流额定电压为 240V、频率为 50Hz、对应不同合闸相位角时，螺线管式电磁机构平均吸力与反力随工作气隙变化曲线。

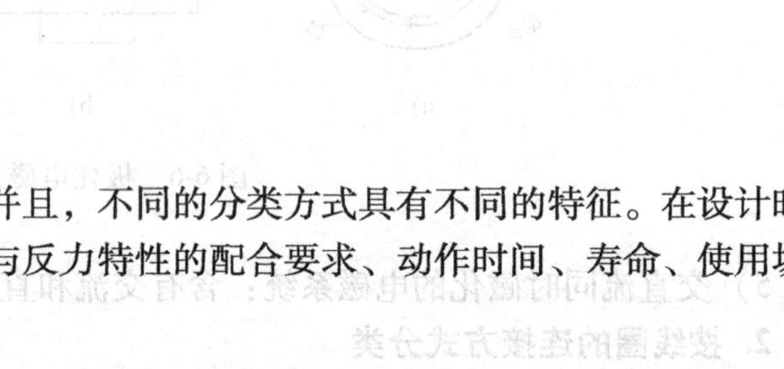

图 6-10 静态吸力特性

从严格的意义上说，图 6-10 所示是静态吸力特性，因为它是在电路参数保持不变的稳态过程中得到的。与此对应，还有在考虑了电路参数的过渡过程中的变化后得到的动态吸力特性。图 6-11 所示为直流螺线管式电磁机构在吸合阶段的动态特性仿真计算曲线，图中显示了磁路的电压、电流、磁链、反力、电磁吸力、铁心位移等参数随时间变化规律。注：图 6-11 中的各动态参数是按比例放大或缩小的曲线。

在衔铁的实际运动过程中只有动态特性。但是，由于动态特性会受到电磁系统所牵引的负载、交流吸合相位角等因素的影响，计算过程复杂，同一结构的电磁机构将具有不同的动态吸力特性，因此在工程上，分析动态特性有一定难度。而因为静态吸力特性是衔铁变化无限缓慢的特例，能够在一定程度上反映电磁系统的工作情况，所以分析问题时常常采用。

2. 反力特性

电磁系统的运动过程中要克服机械负载的反作用力做功。可以说电磁系统的主要任务就是克服这种反作用力。因此，机械负载的反作用力 F_f 与衔铁行程 δ 之间的关系 $F_f=f(\delta)$，称之为反力特性，它与静态吸力特性是矛盾的统一。对一般的电磁系统来说，衔铁的吸合主要靠电磁吸力，其释放和复位主要靠反作用力。因此，将反力特性作为电磁系统的基本特性来分析，很有必要。

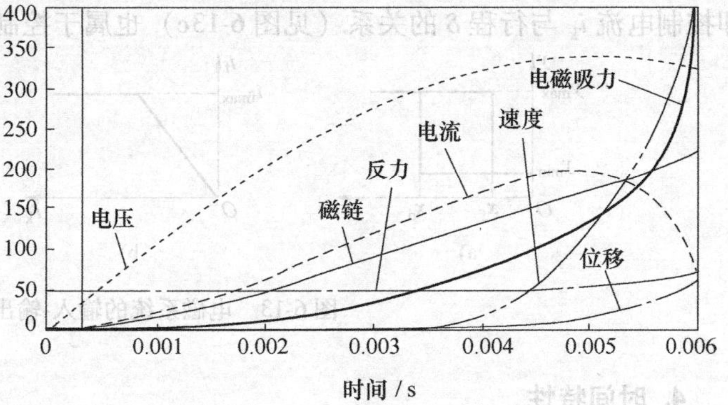

图 6-11　动态特性仿真计算曲线

图 6-12 给出了几种常见电磁系统的反力特性。图 6-12a 所示为瞬时脱扣机构的反力特性，其反力不一定出现在衔铁的行程之初，可能出现在行程中段或者行程之末；图 6-12b 所示为起重性质负载的反力特性，如电磁铁吸持一重物时；图 6-12c 所示为典型弹簧性质反力特性，其具有一定初始反力值；图 6-12d、e 所示为具有多级弹簧负载时的反力特性，其中前者是无常闭触头时的反力特性，后者是有常闭触头时的反力特性；图 6-12f 所示为利用永久磁铁产生吸力使衔铁返回起始位置的反力特性，它能够使继电器的合成反力特性上升缓慢，有利于提高继电器的灵敏度和可靠性。

3. 输入-输出特性

输入-输出特性表征电磁系统的输入量与输出量之间的关系。电磁系统的输入量是电量，一般是电流或电压；输出量可能是机械量（如电磁开关的行程），也可能是电量（如开关电器的触头接通电路或磁放大器等）。实际上只用两种形式的输入-输出特性：继电特性和控制特性。

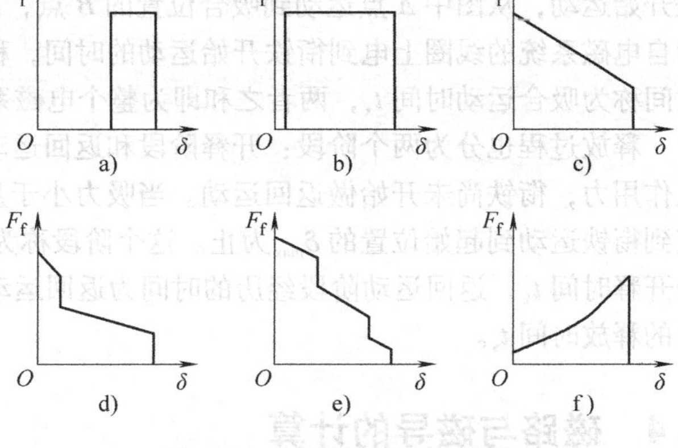

图 6-12　电磁系统的反力特性

图 6-13a 所示为电磁式继电器的输入-输出特性，未取衔铁的行程为输出量，而是取执行部件触头为输出量。由继电器的电磁系统线圈得到励磁电流开始到触头即将闭合为止的一段时间内，即输入量 x 由 0 增大到动作值 x_d 的过程中，输出量 y 一直维持在最低水平 y_{min} 上（对于有触头的继电器来说，y_{min} 通常等于零）。一旦 x 增大到等于 x_d，触头立即闭合，使输出量发生阶跃式的变化，突然增大到其最高水平 y_{max}。此后，即使继续增大输入量，输出量也不会发生改变。如果减小输入量，则在 x 减小到释放值 x_f 之前，输出量始终保持为 y_{max} 不变。当 x 减小到释放值 x_f 后，y 又阶跃式地从 y_{max} 突然减小到 y_{min}。此后，继续减小 x，y 也始终为 y_{min} 不变。由于所有的继电器都具有这种形式的输入-输出特性，故

称之为继电特性。

图 6-13b 所示为磁放大器的输入-输出特性，由于其输入量是控制电流（图中的 i_k），输出量是负载电流（图中的 i_f），所以这种特性称为控制特性。线性电磁铁的输入-输出特性，即控制电流 i_k 与行程 δ 的关系（见图 6-13c）也属于控制特性。

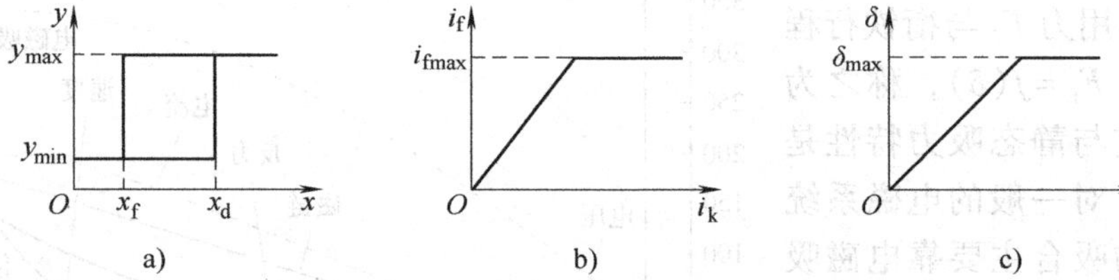

图 6-13　电磁系统的输入-输出特性

4. 时间特性

电磁系统的工作循环分为两个过程：动作过程和释放过程。时间特性一般是指上述两个过程中吸合时间和释放时间与衔铁行程的关系。

动作过程又分为两个阶段：触动阶段和吸合运动阶段，如图 6-14 所示。在触动阶段，电磁系统尚未获取到足够的能量以克服机械负载反作用力而使衔铁运动，衔铁仍然静止不动，即 $\delta=\delta_{max}$ 不变，衔铁位移 $x=0$。一旦电磁系统产生的电磁吸力大于系统的反作用力，触动阶段结束。衔铁开始运动，从图中 A 点运动到吸合位置的 B 点，即吸合运动阶段。触动阶段经历的时间，即自电磁系统的线圈上电到衔铁开始运动的时间，称为触动时间 t_c，吸合运动阶段所经历的时间称为吸合运动时间 t_x，两者之和即为整个电磁系统的动作时间 t_d。

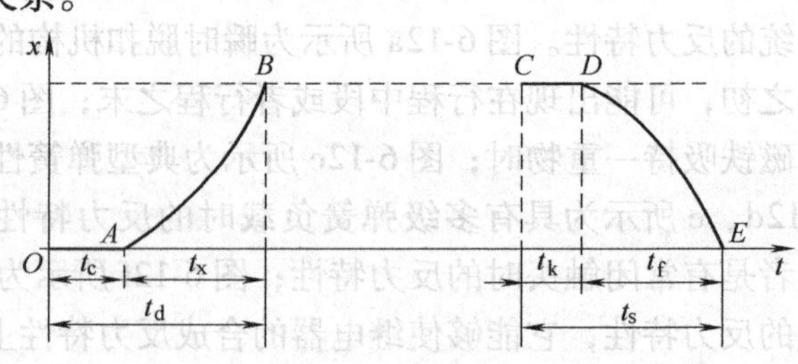

图 6-14　电磁系统的时间特性

释放过程也分为两个阶段：开释阶段和返回运动阶段。在开释阶段，电磁吸力大于等于反作用力，衔铁尚未开始做返回运动。当吸力小于反作用力之后，衔铁才开始做返回运动，直到衔铁运动到起始位置的 δ_{max} 为止。这个阶段称为返回运动阶段。开释阶段经历的时间称为开释时间 t_k，返回运动阶段经历的时间为返回运动时间 t_f，两者之和为整个释放过程所经历的释放时间 t_s。

6.4　磁路与磁导的计算

6.4.1　磁路的基本概念

磁场的计算比较复杂。虽然随着计算机技术的发展，计算软件的成熟，场的计算越来越多的应用在工程计算中，但是在实际计算中，仍然有许多问题需要解决。磁路计算结合特性测试、经验参数修正，不失为一种简便快捷的计算方法，尤其是在动态特性计算和产品的优化设计领域，更具有一定优势。因此，国内外许多研究者在分析电磁机构时，仍然采用磁路的计算方法。

可以非常形象地认为，磁通是磁通管内流动的物质，就像电流在电导体中流动一样。根据这样的比拟，磁通相当于电流，磁通管相当于载流导体，磁场可以采用磁路的方式进行简化计算。目前“磁场”“磁路”相结合的算法，已被广泛采用。

1. 磁路概念及其工程应用

在磁场中任取一个磁通管，其中的磁通值为 Φ，并且链有 m 个磁动势。以 n 个等磁位面将此磁通管分为 n 段，如图 6-15 所示。应用安培环路定律可得

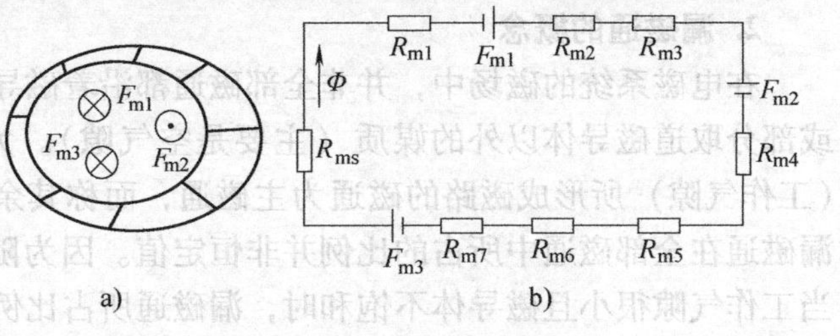

图 6-15　磁通管及等效磁路

$$\sum_{k=1}^{n} U_{mk} = \sum_{j=1}^{m} F_{mj} \tag{6-42}$$

式中　U_{mk}——磁通管第 k 段上的磁压降；

F_{mj}——与磁通管交链的第 j 个磁动势。

如果将磁通管第 k 段上的磁压降 U_{mk} 与磁通 Φ 的比值

$$R_{mk} = \frac{U_{mk}}{\Phi} \tag{6-43}$$

定义为第 k 段的磁阻，那么，对于一段长度为 l_k、截面积为 A_k 的等截面磁通管，磁阻为

$$R_{mk} = \frac{H_k l_k}{B_k A_k} = \frac{l_k}{\mu A_k} \tag{6-44}$$

这个公式与等截面导体的电阻公式相似。

图 6-15a 中，磁通管的各有关参数间的关系，可以用一个与电路相仿的等效磁路来表示，如图 6-15b 所示。

图 6-16a 所示为拍合式电磁系统，如果只考虑通过铁磁材料部分，以及磁极之间的气隙部分的磁通，可以将整体电磁系统的磁场以图 6-16b 所示等效磁路来表示，气隙磁阻用 R_δ 表示，铁磁材料磁阻用 R_m 表示。

磁路概念对于一般的磁场问题没有意义，因为磁通管的几何参数为未知数，故无从确定磁阻的量值，磁路当然也无法求解。然而，对绝大多数工程电磁系统的磁场来说，情况就完全不同了，因为它是以磁导率非常大的铁磁物质作为磁通的主要“路径”，这就是所谓的“磁导体”。而磁场中的磁通基本上是沿着磁导体形成的接近于闭合回路的路径“流动”。磁导体的外壁大体上可以看成磁通管，其几何参数又属已知，所以磁路各段的磁阻或为已知数，或为已知函数（非线性问题）。这样，通过磁路的概念就将磁场问题变换成了磁路问题，从而使电磁系统的计算问题大为简化。

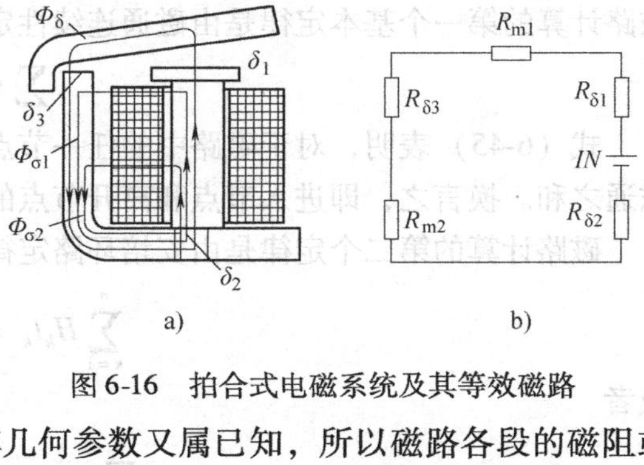

图 6-16　拍合式电磁系统及其等效磁路

磁路也有交流磁路和直流磁路之分，前者对应于交变电磁场，后者对应于稳恒磁场（静磁场）。和交流电路计算相似，当磁导体材料的非线性程度不是很明显时，计算交流磁

路也采用复数形式的磁通、磁压降和磁动势。同时，等效磁路的磁阻也可以采用复磁阻抗来代替。

2. 漏磁通的概念

在电磁系统的磁场中，并非全部磁通都沿着磁导体形成闭合回路，总有一部分磁通完全或部分取道磁导体以外的媒质（主要是空气隙）。为方便起见，称通过磁导体以及主气隙（工作气隙）所形成磁路的磁通为主磁通，而称其余磁通为漏磁通。对于一般的电磁系统，漏磁通在全部磁通中所占的比例并非恒定值。因为随着衔铁的运动，工作气隙一直在变化。当工作气隙很小且磁导体不饱和时，漏磁通所占比例较小，为了简化计算，甚至可以将漏磁通忽略；当工作气隙较大时，漏磁通与主磁通相比就不能忽略不计了，在某些场合甚至漏磁通有可能超过主磁通的量值，必须在计算中考虑漏磁通。

图 6-17a 所示为工作气隙较大时的单 E 形电磁系统。在这种场合，漏磁通不能忽略，故磁路中除通过主气隙的磁通 $\boldsymbol{\Phi}_\delta$ 外，尚有漏磁通 $\boldsymbol{\Phi}_\sigma$。为计算方便，假定漏磁通是水平分布的（见图 6-17a），但因为考虑了漏磁，等效磁路颇为复杂（见图 6-17b）。反之，图 6-17c 所示是同一电磁系统在工作气隙较小时的情况，由于此时可以不考虑漏磁通，其等效磁路简单很多，如图 6-17d 所示。

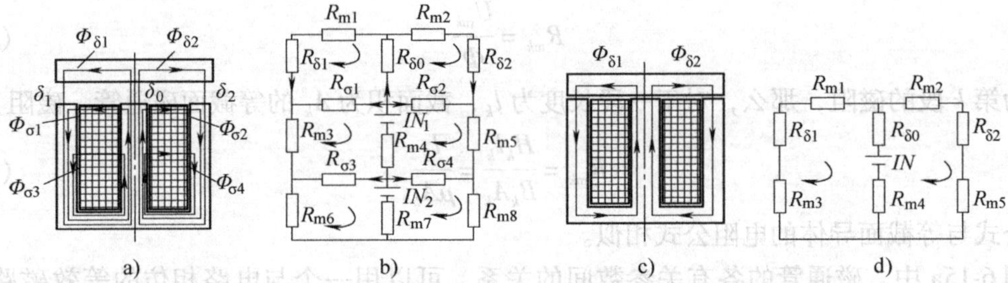

图 6-17 考虑漏磁通和不考虑漏磁通时电磁系统及其等效磁路

3. 磁路基本定律

既然磁场问题已简化为磁路问题，磁场的基本定律也要相应地变换为磁路的基本定律。磁路计算的第一个基本定律是由磁通连续性定理导出的磁路基尔霍夫第一定律

$$\sum \boldsymbol{\Phi} = 0 \tag{6-45}$$

式（6-45）表明，对于磁路中的任一节点，进入该点的诸磁通之和等于自该点流出的诸磁通之和。换言之，即进入节点和离开节点的所有磁通的代数和等于零。

磁路计算的第二个定律是由安培环路定律导出的磁路基尔霍夫第二定律

$$\sum_{k=1}^{n} H_k l_k = \sum_{j=1}^{m} (iN)_j \tag{6-46}$$

或者

$$\sum_{k=1}^{n} \boldsymbol{\Phi}_k R_{mk} = \sum_{j=1}^{m} (iN)_j \tag{6-47}$$

式（6-47）表明，对于磁路中的任一闭合回路，磁动势（励磁磁动势）的代数和等于该回路各段上磁压降的代数和。显然，对磁路中的某一段来说，很容易由磁路的基尔霍夫第二定律导出

$$U_m = \Phi R_m \tag{6-48}$$

这就是磁路的欧姆定律，它是磁路基尔霍夫第二定律的一个特例。

磁场强度的方向未必处处都和磁通路径的取向一致，同时在磁导体的横截面内磁通的分布也未必都是均匀的。因此，在从安培环路定律导出磁路基尔霍夫第二定律时，曾经作了两个假设：第一个假设是在磁导体内磁场强度和磁力线都与平均磁感应强度平行；第二个假设是在与平均磁感应强度垂直的任何截面内，磁通分布是均匀的。这样的假设在磁导体的相对磁导率 $\mu_r >> 1$ 时，无疑是成立的。通过这种假设，在具体运算时，只需考虑平均磁感应强度的方向，并使磁通路径的取向与之一致就可以了。

以上各定律的数学表达式均就直流磁路而言，若用于交流磁路，式中各参量均应改为复数形式。

4. 磁路与电路的异同

磁路与电路有许多相同之处，这表现在：磁路中的磁动势、磁通、磁压降、磁阻、磁阻抗等参量与电路中的电动势、电流、电压降、电阻和阻抗等参量之间，存在着一一对应的关系；磁路的欧姆定律和基尔霍夫定律与电路的同名定律之间，也存在着对应关系。

然而，这种对应关系丝毫不意味着磁路与电路二者是等同的，它们之间有着本质上的差异。具体地说，磁路具有下列特点：

1）由于磁导体的相对磁导率 μ_r 通常并非常数，而是磁感应强度 B（也是磁通 Φ）的函数，因此在一般场合，磁路是非线性的。

2）电路问题中虽然也有泄漏电流，但由于电导体与电介质的电导率相差极大（其比值可高达 $10^{20} \sim 10^{21}$），故在非高电压及非高频场合，忽略泄漏电流对工程计算结果几乎没有影响。磁路则不然，磁导体与一般媒质的磁导率比值，通常只有 $10^3 \sim 10^4$。因此，忽略漏磁通有时会给工程计算结果带来相当大的误差。

3）电流和泄漏电流在电阻上要产生电—热能的转换，而磁通和漏磁通并不会在磁阻上进行磁能与热能的转换，即它们不会产生焦耳热损耗。

4）磁导体外部（如工作气隙和漏磁通的路径）的磁通管的几何参数一般均属未知，故与它相关的磁路参数（如工作气隙的磁导和漏磁导）均应根据磁场的基本性质和基本定律来确定。

5）由于必须考虑漏磁通，磁路中的磁动势和磁阻等都是分布参数，所以磁路是分布参数性质的路。

此外，磁路与电路的物理性质还有着本质上的差异。例如，电路是带电粒子实际的运动路径，其中确有带电粒子在作定向运动；磁路和磁通则只不过是人们借以分析磁场问题的一种手段而已，因为并没有实体的磁通，更谈不上它的“流动”。

随着技术的发展，对电磁电器的整体性能指标提出了更高的要求，磁路计算作为一种辅助设计手段，在工程中可以方便地通过电磁系统静态电磁吸力与系统反作用力之间的关系来分析电磁系统的工作情况，如果要对电磁系统进行深入分析，可以通过建立三维电磁场模型或通过动态特性的仿真计算等手段来进一步解决问题。

随着电磁场数值算法的发展以及计算机性能的不断提高，为提高电磁机构特性计算的准确性，自20世纪70年代末和80年代初开始，磁场计算方法开始用于电磁机构的特性计算和分析中。这些磁场计算方法主要分为两大类，一是场域分割法，如有限差分法、有限元法；二是等效元法，如边界元法等。ANSYS 作为电磁场计算分析的代表软件，得到广泛应用。该软件以有限元计算方法和变分原理为基础。有限元计算方法优点较多，如单元剖分自由、在精度要求高的地方可以加密剖分，能较好地逼近和处理不规则边界和形状复杂的内部交界面；算法统一且便于程序标准化设计等；但其代数方程中系数的计算比较复杂，建模复杂且软件价格昂贵、需要的计算机资源大、实现电磁机构动态计算难度大，尤其对于优化设计存在局限性。在连续体域内，边界元法与有限元法划分单元的基本思想不同，边界元法只在定义域的边界上划分单元，用满足控制方程的函数去逼近边界条件。与有限元法相比，边界元法具有单元个数少，数据简单等优点，但用边界元法解非线性问题时，遇到在非线性项相对应的区域积分时，这种积分在奇异点附近有较强的奇异性，使求解遇到困难。有限差分法（FDM）是应用最早的一种电磁场数值计算方法，它以概念清晰，方法简单、直观等特点，在电磁场数值分析领域内得到广泛应用。

虽然磁场计算有以上特点，但是，目前在工程分析和优化设计领域，磁路计算仍然不失为一种简便快捷的计算方法。

6.4.2 气隙磁导的计算

犹如电路计算需要知道电路各部分的电阻或电导一样，磁路计算也需要知道磁路各部分的磁阻或磁导。磁路中应考虑的磁阻有气隙磁阻、铁磁部分即磁导体的磁阻。

对于通过衔铁运动作机械功的一类电磁系统，气隙是必不可少的。其中，有赖以产生电磁吸力并做功的可变气隙——工作气隙或主气隙，有主磁路（工作磁通必经路径）中因结构原因所必有的固定气隙或略有变化的气隙，还有为防止剩磁阻碍释放动作而设的固定气隙和非磁性垫片等。这些气隙就形成了磁路的气隙磁阻。此外，还有与漏磁通相对应的漏磁气隙和漏磁阻。这些气隙的所在位置如图 6-18a、b 所示。

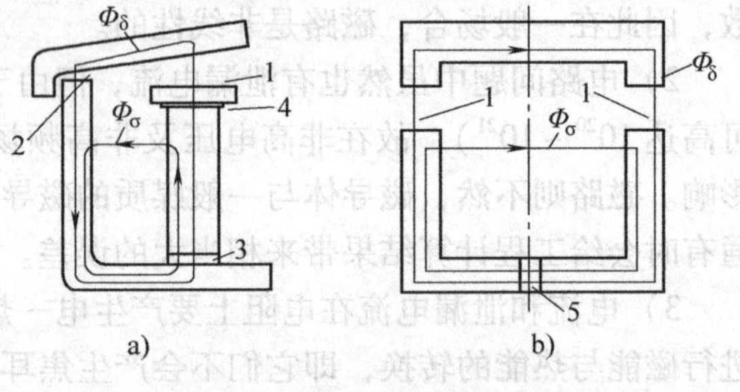

图 6-18 电磁系统的气隙

1—工作气隙 2—可变结构气隙 3—固定结构气隙（也可以作为非工作气隙） 4—非磁性垫片 5—防剩磁所设的固定气隙，称为非工作气隙

尽管导磁体部分的磁路长度比气隙的大得多，但由于气隙中的媒质空气的磁导率仅为磁导体的数百乃至数万分之一，气隙磁阻远比磁导体的大。就常见的电磁系统而论，在打开位置，仅工作气隙一项的磁压降有时就占线圈磁动势的 70% ~90%。可以说，磁路计算直至整个电磁系统计算的准确度，很大程度上取决于气隙磁导（或磁阻）计算的准确性。下面讨论气隙磁导的计算问题。

如图 6-19 所示，有两个磁极，其表面积为 A_1 和 A_2，其间有磁通 Φ_δ 通过。如果两极面均为等磁位面，它们之间的磁位差即磁压降为 $U_{m\delta}$，那么，通过与电场比拟，可知两磁极间气隙的磁导应定义为

$$\Lambda_\delta = \frac{\Phi_\delta}{U_{m\delta}} \tag{6-49}$$

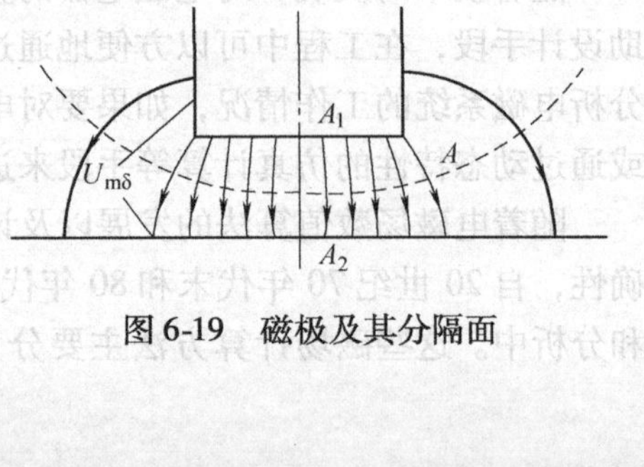

图 6-19 磁极及其分隔面

从场的观点来看，磁导计算也是磁场计算。根

据磁通连续性定理，通过气隙的磁通为

$$\Phi_\delta = \iint_{A_1} \boldsymbol{B} \cdot \mathrm{d}\boldsymbol{A} = \iint_{A_2} \boldsymbol{B} \cdot \mathrm{d}\boldsymbol{A} = \iint_{A} \boldsymbol{B} \cdot \mathrm{d}\boldsymbol{A} \tag{6-50}$$

式中　$\boldsymbol{A}$——气隙中任一分隔两磁极的曲面。气隙磁压降为

$$U_{\mathrm{m}\delta} = \int_l \boldsymbol{H} \cdot \mathrm{d}\boldsymbol{l} \tag{6-51}$$

式中　$\boldsymbol{l}$——连接两极面的任意曲线。

工程计算中常常通过合理的假设，使问题得以简化，然后在其基础上进行计算。在各类简化的磁导计算方法中，常用的有解析法、图解法、磁场分割法、经验公式法和磁场的数值解法等。

解析法适用于磁力线和等磁位线的分布可以通过数学表达式来描述的场合；图解法求气隙磁导实质是正确地描绘磁场图景，并将它划分为若干磁通管元进行计算，这种方法原则上可用于任何三维场的计算，但因为空间的图景过于复杂，以至运用图解法时遇到很大困难，且无法保证所需准确度；当磁极几何形状较复杂，或者需要考虑磁极的边缘效应时，则需要使用磁场分割法，磁场分割法是考虑解析法在数学上的严格性及图解法磁场分布空间性的一种综合方法，使用较为方便。

下面重点介绍解析法和磁场分割法。

1. 解析法

当磁力线和等磁位线的分布可以通过数学表达式来描述时，气隙磁导就能应用解析法计算。然而，只有在某些特殊场合，例如磁极形状为规则的几何形状、气隙内的磁通分布和等位线分布均匀、而且磁极的边缘效应及磁通的扩散可以忽略不计时，方能运用磁场理论和严格的数学推导，直接求得准确的气隙磁导计算公式。

（1）两平行平面磁极间的气隙磁导

设有两个平面磁极，其长度、宽度分别为 a、b，端面间隔即气隙长度为 δ，并且互相平行，如图 6-20 所示。严格意义上说，除非 a、b 为无穷大，或者气隙值 δ 趋于零，磁极端面间的磁场才是均匀磁场。但是，在工程上通常把 $\delta/a \leqslant 0.2$、$\delta/b \leqslant 0.2$ 作为是否可以忽略磁通扩散效应的判据。如果满足此条件，就认为磁场是均匀分布的，在气隙内 B 和 H 均为常数。气隙磁导为

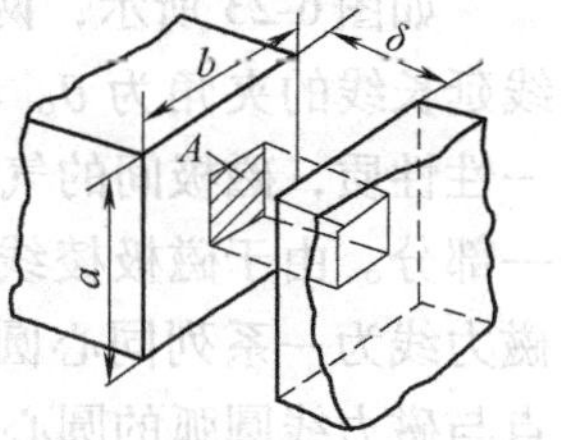

图 6-20　平行平面磁极

$$\Lambda_\delta = \frac{\Phi_\delta}{U_{\mathrm{m}\delta}} = \frac{\iint_A \boldsymbol{B} \cdot \mathrm{d}\boldsymbol{A}}{\int_\delta \boldsymbol{H} \cdot \mathrm{d}\boldsymbol{l}} = \frac{BA}{H\delta} \tag{6-52}$$

考虑到在气隙中 $B = \mu_0 H$ 和磁极端面积 $A = ab$，故

$$\Lambda_\delta = \mu_0 \frac{A}{\delta} = \mu_0 \frac{ab}{\delta} \tag{6-53}$$

如果气隙较大时，可引入修正系数 $K = \dfrac{0.307}{\pi}$，则

$$\Lambda_\delta = \mu_0 \frac{(a + K\delta)\ (b + K\delta)}{\delta} \tag{6-54}$$

如果磁极为两同心圆弧状磁极，如图 6-21 所示，其极面为等磁位面，而磁力线处处与等磁位面正交，又由于 $\delta=\text{const}$，磁感应强度沿 θ 方向无变化，$\iint_A \boldsymbol{B}\cdot \mathrm{d}\boldsymbol{A} = \iint_A B\mathrm{d}A = BA$，两磁极间磁导为

$$\Lambda_\delta=\mu_0\frac{A}{\delta}=\mu_0\frac{\theta Rb}{\delta} \tag{6-55}$$

式中　b——磁极宽度（垂直于图面方向）；

R——气隙平均半径。

如果磁极端面呈现圆形，半径为 R，且两极面相互平行，如图 6-22 所示，则在不计边缘扩散效应的情况下（$\delta/R\leqslant0.4$），气隙磁导为

$$\Lambda_\delta=\mu_0\frac{\pi R^2}{\delta} \tag{6-56}$$

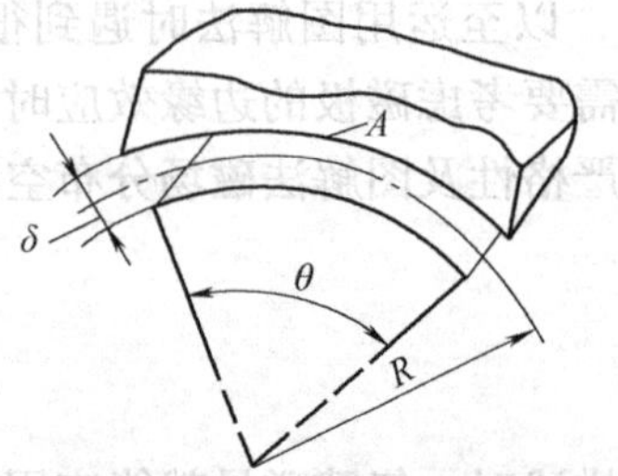

图 6-21　同心圆弧状磁极

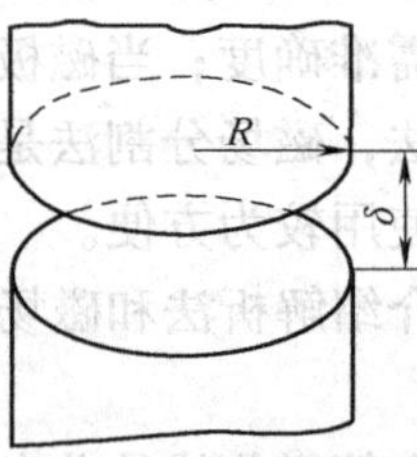

图 6-22　平行圆形端面磁极

（2）两不平行平面磁极间的气隙磁导

如图 6-23 所示，两端面为平面、棱线为弧线的磁极，大弧和小弧的半径为 R_2 和 R_1，棱线延长线的夹角为 θ。根据在给定边界条件下磁场分布的唯一性性质，磁极间的气隙内磁场可视同长直载流导体磁场的一部分。由于磁极棱线的延长线彼此相交，故在平面图形中磁力线为一系列同心圆弧，等磁位线为一簇射线。后者的极点与磁力线圆弧的圆心重合。

根据磁场分布的特点，在半径为 r 处取一增量 $\mathrm{d}r$，并以此构成一个截面积为 $\mathrm{d}A=b\mathrm{d}r$ 的磁通管元。由长直载流导体的磁场分布规律可知，在此磁通管元内有 $H=\text{const}$ 和 $B=\text{const}$。因此，磁通管元的磁导为

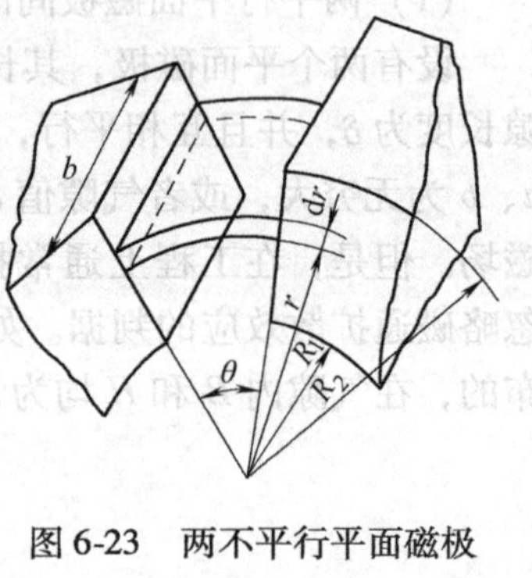

图 6-23　两不平行平面磁极

$$\mathrm{d}\Lambda_\delta=\frac{\boldsymbol{B}\cdot\mathrm{d}\boldsymbol{A}}{\int_l \boldsymbol{H}\cdot\mathrm{d}\boldsymbol{l}}=\frac{Bb\mathrm{d}r}{Hr\theta}=\mu_0\frac{b\mathrm{d}r}{r\theta} \tag{6-57}$$

整个气隙的磁导为

$$\Lambda_\delta=\int_{R_1}^{R_2}\mu_0\frac{b\mathrm{d}r}{r\theta}=\mu_0\frac{b}{\theta}\ln\frac{R_2}{R_1} \tag{6-58}$$

（3）两同轴圆弧柱面磁极间的气隙磁导

有一半径为 R_1 的圆柱状磁极和一个半径为 R_2 的同轴圆筒状磁极，它们厚度为 b，如图

6-24所示。按磁力线与等磁位线之间的互易性原理，从平面图形来看，极间磁场中的磁力线为一簇极点在轴线上的射线，等磁位线则是与极面圆弧同心的一系列圆弧。据此，以半径为 r 和 $r+\mathrm{d}r$ 的两个等磁位面截取一段磁阻元，磁阻值为

$$\mathrm{d}R_\delta=\frac{\mathrm{d}r}{\mu_0 A}=\frac{\mathrm{d}r}{\mu_0\theta br} \tag{6-59}$$

整个极间气隙的磁阻为

$$R_\delta=\frac{1}{\mu_0\theta b}\int_{R_1}^{R_2}\frac{\mathrm{d}r}{r}=\frac{1}{\mu_0\theta b}\ln\frac{R_2}{R_1} \tag{6-60}$$

它的倒数就是极间气隙的磁导，即

$$\Lambda_\delta=\frac{\mu_0\theta b}{\ln\dfrac{R_2}{R_1}} \tag{6-61}$$

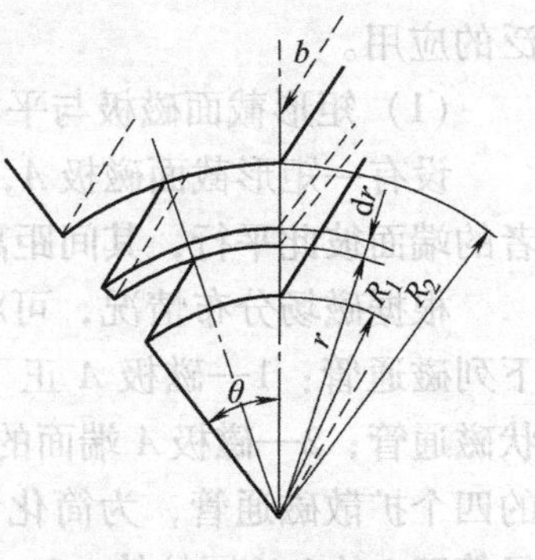

图6-24　两同轴圆弧柱面

将式（6-58）和式（6-61）加以分析比较，可以发现二式之间有相似之处。它们之间的区别仅仅在于，后者的磁极端面（等磁位面）是前者的一根磁力线，同时后者最外侧的两根磁力线恰好又是前者的两个磁极端面的棱线。这样的两种磁极之间气隙磁导的计算公式相互间存在一定的变换关系。若令

$$K=\frac{1}{\theta}\ln\frac{R_2}{R_1} \tag{6-62}$$

为代表极面棱线尺寸对 Λ_δ 影响的一个因子，那么，未经互易变换的原方程即式（6-58）为

$$\Lambda_\delta=\mu_0 bK \tag{6-63}$$

经过互易变换的方程式为

$$\Lambda_\delta=\mu_0\frac{b}{K} \tag{6-64}$$

利用互易变换关系，很容易从已导出的一种极间气隙磁导计算公式，直接得到与之对应（即存在互易关系）的另一种极间气隙的磁导计算公式，而无需另行推导。

假若磁极是同轴的一个圆柱体与一个圆筒，则只要将 $\theta=2\pi$ 代入式（6-61），即得极间的气隙磁导为

$$\Lambda_\delta=\mu_0\frac{2\pi b}{\ln\dfrac{R_2}{R_1}} \tag{6-65}$$

2. 磁场分割法

当磁极形状复杂，或者虽不复杂但必须考虑边缘扩散效应时（因为随着气隙的增加，扩散磁通在总气隙磁通中所占比例将越来越大，以至忽略扩散磁通将导致较大计算误差），采用解析法来计算气隙磁导，不但需要采用复杂的计算公式而且甚至无法求解，而若采用图解法，则需要绘制复杂的磁场分布图。为此，寻找一种既具有解析法在数学上的严格性，又像图解法那样能考虑到的磁场分布的空间性特质的求解方法，这就是在工程计算中常常采用的磁场分割法。

磁场分割法实质上是先按图解法大致确定磁极间气隙磁场的分布规律，估计磁通的

可能路径，将整个气隙磁场划分为若干个有规则形状的磁通管，并按解析法求出各磁通管的磁导，最后，根据磁通管的串并联关系得出整个气隙的磁导。由于磁场分割法能够给出工程计算所需要的准确度，而且计算方便，因此在电磁系统的设计计算中得到了广泛的应用。

（1）矩形截面磁极与平板磁极间气隙的磁导

设有一矩形截面磁极 A，其边长为 a 和 b。磁极下方是一块面积大的平板磁极 B，且二者的端面彼此平行，其间距离为 δ，其磁场图景大体上如图 6-25 所示。

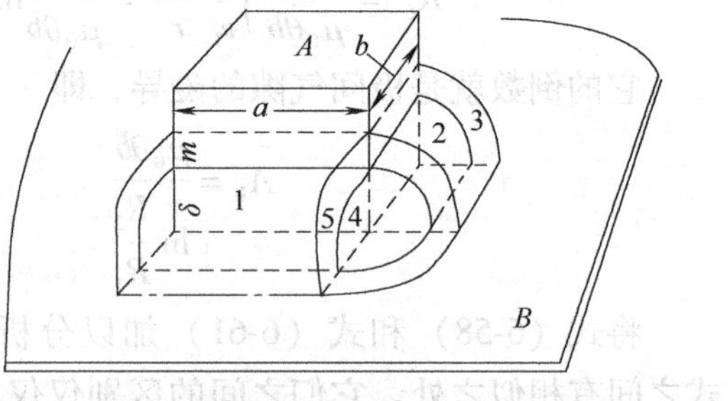

图 6-25　矩形截面磁极与平板磁极间的气隙磁导

根据磁场分布情况，可将整个磁场划分为下列磁通管：1—磁极 A 正下方的平行六面体状磁通管；2—磁极 A 端面的四条棱线对平面 B 的四个扩散磁通管，为简化计算，将它视为半径等于 δ 的 1/4 圆柱体；3—由磁极 A 的侧面至平面 B 的扩散磁通管，为方便计算，将侧面的扩散磁通集中于从端面起算的高度为 m 的一段上，并视磁通管为内半径等于 δ、厚度等于 m 的 1/4 圆筒；4—磁极 A 端面四个棱角至平面 B 的磁通管，它是半径为 δ 的 1/8 个球体；5—磁极 A 的四个侧面棱线（高度为 m）至平面 B 的磁通管，它是半径为 δ、厚度等于 m 的 1/8 球壳。整个气隙磁场的分割情况如图 6-25 所示。

由图 6-25 可见，整个气隙磁导应该为

$$\Lambda_\delta = \Lambda_1 + 2(\Lambda_{2a} + \Lambda_{2b}) + 2(\Lambda_{3a} + \Lambda_{3b}) + 4(\Lambda_4 + \Lambda_5) \tag{6-66}$$

其中，Λ_1 按公式（6-53）计算，其余各项磁导的计算可根据如下近似公式推导：

$$\Lambda_i = \mu_0 \frac{A_p}{l_p} \tag{6-67}$$

或者

$$\Lambda_i = \mu_0 \frac{V}{l_p^2} \tag{6-68}$$

式中　l_p——磁力线的平均长度，或按作图法得出，或为计算值；

A_p——磁通管的平均截面积，或按磁通管体积与磁力线平均长度之比得出，或为计算值；

V——磁通管体积。

表 6-1 列有若干种规则形状磁通管的磁导计算公式，以供参考。

在应用表中公式时，一方面要注意公式中各符号的意义，另一方面要注意磁力线的平均路径，因为形状完全相同的磁通管在磁力线平均路径不同时会有完全不同的磁导。

根据表 6-1 中公式，矩形截面磁极与平板磁极之间的气隙磁导为

$$\Lambda_\delta = \mu_0 \left[\frac{ab}{\delta} + 1.04(a+b) + \frac{4(a+b)}{\pi\left(\dfrac{\delta}{m} + 0.5\right)} + 1.23\delta + 2m \right] \tag{6-69}$$

表 6-1　磁通管的磁导计算公式

序号	磁通管形状	磁通管的几何参数和磁导的计算公式
1	半圆柱体 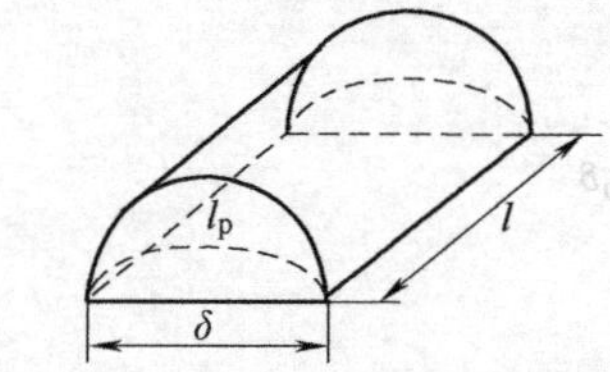	$V=\frac{1}{8}\pi\delta^2 l$ $l_p=1.22\delta$(作图法求得) $\Lambda=\mu_0\frac{V}{l_p^2}=0.26\mu_0 l$
2	$\frac{1}{4}$圆柱体 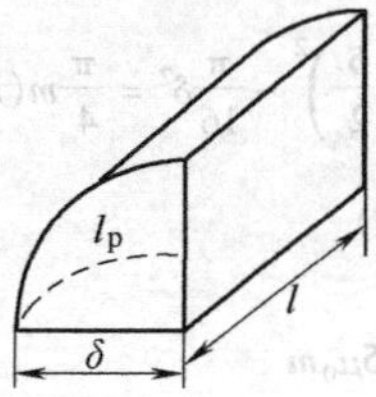	$\Lambda=0.52\mu_0 l$
3	半圆筒 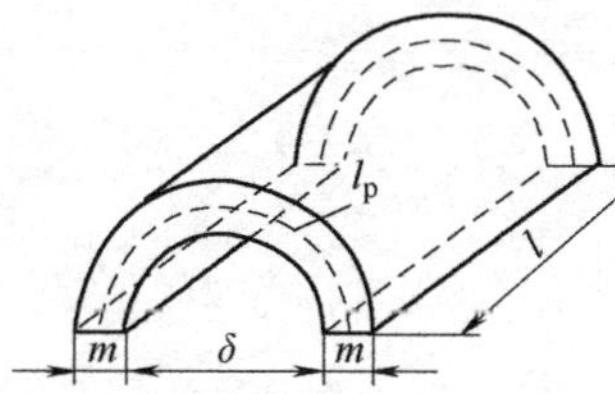	$l_p=\frac{\pi}{2}(\delta+m)$ $A_p=ml$ $\Lambda=\mu_0\frac{A_p}{l_p}=\mu_0\frac{2l}{\pi\left(\frac{\delta}{m}+1\right)}$ 当 $\delta<3m$ 时 $\Lambda=\mu_0\frac{l}{\pi}\ln\left(1+\frac{2m}{\delta}\right)$
4	$\frac{1}{4}$圆筒 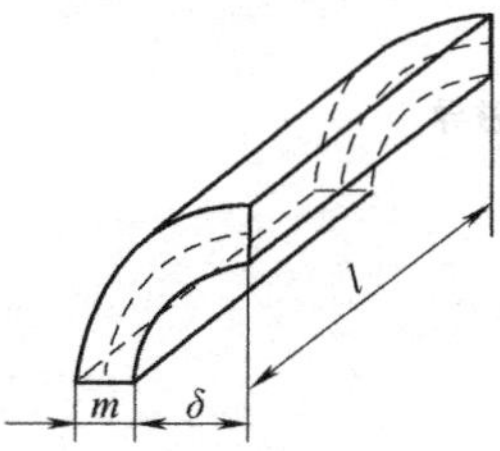	$\Lambda=\mu_0\frac{2l}{\pi\left(\frac{\delta}{m}+0.5\right)}$ 当 $\delta<3m$ 时 $\Lambda=\mu_0\frac{2l}{\pi}\ln\left(1+\frac{m}{\delta}\right)$
5	$\frac{1}{4}$球体 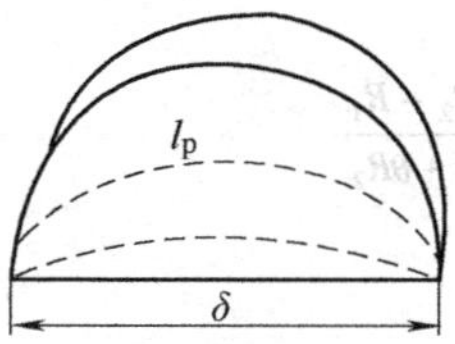	$V=\frac{1}{3}\pi\left(\frac{\delta}{2}\right)^3$ $l_p=1.3\delta$(作图法求得) $\Lambda=\mu_0\frac{V}{l_p^2}=0.077\mu_0\delta$

（续）

序号	磁通管形状	磁通管的几何参数和磁导的计算公式
6	$\frac{1}{8}$球体 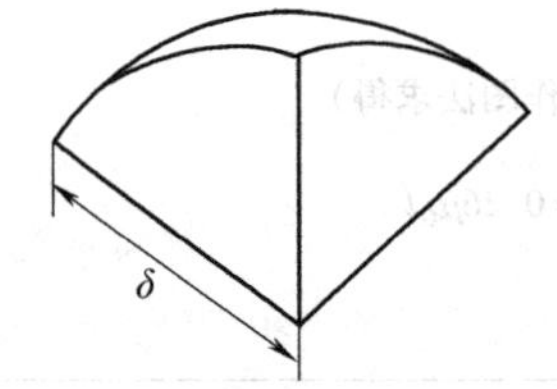	$\Lambda = 0.308\mu_0\delta$
7	$\frac{1}{4}$球壳 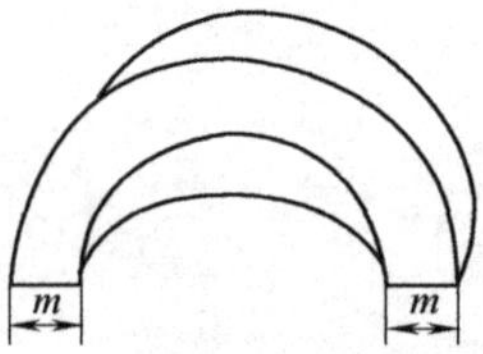	$l_p = \frac{\pi}{2}(m+\delta)$ $A_{max} = \frac{\pi}{4}\left(m+\frac{\delta}{2}\right)^2 - \frac{\pi}{16}\delta^2 = \frac{\pi}{4}m(m+\delta)$ $A_p = \frac{\pi}{8}m(m+\delta)$ $\Lambda = \mu_0\frac{A_p}{l_p} = 0.25\mu_0 m$
8	$\frac{1}{8}$球壳 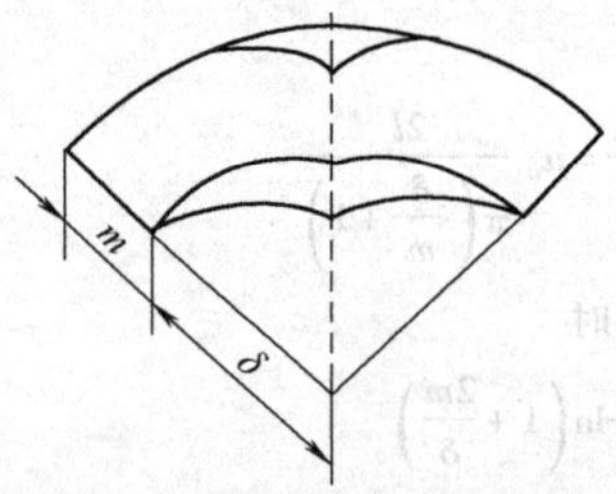	$\Lambda = 0.5\mu_0 m$
9	部分圆环 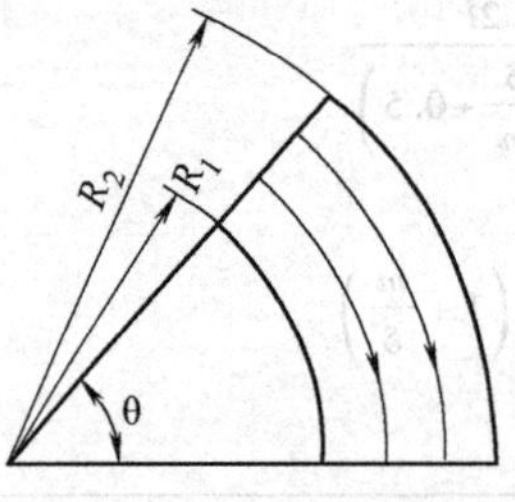	单位长度的磁导 $\lambda = \frac{\mu_0}{\theta}\ln\frac{R_2}{R_1}$
10	半弓形 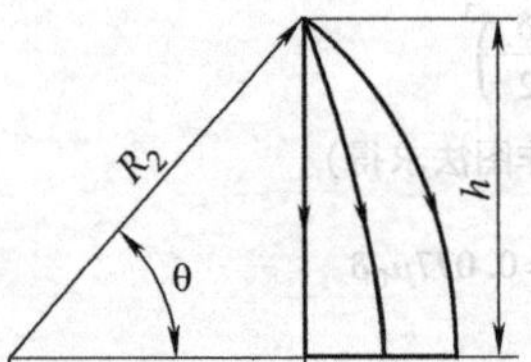	$\lambda = 1.335\mu_0\frac{R_2 - R_1}{h + \theta R_2}$

（续）

序号	磁通管形状	磁通管的几何参数和磁导的计算公式
11	半月形 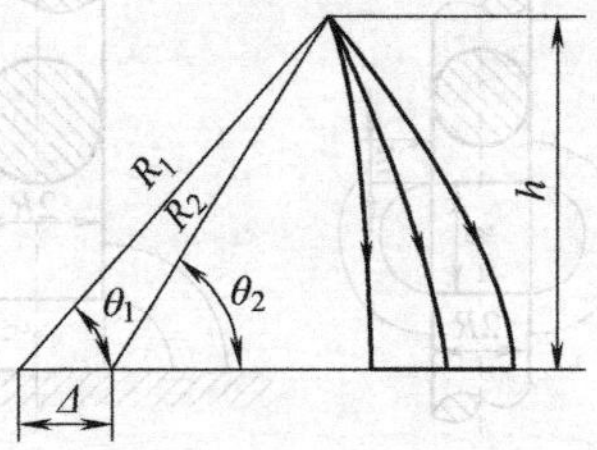	$\lambda = 1.335\mu_0 \dfrac{R_2 + \Delta - R_1}{\theta_1 R_1 + \theta_2 R_2}$
12	半圆锥体 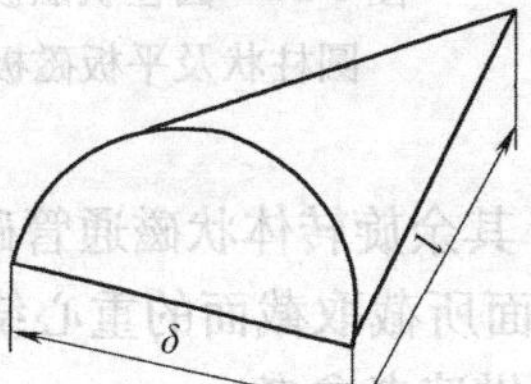	$l_p = 0.61\delta$（作图法求得） $V = \dfrac{1}{3} \dfrac{\pi\delta^2}{8} l$ $\Lambda = 0.35\mu_0 l$
13	半截头圆锥 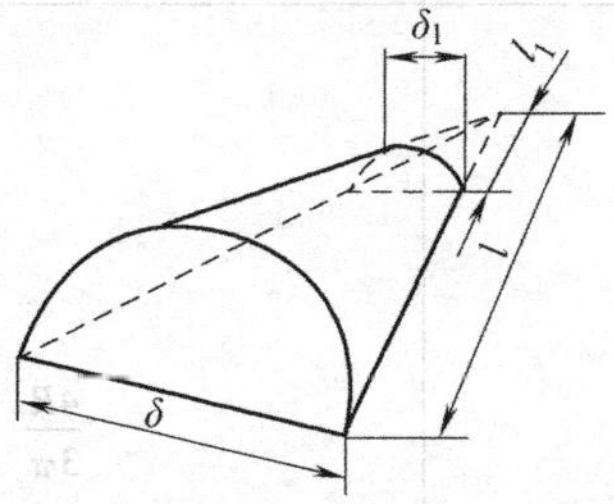	$l_p = 0.61(\delta + \delta_1)$ $V = \dfrac{\pi}{24}(\delta^2 l - \delta_1^2 l_1)$ $\Lambda = 0.35\mu_0 \dfrac{\delta^2 l - \delta_1^2 l_1}{(\delta + \delta_1)^2}$
14	均匀壁厚半截头中空圆锥 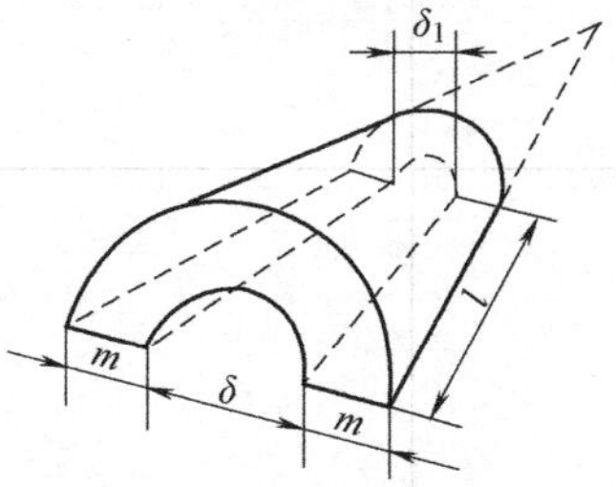	$l_p = \dfrac{\pi}{4}(\delta + \delta_1 + 2m)$ $A_p = ml$ $\Lambda = \mu_0 \dfrac{2l}{\pi\left(\dfrac{\delta + \delta_1}{2m} + 1\right)}$

图 6-26 所示为形状完全相同的磁通管，磁力线平均路径不同，它将有完全不同的磁导。

（2）两相同圆柱状磁极彼此平行对置或圆柱体磁极与平板磁极对置的情况

图 6-27a 所示为两相同圆柱状磁极，当其端面对准时，气隙磁导是由一个圆柱体和半个镯环、半个中空镯环等三种形状的磁通管磁导并联形成。图 6-27b 所示为一个圆柱体状磁极和一个平板磁极，其气隙磁导是由一个圆柱体和 1/4 个镯环、1/4 个中空镯环等三种形状

的磁通管磁导并联形成。镯环与中空镯环是圆截面与圆环截面绕某一旋转轴旋转一周得到的旋转体。

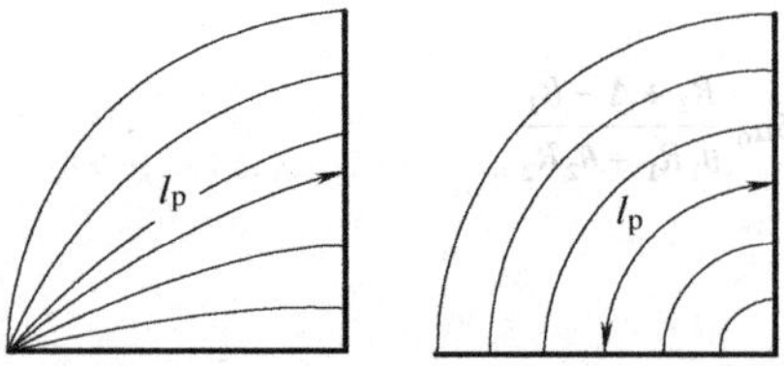

图 6-26　形状相同而磁力线平均路径不同的磁通管

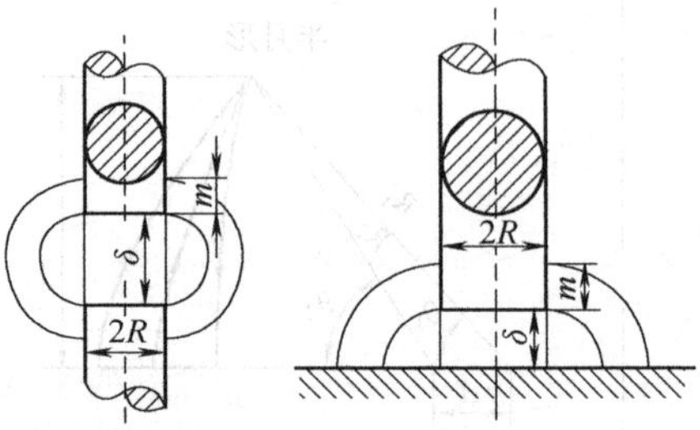

a)　　b)

图 6-27　圆柱状磁极对圆柱状及平板磁极

因此，除圆柱体状磁通管的磁导可以直接计算外，其余旋转体状磁通管磁导都必须应用表 6-2 中的计算公式，并且公式中的 l 应为过转轴的平面所截取截面的重心绕轴旋转一周的长度。在表 6-2 中列出了几种常见截面的重心位置，以供读者参考。

表 6-2　若干种截面的重心位置

序号	截面形状	重心的纵坐标	重心的横坐标
1	$\frac{1}{4}$个圆 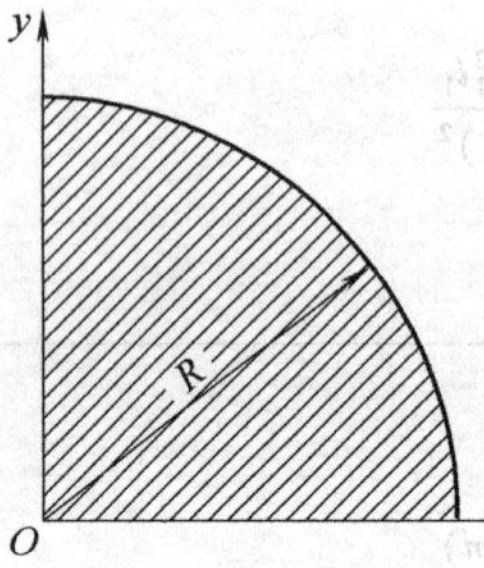	$\frac{4R}{3\pi}$	$\frac{4R}{3\pi}$
2	$\frac{1}{4}$个圆环 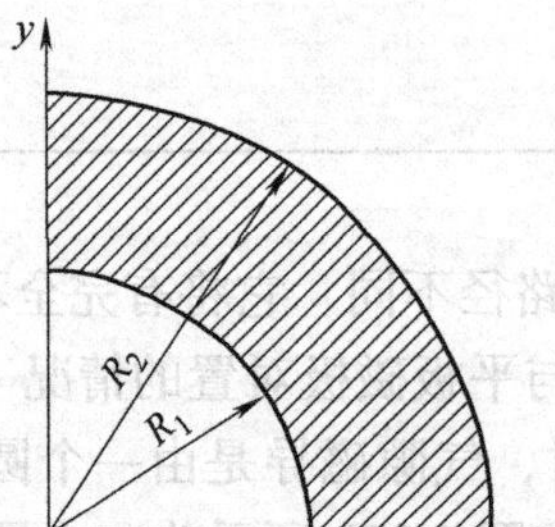	$\frac{4(R_2^3-R_1^3)}{3\pi(R_2^2-R_1^2)}$	$\frac{4(R_2^3-R_1^3)}{3\pi(R_2^2-R_1^2)}$

（续）

序号	截面形状	重心的纵坐标	重心的横坐标
3	部分圆环 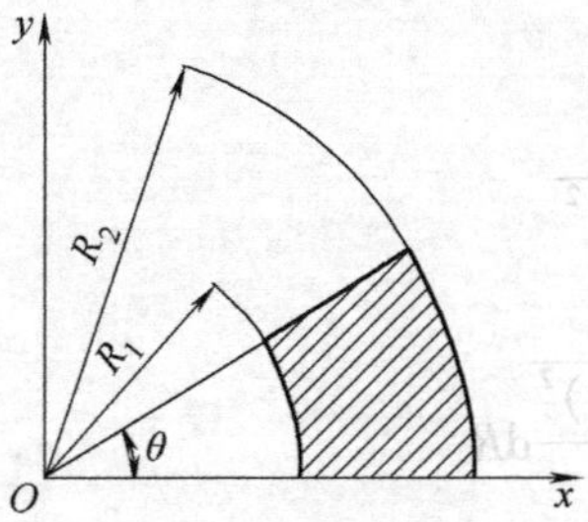	$\dfrac{2(R_2^3-R_1^3)}{3\theta(R_2^2-R_1^2)}\sin\theta$	$\dfrac{2(1-\cos\theta)(R_2^3-R_1^3)}{3\theta(R_2^2-R_1^2)}$
4	半弓形 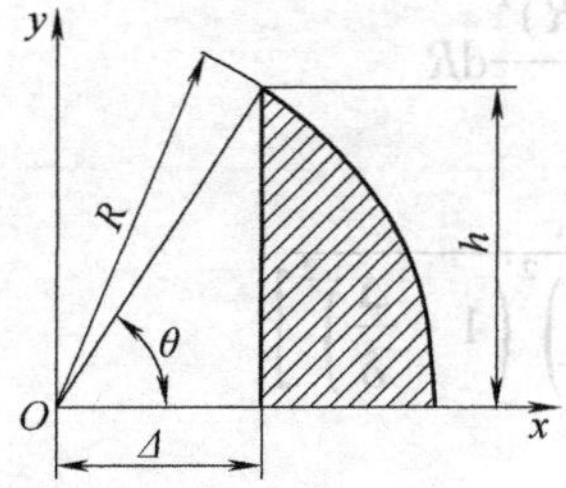	$\dfrac{2h^3}{3(R^2\theta-\Delta h)}$	$\dfrac{3R^2(R-\Delta)+\Delta^3-R^3}{3(R^2\theta-\Delta h)}$
5	半月形 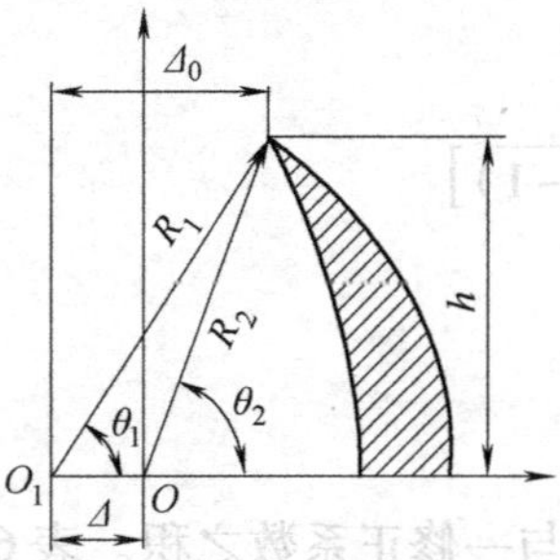	$\dfrac{\Delta(R_1^2\theta_1-h\Delta_0)}{R_2^2\theta_2-R_1^2\theta_1+h\Delta}$	$\dfrac{3\Delta(\Delta_0^2+R_2^2-\Delta^2)+2(R_2^3-R_1^3+\Delta^3)}{3(R_2^2\theta_2-R_1^2\theta_1+\Delta h)}$

（3）衔铁转动式结构的气隙磁导

设有一圆柱状铁心与铁心极面形成一角度的平板状衔铁，如图 6-28 所示。

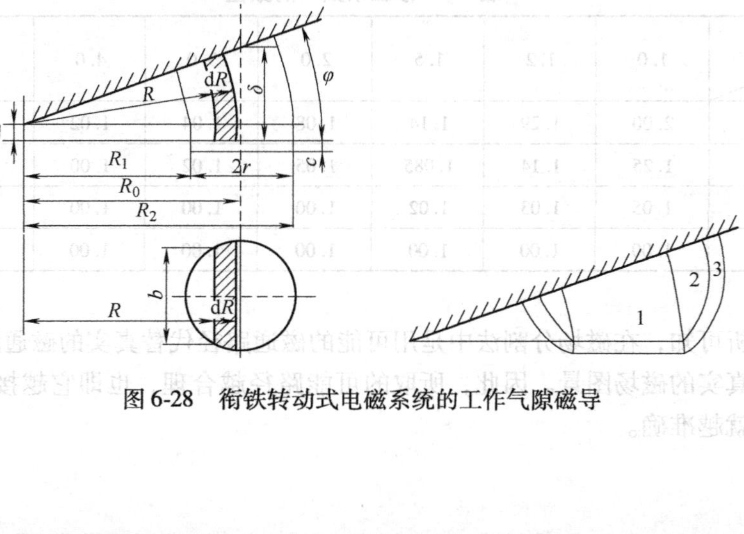

图 6-28　衔铁转动式电磁系统的工作气隙磁导

假定磁力线是由一段半径为 R 的圆弧和一段直线组成的（圆心在衔铁的转轴上）。现在先取一个厚度为 $\mathrm{d}R$ 的磁通管元，其磁导为

$$\mathrm{d}\Lambda_1=\mu_0\frac{b}{\varphi R+\Delta}\mathrm{d}R \tag{6-70}$$

磁通管元的宽度 b 容易由几何关系得出

$$b=2\sqrt{r^2-(R_0-R)^2} \tag{6-71}$$

将式（6-71）代入（6-70）得

$$\mathrm{d}\Lambda_1=2\mu_0\frac{\sqrt{r^2-(R_0-R)^2}}{\varphi R+\Delta}\mathrm{d}R \tag{6-72}$$

故整个极帽端面上方的气隙磁导为

$$\Lambda_1=2\mu_0\int_{R_1}^{R_2}\frac{\sqrt{r^2-(R_0-R)^2}}{\varphi R+\Delta}\mathrm{d}R \tag{6-73}$$

经积分并以平均气隙 δ 代替 φ 后，整理可得

$$\Lambda_1=\frac{2\pi\mu_0R_0^2}{\delta-\Delta}\frac{1}{1-\dfrac{\Delta}{\delta}}\left[1-\sqrt{1-\left(\frac{r}{R_0}\right)^2\left(1-\frac{\Delta}{\delta}\right)^2}\right] \tag{6-74}$$

令

$$\rho=\frac{R_0}{r\left(1-\dfrac{\Delta}{\delta}\right)} \tag{6-75}$$

则有

$$\Lambda_1=\mu_0\frac{\pi r^2}{\delta}\left[2\rho(\rho-\sqrt{\rho^2-1})\right] \tag{6-76}$$

令

$$k=2\rho(\rho-\sqrt{\rho^2-1}) \tag{6-77}$$

可得

$$\Lambda_1=k\mu_0\frac{\pi r^2}{\delta} \tag{6-78}$$

这样，便可将它看作平行圆端面磁极间气隙的磁导与一修正系数之积。表 6-3 列出了部分修正系数 k 的数值。由表中数据可见，在 $\dfrac{R_0}{r}>2$ 以后，修正系数 k 接近于 1。

表 6-3 修正系数 k 的数值

Δ/δ \ R_0/r	1.0	1.2	1.5	2.0	3.0	4.0	5.0	6.0
0	2.00	1.29	1.14	1.08	1.04	1.02	1.01	1.00
0.2	1.25	1.14	1.085	1.05	1.02	1.00	1.00	1.00
0.5	1.05	1.03	1.02	1.00	1.00	1.00	1.00	1.00
1.0	1.00	1.00	1.00	1.00	1.00	1.00	1.00	1.00

由以上分析可知，在磁场分割法中是用可能的磁通路径代替真实的磁通路径，用可能的磁场图景代替真实的磁场图景。因此，所取的可能路径越合理，也即它越接近于真实路径，磁导计算结果就越准确。

【例 6-1】 交流电磁阀的气隙磁导计算。

采用磁场分割法对图 6-29 所示交流电磁阀螺线管式电磁机构进行气隙磁导计算。磁极形状如图 6-29 所示，其气隙磁导可以认为是由一个圆筒及内部的半个镯环体、半个圆筒磁通管的磁导并联组成。

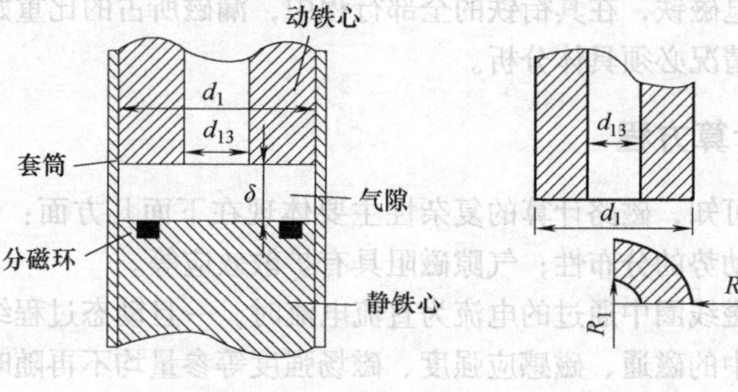

a) 动、静铁心及气隙　　b) 动铁心截面

图 6-29　动静铁心及气隙结构

解： 动铁心正下方至静铁心等效圆筒气隙磁导的求解

$$\Lambda_1 = \mu_0 \frac{\pi(R_2^2 - R_1^2)}{\delta} \tag{6-79}$$

动铁心内部圆周棱线对静铁心的扩散磁通管，将其视为 2 个半径为 δ 的 1/4 镯环体并联，其磁导求解公式为

$$\Lambda_2 = 0.26\mu_0 l = 0.26\mu_0 \pi d_{13} \tag{6-80}$$

动铁心内侧面至静铁心的扩散磁通管，将内侧面的扩散磁通集中于从端面起算的高度为 m 的一段上，将其视为 2 个内径为 δ、厚度为 m 的 1/4 圆筒并联，其磁导求解公式为

$$\Lambda_3 = \mu_0 \frac{l}{\pi}\ln\left(1 + \frac{2m}{\delta}\right) = \mu_0 \frac{\pi d_{13}}{\pi}\ln\left(1 + \frac{2m}{\delta}\right) = \mu_0 d_{13}\ln\left(1 + \frac{2m}{\delta}\right) \tag{6-81}$$

式（6-81）中，m 为扩散磁通的高度，δ 为气隙大小，取 $m = (1 \sim 2)\delta$，l 为动铁心内圆的周长。气隙总磁导为[21]

$$\Lambda = \Lambda_1 + \Lambda_2 + \Lambda_3 \tag{6-82}$$

6.5　直流电磁系统的分析与计算

任何实际电磁系统的磁路都是既有漏磁又有铁心磁阻的，磁路计算的复杂性就是由漏磁的分布性与铁心磁阻的非线性决定的，两者密切联系而且互相影响。漏磁的分布性使得铁心磁阻也带有分布性，而铁心磁阻的非线性又使得漏磁计算不得不放在非线性问题中考虑。

就磁路计算而言，漏磁与铁心磁阻二者之间哪一个起主要作用，需视具体情况而定。一般情况来说，当衔铁尚在起始位置时，漏磁的作用是主要的，因为这时主磁通比较小，漏磁通与它相比占有相当比重，而铁心磁阻与气隙磁阻相对地处于次要位置，有时，即使忽略不计也不至引起多大的误差。反之，若只考虑铁心磁阻而置漏磁于不顾，则往往导致较大的误差。然而，随着条件的不同，起主要作用的因素也会转化。例如，当衔铁在闭合位置时，漏磁通因与主磁通相比已经很小，可以忽略不计，而铁心磁阻却常常因磁路已经饱和而数值很大，因而成了需要考虑的主要问题。

在分析时，以漏磁为主或以铁心磁阻为主，不完全由衔铁位置决定，还与电磁系统结构有关。例如，对于短行程的盘式电磁铁，即使衔铁处在起始位置，漏磁所占的比重也很小；而对于开口螺线管式电磁铁，在其衔铁的全部行程中，漏磁所占的比重始终很大，不可以忽略。因此，对于具体情况必须具体分析。

6.5.1 直流磁路计算方程

通过前面的分析可知，磁路计算的复杂性主要体现在下面几方面：铁心磁阻的非线性；漏磁通、主磁通、磁动势的分布性；气隙磁阻具有扩散效应等。

当电磁系统的励磁线圈中通过的电流为直流电流时，一旦动态过程结束，其励磁线圈中的电流、电压，磁路中的磁通、磁感应强度、磁场强度等参量均不再随时间变化，其铁心中也不存在磁滞、涡流损耗。此时磁路计算的特点之一是其漏磁通与铁心磁阻均沿铁心长度分布。作为场源的套在铁心柱上的励磁线圈产生的磁动势，同样是沿铁心长度分布着。以拍合式结构为例，虽然线圈磁动势沿铁心长度的分布是均匀的，但两铁心柱（或者说铁心与磁轭）之间的磁压降却是随铁心柱的高度而增大。这就使得漏磁通和铁心磁阻的分布更不均匀，即漏磁通的分布是上密下疏，铁心磁阻的分布是上疏下密。这样一种错综复杂的分布规律和磁导体性质的非线性，使得磁路成了兼具分布性与非线性的路，求解格外困难，一般只能用近似法求解。

对于具有分布参数的非线性磁路，可首先列出其微分方程，然后在此方程上近似求解。

设有一单U形电磁系统，其铁心柱上均匀密绕着高度为 l 的励磁线圈，如图6-30a所示。在距底部（近似看做铁心柱根部）为 y 处取一长度为 $\mathrm{d}y$ 的小微段。在这一小段铁心上，磁通有一增量 $\mathrm{d}\Phi_y$，漏磁通有一增量 $\mathrm{d}\Phi_{ly}$，磁压降有一增量 $\mathrm{d}u_{my}$。图6-30b所示为小微段的等效示意，图6-31所示为小微段的等效磁路。

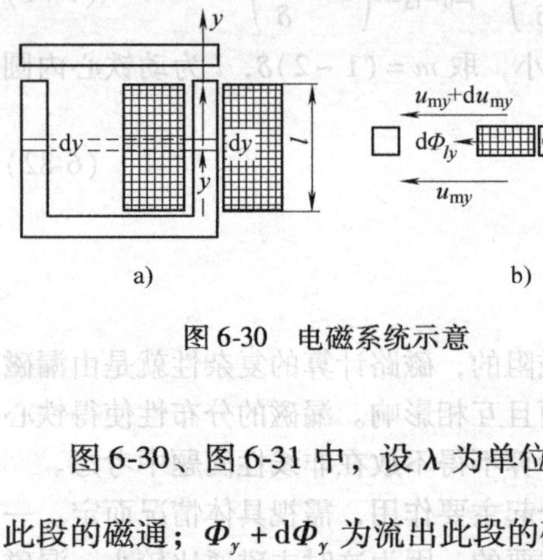

图6-30 电磁系统示意

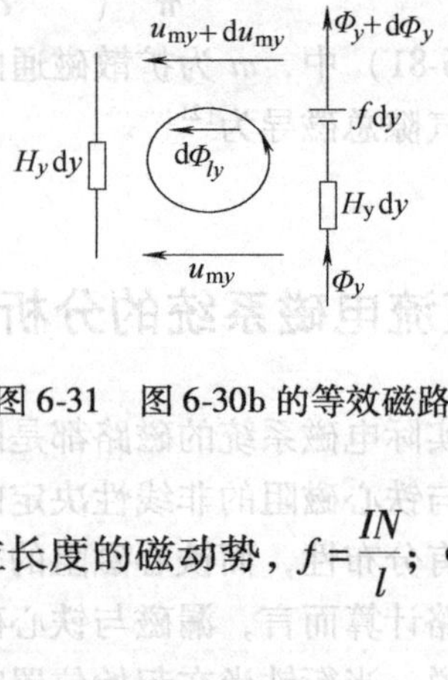

图6-31 图6-30b的等效磁路

图6-30、图6-31中，设 λ 为单位长漏磁导；f 为单位长度的磁动势，$f=\dfrac{IN}{l}$；Φ_y 为进入此段的磁通；$\Phi_y+\mathrm{d}\Phi_y$ 为流出此段的磁通。

按照图6-31所示回路方向，可列出下列方程：

$$-u_{my}+2H_y\mathrm{d}y-f\mathrm{d}y+u_{my}+\mathrm{d}u_{my}=0 \tag{6-83}$$

$$(f-2H_y)\mathrm{d}y=\mathrm{d}u_{my} \tag{6-84}$$

故

$$\frac{\mathrm{d}u_{\mathrm{my}}}{\mathrm{d}y}=f-2H_y \tag{6-85}$$

$$\Phi_y=\Phi_y+\mathrm{d}\Phi_y+\mathrm{d}\Phi_{ly} \tag{6-86}$$

$$\mathrm{d}\Phi_y=-\mathrm{d}\Phi_{ly}=-u_{\mathrm{my}}\lambda\mathrm{d}y \tag{6-87}$$

故

$$\frac{\mathrm{d}\Phi_y}{\mathrm{d}y}=-u_{\mathrm{my}}\lambda \tag{6-88}$$

式（6-85）和式（6-88）为磁路计算的两个基本的微分方程。式中假设左右两个铁心柱为同一种铁磁材料，并且截面积相同。

6.5.2　直流磁路中磁通的分布情况

工程上用的电磁系统以 U 形和 E 形居多。考虑到 E 形电磁系统的励磁线圈大都套在中间铁心柱上，也可以按照 U 形结构来进行计算，因此，下面对 U 形电磁系统进行讨论。考虑漏磁时，尽管 U 形电磁系统在结构上无分支，但其等效磁路却是有分支磁路。

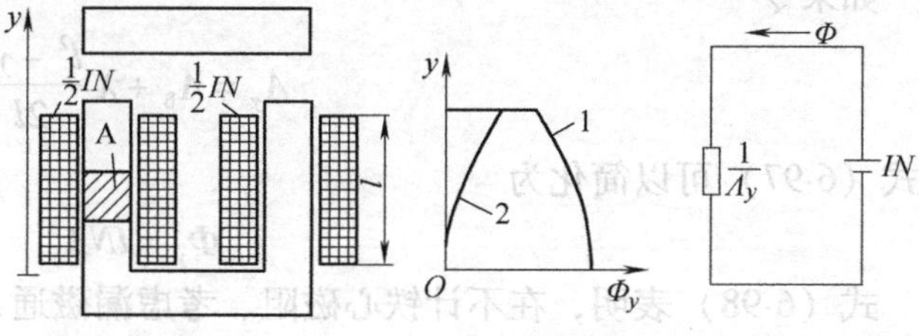

a) 结构示意　　b) 磁通分布　　c) 不计铁心磁阻时的等效磁路

图 6-32　U 形电磁系统

假设有一对称的电磁系统，如图 6-32 所示，励磁线圈均匀绕在两个铁心柱上，每个铁心柱的线圈匝数为 $N/2$，总磁动势为 IN。铁心柱为矩形，横截面为 A，线圈高度为 l。为方便计算，再假定铁心柱间的漏磁通为水平分布，并且单位长度的漏磁导 $\lambda=\mathrm{const}$。同时，计算中对磁动势的分布性也加以考虑。

图 6-32 中，励磁线圈平均分绕在两个铁心柱上，如果两线圈产生磁动势方向相同，则与安匝数相同的励磁线圈绕在一个铁心柱上，在磁路中的励磁作用相同。下面讨论几种特殊情况。

1. $\mu_y=\infty$ 的情况

μ_y 是指铁心柱上任意位置的磁导率。μ_y 等于无穷大是指铁心磁阻与气隙磁阻相比很小，在计算中可以忽略不计，即不计铁心磁压降。根据式（6-85）和式（6-88）可得

$$\frac{\mathrm{d}u_{\mathrm{my}}}{\mathrm{d}y}=f \tag{6-89}$$

$$\frac{\mathrm{d}\Phi_y}{\mathrm{d}y}=-u_{\mathrm{my}}\lambda \tag{6-90}$$

积分后可得

$$u_{\mathrm{my}}=fy+c_1 \tag{6-91}$$

如果底铁无气隙，边界条件为当 $y=0$ 时，$u_{\mathrm{my}}=0$；积分常数为 $c_1=0$，那么式（6-91）变为

$$u_{my}=fy \tag{6-92}$$

将此式代入式（6-90），并积分可得

$$\Phi_y=-f\lambda\frac{y^2}{2}+c_2 \tag{6-93}$$

边界条件为 $y=l$，$\Phi_y=\Phi_l=\Phi_\delta=IN\Lambda_\delta$，则另一积分常数为

$$c_2=\Phi_\delta+f\lambda\frac{l^2}{2}=IN\Lambda_\delta+f\lambda\frac{l^2}{2} \tag{6-94}$$

因此可得

$$\Phi_y=IN\Lambda_\delta+f\lambda\frac{l^2}{2}-f\lambda\frac{y^2}{2}=IN\left(\Lambda_\delta+\lambda\frac{l^2-y^2}{2l}\right) \tag{6-95}$$

式（6-95）表明，当不计铁心磁压降时，磁通是以抛物线形式沿铁心柱长度分布的，如图6-32b所示，图中曲线1为磁通分布，曲线2为漏磁通分布。在底铁处，磁通具有最大值

$$\Phi_{max}=IN\left(\Lambda_\delta+\frac{1}{2}\lambda l\right) \tag{6-96}$$

如果令

$$\Lambda_y=\Lambda_\delta+\lambda\frac{l^2-y^2}{2l} \tag{6-97}$$

则式（6-97）可以简化为

$$\Phi_y=IN\Lambda_y \tag{6-98}$$

式（6-98）表明，在不计铁心磁阻、考虑漏磁通，并设单位长度铁心柱间的漏磁导为常数的情况下，U形电磁系统的等效磁路可简化为集中参数的无分支磁路，如图6-32c所示。显然，在这种场合磁路计算非常方便。注意：Λ_y 纯粹是一个计算参量，不具备任何物理意义。

根据以上推导，可以作出拍合式电磁系统在不计铁心磁阻、考虑漏磁的情况下，磁通与磁动势沿铁心柱高度的分布规律，如图6-33所示。

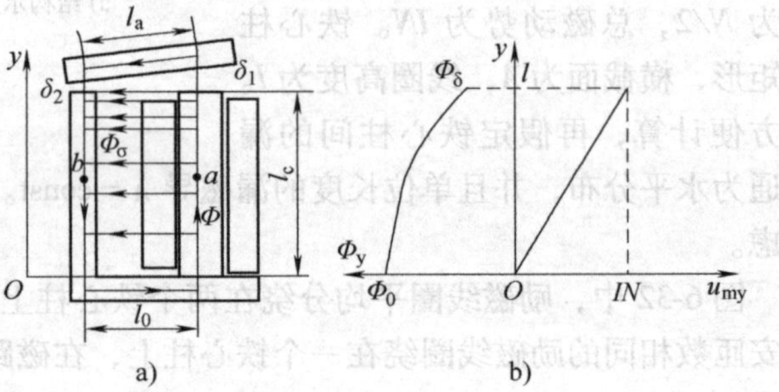

图6-33　拍合式电磁机构磁通、磁压降沿铁心柱高度分布

2. $\mu_y=\infty$ 且底铁处有非工作气隙的情况

如果电磁系统铁心柱底部即与底铁相接处，或底铁本身有非工作气隙，且其磁阻为 $R_{\delta0}$，则式（6-91）的边界条件为 $y=0$ 时，$u_{my}=-\Phi_0R_{\delta0}$，故积分常数 $c_1=-\Phi_0R_{\delta0}$，而

$$u_{my}=fy-\Phi_0R_{\delta0} \tag{6-99}$$

将其代入式（6-90）并积分可得

$$\Phi_y=-\lambda\left(\frac{1}{2}fy^2-\Phi_0R_{\delta0}y\right)+c_2 \tag{6-100}$$

此时，边界条件为 $y=l$ 时，$u_{ml}=fl-\Phi_0R_{\delta0}$。但 $u_{ml}=\Phi_\delta R_\delta$，故有

$$\Phi_\delta = \frac{fl - \Phi_0 R_{\delta 0}}{R_\delta} \tag{6-101}$$

代入式（6-93）得

$$c_2 = \frac{fl - \Phi_0 R_{\delta 0}}{R_\delta} + \lambda l\left(\frac{1}{2}fl - \Phi_0 R_{\delta 0}\right) \tag{6-102}$$

因此，磁通值

$$\Phi_y = fl\left(\Lambda_\delta + \lambda\frac{l^2 - y^2}{2l}\right) - \Phi_0 R_{\delta 0}[\Lambda_\delta + \lambda(l-y)] \tag{6-103}$$

$$\Phi_y = IN\left(\Lambda_\delta + \lambda\frac{l^2 - y^2}{2l}\right) - \Phi_0 R_{\delta 0}[\Lambda_\delta + \lambda(l-y)] \tag{6-104}$$

令式（6-104）中的 $y=0$，得底铁处的磁通为

$$\Phi_0 = \frac{IN\left(\Lambda_\delta + \frac{1}{2}\lambda l\right)}{1 + R_{\delta 0}[\Lambda_\delta + \lambda l]} \tag{6-105}$$

代入式（6-104）可得

$$\Phi_y = IN\left\{\left(\Lambda_\delta + \lambda\frac{l^2 - y^2}{2l}\right) - R_{\delta 0}\frac{\left(\Lambda_\delta + \frac{1}{2}\lambda l\right)[\Lambda_\delta + \lambda(l-y)]}{1 + R_{\delta 0}[\Lambda_\delta + \lambda l]}\right\} \tag{6-106}$$

可见，铁心底部有非工作气隙将使得 $\Phi_y = f(y)$ 曲线相对无此气隙时有些变化。首先是在同一 y 处的 Φ_y 值变小了；其次是 $y=0$ 处的 Φ_y 值并非最大值；再就是 Φ_{max} 将出现在距铁心柱底部为 y_m 处。将式（6-106）对 y 求导，并令导数等于零，可得

$$y_m = \frac{\left(\Lambda_\delta + \frac{1}{2}\lambda l\right)\cdot l}{\Lambda_0 + \Lambda_\delta + \lambda l} \tag{6-107}$$

式中

$$\Lambda_0 = \frac{1}{R_{\delta 0}}$$

将式（6-107）代入式（6-106），得磁通最大值为

$$\Phi_{max} = IN\frac{\left(\Lambda_0 + \frac{1}{2}\lambda l\right)\left[\Lambda_\delta(\Lambda_0 + \Lambda_\delta + \lambda l) + \frac{1}{2}\lambda l\left(\Lambda_0 + \frac{1}{2}\lambda l\right)\right]}{(\Lambda_0 + \Lambda_\delta + \lambda l)^2} \tag{6-108}$$

图 6-34 给出了磁通和磁压降沿铁心柱高度的分布情况。把 $y = y_m$ 处的水平线称为中性线。在中性线所在水平面上，磁位差等于零，漏磁通也等于零，所以磁通具有最大值。由式（6-107）看出，随着非工作气隙磁阻 $R_{\delta 0}$ 的增大，y_m 将向上移。

在图 6-34 中，$U_\delta = f(l - y_m)$ 是气隙磁压降，$U_{\delta 0} = \Phi_0 R_{\delta 0}$ 是底铁气隙磁压降。当 U_δ 为一定值时，$U_{\delta 0}$ 的存在使得线圈磁动势 $IN = fl = U_\delta + U_{\delta 0}$ 增大；反之，当 IN 为定值时，$U_{\delta 0}$ 的存在使得 U_δ 减小，因而气隙磁通 Φ_δ 也减小。但是，为了降低铁心剩磁的影响，以免衔铁在线圈断电以后仍然被铁心粘住不释放，对于图 6-34 所示的直流电磁系统，在底铁设置非工作气隙是很有必要的。

3. 考虑衔铁和底铁磁阻的情况

有时，即使在释放位置也需要考虑衔铁和底铁的磁阻，如果考虑这两部分的磁阻，设不

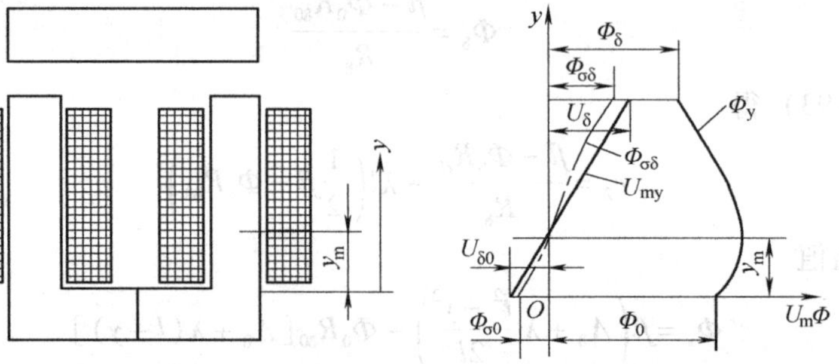

a) 结构示意　　b) 磁压降和磁通

图 6-34　U 形电磁系统的磁压降与磁通分布

计衔铁和底铁本身的漏磁，沿铁心柱磁通的分布如下式：

$$\Phi_y = IN\left\{\left(\Lambda_\delta' + \lambda\frac{l^2-y^2}{2l}\right) - R_{\delta0}'\frac{\left(\Lambda_\delta' + \frac{1}{2}\lambda l\right)\left[\Lambda_\delta' + \lambda(l-y)\right]}{1 + R_{\delta0}'\left[\Lambda_\delta' + \lambda l\right]}\right\} \tag{6-109}$$

其中

$$\Lambda_\delta' = \frac{1}{(R_\delta + R_{mx})}$$

$$R_{\delta0}' = R_{\delta0} + R_{md}$$

式中　R_{mx}——衔铁的磁阻；

R_{md}——底铁的磁阻。

以上分析计算，无论 U 形电磁系统的线圈是绕在一个铁心柱上还是绕在两个铁心柱上，同样适用。

6.5.3　直流磁路的计算

1. 衔铁处于释放位置

设单位长的磁动势 f 为常数，当衔铁处于释放位置时（即工作气隙 δ 较大情况下），工作气隙磁阻较大，相比而言，漏磁在总磁通中所占比例较大，因此，可以在计算中只考虑漏磁、不考虑铁心磁阻，来进行简化计算。

对于磁路计算所用等效磁路，一是要注意它与实际磁路的等效性，二是要注意其运算的方便性。然而，二者往往难以兼得。当衔铁处于释放位置时，需要考虑漏磁的影响，因此，在等效磁路中引入归算漏磁导进行计算，不失为一种简单可行的方法。

所谓归算漏磁导，就是在归算前后磁通 Φ 或磁链 Ψ 保持不变的前提下，将分布参数漏磁导归算到集中参数等效磁路中的漏磁导。根据归算前提不同，归算漏磁导有磁通等效和磁链等效之分，前者适用于直流并励电磁系统，后者适用于交流并励电磁系统。

根据式（6-109）可知，沿铁心柱高度磁通为抛物线分布，同样，漏磁通也是作抛物线分布的。在实际磁路中，磁动势是沿铁心柱高度分布的，漏磁通疏密是变化的，气隙磁阻存在扩散效应；而在等效磁路中，磁动势是集中参量，漏磁通为一个固定的量值，气隙磁阻也为一个固定的量值。由于不考虑铁心磁阻对磁路的影响，图 6-35a 的等效磁路可以如图 6-35b 所示。

如果不计铁心磁阻，在漏磁通等效的前提下，则由微分方程可得

$$\mathrm{d}\Phi_y = -\mathrm{d}\Phi_{ly} = -u_{my}\lambda\mathrm{d}y \tag{6-110}$$

不计铁心磁阻

$$\mathrm{d}\Phi_{ly} = u_{my}\lambda\mathrm{d}y = fy\lambda\mathrm{d}y \tag{6-111}$$

$$\Phi_{ly} = f\lambda\frac{y^2}{2} + c_1 \tag{6-112}$$

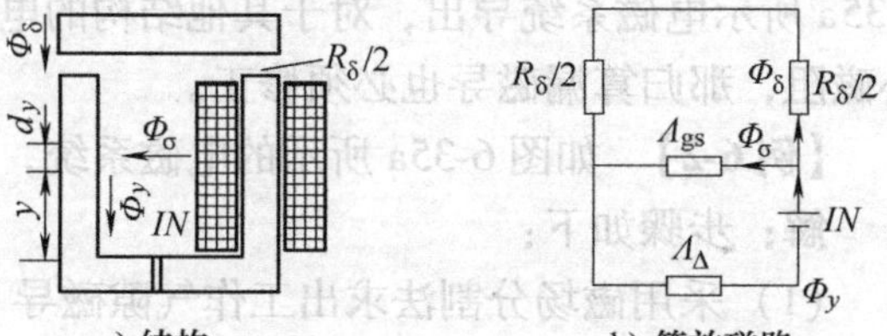

a) 结构　　b) 等效磁路

图 6-35　U 形电磁系统

式（6-112）中，参数如前所述，边界条件为 $y=0$ 时，$\Phi_{ly}=0$，所以

$$c_1 = 0 \tag{6-113}$$

$$\Phi_{ly} = f\lambda\frac{y^2}{2} \tag{6-114}$$

当 $y=l$ 时，$\Phi_{ly}=\Phi_\sigma$，故

$$\Phi_{ly} = \Phi_\sigma = \frac{1}{2}\frac{IN}{l}\lambda l^2 = IN\frac{1}{2}\lambda l \tag{6-115}$$

因此，在漏磁通等效的前提下，归算漏磁导为

$$\Lambda_{gs} = \frac{1}{2}\lambda l \tag{6-116}$$

式（6-116）只有计算价值，没有物理意义。

如果按漏磁链不变来计算归算漏磁导时，应考虑距铁心柱底部为 y 处的长度元 $\mathrm{d}y$ 内的磁链值

$$\mathrm{d}\Psi_{ly} = N_y\mathrm{d}\Phi_{ly} = \frac{N}{l}yu_{my}\lambda\mathrm{d}y \tag{6-117}$$

$$\mathrm{d}\Psi_{ly} \approx \frac{N}{l}yfy\lambda\mathrm{d}y = \frac{N}{l}y\frac{\sqrt{2}IN}{l}y\lambda\mathrm{d}y \tag{6-118}$$

积分后可得

$$\Psi_{ly} = \frac{N}{l}\frac{\sqrt{2}IN}{l}\lambda\times\frac{1}{3}y^3 + c_1 \tag{6-119}$$

边界条件为 $y=0$，$\Phi_{ly}=0$，$\Psi_{ly}=0$，所以

$$c_1 = 0 \tag{6-120}$$

因此

$$\Psi_{ly} = \frac{N}{l}\frac{\sqrt{2}IN}{l}\lambda\times\frac{1}{3}y^3 \tag{6-121}$$

根据 $y=l$，$\Psi_{ly}=\Psi_{ll}$，故

$$\Psi_{ly} = \Psi_{ll} = \frac{N}{l}\frac{\sqrt{2}IN}{l}\lambda\times\frac{1}{3}l^3 = N\sqrt{2}IN\times\frac{1}{3}\lambda l \tag{6-122}$$

所以，根据漏磁链等效得出的归算漏磁导为

$$\Lambda_{gs} = \frac{1}{3}\lambda l \tag{6-123}$$

总之，对于线圈套在铁心柱上的 U 形电磁系统，若使其等效磁路为单回路的，则将其分布漏磁导归算到全部磁动势而成为集中漏磁导时，在磁通不变的条件下，等于全部几何漏

磁导的1/2，在磁链不变的条件下，等于全部几何漏磁导的1/3。正因为这样，才称之为归算漏磁导，区别于几何漏磁导。显然，这种归算可以使磁路高度简化。但是，以上计算由图6-35a所示电磁系统导出，对于其他结构的电磁系统，归算漏磁导必须修正，如果要考虑铁心磁阻，那归算漏磁导也必须修正。

【例6-2】 如图6-35a所示的电磁系统，已知 IN，求 Φ_δ。

解：步骤如下：

（1）采用磁场分割法求出工作气隙磁导（磁阻）和非工作气隙磁导。

（2）利用公式求出归算漏磁导。

（3）做出等效磁路，如图6-35b所示。

（4）求出磁通 Φ_y

$$\Phi_y = \frac{IN}{\dfrac{1}{\Lambda_\Delta} + \dfrac{1}{\Lambda'}}, \Lambda' = \Lambda_\delta + \Lambda_{gs}$$

（5）求出气隙磁通 Φ_δ

$$\Phi_\delta = \Phi_y \frac{\Lambda_\delta}{\Lambda_\delta + \Lambda_{gs}}$$

2. 衔铁处于闭合位置

如果电磁系统的衔铁处于闭合位置或者工作气隙比较小时，可以不考虑漏磁只考虑铁心磁阻来进行计算。

【例6-3】 如图6-36a所示的电磁系统，已知 IN，求 Φ_δ。

解：由于此时可以不计漏磁，故等效磁路变成单回路情况，如图6-36b所示。按不同的铁心截面将磁路分段。

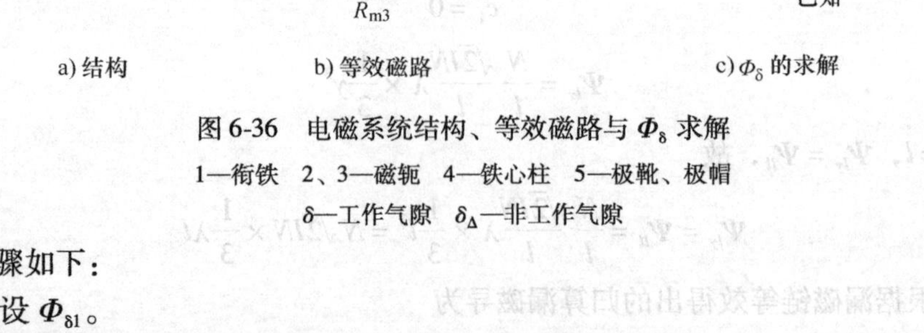

a) 结构　　b) 等效磁路　　c) Φ_δ 的求解

图6-36　电磁系统结构、等效磁路与 Φ_δ 求解

1—衔铁　2、3—磁轭　4—铁心柱　5—极靴、极帽

δ—工作气隙　δ_Δ—非工作气隙

解题步骤如下：

（1）假设 $\Phi_{\delta 1}$。

（2）用解析法求出工作气隙磁阻和非工作气隙磁阻。

（3）求出各段的磁感应强度 $B = \Phi/A$（A 为铁心截面积）。

（4）从磁化曲线上查出各段的磁场强度 H

$$IN = \Phi_{\delta1} R_\delta + \Phi_{\delta1} R_{\delta\Delta} + H_1 l_1 + H_2 l_2 + H_3 l_3 + H_4 l_4 + H_5 l_5$$

(5) 假设 $\Phi_{\delta2}$。

(6) 重复步骤 (3)、(4)。

(7) 假设 $\Phi_{\delta3}$。

(8) 重复步骤 (3)、(4)。

(9) 作出曲线 $\Phi_\delta = f(IN)$，如图 6-36c 所示，从已知的 IN，求出 Φ_δ。

以上两种简化方法，对于电磁系统处于极端的工作状况，可以采用。但是，大多数情况下，电磁系统都不满足以上条件，在计算过程中漏磁和铁心磁阻都必须考虑，所以在工程上常常采用以下方法进行计算。

3. 采用分段法计算复杂磁路

分段法是将分布参数磁路简化为若干个集中参数磁路的一种磁路计算方法。由于磁路的分布性，磁导体材料的磁导率 μ 在整个磁路中处处不同，致使其微分方程在解析法的基础上无法求解。为此，将电磁系统分为若干段，在每一段内，无论磁动势还是漏磁通，均被看成集中参量。这样，磁路计算将被简化。

【例 6-4】 设有如图 6-37a 所示的电磁系统，其线圈磁动势沿铁心柱高度均匀分布，单位高度的磁动势为 $f = \dfrac{IN}{l}$；为计算方便，假定漏磁通为水平分布；经分段以后，等效磁路如图 6-37b 所示。分段法是数字计算机计算的基础算法，如认为分的段数不够多，每段都可以采用归算漏磁导计算其漏磁。已知 Φ_δ，求 IN。

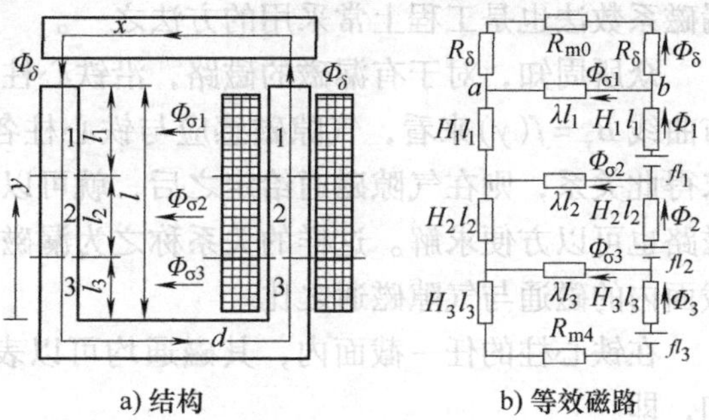

图 6-37　U 形电磁系统

解： 首先要试猜一个线圈单位高度磁动势值，可在无漏磁条件下确定范围。如果试猜值适当，则各回路方程必将得到满足，并产生与给定值相等的气隙磁通。若试猜值欠妥，则应另行猜试，直至符合要求为止。

计算步骤如下：

(1) 先假设 f_1 值。

(2) 用磁场分割法求出气隙磁阻。

(3) 因为，已知 Φ_δ；所以，$B_0 = \Phi_\delta / A_0$；查磁化曲线得出 H_0；等效磁路中 a、b 两点的磁压降和第一段铁心柱之间的漏磁通为 $u_{mab} = 2\Phi_\delta R_\delta + H_0 l_0$，$\Phi_{\sigma1} = u_{mab} \lambda l_1$。

(4) $\Phi_1 = \Phi_\delta + \Phi_{\sigma1}$；$B_1 = \Phi_1 / A_1$；查磁化曲线得出 H_1；第一段等效磁路的磁压降和第二段铁心柱之间的漏磁通为 $u_{m2} = 2H_1 l_1 - fl_1 + u_{mab}$，　$\Phi_{\sigma2} = u_{m2} \lambda l_2$。

(5) $\Phi_2 = \Phi_1 + \Phi_{\sigma2}$；$B_2 = \Phi_2 / A_2$；查磁化曲线得出 H_2；第二段等效磁路的磁压降和第三段铁心柱之间的漏磁通为 $u_{m3} = 2H_2 l_2 - fl_2 + u_{m2}$，　$\Phi_{\sigma3} = u_{m3} \lambda l_3$。

(6) $\Phi_3 = \Phi_2 + \Phi_{\sigma3}$；$B_3 = \Phi_3 / A_3$；查磁化曲线得出 H_3；第三段等效磁路的磁压降为 $u_{m4} = 2H_3 l_3 - fl_3 + u_{m3}$；同时，$B_4 = \Phi_3 / A_4$，查得 H_4，得 $u'_{m4} = H_4 l_4$。

(7) 检查 $\Delta u = u_{m4} - u'_{m4} = 0$ 是否成立？如果成立，则说明假设的 f_1 值满足要求；如果不成立，则需要重新计算。

（8）再假设f_2值，重复步骤（3）~（7）。

（9）再假设f_3值，重复步骤（3）~（7）。

（10）由以上计算得出$\Delta u=f(f_x)$曲线，如图6-38所示。

（11）Δu等于零的值，即为所求的磁动势值。

通过以上分析可以看出，当考虑漏磁通和铁心磁阻时，即便电磁系统从结构上看没有分支，等效磁路仍然是有分支的非线性分布参数磁路。实际上，有些电磁系统（如E形电磁系统等）在结构上本来就有分支，因此，即使是简化以后的磁路，想要提高计算精度，都将具有较大的计算工作量。

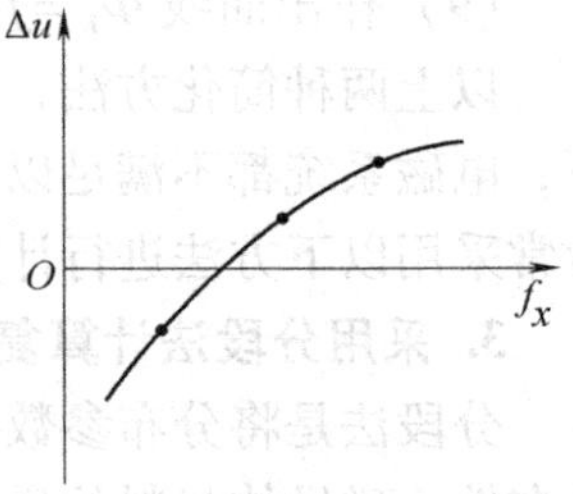

图6-38 $\Delta u=f(f_x)$曲线

在计算机普及的今天，采用分段法计算磁路，是一种不错的选择。

4. 采用漏磁系数法计算直流复杂磁路

对于同时考虑铁心磁阻和磁路漏磁通的复杂磁路求解问题，漏磁系数法也是工程上常采用的方法之一。

众所周知，对于有漏磁的磁路，沿铁心柱高度方向上各处的磁感应强度都不同。但由分布曲线$B_y=f(y)$来看，气隙磁感应与铁心柱各处的磁感应之间存在一定比例关系。如果能求得此关系，则在气隙磁通给定之后，就可以借助此关系求得铁心柱上的磁感应强度分布，磁路也可以方便求解。这样的关系称之为漏磁系数。因此，漏磁系数的定义就是铁心中任一截面内的磁通与气隙磁通之比。

在铁心柱的任一截面内，其磁通均可以表示为气隙磁通与该处至气隙的全部漏磁通之和，即

$$\Phi_y=\Phi_\delta+\Phi_\sigma=\sigma_y\Phi_\delta \tag{6-124}$$

漏磁系数为

$$\sigma_y=\frac{\Phi_y}{\Phi_\delta} \tag{6-125}$$

式中 Φ_y——铁心柱某截面处磁通值；

Φ_δ——气隙磁通值。

【例6-5】 对于图6-39a所示的电磁系统，采用漏磁系数法来进行计算。设已知IN，求Φ_δ。

解：铁心柱上距底部为y处某截面的漏磁系数为

$$\sigma_y=\frac{\Phi_y}{\Phi_\delta}\approx\frac{IN\left[\Lambda_\delta+\frac{\lambda}{2l}(l^2-y^2)\right]}{IN\Lambda_\delta}=1+\lambda\frac{l^2-y^2}{2l\Lambda_\delta} \tag{6-126}$$

解题步骤如下：

（1）采用磁场分割法或解析法求出工作气隙磁导和非工作气隙磁导。

（2）计算铁心柱不同位置的漏磁系数。

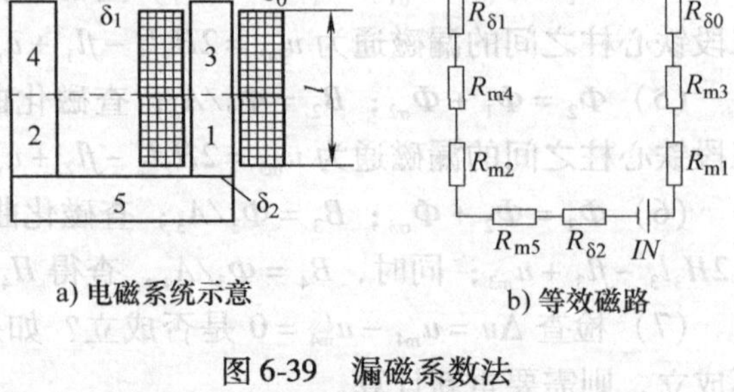

a) 电磁系统示意 b) 等效磁路

图6-39 漏磁系数法

$$y=0,\sigma_0=\frac{\Phi_0}{\Phi_\delta}\approx 1+\lambda\frac{l^2-0^2}{2l\Lambda_\delta}=1+\lambda\frac{l}{2\Lambda_\delta}$$

$$y=\frac{l}{2},\sigma_{\frac{l}{2}}=\frac{\Phi_{\frac{l}{2}}}{\Phi_\delta}\approx 1+\lambda\frac{l^2-\left(\frac{l}{2}\right)^2}{2l\Lambda_\delta}=1+\lambda\frac{3l}{8\Lambda_\delta}$$

$$y=l,\sigma_l=\frac{\Phi_l}{\Phi_\delta}\approx 1+\lambda\frac{l^2-l^2}{2l\Lambda_\delta}=1$$

（3）设 $\Phi_{\delta 1}$

$$\sigma_y=\frac{\Phi_y}{\Phi_\delta},B_y=\frac{\Phi_y}{A}=\frac{\sigma_y\Phi_{\delta 1}}{A}$$

（4）可以求得 B_0、$B_{\frac{l}{2}}$、B_l；磁化曲线得出 H_0、$H_{\frac{l}{2}}$、H_l。

（5）求出铁心柱间的磁压降；$H_y=\int H\mathrm{d}y$。

（6）如果磁导体不饱和，可以画出磁场强度分布曲线，如图 6-40 所示。可得

$$\int H\mathrm{d}y=\frac{1}{2}\left(\frac{H_l}{2}+H_{l/2}+\frac{H_0}{2}\right)l$$

（7）求出底铁的磁感应强度 $B_5=\Phi_5/A_5$；查磁化曲线得出 H_5。

（8）求出衔铁的磁感应强度 $B_6=\Phi_6/A_6$；查磁化曲线得出 H_6。

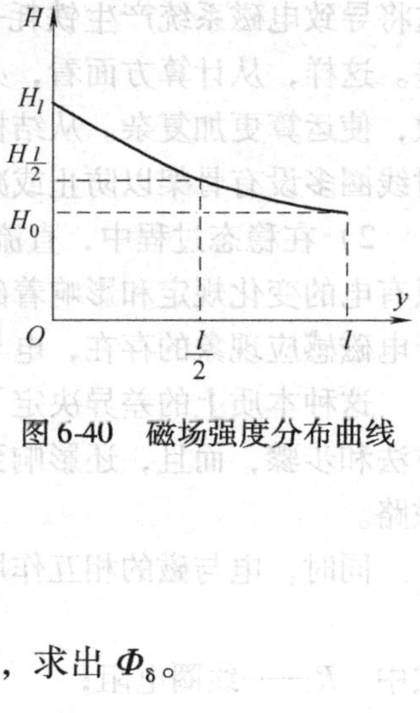

图 6-40　磁场强度分布曲线

（9）求出总磁动势

$$IN=H_5l_5+H_6l_6+\Phi_{\delta 1}R_{\delta 1}+\Phi_{\delta 1}R_{\delta 2}+\Phi_{\delta 1}R_{\delta 0}+\int_l H\mathrm{d}y$$

（10）再设 $\Phi_{\delta 2}$；重复步骤（4）～（9）。

（11）再设 $\Phi_{\delta 3}$；重复步骤（4）～（9）。

（12）做出曲线 $\Phi_\delta=f(IN)$，如图 6-36c 所示。从已知的 IN，求出 Φ_δ。

用漏磁系数法在工程上可以很方便地进行磁路计算。

采用数值解法计算直流复杂磁路见后续章节相关内容。

6.6　交流电磁系统的分析与计算

6.6.1　交流磁路的特点

众所周知，交流电源比直流电源容易得到，而交流电弧又比直流电弧容易熄灭，所以工业上广泛应用交流电气设备，而电磁系统也常常采用交流励磁系统。交流电磁系统形成的磁路称为交流磁路。交流磁路与直流磁路有许多共同点，如两者都具有非线性磁阻，都有漏磁，都可以应用磁路基尔霍夫定律进行计算等。但是，交流磁路也有不同于直流磁路的特点：

1）交流电磁系统的场是交变电磁场，虽然在50Hz至数百赫兹的频率范围内无需考虑电磁辐射问题，但电磁感应现象绝不容忽视。这一特点决定了交流磁路计算除要应用磁路基尔霍夫定律外，还要应用电磁感应定律。电磁系统中，线圈电流 i、电源电压 u、磁路磁通 Φ_m、磁感应强度 B_m、磁场强度 H、磁动势 IN 均随时间变化。

磁路电磁感应定律为

$$\dot{u}=\dot{I}r-\dot{E} \tag{6-127}$$

$$\dot{E}=-\mathrm{j}4.44f\dot{\Psi}_m \tag{6-128}$$

式中 u——外加的电源电压；
E——线圈电抗电动势；
r——线圈电阻；
I——线圈电流；
f——电源频率；
Ψ_m——线圈磁链。

交变电磁场和电磁感应现象的存在，使交流电磁系统的磁导体中出现磁滞与涡流现象。这将导致电磁系统产生铁耗——磁滞损耗与涡流损耗；同时使磁通与磁动势之间产生相位差。这样，从计算方面看，必须引入磁抗和磁阻抗的概念，还要以复数表示电路和磁路参数，使运算更加复杂。从结构方面看，磁导体必须采用片状材料叠铆，以降低涡流损耗，同时线圈多设有骨架以防止或减少来自铁心的热量。

2）在稳态过程中，直流磁路励磁线圈电的一方对磁导体磁的一方的作用是单向的，即只有电的变化规定和影响着磁的变化，而磁的变化对电却没有反作用。交流磁路则不然，由于电磁感应现象的存在，电与磁是互相作用的。

这种本质上的差异决定了并励交流磁路的恒磁链变安匝特性。这不仅影响到磁路的计算方法和步骤，而且，还影响到场的分布图景，以致归算漏磁导的数学表达式也不同于直流磁路。

同时，电与磁的相互作用还使得励磁线圈的阻抗 Z 是磁路参数的函数。阻抗值为

$$Z=R+\mathrm{j}\omega L \tag{6-129}$$

式中 R——线圈电阻；
L——线圈电感，与电源角频率 ω 之积即是线圈电抗。

电磁系统励磁线圈的电感一般都较大。按定义，线圈电感为

$$L=\frac{\Psi}{i}\approx N^2\frac{\Phi}{iN}=N^2\Lambda_0 \tag{6-130}$$

式中 Λ_0——磁路的总等效磁导。

由式（6-130）可见，电感 L 为磁路参数的函数，当气隙 δ 增大时，Λ_0 将减小，于是电感 L 和阻抗 Z 都会减小。

气隙 δ 的变化对于交流串励（电流）线圈和交流并励（电压）线圈的影响是不同的。交流串励线圈是与负载串联的，线圈阻抗通常比负载阻抗小得多，故气隙 δ 变化导致的线圈阻抗 Z 的变化几乎不影响线圈电流，或者说线圈电流与气隙值关系不大，与直流励磁系统的电流随气隙变化情况类似，属于恒磁动势机构。本书一般无特殊说明，均是指并励电磁系统。

对并励电磁系统而言，由于线圈是并联在电源上，因此 δ 变化导致的 Z 变化能使线圈电流发生很大变化。所以，若电磁系统的衔铁于线圈通电后被卡住在起动位置或 δ 值较大处，线圈便有可能因电流过大而被烧毁，即使是在吸合位置上，也应注意防止磁极表面粘附异物或接触不良，因为这会使电磁系统的吸持电流增大，时间长了也能导致线圈烧毁。这一点与直流电磁系统大不一样。

3）由于交流电磁系统的磁场是交变电磁场，所以其电磁吸力在一个周期内将两次经过零值。为了消除这一现象，单相交流电磁系统必须设置分磁环。

4）由于铁磁材料特性的非线性，对于并励电磁系统来说，若线圈电压为正弦变化的，那么，线圈电流就呈现非正弦变化，如图 6-41a 所示；对于串励电磁系统，若线圈电流为正弦变化的，那么，线圈电压就呈现非正弦规律，如图 6-41b 所示。这显然给交流磁路的计算增添了困难。

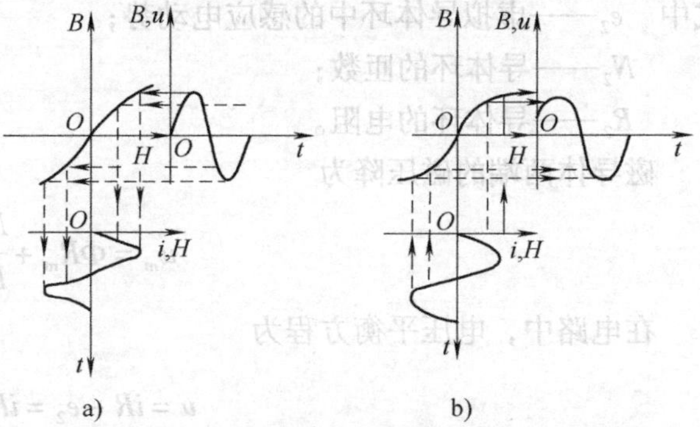

图 6-41　铁心电路的电压和电流变化波形

6.6.2　等效正弦波法

交流磁路的分析计算方法一般可以分为两种：等效正弦波法和波形分析法。

等效正弦波法适用于铁心未充分饱和或气隙值较大因而波形畸变不严重场合，它的实质就是通过有效值相等的正弦波电压（或电流）来表示波形略有畸变的电压（或电流）。在应用等效正弦波法分析计算过程中，磁路的各种参量均以电路分析中惯用的符号法所用的相量和复数表示，习惯上磁通和磁感应强度是以幅值 Φ_m 和 B_m 表示，其余的参量如电动势、电压、电流、磁场强度等，则以有效值 E、U、I、H 表示。波形分析法适用于无气隙且经常工作于饱和状态的磁路，特别是磁导体具有接近于矩形或直角形动态磁滞回线的磁路。下面主要介绍等效正弦波法。

等效正弦波法是计算交流磁路的最常用方法，应用这种方法时，假定线圈电压电流和磁通都是按正弦规律随时间变化。换言之，即以正弦波去等效非正弦波。因为在这种情况下，可以引入大家都非常熟悉的交流电路的复数计算方法。

1. 磁抗和磁阻抗的概念

交流电磁系统的磁导体中存在磁滞损耗和涡流损耗，使磁动势 IN 与磁通 Φ 之间产生了相位差。作为两参量间联系的交流磁阻用复数形式表示，便称为复磁阻抗，即

$$Z_m = R_m + jx_m \tag{6-131}$$

式中　R_m——磁阻，复磁阻抗的无功分量；

x_m——磁抗，复磁阻抗的有功分量，铁耗分量。

从电的角度来看，铁心内的磁滞损耗和涡流损耗就相当于一个虚拟的导体环中的损耗；从磁的角度来看，磁滞效应和涡流效应对电磁系统的影响又相当于一个去磁磁动势。任取一段磁导体，如图 6-42 所示，其两端的磁压降为

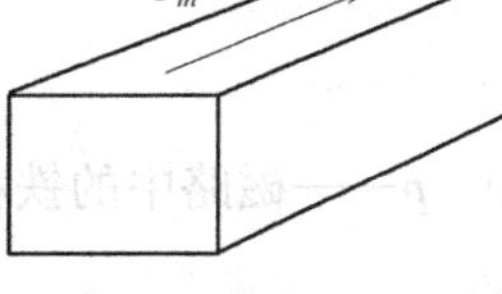

图 6-42　导磁体示意

$$u_{\mathrm{m}} = \Phi R_{\mathrm{m}} - i_2 N_2 \tag{6-132}$$

式（6-132）中的 i_2N_2 即是等效的去磁磁动势。显然

$$i_2 = \frac{e_2}{R_2} = -\frac{N_2}{R_2}\frac{\mathrm{d}\Phi}{\mathrm{d}t} \tag{6-133}$$

式中 e_2——虚拟导体环中的感应电动势；

N_2——导体环的匝数；

R_2——导体环的电阻。

磁导体两端的磁压降为

$$u_{\mathrm{m}} = \Phi R_{\mathrm{m}} + \frac{N_2^2}{R_2}\frac{\mathrm{d}\Phi}{\mathrm{d}t} \tag{6-134}$$

在电路中，电压平衡方程为

$$u = iR - e_2 = iR + L\frac{\mathrm{d}i}{\mathrm{d}t} \tag{6-135}$$

比较式（6-134）和式（6-135）可以发现，电路参量与磁路参量之间具有一一对应的关系，即

$$u - u_{\mathrm{m}}, i - \Phi, R - R_{\mathrm{m}}, L - \frac{N_2^2}{R_2}$$

采用符号法可表示如下：

$$\dot{U} = \dot{I}(R + \mathrm{j}\omega L) = \dot{I}Z \tag{6-136}$$

$$\dot{U}_{\mathrm{m}} = \dot{\Phi}(R_{\mathrm{m}} + \mathrm{j}x_{\mathrm{m}}) = \dot{\Phi}Z_{\mathrm{m}} \tag{6-137}$$

故铁心磁抗为

$$X_{\mathrm{m}} = \omega\frac{N_2^2}{R_2} \tag{6-138}$$

磁路中的感应电动势为

$$e = -N\frac{\mathrm{d}\Phi}{\mathrm{d}t} = -N\frac{\mathrm{d}(\Phi_{\mathrm{m}}\sin\omega t)}{\mathrm{d}t} = -N\omega\Phi_{\mathrm{m}}\cos\omega t \tag{6-139}$$

所以

$$E = \frac{\omega N}{\sqrt{2}} \cdot \Phi_{\mathrm{m}} \tag{6-140}$$

如果不计导体环的漏磁，其损耗（等效于铁心中的损耗）为

$$p = \frac{E^2}{R_2} = \frac{1}{R_2}\left(\frac{\omega N}{\sqrt{2}}\Phi_{\mathrm{m}}\right)^2 = \omega\frac{N_2^2}{R_2}\frac{\omega\Phi_{\mathrm{m}}^2}{2} \tag{6-141}$$

由此得到磁抗与铁耗的关系为

$$X_{\mathrm{m}} = \frac{2p}{\omega\Phi_{\mathrm{m}}^2} \tag{6-142}$$

式中 p——磁路中的铁耗，包含磁滞损耗和涡流损耗

$$p = k_{\mathrm{c}}(p_{\mathrm{w}} + p_{\mathrm{c}}) \tag{6-143}$$

式（6-143）中的涡流损耗 p_{w} 和磁滞损耗 p_{c} 的计算公式如下：

$$p_w = \sigma_w \left(\frac{f}{100} B_m \right)^2 \gamma V \tag{6-144}$$

$$p_c = \begin{cases} \sigma_c \dfrac{f}{100} \cdot (B_m)^{1.6} \gamma V & (B_m < 1\text{T}) \quad (6\text{-}145) \\ \sigma_c \dfrac{f}{100} (B_m)^2 \gamma V & (B_m > 1\text{T}) \quad (6\text{-}146) \end{cases}$$

式中　σ_c——磁滞损耗系数，可查手册；

σ_w——涡流损耗系数，可查手册；

k_c——铁心铆压以后的附加损耗系数，一般可取 1.3 ~ 1.5；

γ——铁心材料的密度，单位为 kg/m^3；

V——铁心体积，单位为 m^3；

f——电源频率，单位为 Hz。

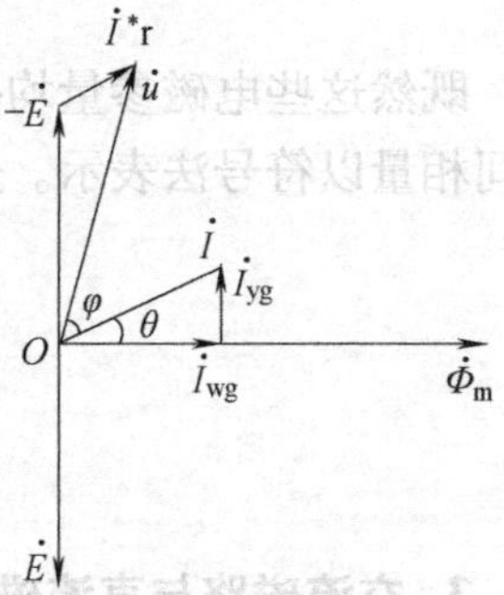

图 6-43　相量图

根据以上关系可以作出相量图，如图 6-43 所示。

由图 6-43 可以看出，铁耗阻碍磁通变化，使磁通滞后于磁动势一个角度；无铁耗时，磁通与磁动势同相位。图中，$\dot{I}_{wg}$ 为无功分量与磁通同相位（磁化分量，直流同样存在）；$\dot{I}_{yg}$ 为有功分量与磁通相差 90°，（铁耗分量，由铁耗引起）。

所以，磁阻抗、磁阻和磁抗计算公式如下：

$$Z_m = \frac{\sqrt{2}\dot{I}N}{\dot{\Phi}_m}, R_m = \frac{\sqrt{2}I_{wg}N}{\Phi_m}, X_m = \frac{\sqrt{2}I_{yg}N}{\Phi_m} \tag{6-147}$$

$$Z_m = \frac{\sqrt{2}Hl}{\Phi_m}, X_m = \frac{2p_{Fe}}{\omega \Phi_m^2}, R_m = \sqrt{Z_m^2 - X_m^2} \tag{6-148}$$

H 与 B_m 的关系可由磁导体材料的交流磁化曲线上查得。

2. 交流磁路的基本定律

分析交流磁路，除磁路的基尔霍夫第一定律和第二定律外，还要应用电磁感应定律。由于电磁参量在此处被看作工频正弦交变量，故其书写形式不同于直流磁路。

1）交流磁路的基尔霍夫第一定律：在正弦交流情况下，设磁路中的磁通瞬时值为

$$\Phi = \Phi_m \sin(\omega t + \theta) \tag{6-149}$$

式中　ω——正弦交变量的角频率，$\omega = 2\pi f$；

f——频率；

θ——正弦交变磁通的初相角。

磁路基尔霍夫第一定律，即磁通连续性定理在交流磁路中为

$$\sum \Phi = \sum \Phi_m \sin(\omega t + \theta) = 0 \tag{6-150}$$

说明，同一节点流出的所有磁通瞬时值之和等于零。

2）交流磁路的基尔霍夫第二定律：在正弦交流情况下，磁路中任一支路的磁动势为

$$iN = \sum I_m N \sin(\omega t + \varphi) \tag{6-151}$$

式中　φ——正弦交变电流的初相角。

磁路基尔霍夫第二定律，即磁场的标量磁位拉普拉斯方程在交流磁路中的形式为

$$\sum \Phi_m Z_m \sin(\omega t+\theta)=\sum I_m N\sin(\omega t+\varphi) \tag{6-152}$$

说明磁路中任一回路内各支路上的磁压降的代数和，等于该回路内各支路磁动势的代数和。

3）电磁感应定律

$$e=-N\frac{d\Phi}{dt}=-\omega N\Phi_m\cos(\omega t+\theta) \tag{6-153}$$

既然这些电磁参量均按正弦规律随时间变化，那就可以和分析交流电路时一样，将这些时间相量以符号法表示。这样，上面的三个定律又可表示为

$$\sum \dot{\Phi}_m=0 \tag{6-154}$$

$$\sum \dot{\Phi}_m Z_m=\sum \dot{I}_m N=\sqrt{2}\sum \dot{I}N \tag{6-155}$$

$$\dot{E}=-j\omega N\frac{\dot{\Phi}_m}{\sqrt{2}} \tag{6-156}$$

3. 交流磁路与直流磁路比较

比较时考虑变化缓慢的静态过程，不考虑过渡过程的动态变化。

1）直流并励电磁系统为恒磁动势、变磁链系统：对于直流并励电磁系统，当工作气隙 δ 变化时，励磁电流 $I=u/R$ 不随工作气隙 δ 变化，即在工作气隙由打开位置到闭合位置的变化过程，$I=I_w=\text{const}$，因此 $IN=\text{const}$，属于恒磁动势系统。如果忽略铁心磁阻，那么

$$\Psi\approx\Phi_\delta N\approx IN\Lambda_\delta N=IN^2\frac{\mu_0 A}{\delta} \tag{6-157}$$

静态特性中，工作气隙 δ 变化时，直流并励电磁系统的磁链 Ψ 随工作气隙 δ 变化。

2）交流并励电磁系统为恒磁链、变磁动势系统：在交流并励电磁系统中，线圈电阻 $r<<$ 线圈电抗 X，因此

$$u\approx E\approx 4.44f\Psi_m \tag{6-158}$$

当 $u=\text{const}$ 时，在静态特性中，磁路中的磁链 Ψ 不随工作气隙 δ 变化，为恒磁链机构。如果不计铁心磁阻抗

$$\sqrt{2}IN\approx\Phi_m/\Lambda_\delta \tag{6-159}$$

所以

$$I=\frac{\Phi_m N}{\sqrt{2}N\Lambda_\delta N}=\frac{\Psi_m}{\sqrt{2}N^2\Lambda_\delta}\approx\frac{\Psi_m}{\sqrt{2}N^2\dfrac{\mu_0 A}{\delta}}=\frac{\Psi_m\delta}{\sqrt{2}N^2\mu_0 A} \tag{6-160}$$

在不计线圈电阻的情况下，可以认为交流并励电磁系统线圈电流与工作气隙成正比。

因此，交流并励电磁系统电感与工作气隙之间的关系为

$$L=\frac{\Psi_m}{I}\approx\frac{N\Phi_m}{I}=\frac{NIN\Lambda_\delta}{I}=N^2\Lambda_\delta \tag{6-161}$$

可以看出，交流磁路中磁抗与电抗具有相似的一面，前者阻碍磁通的变化，后者阻碍电流的变化。它们又具有相异的一面，前者源于铁心损耗，要消耗有功功率，因而是磁阻抗的有功分量；后者不消耗有功功率，因而是电阻抗的无功分量。

铁心损耗的效应与导体环一样，都是起去磁作用，而且表现为在励磁磁动势不变时使磁通减小，或者是使产生同样的磁通需要更大的励磁磁动势。从这点出发，其效应颇似电感在电路中的效应。

6.6.3 交流磁路的计算

在静态特性计算中，交流磁路的计算方法大体上与直流磁路相同，但有其自身特点。对于串励交流电磁系统，线圈电流不随气隙 δ 改变，故其磁路计算方法乃至计算步骤均与直流磁路相同。对于并励交流电磁系统，线圈电流虽然随气隙 δ 改变，但线圈电压却基本上与电动势平衡，故可认为是恒磁链系统机构。这样，交流磁路的计算步骤便有异于直流磁路。下面以图6-44所示的单U形磁路为例说明，并进行计算。

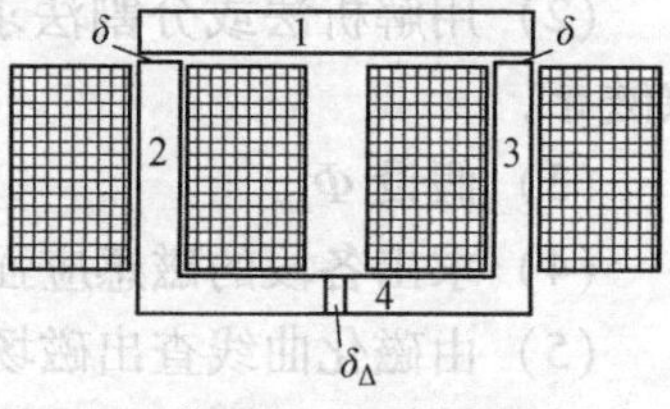

图6-44 磁路示意

1. 衔铁处于释放位置（δ 较大情况）

可以不计铁心磁阻抗，只计漏磁来估算磁路。

同样，为了解决实际磁路和等效磁路之间的等效性问题，同时也为了解决分布参数与集中参数的矛盾，引入一个计算参量——归算漏磁导。

由于交流并励电磁机构为恒磁链机构，故其归算漏磁导要在漏磁链等效的原则下进行推导（见式（6-123）所求归算漏磁导）。下面根据图6-45所示等效磁路，举例进行计算。

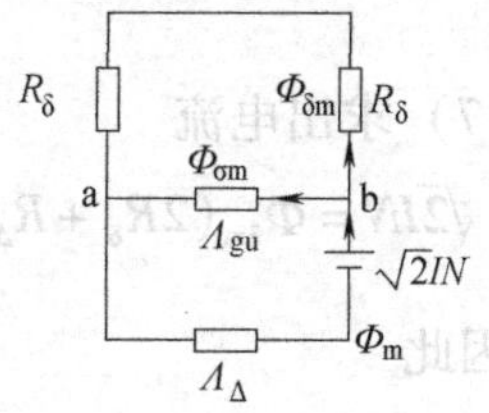

图6-45 大气隙等效磁路

【例6-6】 已知 u（励磁电压）、N（线圈匝数）、r（线圈电阻），求 Φ_δ、I。

解： 如果不计铁心磁阻，此时可以不采用复数计算，计算步骤如下：

（1）利用磁场分割法求出工作气隙磁导和非工作气隙磁导。

（2）设 $\Phi_{\delta m} \approx \dfrac{u}{4.44fN}$，确定计算数量级。

（3）$U_{abm} = \Phi_{\delta m} \cdot (2R_\delta)$。

（4）$\Phi_{\sigma m} = U_{abm}\Lambda_{gu}$。

（5）$\Phi_m = \Phi_{\sigma m} + \Phi_{\delta m}$。

（6）$E = 4.44fN\Phi_m$。

（7）$\sqrt{2}IN = U_{abm} + \dfrac{\Phi_m}{\Lambda_\Delta}$，$I = \dfrac{\sqrt{2}IN}{\sqrt{2}N}$。

（8）$u_1 = \sqrt{(Ir)^2 + E^2}$；此时，如果 u_1 与已知 u 数值相同，说明所假设的气隙磁通值 $\Phi_{\delta m}$ 即为所求的值；如果 u_1 与已知 u 数值不相同，则需要重新计算。

（9）再设 $\Phi_{\delta m2}$，求出 u_2。

（10）再设 $\Phi_{\delta m3}$，求出 u_3。

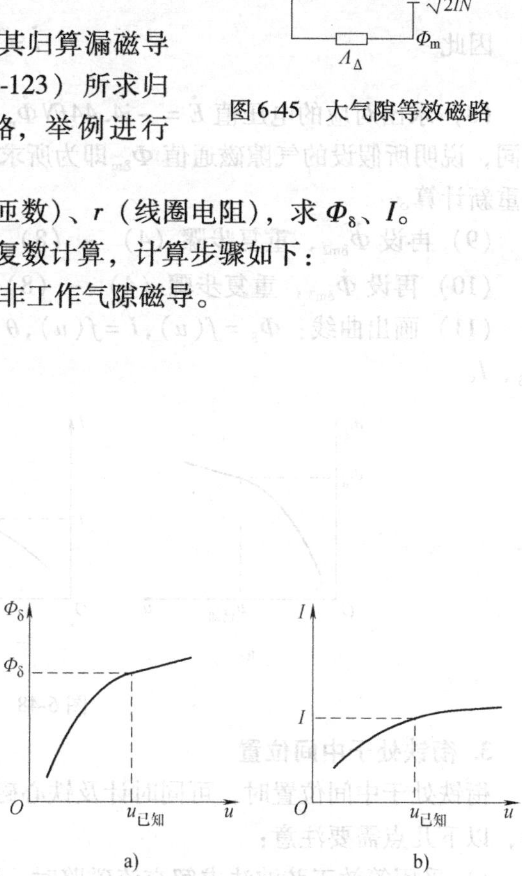

图6-46 计算曲线

(11) 画出曲线 $\Phi_\delta=f(u)$ 和 $I=f(u)$，如图 6-46 所示，从已知的电压，求解 Φ_δ、I。

2. 衔铁处于闭合位置（δ 较小情况）

可以不计漏磁，只计铁心磁阻抗来进行磁路估算。等效磁路如图 6-47 所示。

【例 6-7】 已知 u（励磁电压）、N（线圈匝数）、r（线圈电阻），求 Φ_δ、I。

解： 步骤如下：

(1) 作等效磁路，如图 6-47 所示。

(2) 用解析法或分割法求出工作气隙磁导和非工作气隙磁导。

(3) 假设 $\Phi_{\delta m}$。

(4) 求出各段的磁感应强度 B_m。

(5) 由磁化曲线查出磁场强度 H。

(6) 计算各段的复磁阻抗、磁阻和磁抗

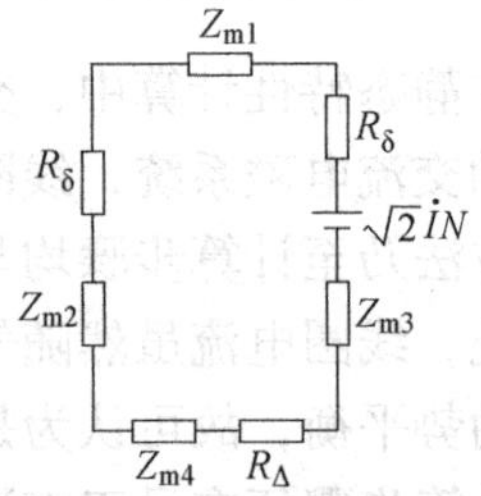

图 6-47　小气隙等效磁路

$$Z_m=\frac{\sqrt{2}Hl}{\Phi_m},\ R_m=\sqrt{Z_m^2-X_m^2},\ X_m=\frac{2p_{Fe}}{\omega\Phi_m^2}$$

(7) 求出电流

$$\sqrt{2}IN=\Phi_{\delta m}(2R_\delta+R_\Delta)+\Phi_{\delta m}(R_{m1}+R_{m2}+R_{m3}+R_{m4})+j\Phi_{\delta m}(X_{m1}+X_{m2}+X_{m3}+X_{m4})$$

因此

$$\dot{I}=\frac{\sqrt{2}\dot{I}N}{\sqrt{2}N}$$

(8) 求出对应的电压值 $\dot{E}=-j4.44fN\dot{\Phi}_m$，$\dot{u}=\dot{I}r-\dot{E}$。此时，如果计算 u 与已知 u 数值相同，说明所假设的气隙磁通值 $\Phi_{\delta m}$ 即为所求的值，如果计算 u 与已知 u 数值不相同，则需要重新计算。

(9) 再设 $\dot{\Phi}_{\delta m2}$，重复步骤 (4) ~ (8)。

(10) 再设 $\dot{\Phi}_{\delta m3}$，重复步骤 (4) ~ (8)。

(11) 画出曲线：$\Phi_\delta=f(u), I=f(u), \theta=f(u)$，如图 6-48 所示，从已知的电压求解 Φ_δ、I。

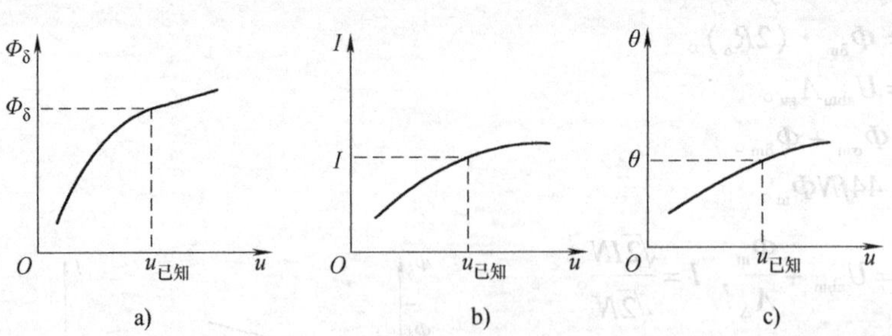

图 6-48　计算曲线

3. 衔铁处于中间位置

衔铁处于中间位置时，可同时计及铁心磁阻抗和漏磁通，参考直流磁路的计算方法。但是，以下几点需要注意：

1）采用等效正弦波法求解交流磁路时，铁耗计算的误差往往会使计算准确度较直流磁路为低。有时，根据铁耗求得的 X_m 值甚至会大于 Z_m 值。这是因为 Z_m 值在给定的 B_m 值下，由磁导体材料的交流磁化曲线所决定，而 X_m 值却决定于具体磁导体的损耗。若有实际电磁系统的交流磁化曲线，可避免发生这种现象，从而有助于提高计算准确度。

还应指出，以等效正弦波法计算交流磁路，不仅方法严格，在整个运算过程中都能看到各参量间的相位关系，物理概念清楚，而且在具体计算方面又与交流电路的复数计算方法极其相似，计算方便。

2）对复杂的交流磁路计算，可采用数值解法进行求解。直流磁路的数值解法和交流磁路数值解法是相同的，只是交流磁路计算时其中各量需采用交变分量进行计算，尤其注意铁耗分量。具体参见后续章节。

3）当气隙较大或者铁耗甚小可以忽略不计时，也允许不按复数法计算。

6.7　电磁系统的吸力计算与静特性

6.7.1　磁场的能量与吸力计算

众所周知，磁场对位于其中的运动电荷和载流导体有力的作用，并且具有推动它们作功的本领。换言之，磁场作为物质的一种特殊形态，具有能量，该能量是外界能源与磁场的建立过程中赋予的。

下面来分析电磁系统磁场的建立过程，如图 6-49 所示。

合上开关 S，电磁系统的励磁线圈中便出现电流 i，后者在周围空间里激发磁场。由于在磁场的建立过程中线圈内会产生阻碍磁场发生变化的感应电动势 e，所以线圈电流 i 和磁链 Ψ 都是逐渐增大到稳定值的。

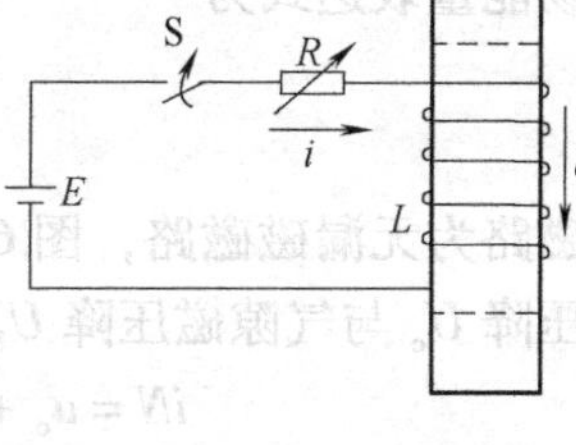

图 6-49　电磁系统磁场的建立过程

设电源电动势为 E，线圈回路电阻为 R，则在开关 S 已闭合、但电路尚处于过渡过程阶段时，电路的电压平衡方程为

$$E = iR - e = iR + \frac{\mathrm{d}\Psi}{\mathrm{d}t} \tag{6-162}$$

将式（6-162）两端均乘以 $i\mathrm{d}t$，并对整个过渡过程积分

$$\int_0^t Ei\mathrm{d}t = \int_0^t i^2R\mathrm{d}t + \int_0^{\Psi} i\mathrm{d}\Psi \tag{6-163}$$

此为电路的能量方程，式中各项含义如下：

$\int_0^t Ei\mathrm{d}t$：电源在过渡过程中供给电路的能量；

$\int_0^t i^2R\mathrm{d}t$：电阻在过渡过程中的发热损耗；

$\int_0^{\Psi} i\mathrm{d}\Psi$：储存在磁场中的能量。

可见，在磁场的建立过程中，外界能源，即电源所提供的能量有一部分消耗于电阻的发热，另外一部分则储存于磁场中，或者说用于建立磁场。因此，当电路达到稳定状态后，磁场便具有能量

$$W_m = \int_0^{\Psi} i\mathrm{d}\Psi \tag{6-164}$$

如果没有漏磁通，并且磁通 Φ 又与线圈的全部匝数 N 相链，式（6-164）可以写成

$$W_m = \int_0^{\Phi} iN\mathrm{d}\Phi \tag{6-165}$$

在已求得 $\Psi=f(i)$ 或 $\Phi=f(iN)$ 的情况下，可用图解积分法求磁场能量 W_m，它等于图 6-50 中的阴影面积。

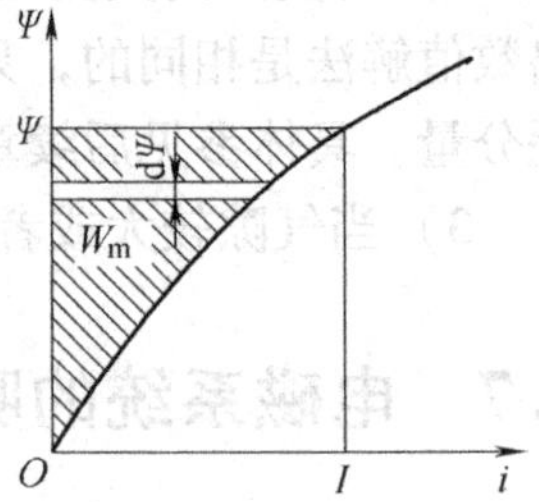

图 6-50　磁场能量

磁导体未饱和前，磁链 Ψ 和磁通 Φ 均与励磁电流 i 基本上呈线性关系。式（6-164）和式（6-165）可化为

$$W_m = \frac{1}{2}I\Psi \tag{6-166}$$

和

$$W_m = \frac{1}{2}IN\Phi \tag{6-167}$$

在线性条件下，线圈电感

$$L = \frac{\Psi}{i} = \frac{N\Phi}{i} \tag{6-168}$$

磁场能量表达式为

$$W_m = \frac{1}{2}Li^2 \tag{6-169}$$

设磁路为无漏磁磁路，图 6-51 所示为 $\Phi=f(IN)$ 的关系示意。整个励磁磁动势 IN 等于铁心磁压降 U_c 与气隙磁压降 U_δ 之和，即

$$iN = u_c + u_\delta = u_m \tag{6-170}$$

将式（6-170）代入式（6-165），积分得

$$W_m = \int_0^{\Phi} iN\mathrm{d}\Phi = \int_0^{\Phi} u_c\mathrm{d}\Phi + \int_0^{\Phi} u_\delta\mathrm{d}\Phi = \int_0^{\Phi} u_c\mathrm{d}\Phi + \frac{1}{2}\Phi_\delta u_\delta \tag{6-171}$$

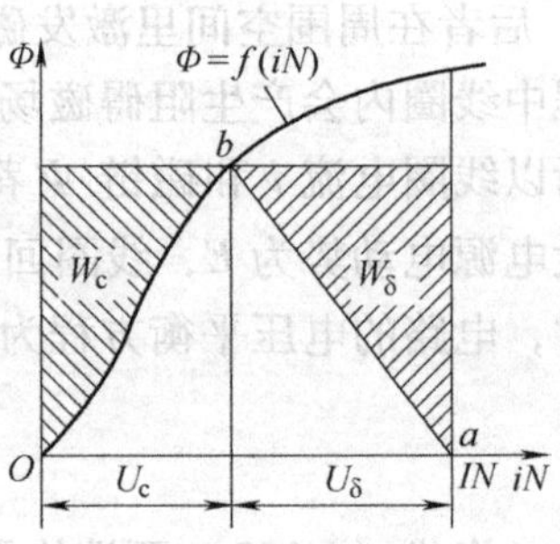

图 6-51　磁场能量关系示意

令 $W_c = \int_0^{\Phi} u_c\mathrm{d}\Phi$ 为铁磁（非线性）部分内的磁场能量，$W_\delta = \frac{1}{2}\Phi_\delta u_\delta$ 为气隙（线性）部分内的磁场能量，则对于无漏磁的磁路，有

$$W_m = W_c + W_\delta \tag{6-172}$$

整个磁场能量等于磁导体和气隙媒质这两部分储存的磁场能量之和。

在讨论作为有旋场的磁场时，根据磁场的无源性（即 $\mathrm{div}B=0$）和数学上的旋度无散度这一性质，定义了一个纯计算量——矢量磁位 A_m，它与磁感应强度 B 的关系是

$$\boldsymbol{B} = \mathrm{rot}\boldsymbol{A}_m \tag{6-173}$$

因而有

$$\Psi = \iint_A \boldsymbol{B}\cdot\mathrm{d}\boldsymbol{A} = \iint_A \mathrm{rot}\boldsymbol{A}_m\cdot\mathrm{d}\boldsymbol{A} \tag{6-174}$$

将面积分变换为线积分可得

$$\Psi = \oint_l \boldsymbol{A}_{\mathrm{m}} \cdot \mathrm{d}\boldsymbol{l} \tag{6-175}$$

将此式代入式（6-164），对线性媒质

$$W_{\mathrm{m}} = \frac{1}{2}\oint_l I\boldsymbol{A}_{\mathrm{m}} \cdot \mathrm{d}\boldsymbol{l} \tag{6-176}$$

若以电流密度 J 的体积分代替电流的线积分，式（6-176）可变换为

$$W_{\mathrm{m}} = \frac{1}{2}\iiint_V \boldsymbol{A}_{\mathrm{m}} \cdot \boldsymbol{J}\mathrm{d}V \tag{6-177}$$

考虑到 $\boldsymbol{J} = \mathrm{rot}\boldsymbol{H}, \boldsymbol{A}_{\mathrm{m}} \cdot \mathrm{rot}\boldsymbol{H} = \mathrm{div}(\boldsymbol{H} \times \boldsymbol{A}_{\mathrm{m}}) + \boldsymbol{H} \cdot \mathrm{rot}\boldsymbol{A}_{\mathrm{m}}$，所以可得

$$W_{\mathrm{m}} = \frac{1}{2}\iiint_V \mathrm{div}(\boldsymbol{H} \times \boldsymbol{A}_{\mathrm{m}})\mathrm{d}V + \frac{1}{2}\iiint_V \boldsymbol{H} \cdot \mathrm{rot}\boldsymbol{A}_{\mathrm{m}}\mathrm{d}V \tag{6-178}$$

$$W_{\mathrm{m}} = \frac{1}{2}\oiint_A \boldsymbol{H} \times \boldsymbol{A}_{\mathrm{m}} \cdot \mathrm{d}\boldsymbol{A} + \frac{1}{2}\iiint_V \boldsymbol{H} \cdot \boldsymbol{B}\mathrm{d}V \tag{6-179}$$

式（6-179）的面积分是对包围整个空间的无穷大封闭面来求值。由于 H 是随 $1/r^2$、A_{m} 是随 $1/r$、A 是随 r^2 而变化（r 是至场源的距离），故式（6-179）右端的面积分一项在 $r \to \infty$ 时趋近于零。这样，线性媒质中的磁场能量为

$$W_{\mathrm{m}} = \frac{1}{2}\iiint_V \boldsymbol{H} \cdot \boldsymbol{B}\mathrm{d}V \tag{6-180}$$

可见磁场能量是分布在整个磁场空间内，其密度为

$$w_{\mathrm{m}} = \frac{1}{2}\boldsymbol{H} \cdot \boldsymbol{B} \tag{6-181}$$

在各向同性的线性媒质中，磁导体中各处 H、B 之间通常呈线性关系。其磁场能量密度为

$$w_{\mathrm{m}} = \frac{1}{2}HB = \frac{1}{2}\mu H^2 = \frac{1}{2}\frac{B^2}{\mu} \tag{6-182}$$

但就磁导体而论，各处 H、B 之间通常呈非线性关系，其磁场能量密度为

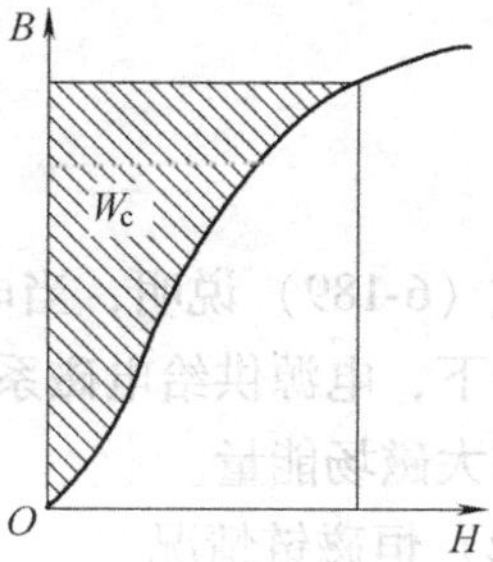

图 6-52　磁导体中磁场能量密度

$$w_{\mathrm{m}} = \int H\mathrm{d}B \tag{6-183}$$

正比于图 6-52 中磁化曲线左侧的阴影面积。

6.7.2　能量转换与电磁吸力

虽然磁场力原则上可用洛伦兹力公式和安培公式计算，但计算具体电磁系统的电磁吸力时，这些公式都不适用。必须探讨一种实用的电磁吸力计算公式。

1. 虚位移原理与广义力的概念

设磁场内的某一电流回路（铁磁物质中的分子电流即为这种回路），或媒质受到电磁力 $\boldsymbol{F}$ 的作用，产生一个虚拟位移 $\mathrm{d}\boldsymbol{s}$，则磁场所做的机械功为

$$A = \boldsymbol{F} \cdot \mathrm{d}\boldsymbol{s} \tag{6-184}$$

由于电流回路的移动，磁场能量 W_{m} 也将发生变化，有一增量 $\mathrm{d}W_{\mathrm{m}}$。这样，在电流回路

发生位移的过程中，电源提供的能量除去电阻发热损耗部分外，与磁链变化相关的那一部分就相当于磁场能量的增量与磁场所做的机械功之和，即

$$i\mathrm{d}\Psi = \mathrm{d}W_{\mathrm{m}} + F\mathrm{d}s \tag{6-185}$$

由此可以导出电磁吸力的计算公式为

$$F = i\frac{\mathrm{d}\Psi}{\mathrm{d}s} - \frac{\mathrm{d}W_{\mathrm{m}}}{\mathrm{d}s} \tag{6-186}$$

式中 F——电磁吸力 $\boldsymbol{F}$ 沿 s 方向的分量。

必须强调指出：吸力是客观存在的，位移却是虚拟的。所谓虚拟位移只是为分析问题方便而采取的一种手段。既然这样，虚拟位移产生条件只会影响分析过程，绝对不会影响分析结果。无论何种条件下产生的虚拟位移，均可以求出实际存在的、不随虚拟位移条件变化的机械力。这就是虚拟位移原理。据此，可以根据某些特殊条件下的虚拟位移，导出形式虽然简单但是却有普遍意义的电磁吸力计算公式。

据前分析可知，在电磁系统中有两种特殊情况，当工作气隙变化时，励磁电流不变（恒磁动势）或者磁链不变（恒磁链）。现在来分析这两种情况。

（1）恒磁动势（电流）情况

在这种情况下，线性媒质条件下的吸力计算公式可以得到简化。此时磁场能量的增量为

$$\mathrm{d}W_{\mathrm{m}} = \frac{1}{2}I\mathrm{d}\Psi \tag{6-187}$$

将式（6-187）代入式（6-185）可得

$$i\mathrm{d}\Psi = \frac{1}{2}I\mathrm{d}\Psi + F\mathrm{d}s \tag{6-188}$$

即

$$F\mathrm{d}s = \frac{1}{2}I\mathrm{d}\Psi = \mathrm{d}W_{\mathrm{m}} \tag{6-189}$$

式（6-189）说明，当电流不变时，磁场必须从电源获取能量才能做机械功；在线性媒质条件下，电源供给电磁系统的能量，只有一半用于做机械功，另外一半能量则储存在磁场中以增大磁场能量。

（2）恒磁链情况

根据式（6-185），此时

$$F\mathrm{d}s = -\mathrm{d}W_{\mathrm{m}} \tag{6-190}$$

式（6-190）说明，当磁链不变时，无论媒质是否线性，磁场做机械功都是以磁场能量减小为代价的。

根据以上分析得出以下两个简化计算公式：

$$F = \left.\frac{\mathrm{d}W_{\mathrm{m}}}{\mathrm{d}s}\right|_{I=\mathrm{const}} \tag{6-191}$$

$$F = -\left.\frac{\mathrm{d}W_{\mathrm{m}}}{\mathrm{d}s}\right|_{\Psi=\mathrm{const}} \tag{6-192}$$

前者仅仅适用于线性媒质，后者则普遍适用。

在电磁系统中如果以气隙 $\mathrm{d}\delta$ 表示虚位移，考虑到电磁吸力是指向气隙减小的方向，即 $\mathrm{d}\delta = -\mathrm{d}s$，则吸力公式可以写成

$$F = -\left.\frac{\mathrm{d}W_{\mathrm{m}}}{\mathrm{d}\delta}\right|_{I=\mathrm{const}} \tag{6-193}$$

$$F = \left.\frac{\mathrm{d}W_{\mathrm{m}}}{\mathrm{d}\delta}\right|_{\Psi=\mathrm{const}} \tag{6-194}$$

(3) 广义力的概念

为适用不同的运动形式，以上公式可以表示为

$$F_{\mathrm{g}} = \left.\frac{\partial W_{\mathrm{m}}}{\partial g}\right|_{I=\mathrm{const}} \tag{6-195}$$

$$F_{\mathrm{g}} = -\left.\frac{\partial W_{\mathrm{m}}}{\partial g}\right|_{\Psi=\mathrm{const}} \tag{6-196}$$

式中　F_{g}——广义力；

　　　g——广义坐标。

所谓广义坐标是确定一个系统中各物体几何参数——形状、尺寸和相对位置的一系列独立几何量，诸如距离、角度、面积、体积等。广义力则是指企图改变某一坐标的力。与前述广义坐标依次对应的广义力就是力、转矩、表面张力和压力。广义力与广义坐标之积必须等于功。按照广义力的概念，磁场产生的电磁转矩为

$$M = \left.\frac{\mathrm{d}W_{\mathrm{m}}}{\mathrm{d}\alpha}\right|_{I=\mathrm{const}} \tag{6-197}$$

$$M = -\left.\frac{\mathrm{d}W_{\mathrm{m}}}{\mathrm{d}\alpha}\right|_{\Psi=\mathrm{const}} \tag{6-198}$$

式中　α——虚角位移。

当媒质为线性媒质时，式（6-195）与式（6-196）计算结果必然相同，式（6-197）与式（6-198）计算结果也相同，因为，在一定状态下的力只取决于这一状态下的电流值和磁链值，而与虚位移过程中系统的变化方式无关。

2. 电磁能量的图解计算

设有一电磁系统，其衔铁未运动前的气隙为 δ_1，电磁系统的磁化曲线 $\Psi=f(i)$，如图 6-53 中曲线 Oa 所示。此时，电磁系统的磁场能量为

$$W_{\mathrm{m1}} = \int_0^{\Psi_1} i\mathrm{d}\Psi = S_{Oac} \tag{6-199}$$

它与图 6-53 中的面积 Oac 相当。如果衔铁在电磁吸力作用下发生运动，并有一位移 $\Delta S = -\Delta\delta = \delta_2 - \delta_1$，则此刻的气隙值为 δ_2。电磁参量由原来的 I_1、Ψ_1 改变为现在的 I_2、Ψ_2，与此对应，电磁系统的磁化曲线 $\Psi=f(i)$ 就是图 6-53 中的曲线 Ob 了。于是，电磁系统的磁场能量为

$$W_{\mathrm{m3}} = \int_0^{\Psi_2} i\mathrm{d}\Psi = S_{Obd} \tag{6-200}$$

磁场能量在衔铁运动前后，即 δ_1 到 δ_2 的过程中变化

$$W_{\mathrm{m2}} = \int_{\Psi_1}^{\Psi_2} i\mathrm{d}\Psi = S_{cabd} \tag{6-201}$$

电磁系统的能量平衡关系如下：

（δ_1 时磁场储能）+（$\delta_1\sim\delta_2$ 过程中积聚的磁能）=（δ_2 时磁场储能）+（机械功）

即
$$W_{m1}+W_{m2}=W_{m3}+A \tag{6-202}$$

所以，衔铁在作虚位移过程中获得的机械功为

$$A=W_{m1}+W_{m2}-W_{m3} \tag{6-203}$$

即图 6-53 中阴影部分面积，希望此面积越大越好。这样，就可以认为该电磁系统的工作效率较高，输出的机械功较大。在恒磁动势和恒磁链情况下的能量转换示意如图 6-54 所示。

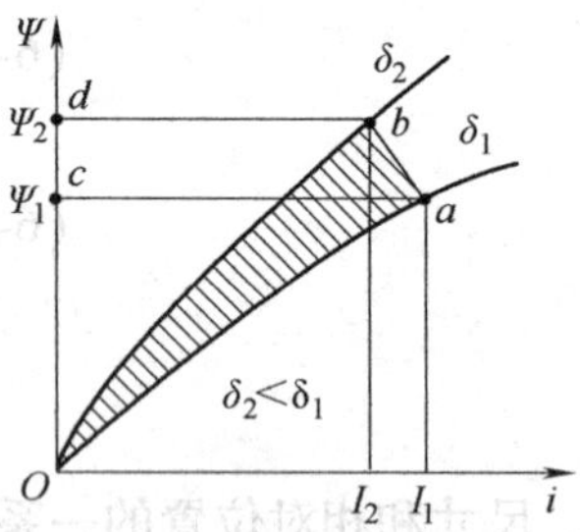

图 6-53　能量转换示意

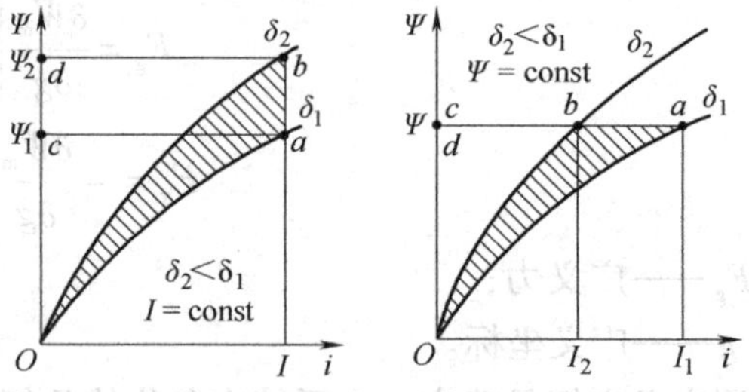

a) 恒磁动势　　b) 恒磁链

图 6-54　恒磁链和恒磁动势情况下的磁场能量

3. 计算电磁吸力的实用能量公式

设磁路不饱和时，可以采用直线来等效计算。下面将图 6-53 和图 6-54 中的曲线变为直线（如图 6-55 所示）来进行公式推导。

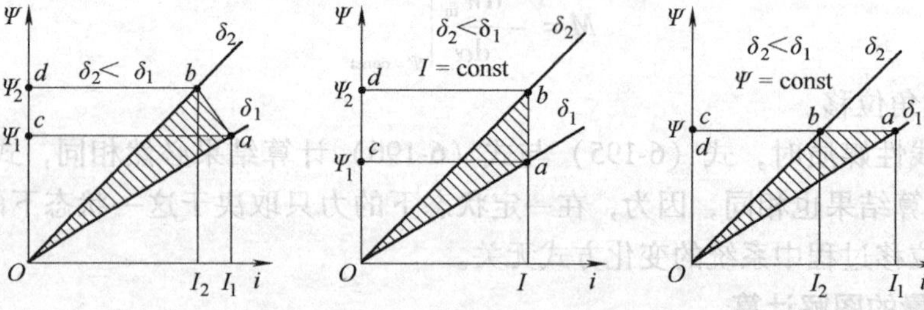

a)　　b)　　c)

图 6-55　线性情况下的磁场能量

设 δ_1 为衔铁未运动前的气隙，δ_2 为衔铁闭合后的气隙。按图 6-56 所示，进行公式推导。

衔铁在电磁力的作用下，产生一个虚位移，其获得的机械能应为 $A=S_{Oab}$。根据公式 (6-203) 可得

$$A=S_{Oac}+S_{cabd}-S_{Obd} \tag{6-204}$$

$$A=(I-\Delta I)(\varPsi+\Delta\varPsi)+\Delta I\varPsi+\frac{1}{2}\Delta I\Delta\varPsi-\frac{1}{2}(I-\Delta I)(\varPsi+\Delta\varPsi)-\frac{1}{2}I\varPsi \tag{6-205}$$

$$A=\frac{1}{2}(I\Delta\varPsi+\varPsi\Delta I) \tag{6-206}$$

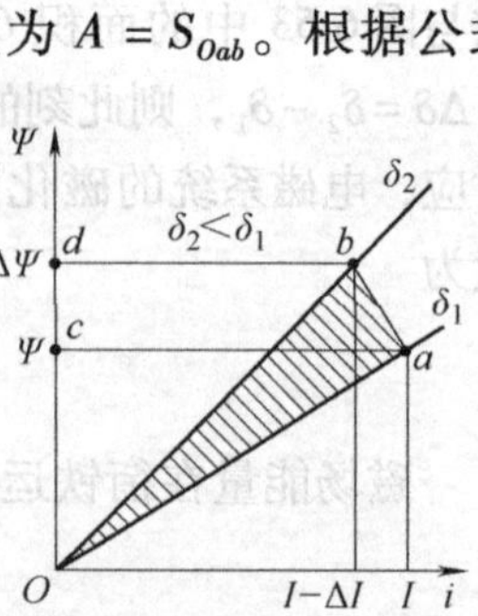

图 6-56　线性情况示意

因此，作用在电磁机构上的电磁力平均值为

$$F_{\mathrm{pj}}=\frac{\Delta A}{\Delta\delta}=\frac{1}{2}\left(i\frac{\Delta\Psi}{\Delta\delta}+\Psi\frac{\Delta i}{\Delta\delta}\right)\tag{6-207}$$

电磁机构上的电磁力为

$$F=\lim_{\Delta\delta\to 0}\frac{\Delta A}{\Delta\delta}=\frac{\mathrm{d}A}{\mathrm{d}\delta}=\frac{1}{2}\left(i\frac{\mathrm{d}\Psi}{\mathrm{d}\delta}+\Psi\frac{\mathrm{d}i}{\mathrm{d}\delta}\right)\tag{6-208}$$

对于恒磁链机构

$$F=\frac{1}{2}\Psi\frac{\mathrm{d}i}{\mathrm{d}\delta}\tag{6-209}$$

对于恒磁动势机构

$$F=\frac{1}{2}i\frac{\mathrm{d}\Psi}{\mathrm{d}\delta}\tag{6-210}$$

对于线性机构

$$F=\frac{1}{2}\left(iL\frac{\mathrm{d}i}{\mathrm{d}\delta}+i^2\frac{\mathrm{d}L}{\mathrm{d}\delta}+Li\frac{\mathrm{d}i}{\mathrm{d}\delta}\right)=\frac{1}{2}i^2\frac{\mathrm{d}L}{\mathrm{d}\delta}+Li\frac{\mathrm{d}i}{\mathrm{d}d}\tag{6-211}$$

对于转动式电磁系统，独立几何量是角位移，故待求广义力是电磁转矩，其计算公式为

$$M=\frac{\mathrm{d}A}{\mathrm{d}\alpha}\tag{6-212}$$

如果不计漏磁、不计铁心磁阻抗，因为 $L=N^2\Lambda_\delta$，所以

$$F=\frac{1}{2}(IN)^2\frac{\mathrm{d}\Lambda_\delta}{\mathrm{d}\delta}\tag{6-213}$$

如果不计铁心磁阻抗、只计漏磁，由于 $L=N^2(\Lambda_\delta+\Lambda_{\mathrm{gu}})$，故

$$F=\frac{1}{2}(IN)^2\frac{\mathrm{d}(\Lambda_\delta+\Lambda_{\mathrm{gu}})}{\mathrm{d}\delta}\tag{6-214}$$

如果 $u_\delta=\Phi_\delta R_\delta$，则通用公式如下：

$$F=\frac{1}{2}(u_\delta)^2\frac{\mathrm{d}\Lambda_\delta}{\mathrm{d}\delta}\tag{6-215}$$

吸力的方向是指向气隙减小的方向。

注意：只有当漏磁通不随气隙变化，即漏磁部分磁场内所储能量不随气隙变化时，才可应用公式（6-215）。否则应将式中的气隙磁导 Λ_δ 更换为包含气隙磁导与归算漏磁导在内的磁导 Λ。只有当 Λ_δ 与 δ 之间的函数关系能够以解析方式表达时，公式才得以求解。在其他场合，必须先求得不同气隙下的气隙磁导值，得出 $\Lambda_\delta=f(\delta)$ 曲线，然后以数值微分方法或者图解方法，求气隙磁导的导数 $\mathrm{d}\Lambda_\delta/\mathrm{d}\delta$。

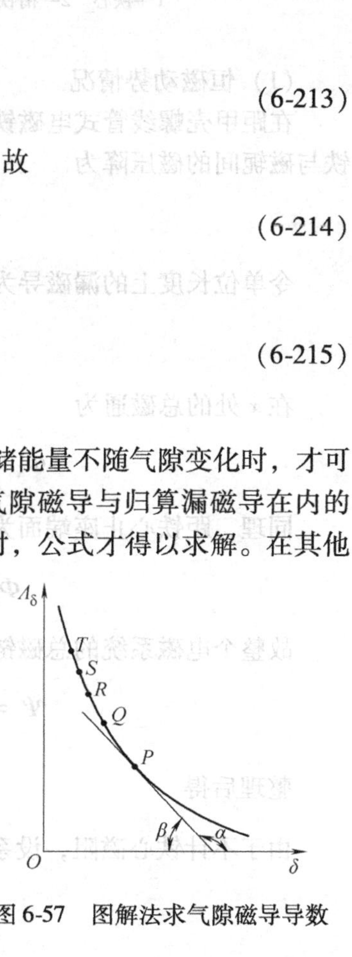

图 6-57　图解法求气隙磁导导数

现介绍以图解法求 $\mathrm{d}\Lambda_\delta/\mathrm{d}\delta$ 的方法，如图 6-57 所示。

在 $\Lambda_\delta=f(\delta)$ 曲线上的一点 P 作切线，显然有

$$\frac{\mathrm{d}\Lambda_\delta}{\mathrm{d}\delta}=\frac{n}{m}\tan\alpha=-\frac{n}{m}\tan\beta\tag{6-216}$$

式中　n 和 m——分别为横坐标和纵坐标的比例尺。

作图时应注意，在气隙较小时，气隙磁导随 δ 的变化很

大，也即 $\Lambda_\delta = f(\delta)$ 曲线非常陡峭。在这种场合，按图解法求得的 $\mathrm{d}\Lambda_\delta/\mathrm{d}\delta$ 准确度比较差，因此，计算点应取得密些（图中 P、Q、R、S、T 诸点，每二点间的距离是依次逐渐减小的）。总之，基于能量平衡关系的电磁吸力计算公式，一般适用于大气隙的工作情况。

4. 漏磁力的分析

甲壳螺线管式电磁铁的结构如图 6-58 所示，磁路中磁通分布情况如图 6-59 所示。由于甲壳螺线管式电磁铁衔铁深入线圈内腔，当漏磁通随气隙改变时，对应的磁场能量也能转化为机械功，故当计算电磁吸力时，必须计入这种漏磁场产生的漏磁吸力。

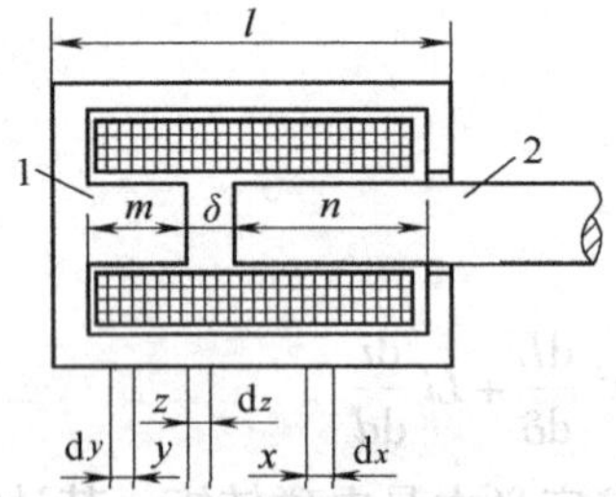

图 6-58 螺线管式电磁铁

1—铁心 2—衔铁

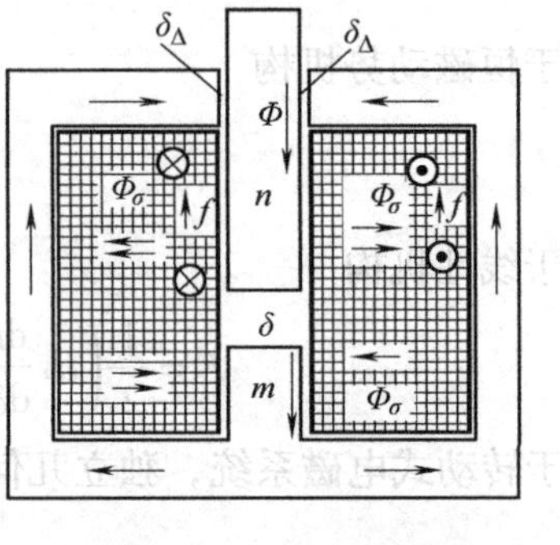

图 6-59 磁通分布

(1) 恒磁动势情况

在距甲壳螺线管式电磁铁衔铁端面为 x 处，若不计铁心和非工作气隙上的磁压降，则衔铁与磁轭间的磁压降为

$$u_{mx} = \frac{IN}{l}(n - x) \tag{6-217}$$

令单位长度上的漏磁导为 λ，在 x 这段距离内有漏磁通

$$\Phi_{\sigma x} = \int_0^x \lambda u_{mx} \mathrm{d}x = \frac{IN}{l}\lambda\left(nx - \frac{x^2}{2}\right) \tag{6-218}$$

在 x 处的总磁通为

$$\Phi_x = \Phi_\delta + \Phi_{\sigma x} = IN\left[\Lambda_\delta + \frac{\lambda}{l}\left(nx - \frac{x^2}{2}\right)\right] \tag{6-219}$$

同理，距铁心止座端面为 y 处的总磁通为

$$\Phi_y = \Phi_\delta + \Phi_{\sigma y} = IN\left[\Lambda_\delta + \frac{\lambda}{l}\left(my - \frac{y^2}{2}\right)\right] \tag{6-220}$$

故整个电磁系统的总磁链为

$$\Psi = \int_0^n \Phi_x \frac{N}{l}\mathrm{d}x + \int_0^\delta \Phi_\delta \frac{N}{l}\mathrm{d}\delta + \int_0^m \Phi_y \frac{N}{l}\mathrm{d}y \tag{6-221}$$

整理后得

$$\Psi = IN^2\left[\Lambda_\delta + \frac{\lambda}{3l^2}(n^3 + m^3)\right] \tag{6-222}$$

由于不计铁心磁阻，设系统为线性的，$\mathrm{d}n = -\mathrm{d}\delta$，则有

$$F = -\frac{1}{2}(IN)^2\left(\frac{\mathrm{d}\Lambda_\delta}{\mathrm{d}\delta} - \lambda\frac{n^2}{l^2}\right) \tag{6-223}$$

如果计及铁心磁阻，可用 u_δ 取代 IN，公式为

$$F = -\frac{1}{2}u_\delta^2\left(\frac{\mathrm{d}\Lambda_\delta}{\mathrm{d}\delta} - \lambda\frac{n^2}{l^2}\right) \tag{6-224}$$

（2）恒磁链情况

由于交流并励电磁系统属于恒磁链系统，计算中磁通和磁链均取幅值计算。同样推导过程，总磁链为

$$\Psi = \sqrt{2}IN^2\left[\Lambda_\delta + \frac{\lambda}{3l^2}(n^3+m^3)\right] \tag{6-225}$$

电流为

$$I = \frac{\Psi}{\sqrt{2}N^2\left[\Lambda_\delta + \frac{\lambda}{3l^2}(n^3+m^3)\right]} = \frac{u}{2\pi fN^2\left[\Lambda_\delta + \frac{\lambda}{3l^2}(n^3+m^3)\right]} \tag{6-226}$$

电磁吸力为

$$F = \frac{1}{2}\Psi\frac{\mathrm{d}I}{\mathrm{d}t} = \frac{\sqrt{2}u^2}{8\pi^2f^2N^2\left[\frac{\mu_0A}{\delta} + \frac{\lambda}{3l^2}(n^3+m^3)\right]^2}\left(\frac{\mu_0A}{\delta^2} + \lambda\frac{n^2}{l^2}\right) \tag{6-227}$$

恒磁链的吸力特性比恒磁动势的吸力特性平坦。

总之，对于甲壳螺线管式电磁铁，其电磁吸力有两个分量：一是由主气隙磁导和相应的主磁场能量变化产生的电磁吸力；另一是由衔铁侧面的有效漏磁通（通过衔铁侧面且切割线圈的漏磁通）产生的电磁吸力，后者习惯上称为螺线管力。凡能产生螺线管力的电磁系统，均应考虑这部分电磁力。由于上式忽略了衔铁与磁轭法兰间非工作气隙上的磁压降，而且漏磁通并非如假设的那样全部水平分布，因此准确计算漏磁导有一定难度，以致螺线管力的计算存在一定误差。另外，从原则上来说，漏磁通的任何变化均意味着磁场能量的变化，因而必然也有电磁吸力的产生，但在具体计算时，为简便计算，沿用螺线管力的计算方法对于工程实际计算还是可行的。

6.7.3　麦克斯韦电磁吸力与静特性

1. 麦克斯韦电磁力计算公式

电磁吸力的计算还可以采用麦克斯韦电磁力公式。从法拉第的观点来看，作用于任何铁磁质物体上的电磁力都可认为是空气中的磁力线产生的，或者说是紧挨着物体表面的磁通管外壁上的压力或张力对外作用的结果。然而，要应用这种观点不能只是停留在定性方面，还必须导出定量的计算公式。

设在铁磁质物体表面任取一面积元 d$\boldsymbol{A}$，并在其边缘点 A 处作一垂直于磁感应强度 $\boldsymbol{B}$ 的辅助面 AC，在另一边缘点 D 处作一平行于 $\boldsymbol{B}$ 的辅助面 DC，如图 6-60 所示。

显然，图 6-60 中的辅助面 AC 的面积等于 $\mathrm{d}A\cos\theta$，辅助面 DC 的面积等于 $\mathrm{d}A\sin\theta$。因此，作用在 AC 面上的电磁力为

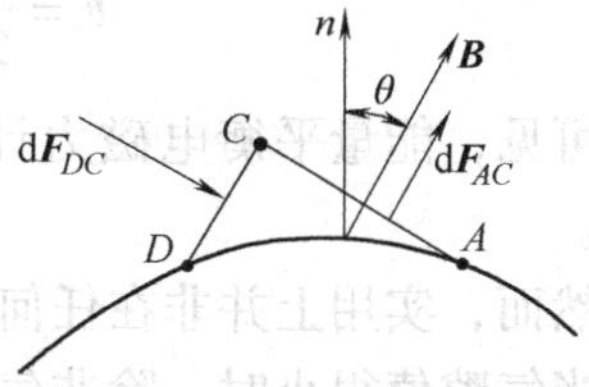

图 6-60　麦克斯韦电磁力示意图

$$dF_{AC}=\frac{1}{2}\frac{B^2}{\mu_0}dA\cos\theta \tag{6-228}$$

其方向与 $\boldsymbol{B}$ 一致。将它分解为法向和切向的两个分量，得

$$d\boldsymbol{F}_{AC}=\frac{B^2}{2\mu_0}dA\cos^2\theta\boldsymbol{n}^0+\frac{B^2}{2\mu_0}dA\cos\theta\sin\theta\boldsymbol{t}^0 \tag{6-229}$$

作用在 DC 面上的电磁力为

$$dF_{DC}=\frac{1}{2}\frac{B^2}{\mu_0}dA\sin\theta \tag{6-230}$$

其方向与 $\boldsymbol{B}$ 垂直。将它分为两个分量，得

$$d\boldsymbol{F}_{DC}=\frac{B^2}{2\mu_0}dA\sin^2\theta\boldsymbol{n}^0+\frac{B^2}{2\mu_0}dA\cos\theta\sin\theta\boldsymbol{t}^0 \tag{6-231}$$

两个分量都将传递到 dA 面上，故作用在 dA 面上的电磁力为

$$d\boldsymbol{F}=d\boldsymbol{F}_{AC}+d\boldsymbol{F}_{DC}=\frac{1}{\mu_0}\left[(\boldsymbol{B}\cdot\boldsymbol{n}^0)\boldsymbol{B}-\frac{1}{2}B^2\boldsymbol{n}^0\right]dA \tag{6-232}$$

将式（6-232）沿包围铁磁质物体的整个表面积分即得作用于整个铁磁质物体的电磁力

$$\boldsymbol{F}=\frac{1}{\mu_0}\oint\!\!\!\oint_A\left[(\boldsymbol{B}\cdot\boldsymbol{n}^0)B-\frac{1}{2}B^2\boldsymbol{n}^0\right]dA \tag{6-233}$$

这就是麦克斯韦电磁力计算公式。虽然是从平行平面场这一特殊情况下导出的，但适用于任何形式的三维场，即使积分面并非紧贴铁磁质物体表面，只要它未包围其他铁磁质物体和载流导体，从力的平衡观点来看，积分结果完全相同。

考虑到 $\boldsymbol{B}$ 在铁磁质物体表面上通常只有法向分量，式（6-233）可简化为

$$\boldsymbol{F}=\frac{1}{2\mu_0}\oint\!\!\!\oint_A B^2\boldsymbol{n}^0dA \tag{6-234}$$

考虑到在实际电磁系统中，磁场有时可认为是集中均匀分布于一小气隙内，故式（6-234）可简化为

$$F=\frac{1}{2}\frac{B^2A}{\mu_0}=\frac{1}{2}\frac{\Phi^2}{\mu_0A} \tag{6-235}$$

式中 A——气隙处的磁极端面面积。

当磁极之间的气隙磁场为均匀分布、且漏磁导又不随气隙变化时，有

$$\frac{d\Lambda_\delta}{d\delta}=-\mu_0\frac{A}{\delta^2} \tag{6-236}$$

将它代入能量平衡电磁力计算公式，可得

$$F=\frac{1}{2}u_\delta^2\left|\frac{d\Lambda_\delta}{d\delta}\right|=\frac{1}{2}\left(\frac{\Phi}{\Lambda_\delta}\right)^2\frac{\mu_0A}{\delta^2}=\frac{\Phi^2}{2\mu_0A}=\frac{B^2A}{2\mu_0} \tag{6-237}$$

可见，能量平衡电磁力计算公式与麦克斯韦电磁力计算公式在一定条件下可以互相转化。

然而，实用上并非在任何场合皆可由上述两种电磁力公式中任意选择一种进行计算。例如，当气隙值很小时，除非气隙磁导能以解析公式表示，一般不宜采用能量平衡电磁力公式，因为 $d\Lambda_\delta/d\delta$ 有时颇难计算准确，以致电磁力计算产生较大的误差。但在这种衔铁接近

闭合的情况，气隙磁场一般比较均匀，故可用简化的麦克斯韦电磁力计算公式求解。当然，即使气隙较大，在已知气隙中磁感应强度的分布规律 $B=f(A)$ 时，同样是可以采用麦克斯韦电磁力公式的。总之，上述两种电磁力公式原则上都可应用，但在某些条件下，应用其中之一更方便，且可提供更准确的结果。一般来说，小气隙时，B 较均匀，用麦克斯韦电磁力公式较方便；大气隙时，$\mathrm{d}\Lambda_\delta/\mathrm{d}\delta$ 较易计算，所以采用能量平衡电磁力公式比较合适。

2. 电磁系统静特性分析

如果不考虑电磁系统的过渡过程，只讨论当 δ 与 IN 无限缓慢变化时 F 的变化规律，就是所谓静特性（或者称静态吸力特性）分析。

电磁系统通常是在两种条件下工作：恒磁动势（IN）条件（如直流并励电磁系统）和恒磁链条件（如交流并励电磁系统）。为了对几种典型结构形式的电磁系统在上述两种条件下的静态吸力特性有初步的了解，将在不计铁心磁阻和损耗以及不计磁极边缘效应的前提下作以下分析，并且只做定性分析。

（1）U 形拍合式电磁系统

如图 6-61a 所示，在恒定磁动势条件下，当衔铁处于较大气隙行程时，磁路不饱和，一般可不计铁心及非工作气隙磁阻。如不计气隙磁通的磁极边缘效应，则

$$F=-\frac{1}{2}(IN)^2\frac{\mathrm{d}\Lambda_\delta}{\mathrm{d}\delta}=\frac{1}{2}(IN)^2\mu_0\frac{A}{\delta^2} \tag{6-238}$$

电磁系统的电磁吸力与气隙值的二次方 δ^2 成反比。

在恒磁链条件下，线圈电流为

$$I=\frac{u}{2\pi fN^2(\Lambda_\delta+\Lambda_{gu})} \tag{6-239}$$

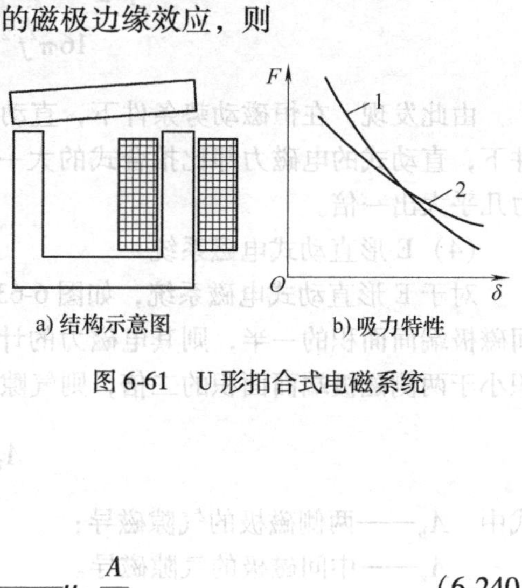

a) 结构示意图　　b) 吸力特性

图 6-61　U 形拍合式电磁系统

式中　u——线圈电压；

Λ_{gu}——恒磁链条件下的归算漏磁导。

因此

$$F=\frac{u^2}{8\pi^2f^2N^2\left(\dfrac{\mu_0A}{\delta}+\Lambda_{gu}\right)^2}\mu_0\frac{A}{\delta^2} \tag{6-240}$$

可见，在恒磁链条件下，电磁力随 δ 变化时有一个自动平衡的效应，δ 变化时，其电磁力变化的程度还取决于漏磁通所占的比重，吸力特性要平坦些。图 6-61b 中，曲线 1 代表恒磁动势机构的静态吸力变化，曲线 2 代表恒磁链机构的静态吸力变化。

（2）E 形拍合式电磁系统

同 U 形拍合式电磁系统相比，E 形的多了一个工作气隙，故其吸力通常较 U 形的为大，如图 6-62a 所示。然而其并没有倍数关系，因为在大气隙时，距转动中心较远的气隙处电磁力很小，有时几乎可以忽略不

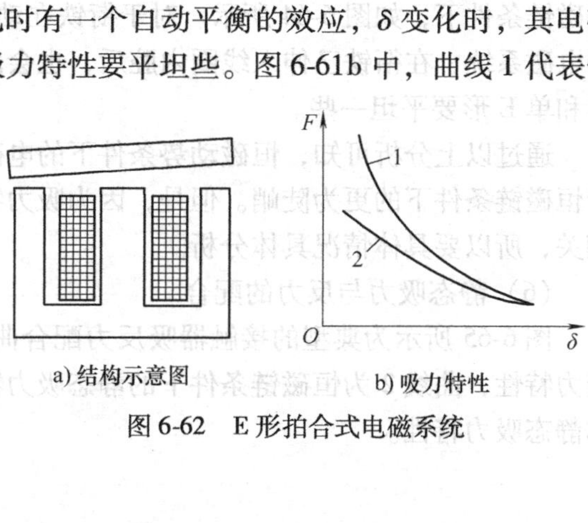

a) 结构示意图　　b) 吸力特性

图 6-62　E 形拍合式电磁系统

计；在小气隙时，该吸力则随着气隙值减小而越来越大。因此，不论在恒磁动势还是恒磁链条件下，E形电磁系统的吸力特性（见图6-62b曲线1），均将比U形电磁系统的吸力特性（见图6-62b曲线2）更为陡峭，尤其是在恒磁动势条件下，更为明显。

（3）U形直动式电磁系统

U形直动式电磁系统比U形拍合式电磁系统多一个串联的工作气隙，如图6-63a所示，故在相同的几何条件下，其气隙磁导 Λ_δ 以及气隙磁导的导数 $d\Lambda_\delta/d\delta$ 都约为拍合式的一半。在恒磁动势条件下，电磁力为

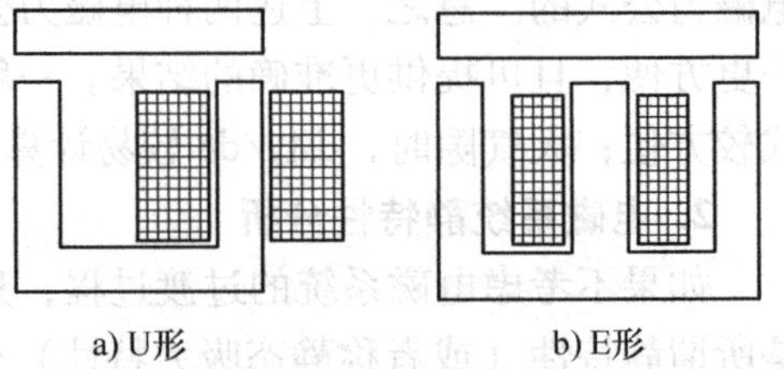

a) U形　b) E形

图6-63　直动式电磁系统

$$F=\frac{1}{4}(IN)^2\mu_0\frac{A}{\delta^2} \tag{6-241}$$

在恒磁链条件下，则

$$F=\frac{u^2}{16\pi^2f^2N^2\left(\frac{\mu_0A}{\delta}+\Lambda_{gu}\right)^2}\mu_0\frac{A}{\delta^2} \tag{6-242}$$

由此发现，在恒磁动势条件下，直动式的电磁力大约只有拍合式的一半；而在恒磁链条件下，直动式的电磁力却比拍合式的大一些，特别是当气隙值较小时，即 $\Lambda_\delta >> \Lambda_{gu}$ 时，吸力几乎大出一倍。

（4）E形直动式电磁系统

对于E形直动式电磁系统，如图6-63b所示，如果两侧磁极的端面面积相等，且等于中间磁极端面面积的一半，则其电磁力的计算公式与U形直动式相同，如果中间磁极端面面积小于两侧磁极端面面积的二倍，则气隙总磁导可按下式计算：

$$\Lambda_\delta=\frac{2\Lambda_b\Lambda_z}{\Lambda_b+2\Lambda_z} \tag{6-243}$$

式中　Λ_b——两侧磁极的气隙磁导；

Λ_z——中间磁极的气隙磁导。

（5）甲壳螺线管式电磁系统

与其他形式的电磁系统比较，甲壳螺线管式电磁系统的吸力特性要平坦许多，特别是在恒磁链条件下，如图6-64所示。对于衔铁在动作过程中逐渐伸入线圈内腔的双U形和双E形电磁系统，在衔铁已伸入线圈内腔后，也会出现螺线管力。因此，它们的吸力特性比单U形和单E形要平坦一些。

通过以上分析可知，恒磁动势条件下的电磁系统吸力特性，通常总是比同类型电磁系统于恒磁链条件下的更为陡峭。但是，因为吸力特性还与电磁系统的具体几何形状和参数密切相关，所以要具体情况具体分析。

（6）静态吸力与反力的配合

图6-65所示为典型的接触器吸反力配合曲线。图中，曲线1为恒磁动势条件下的静态吸力特性，曲线2为恒磁链条件下的静态吸力特性，曲线3为反力特性，曲线4为释放过程的静态吸力特性。

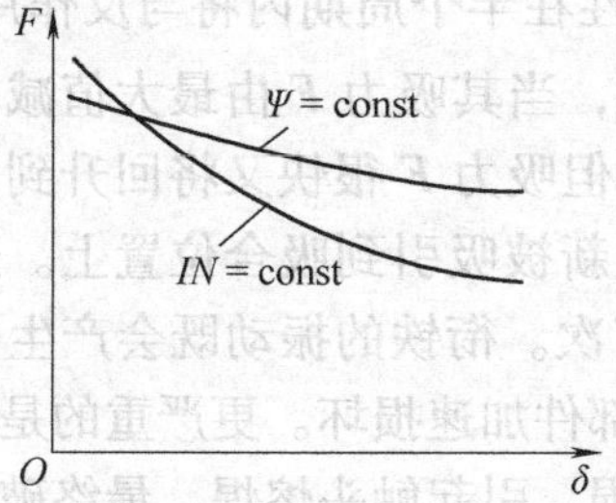

图 6-64　甲壳螺线管式电磁系统吸力特性

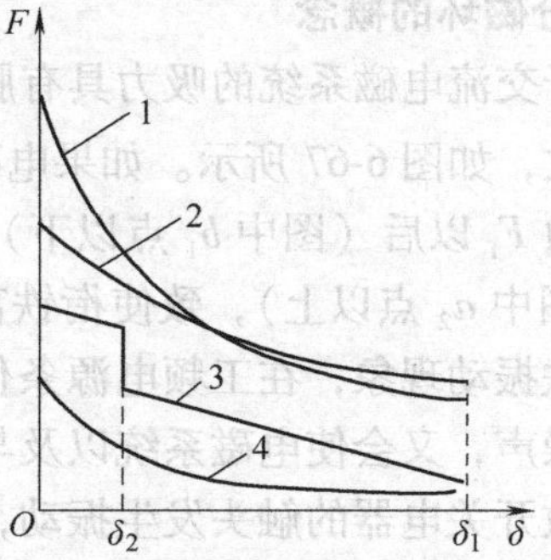

图 6-65　接触器的吸反力配合

凡是含有电磁系统的电器，其静态吸力特性与反力特性之间的配合，都是决定其动作特性的重要因素。在电网电压的波动下，电磁机构在低电压时要能够可靠吸合，在高电压时温升要在允许范围内。从动态特性来看，希望电磁机构快速动作，即吸力与反力之间差距大一些，但是，这样一来，会造成在吸合过程中电磁机构积聚的能量太大，引起触头吸合时刻的弹跳。上述要求看似互相矛盾，其实不然，如果采用智能控制的话，这个问题就容易解决了。因为，电磁机构的快速动作取决于衔铁的初始速度，而触头之间的弹跳取决于衔铁的末速度，如果控制得当，是可以同时满足这两个要求的。

6.7.4　交流电磁系统的吸力特点与分磁环原理

1. 交流电磁系统的吸力特点

交流电磁系统的特点，是由其励磁线圈的电源电压为正弦交变量、磁路中的磁通也为正弦交变量所决定的。令交变磁通的瞬时值为

$$\Phi = \Phi_m \sin\omega t \qquad (6\text{-}244)$$

电磁机构吸合过程　　分磁环分相作用

根据麦克斯韦电磁力计算公式，电磁力的瞬时值为

$$F = \frac{\Phi^2}{2\mu_0 A} = \frac{\Phi_m^2}{2\mu_0 A}\sin^2\omega t = \frac{\Phi_m^2}{4\mu_0 A} - \frac{\Phi_m^2}{4\mu_0 A}\cos 2\omega t \qquad (6\text{-}245)$$

F 具有两个部分，即恒定部分和交变部分。

恒定部分称为平均吸力，等于最大吸力的一半，即

$$F_{pj} = \frac{\Phi_m^2}{4\mu_0 A} = \frac{\Phi^2}{2\mu_0 A} \qquad (6\text{-}246)$$

式中　Φ——气隙磁通的有效值，$\Phi = \Phi_m/\sqrt{2}$。

交变部分称为交变吸力，以 2 倍电源频率随时间作周期性变化，幅值与平均吸力相等

$$F_{\sim} = \frac{\Phi_m^2}{4\mu_0 A}\cos 2\omega t = F_{pj}\cos 2\omega t \qquad (6\text{-}247)$$

采用能量平衡电磁力计算公式，也能导出完全相同的结果。

总之，由于该磁通的正弦交变性，使交流电磁系统的吸力具有脉动性，其值在 $0 \sim 2F_{pj}$ 之间，按 2 倍电源频率周期性地变化，如图 6-66 所示。这就是交流电磁系统的吸力特点。

2. 分磁环的概念

由于交流电磁系统的吸力具有脉动性，故其时间特性在半个周期内将与反作用力 F_f 线相交两次，如图 6-67 所示。如果电磁系统处于吸持状态，当其吸力 F 由最大值减小到小于反作用力 F_f 以后（图中 b_1 点以下），衔铁将企图释放。但吸力 F 很快又将回升到大于反作用力（图中 a_2 点以上），致使衔铁离开吸合位置后又重新被吸引到吸合位置上。这种现象称为衔铁振动现象，在工频电源条件下每秒钟要重复 $2f$ 次。衔铁的振动既会产生令人难以忍受的噪声，又会使电磁系统以及与之作刚性连接的零部件加速损坏。更严重的是，它还有可能导致开关电器的触头发生振动，加重触头的电气磨损，引起触头熔焊，最终破坏开关电器的正常工作。因此，必须采取适当的技术措施防止电磁系统发生这种有害的振动。

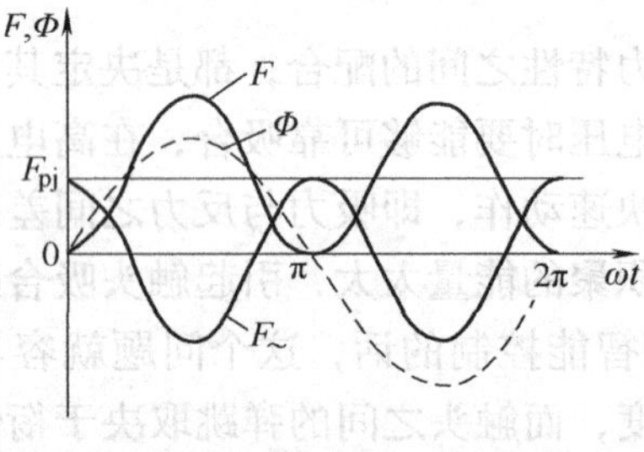

图 6-66　交流电磁系统的电磁吸力

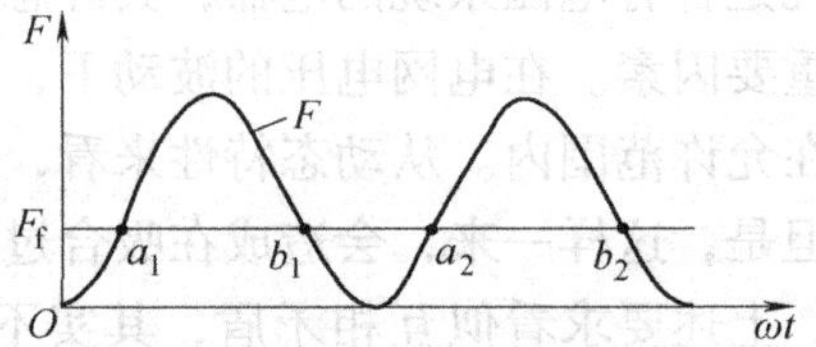

图 6-67　衔铁吸合后的电磁吸力和反作用力

为此，可设法使磁极端面处的磁通分成两个彼此间有一定相位差的分量。因为在这种情况下，尽管每一分量产生的吸力均有减小到零的时候，但两吸力之间也有相位差之故，合成吸力却不可能到达零值。

这样，只要使合成吸力的最小值不低于反作用力，就能完全消除有害的振动。

众所周知，磁导体中的铁耗会使磁路中出现磁抗。如果在磁极端面的一部分套上一个导体环，如图 6-68a 所示，则因其中有涡流损耗，被导体环所包围的磁路部分就有一个磁抗，如图 6-68b 所示。磁抗的存在使得通过无磁抗支路的磁通 Φ_1 与经过有磁抗支路的磁通 Φ_2 之间出现了相位差。在这个基础上，再适当调整一下两个支路的磁通值，便能达到消除上述有害振动的目的。这种导体环起到将磁通分相的作用，故称分磁环；又由于此环是短接而成的，电阻甚小，故又称为短路环。

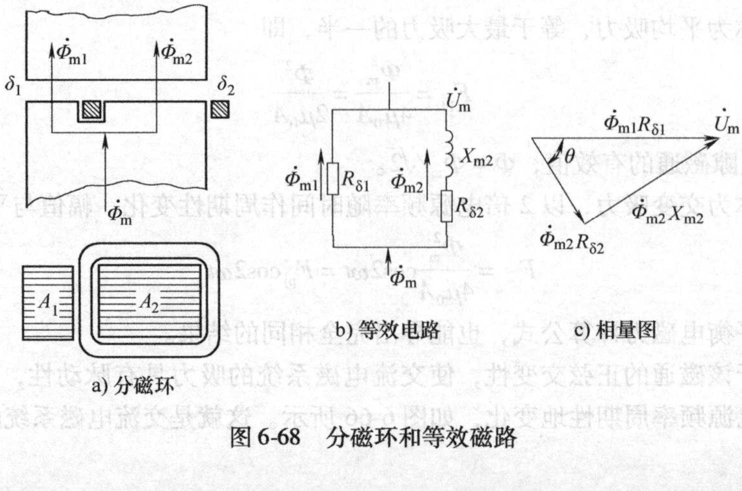

图 6-68　分磁环和等效磁路

3. 分磁环工作原理

既然分磁环的设置使无磁抗支路的磁通 Φ_1 与有磁抗支路的磁通 Φ_2 之间产生了相位差 θ，那么，它们的瞬时值便为

$$\Phi_1 = \Phi_{m1}\sin\omega t \tag{6-248}$$

$$\Phi_2 = \Phi_{m2}\sin(\omega t - \theta) \tag{6-249}$$

分别产生的电磁吸力为

$$F_1 = \frac{\Phi_{m1}^2}{4\mu_0 A_1}(1 - \cos2\omega t) = F_{pj1}(1 - \cos2\omega t) \tag{6-250}$$

$$F_2 = \frac{\Phi_{m2}^2}{4\mu_0 A_2}[1 - \cos2(\omega t - \theta)] = F_{pj2}[1 - \cos2(\omega t - \theta)] \tag{6-251}$$

式中　A_1、A_2——分别为通过 Φ_1、Φ_2 的磁极端面部分的面积。

因此，作用在衔铁上的合成电磁吸力为

$$F = F_1 + F_2 = F_{pj1} + F_{pj2} - F_{\sim1} - F_{\sim2} \tag{6-252}$$

$$F = F_{pj1} + F_{pj2} - F_{pj1}\cos2\omega t - F_{pj2}\cos2(\omega t - \theta) \tag{6-253}$$

式（6-253）右端后两项是频率相同的两个交变分量，它们的和为

$$F_{\sim} = F_{pj1}\cos2\omega t + F_{pj2}\cos2(\omega t - \theta) \tag{6-254}$$

$$F_{\sim} = \sqrt{F_{pj1}^2 + F_{pj2}^2 + 2F_{pj1}F_{pj2}\cos2\theta}\cos(2\omega t - \varphi) \tag{6-255}$$

式中　φ——$F_{\sim1}$ 与 $F_{\sim}$ 之间的相位差。因此，可得

$$F = F_{pj1} + F_{pj2} - \sqrt{F_{pj1}^2 + F_{pj2}^2 + 2F_{pj1}F_{pj2}\cos2\theta}\cos(2\omega t - \varphi) \tag{6-256}$$

图 6-69a 所示为 $F_{\sim1}$、$F_{\sim2}$ 和 $F_{\sim}$ 三者的相量图。

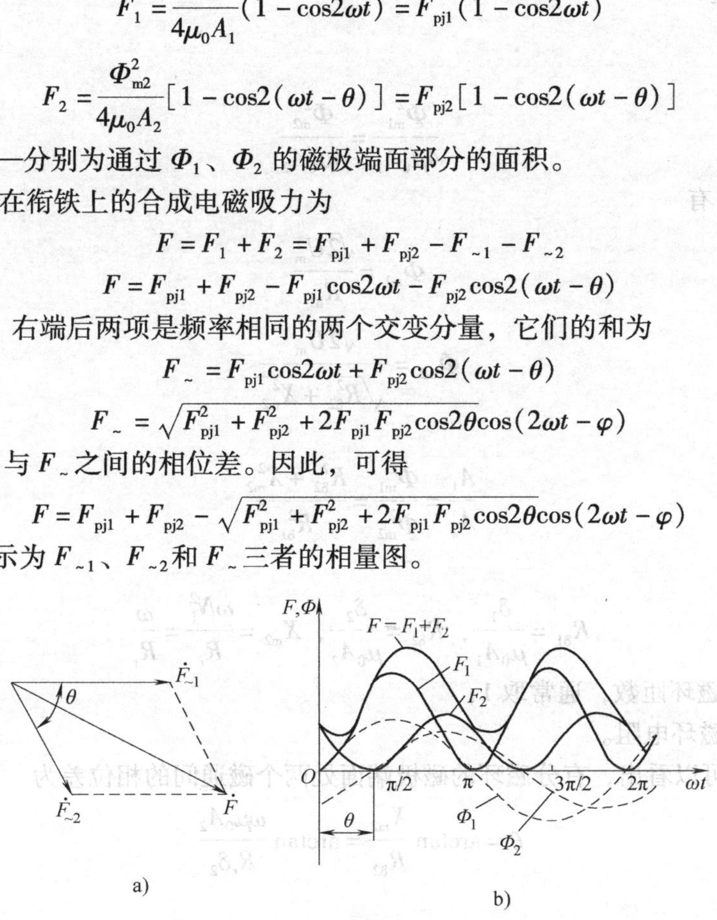

图 6-69　有分磁环时交变力、磁通变化

显然，当 $2\omega t - \varphi = n\pi$（$n$ 为奇数）时，合成电磁吸力具有最大值

$$F_{max} = F_{pj1} + F_{pj2} + \sqrt{F_{pj1}^2 + F_{pj2}^2 + 2F_{pi1}F_{pj2}\cos2\theta} \tag{6-257}$$

当 $2\omega t - \varphi = (n-1)\pi$ 时，合成电磁吸力具有最小值

$$F_{min} = F_{pj1} + F_{pj2} - \sqrt{F_{pj1}^2 + F_{pj2}^2 + 2F_{pi1}F_{pj2}\cos2\theta} \tag{6-258}$$

图 6-69b 所示是磁通 Φ_1、Φ_2 以及电磁吸力 F、F_1、F_2 随时间变化曲线。

4. 分磁环和磁极端面的参数

根据以上分析，只要满足条件

$$F_{\min} > F_{\mathrm{f}} \tag{6-259}$$

即最小电磁吸力大于反作用力，便可以消除衔铁的振动。

然而，即使满足式（6-259），合成电磁吸力中仍然存在交变分量，它使合成吸力有脉动现象。如果想要消除脉动现象，就必须使交变分量为零。即

$$\sqrt{F_{\mathrm{pj1}}^2 + F_{\mathrm{pj2}}^2 + 2F_{\mathrm{pj1}}F_{\mathrm{pj2}}\cos 2\theta} = 0 \tag{6-260}$$

必须同时满足以下条件：

1）$F_{\mathrm{pj1}} = F_{\mathrm{pj2}}$。

2）$2\theta = \pi$。

则有

$$\frac{\Phi_{\mathrm{m1}}^2}{4\mu_0 A_1} = \frac{\Phi_{\mathrm{m2}}^2}{4\mu_0 A_2}$$

根据图 6-68 有

$$\Phi_{\mathrm{m1}} = \frac{\sqrt{2}U_{\mathrm{m}}}{R_{\delta 1}}$$

$$\Phi_{\mathrm{m2}} = \frac{\sqrt{2}U_{\mathrm{m}}}{\sqrt{R_{\delta 2}^2 + X_{\mathrm{m2}}^2}}$$

所以

$$\frac{A_1}{A_2} = \frac{\Phi_{\mathrm{m1}}^2}{\Phi_{\mathrm{m2}}^2} = \frac{R_{\delta 2}^2 + X_{\mathrm{m2}}^2}{R_{\delta 1}^2}$$

其中

$$R_{\delta 1} = \frac{\delta_1}{\mu_0 A_1},\ R_{\delta 2} = \frac{\delta_2}{\mu_0 A_2},\ X_{\mathrm{m2}} = \frac{\omega N_{\mathrm{f}}^2}{R_{\mathrm{r}}} = \frac{\omega}{R_{\mathrm{r}}}$$

式中 N_{f}——分磁环匝数，通常取 1；

R_{r}——分磁环电阻。

从图 6-68c 可以看出，有分磁环的磁极端面处两个磁通间的相位差为

$$\theta = \arctan\frac{X_{\mathrm{m2}}}{R_{\delta 2}} = \arctan\frac{\omega\mu_0 A_2}{R_{\mathrm{r}}\delta_2} \tag{6-261}$$

因为

$$X_{\mathrm{m2}} = \frac{2P}{\omega B_{\mathrm{m2}}^2 A_2^2} = \frac{\omega}{R_{\mathrm{r}}}$$

所以，又可以写成

$$\theta = \arctan\frac{2P\mu_0}{\omega B_{\mathrm{m2}}^2 A_2 \delta_2} \tag{6-262}$$

由此可见，条件 2）是不可能满足的。换句话说，即衔铁吸力脉动现象是无法消除的。

显然，欲使 θ 角增大，就必须增大 P 或使 A_2 和 δ_2 减小。增大 P（或者减小 R_{r}）意味着分磁环的损耗增大，温升升高，要受到限制。至于使 A_2 和 δ_2 减小，也有一定限制。因为 A_2 固定之后，δ_2 就是影响 θ 角的关键因素，在实际使用中，铁心在 δ_2 处接触不平或者尘垢及非磁性物质聚集，均可使分磁环的作用因 δ_2 增大（意味着 θ 之减小）而明显地下降。就两

部分气隙而论，使 $\delta_1>\delta_2$、$A_1<A_2$ 是有助于 θ 角之增大的，但 A_2 比 A_1 大得太多又会导致条件1）不满足。因此，使 θ 角接近于90°并不妥当。根据经验，一般取 $\theta=50°\sim70°$之间，$A_2=(2\sim3)A_1$，并且采用电阻率小而机械强度高的导体材料制造分磁环。目前，常见铜环或者铝环。

5. 三相交流电磁系统的吸力

设有如图6-70a 所示三相交流电磁系统，其三相线圈分别绕在三个铁心柱上。当三相铁心柱具有相同的几何参数，而且电磁参数又平衡时，三相铁心端面处的电磁吸力为

$$\left.\begin{aligned}F_{\mathrm{A}}&=\frac{\Phi_{\mathrm{m}}^2}{2\mu_0A}\sin^2\omega t\\F_{\mathrm{B}}&=\frac{\Phi_{\mathrm{m}}^2}{2\mu_0A}\sin^2\left(\omega t-\frac{\pi}{3}\right)\\F_{\mathrm{C}}&=\frac{\Phi_{\mathrm{m}}^2}{2\mu_0A}\sin^2\left(\omega t-\frac{2\pi}{3}\right)\end{aligned}\right\}\tag{6-263}$$

端面总电磁吸力为

$$F=F_{\mathrm{A}}+F_{\mathrm{B}}+F_{\mathrm{C}}=\frac{3\Phi_{\mathrm{m}}^2}{4\mu_0A}\tag{6-264}$$

其不随时间变化，始终为一常数。因此，无须装加分磁环。

图6-70b 所示为三相电磁吸力、合力与时间的关系曲线。虽然合力数值不随时间变化，但作用点并非固定不变，而是在衔铁上与相邻二铁心柱正中间相对应的 M、N 两点之间周期性地往返移动。

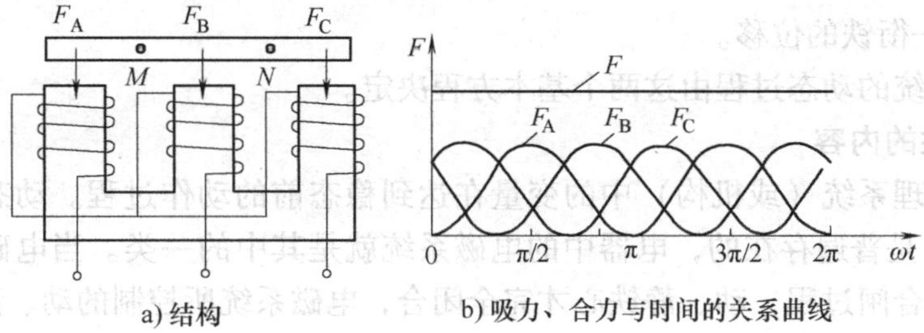

a) 结构　　b) 吸力、合力与时间的关系曲线

图6-70　三相交流电磁系统

*6.8　电磁系统的动态特性

6.8.1　直流电磁系统的动态特性

电磁系统的静态特性，是在稳态条件下，衔铁在各稳定位置上、且不计电磁参量在衔铁运动过程中的变化时，电磁吸力与气隙值之间的关系。它固然可用以判断电磁系统在一定的励磁电压或电流下能否可靠地动作或释放，但却不能反映电磁系统的时间特性，也无法反映其电磁参量和机械量在衔铁运动过程中的变化情况。然而，在工程技术方面对于各种以电磁系统作为感测和驱动部件的电器元件，除要求在给定条件下能够正常动作和释放外，有时还

要求其动作时间或释放时间在规定范围内。在某些特殊场合，甚至还要求延缓或加速动作过程或释放过程。

许多自动控制的系统要求其所用电器元件能在高达每小时数千次的操作频率下正常运行，这既要求电动系统的动作是高速的，又要求它具有高度的工作可靠性和很高的寿命。要提高可靠性和寿命，就必须减少运动部件的机械磨损和触头的电气磨损。要达到此目的，则必须减小撞击能量，也即对电磁系统的动态特性有所要求。

总而言之，随着生产过程自动化之日益发展，对电磁控制元件的要求越来越高。因而，对开关电器的动态特性研究，近年来已经全面展开。

1. 电磁系统动力学的基本方程

电磁系统的动力学问题主要表现在两个方面：①电磁参量对作用于衔铁的电磁吸力的影响；②电磁吸力和反作用力对运动参数——速度和时间的影响。这两个问题虽有区别，但又紧密联系，决定这两方面问题的基本方程如下：

1）电压平衡方程

$$u = iR + \frac{\mathrm{d}\Psi}{\mathrm{d}t} \tag{6-265}$$

式中 u、i、R、Ψ——分别为励磁线圈的电压、电流、电阻和磁链。

2）达朗贝尔运动方程

$$F - F_{\mathrm{f}} = m\frac{\mathrm{d}^2 x}{\mathrm{d}t^2} \tag{6-266}$$

式中 F、F_{f}——分别为作用于衔铁的电磁吸力、反作用力；

m——运动部分的归算质量；

x——衔铁的位移。

整个电磁系统的动态过程由这两个基本方程决定。

2. 动态特性的内容

动态就是物理系统（或机构）中的变量在达到稳态前的动作过程。动态对实际的工程机构（或系统）是普遍存在的，电器中的电磁系统就是其中的一类。当电磁系统接通电源时，要经历一个合闸过程，动、静铁心才完全闭合，电磁系统所控制的动、静触点才能换接电路，所经历的电磁过程、发热过程、机械过程等都不能瞬时完成，而是存在一个过渡过程；同样，突然切断电源也经历一个释放的过程。这些过程统称为动态过程。

动态特性描述实际工作过程与状态变化，揭示在不同时刻点上各参量间的关系，表明各参量随时间是如何变化的。动态特性也可转化成在不同位置时各参量的关系。

电磁系统种类很多，但不论何种电磁系统，其动态特性的内容如下：

1）电磁吸力与时间和位移的关系 $F(t)$ 和 $F(x)$。

2）衔铁位移与时间的关系 $x(t)$。

3）励磁电流与时间和位移的关系 $i(t)$ 和 $i(x)$。

4）磁通或磁链与时间及位移的关系 $\Phi(t)$ 或 $\Psi(t)$ 和 $\Phi(x)$ 或 $\Psi(x)$。

5）运动部件的速度与时间和位移的关系 $v(t)$ 和 $v(x)$。

在以上五项内容中，最主要的是前两项，因为在动态特性计算中，往往求得前两项后，另外三项就容易求得了。

下面讨论直流并励电磁系统的动态特性和计算方法。

3. 直流电磁系统的吸合过程

有一个直动式直流并励电磁系统，如图 6-71 所示，其励磁线圈通过开关 S 连接到恒压电源 U 上。从电路方面来看，这是一个典型的电感性电路，故电路中的电流——线圈电流 i 在开关 S 闭合后不能跃变，只能按指数规律逐渐增大。由于在释放状态下磁路不饱和，因而其中的磁通也大体上按指数规律逐渐增大。与此同时，作用在衔铁上的电磁吸力也由零渐渐增大，直到它等于释放位置上的反作用力为止。这就是吸合过程的第一阶段——触动阶段。

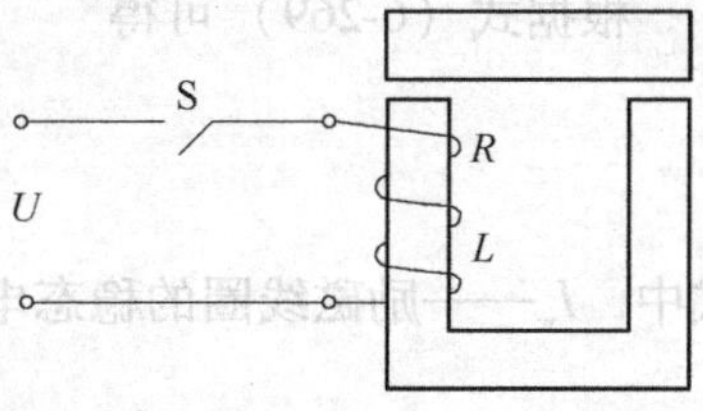

图 6-71　直流并励电磁系统

在触动阶段，衔铁尚未运动，只需从电磁方面来分析。电压平衡方程式可写成

$$u = iR + \frac{d\Psi}{dt} = iR + L\frac{di}{dt} + i\frac{dL}{dt} \tag{6-267}$$

考虑到

$$i\frac{dL}{dt} = i\frac{dL}{dx}\frac{dx}{dt} = iv\frac{dL}{dx}$$

故

$$u = iR + L\frac{di}{dt} + iv\frac{dL}{dx} \tag{6-268}$$

当衔铁尚未运动时，速度 $v=0$，故在触动阶段

$$u = iR + L\frac{di}{dt} \tag{6-269}$$

式中　L——励磁线圈的电感。

电磁系统吸合过程的第二阶段——吸合运动阶段是紧接着第一阶段的。在此阶段，由于电磁吸力已经大于反作用力，故衔铁开始运动。既然衔铁已有运动速度 v，在线圈中就会产生阻碍电流增大的运动反电动势 $iv\frac{dL}{dx}$。最初，速度 v 尚小，运动反电动势在总的反电动势中尚未占主要地位，所以线圈电流继续增大。随着 v 不断增大，运动反电动势也不断增大。一旦它增至一定数值，电流便开始减小，以维持电压的平衡。至于电流减小的速率和幅度，则由具体参数决定。当衔铁运动完毕到达吸合位置后，运动反电动势又重新等于零，而线圈电流又在新的基础上重新增大。

衔铁运动过程结束后，电磁系统的吸合过程便进入第三阶段。此时，机械运动过程虽已结束，但电磁过渡过程仍在继续，线圈电流和磁通仍在增大，直到它们分别达到各自的稳态值为止。

图 6-72 所示是吸合过程中线圈电流 i 随时间变化的关系曲线。值得注意的是，在上述三个阶段，电磁系统的电磁状态各不相同，故其电磁时间常数也各不相同。

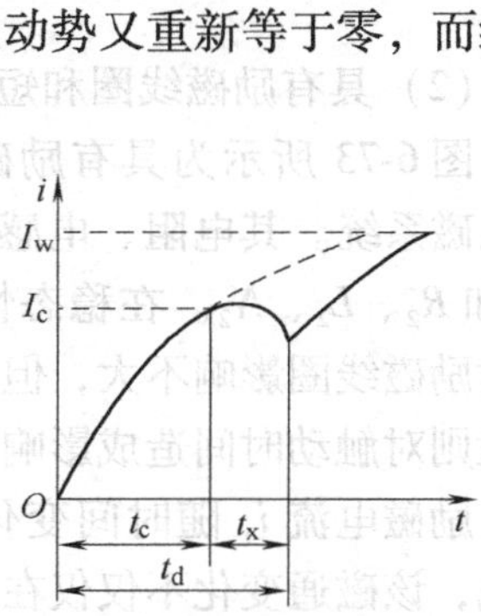

图 6-72　吸合过程线圈电流曲线

即使是同一型式的电磁系统，如直流并励电磁系统，工

作情况也各不相同：有工作于磁化曲线的线性部分的，有工作于非线性部分的；有只含一励磁线圈的，也有附二次短接线圈的；有必须采取措施限制涡流的，也有要利用涡流效应的。

（1）只含一个励磁线圈、不计涡流的线性情况

根据式（6-269）可得

$$i=\frac{U}{R}(1-e^{-\frac{R}{L}t})=I_w(1-e^{-\frac{t}{T}}) \tag{6-270}$$

式中 I_w——励磁线圈的稳态电流，$I_w=\frac{U}{R}$；

T——线圈电磁时间常数，$T=\frac{L}{R}$。

若称 t_c 为触动时间，I_c 为触动电流，定义稳态电流与触动电流之比为安匝储备系数 K_a，则

$$K_a=\frac{I_w}{I_c} \tag{6-271}$$

由此可得

$$t_c=T\ln\frac{K_a}{K_a-1} \tag{6-272}$$

考虑到在线性情况下，近似的有

$$F=F_f=\frac{1}{2}(I_cN)^2\frac{d\Lambda_\delta}{d\delta} \tag{6-273}$$

故触动电流为

$$I_c=\frac{1}{N}\sqrt{\frac{2F_f}{\frac{d\Lambda_\delta}{d\delta}}} \tag{6-274}$$

触动时间为

$$t_c=T\ln\frac{NU}{NU-R\sqrt{\frac{2F_f}{\frac{d\Lambda_\delta}{d\delta}}}} \tag{6-275}$$

（2）具有励磁线圈和短接线圈、不计涡流的线性情况

图 6-73 所示为具有励磁线圈 1 和短接线圈 2 的电磁系统。其电阻、电感、匝数分别为 R_1、L_1、N_1 和 R_2、L_2、N_2。在稳态情况下，短接线圈的存在对励磁线圈影响不大，但是，在过渡过程的触动阶段则对触动时间造成影响。

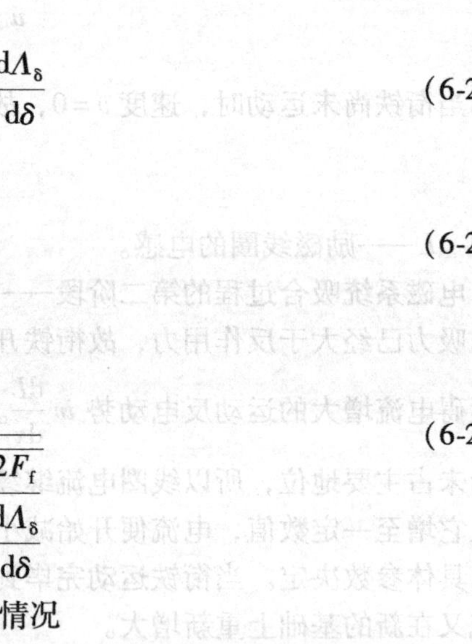

图 6-73 双线圈电磁系统

励磁电流 i_1 随时间变化时，引起磁路中磁通变化，该磁通变化不仅仅在励磁线圈 1 中出现反电动势，在短接线圈中也将出现反电动势。虽然，

N_2 比 N_1 小很多，但是，线圈2是短接的，电流相当大，而且短接线圈的磁动势是反向的，起着去磁和阻尼的作用。图6-73b给出了磁动势变化曲线，由此可见，短接线圈延缓了励磁磁动势的上升过程，使触动时间增大了。

对线圈1和线圈2可列如下方程：

$$u = i_1 R_1 + L_1 \frac{\mathrm{d}i_1}{\mathrm{d}t} + M \frac{\mathrm{d}i_2}{\mathrm{d}t} \tag{6-276}$$

$$0 = i_2 R_2 + L_2 \frac{\mathrm{d}i_2}{\mathrm{d}t} + M \frac{\mathrm{d}i_1}{\mathrm{d}t} \tag{6-277}$$

式中 M——两线圈间的互感。

联立求解方程，并考虑到

$$iN = i_1 N_1 + i_2 N_2 \tag{6-278}$$

假定两线圈完全耦合

$$M = \sqrt{L_1 L_2} \tag{6-279}$$

那么，归算到励磁线圈的励磁电流、触动电流、触动时间为

$$i' = I_\mathrm{w}(1 - \mathrm{e}^{-\frac{t}{T_1 + T_2}}) \tag{6-280}$$

$$I'_\mathrm{c} = I_\mathrm{w}(1 - \mathrm{e}^{-\frac{t_\mathrm{c}}{T_1 + T_2}}) \tag{6-281}$$

$$t_\mathrm{c} = T_1\left(1 + \frac{R_1}{R'_2}\right)\ln\frac{K_\mathrm{a}}{K_\mathrm{a} - 1} \tag{6-282}$$

式中 I_w——励磁线圈电流稳态值，$I_\mathrm{w} = \dfrac{U}{R_1}$；

i'——归算后的励磁电流，$i' = \dfrac{N}{N_1}i$；

T_1——励磁线圈的电磁时间常数，$T_1 = \dfrac{L_1}{R_1}$；

T_2——短接线圈的电磁时间常数，$T_2 = \dfrac{L_2}{R_2} = \dfrac{L_1}{R'_2}$；

R'_2——归算到励磁线圈的短接线圈电阻，$R'_2 = \left(\dfrac{N_1}{N_2}\right)^2 R_2$；

K_a——安匝储备系数。

由此可见，由于短接线圈的存在，电磁系统的触动时间较无短接线圈时增大了 R_1/R'_2 倍。短接线圈电阻越小，触动时间越长。

如果考虑导磁体内的涡流效应，当磁导体内的磁通发生变化时，其中将产生涡流，它的效应与短接线圈一样，是起去磁和阻尼作用。因此，考虑涡流的影响时，在触动时间的计算过程中，可将涡流的作用等效为一等效电阻来进行计算。

对于考虑涡流的情况和电磁系统的吸合运动阶段计算，必须采用数值解法才能够得到准确的结果。有关内容见后续章节。

影响电磁系统吸合时间的因素很多，一般来说，采用好的磁性材料、减小反力、减少衔铁重量、缩短行程、采用有层间绝缘的硅钢片、减小电磁时间常数等，都可以减小电磁系统

的动作时间。在工程中要根据实际情况，分别对待。另外，采用智能化设计和智能化控制技术，可以全面提高电磁系统的动作特性。

4. 直流电磁系统的释放过程

当断开串联于电磁系统励磁线圈电路中的开关S以切断线圈电路时，由于开关触头间隙将产生电弧，因此励磁电流并非立即减小到零，同时，又由于磁导体中会出现涡流，因此磁感应也不可能立即减小到剩磁值。这样，从切断线圈电源到衔铁开始运动即磁链由稳态值 Ψ_w 减小到释放值 Ψ_s，需要经历一段开释时间 t_k，它与返回运动时间 t_f 之和便是电磁系统的全部释放时间 t_s。

（1）开释阶段

释放之前衔铁是在吸合位置上，此时磁导体一般处于饱和状态，磁路呈非线性，因此，开释时间（电磁吸力减小到等于反作用力的时间）t_k 的计算只需考虑非线性情况。必须注意的是，开释阶段计算中应用的材料特性，是以其原工作点为顶点的磁滞回线的去磁段；另外，为方便起见，还应假设触头间隙的燃弧时间为零。

设只有一个励磁线圈，不计铁心涡流的阻尼作用。切断励磁线圈电路后，磁链几乎是瞬时地减小到释放值 Ψ_s，故开释时间 t_k 接近于零。实际上，开释时间甚至比触头间隙电弧的燃炽时间还要小些。

如果有一励磁线圈和一短接线圈、且不考虑涡流效应的情况，则短接线圈电压平衡方程为

$$i_2R_2+\frac{\mathrm{d}\Psi_2}{\mathrm{d}t}=0 \tag{6-283}$$

计算中容易得到的是 $\Psi=f(i_1)$，故短接线圈电流和磁链都应归算到励磁线圈，其条件是两线圈的励磁磁动势相等（$i_1N_1=i_2N_2$）和磁通相等（$\Psi_1/N_1=\Psi_2/N_2$）。因此有

$$t_k=-\frac{1}{R_2'}\int_{\Psi_w}^{\Psi_s}\frac{\mathrm{d}\Psi_1}{i_1} \tag{6-284}$$

式中 R_2'——归算到励磁线圈的短接线圈电阻，$R_2'=\left(\dfrac{N_1}{N_2}\right)^2R_2$。

通过磁路计算（必须应用去磁曲线）求出 $x=x_{\min}$ 时的 $\Psi_1=f(i_1)$ 曲线，如图6-74a所示，据此，做出 $\Psi_1=f\left(\dfrac{1}{i_1}\right)$ 曲线，如图6-74b所示，然后在其基础上以图解积分法求 t_k。

在吸合位置上，开释时的电磁吸力为

$$F=\frac{1}{2}\frac{\Psi_s^2}{\mu_0N_1^2A} \tag{6-285}$$

令它与吸合位置上的反作用力 F_{fx} 相等，即得释放磁链为

$$\Psi_s=N_1\sqrt{2\mu_0AF_{fx}} \tag{6-286}$$

根据 Ψ_s 值通过图解积分求出图6-74b中阴影的面积 A_{1234}，此面积与式（6-284）中的积分项相当。因此，开释时间

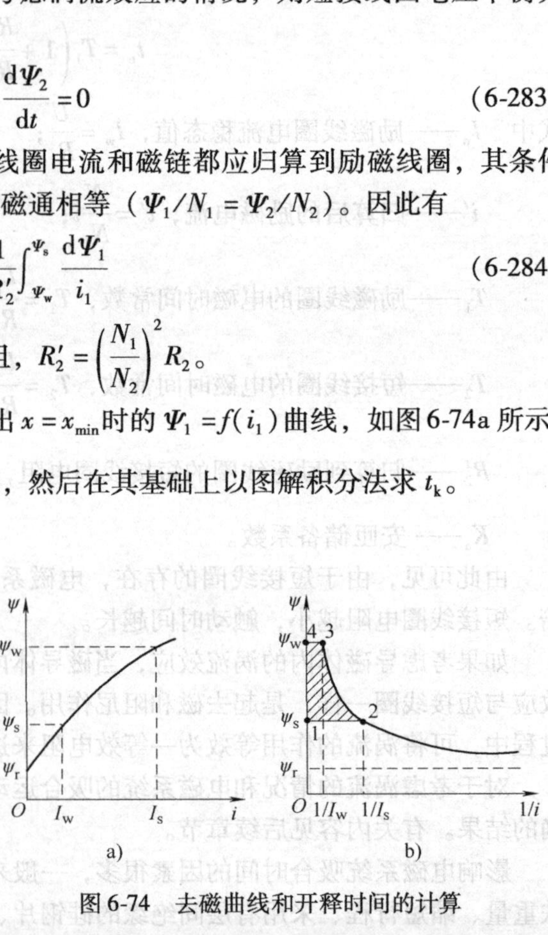

图6-74 去磁曲线和开释时间的计算

$$t_{\mathrm{k}}=\frac{1}{R_2'}A_{1234} \tag{6-287}$$

如果有一励磁线圈和一短接线圈、且考虑涡流效应的情况，则此时涡流效应实际上相当于一个短接线圈，故在有二线圈并计及涡流的影响时，开释时间为

$$t_{\mathrm{k}}=-\left(\frac{1}{R'_2}+\frac{1}{R'_{\mathrm{w}}}\right)\int_{\Psi_{\mathrm{w}}}^{\Psi_{\mathrm{s}}}\frac{\mathrm{d}\Psi_1}{i_1}=\left(\frac{1}{R'_2}+\frac{1}{R'_{\mathrm{w}}}\right)A_{1234} \tag{6-288}$$

式中 R'_{w}——归算到励磁线圈的涡流电阻。

（2）返回运动阶段

衔铁开始返回运动后，作用于它的既有反作用力，又有剩磁产生的电磁吸力，同时，由于涡流的存在，还有涡流产生的电磁吸力。因此，返回运动时间 t_{f} 的计算相当复杂。

设不计电磁吸力，反作用力为恒值。在这种场合，运动方程为

$$F_{\mathrm{f}}=m\frac{\mathrm{d}v}{\mathrm{d}t} \tag{6-289}$$

积分得

$$\frac{m}{F_{\mathrm{f}}}v=\frac{m}{F_{\mathrm{f}}}\frac{\mathrm{d}x}{\mathrm{d}t}=t+c_1 \tag{6-290}$$

$$\frac{m}{F_{\mathrm{f}}}x=\frac{1}{2}t^2+c_1t+c_2 \tag{6-291}$$

由于 $t=0$ 时，$v=0$，$x=0$，因此 $c_1=c_2=0$。这样，有

$$\frac{m}{F_{\mathrm{f}}}x=\frac{1}{2}t^2 \tag{6-292}$$

当返回运动过程结束时，$t=t_{\mathrm{f}}$，$x=x_{\max}$，代入式（6-292），得返回运动时间为

$$t_{\mathrm{f}}=\sqrt{\frac{2mx_{\max}}{F_{\mathrm{f}}}} \tag{6-293}$$

如果不计电磁吸力，则反作用力为衔铁位移的线性函数。这时，反作用力可以表示为

$$F_{\mathrm{f}}=F_{\mathrm{fx}}-cx \tag{6-294}$$

式中 c——反力特性的斜率，若反作用力为弹簧反力，则 c 为弹簧刚度。

在这种场合，运动方程为

$$m\frac{\mathrm{d}^2x}{\mathrm{d}t^2}+cx=F_{\mathrm{fx}} \tag{6-295}$$

该微分方程的解为

$$x=c_1\mathrm{e}^{\mathrm{j}\omega t}+c_2\mathrm{e}^{-\mathrm{j}\omega t}+\frac{F_{\mathrm{fx}}}{c} \tag{6-296}$$

其中，$\omega=\sqrt{\frac{c}{m}}$。由于 $t=0$，$x=0$，$v=\frac{\mathrm{d}x}{\mathrm{d}t}=0$，因此

$$c_1=c_2=-\frac{1}{2}\frac{F_{\mathrm{fx}}}{c} \tag{6-297}$$

衔铁位移为

$$x=\frac{F_{fx}}{c}\left[1-\frac{1}{2}(e^{j\omega t}+e^{-j\omega t})\right]=\frac{F_{fx}}{c}(1-\cos\omega t) \tag{6-298}$$

当衔铁返回到释放位置时，$t=t_f$，$x=x_{max}$，则返回运动时间为

$$t_f=\frac{1}{\omega}\arccos\left(1-\frac{cx_{max}}{F_{fx}}\right)=\frac{1}{\omega}\arccos\frac{F_{fx}-cx_{max}}{F_{fx}}=\sqrt{\frac{m}{c}}\arccos\frac{F_{fx}}{F_{fc}} \tag{6-299}$$

式中 F_{fx}——吸合位置的反力；

F_{fc}——释放位置的反力。

如果反力特性复杂，则既可分段按上述方法计算，也可采用数值解法计算。

如果磁路中存在短接线圈的话，那么磁路中的磁链不可能迅速减小，以致不得不考虑电磁吸力的影响。在这种场合，只能采用运动过程进行数值计算。其计算过程中必须求解下列微分方程组：

$$\begin{cases}\dfrac{d\Psi}{dt}=0-iR\\ \dfrac{dv}{dt}=\dfrac{(F_x-F_f)}{m}\\ \dfrac{dx}{dt}=v\end{cases} \tag{6-300}$$

具体解法见后续内容。

在实际使用中，如电磁式接触器和电磁式继电器产品，为了防止线圈断电以后，磁路中储存的能量泄放到电路中去，常常给电磁线圈一个续流回路，这样将延长释放时间。

6.8.2 交流电磁系统的动态特性

与直流电磁系统一样，交流电磁系统励磁线圈接通电源或从电源断开后，也将经历一个过渡过程。但交流系统励磁电压或电流是交变参量，故其过渡过程与直流时大不一样。此外，电源电压的接通相位（合闸相角）对过渡过程有较大影响，使交流电磁系统动态过程的分析计算较直流系统复杂得多。为方便起见，仍将交流电磁系统的动态过程分为四个阶段，即触动阶段、吸合运动阶段、开释阶段、返回运动阶段。

1. 触动阶段

在这个阶段内磁路往往是线性的。假如在励磁线圈（其电阻为 R、电感为 L）接通电源时，线圈电压是按正弦规律随时间变化，即

$$u=U_m\sin(\omega t+\theta) \tag{6-301}$$

式中 U_m——励磁线圈电压的幅值；

θ——电压的接通相位，称之合闸相角；

ω——电源的角频率。

线圈回路如图 6-75 所示。

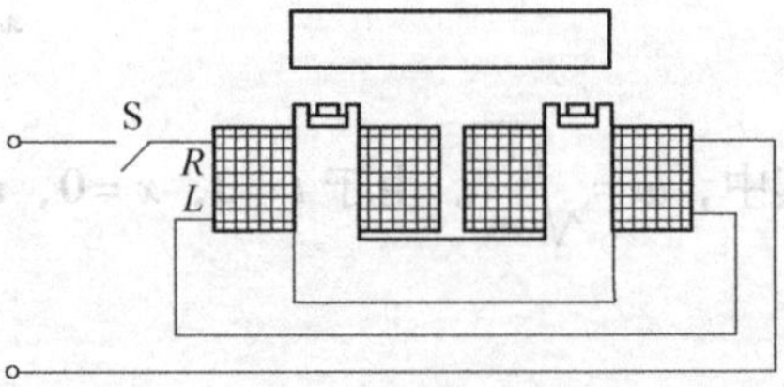

图 6-75 交流电磁系统

线圈电压的微分方程为

$$U_m\sin(\omega t+\theta)=iR+L\frac{di}{dt} \tag{6-302}$$

式中 i——励磁线圈的电流。

方程的解如下：

$$i = i' + i'' \tag{6-303}$$

式中 i'——线圈电流的强制分量，稳态分量；

i''——线圈电流的自由分量，暂态分量，是一个以电磁时间常数 $T = L/R$ 而随时间按指数规律衰减的量。

式（6-303）中

$$i' = \frac{U_m}{|Z|}\sin(\omega t + \theta - \varphi) \tag{6-304}$$

$$i'' = -\frac{U_m}{|Z|}\sin(\theta - \varphi)e^{-\frac{t}{T}} \tag{6-305}$$

式中 $|Z|$——线圈的阻抗值，$|Z| = \sqrt{R^2 + (\omega L)^2}$；

φ——线圈的阻抗角，$\varphi = \arctan\frac{\omega L}{R}$。

由于电感线圈的电流不能跃变，所以，在触动阶段，线圈电流为

$$i = i' + i'' = \frac{U_m}{|Z|}[\sin(\omega t + \theta - \varphi) - \sin(\theta - \varphi)e^{-\frac{t}{T}}] \tag{6-306}$$

在触动阶段结束时，$t = t_c$，故线圈电流为

$$i_c = \frac{U_m}{|Z|}[\sin(\omega t_c + \theta - \varphi) - \sin(\theta - \varphi)e^{-\frac{t_c}{T}}] \tag{6-307}$$

可见，根据反作用力确定触动电流 i_c 后，触动时间 t_c 在很大程度上决定于合闸相角 θ。下面就合闸相角为某些数值的情况作分析。合闸相角对触动时间的影响如图 6-76 所示。

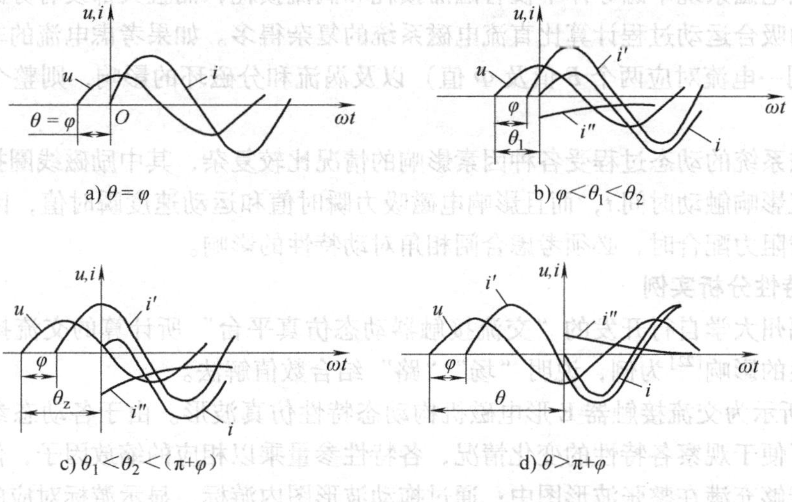

图 6-76 合闸相角对触动时间的影响

1）$\theta = \varphi$：当合闸相角等于线圈的阻抗角时，如图 6-76a 所示，线圈电流无暂态分量，线圈一接通电源便进入稳定状态。此时触动电流为

$$i_c = \frac{U_m}{|Z|}\sin\omega t_c \tag{6-308}$$

通常，触动电流 i_c 总是小于线圈电流幅值$\frac{U_m}{|Z|}$，而 $\sin\frac{i_c|Z|}{U_m}$也应当是大于零且小于 1 的值。因此，触动时间

$$t_c=\frac{1}{\omega}\arcsin\frac{i_c|Z|}{U_m} \tag{6-309}$$

$$t_c<\frac{1}{4f}=\frac{T}{4} \tag{6-310}$$

2）$\varphi<\theta<(\pi+\varphi)$：如图 6-76b 和 c 所示，线圈电流的稳态分量 i' 具有正的初始值，而暂态分量具有负的初始值。在第一个四分之一周期内，总电流 i 比 $\theta=\varphi$ 时的小，故触动时间有所增大。但一般在第一个半周内，i 的波峰有可能达到触动电流值 i_c，因而触动时间 t_c 小于半个周期。假若在第一个半周内 i 的波峰仍达不到 i_c，则要到第二个半周内，两分量 i' 与 i'' 的方向一致时，i 的波峰方有可能达到 i_c。此时，触动时间最长，但一般也不至于超过半个周期。

3）$\theta>\pi+\varphi$：如图 6-76d 所示，线圈电流稳态分量初始值为负值，暂态分量初始值为正值。因此，其过程与前一种条件下的相反，触动时间 t_c 仍然不至超过半个周期。

根据以上分析。可以得出结论：交流电磁系统的触动时间不仅与触动电流（磁链）有关，还与合闸相角有关；交流电磁系统触动时间的最小值在四分之一的电源周期之内，最大值不超过半个电源周期，比同容量直流电磁系统的小很多；线圈回路的电感值对交流电磁系统触动时间的影响较小，而对直流电磁系统触动时间的影响则比较大。

2. 吸合运动阶段

因为交流电磁系统中磁导体不仅有磁滞损耗和涡流损耗，而且大都设有分磁环，所以交流电磁系统的吸合运动过程计算比直流电磁系统的复杂得多。如果考虑电流的非正弦性、磁滞（它能使同一电流对应两个 B 值及 Φ 值）以及涡流和分磁环的影响，则整个计算过程将更为复杂。

交流电磁系统的动态过程受各种因素影响的情况比较复杂，其中励磁线圈投入电源时的合闸相角不仅影响触动时间 t，而且影响电磁吸力瞬时值和运动速度瞬时值，因此在研究动态吸力与负载阻力配合时，必须考虑合闸相角对动特性的影响。

3. 动态特性分析实例

下面以福州大学自行开发的“交流接触器动态仿真平台”所计算的交流接触器合闸相角对动态特性的影响[22]为例，说明“场”“路”结合数值解法。

图 6-77 所示为交流接触器 E 形电磁机构动态特性仿真波形。由于各动态参数的幅值相差很大，为了便于观察各特性的变化情况，各特性参量乘以相应的缩放因子，使得所有的动态特性曲线能够充满在整张波形图中；通过拖动波形图内游标，显示游标对应的各动态参数实际值；通过图形工具选板可对波形进行局部放大、缩小、移动等操作。由该界面确定线圈合闸相角与计算方式，该系统可以方便计算出交流接触器动态特性。

下面以交流接触器 E 形电磁机构为动态特性分析对象来分析电气参数对动态特性的影响。

1）电流特性：线圈电压为 24V、50Hz，线圈合闸相角分别为 0°、30°、60°、90°、120°、150°下的线圈电流特性曲线如图 6-78 所示。

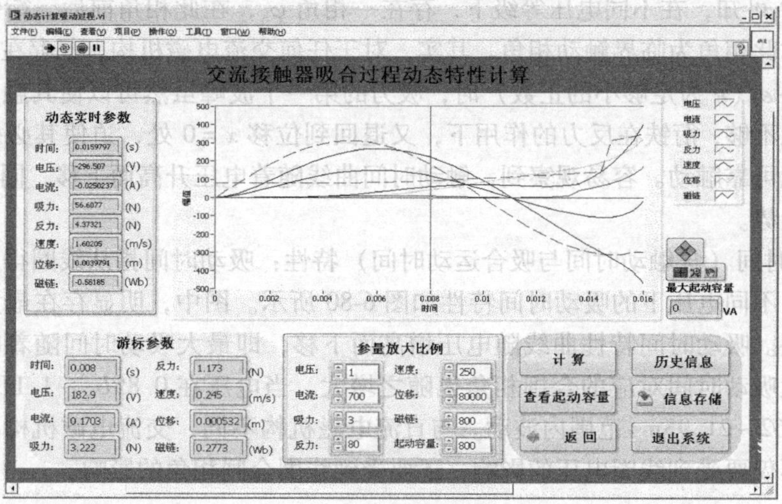

图 6-77　动态特性计算界面

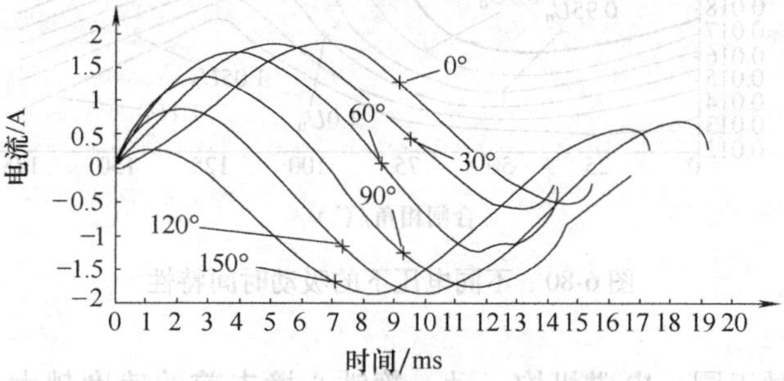

图 6-78　动态电流特性

在不同的合闸相角下，线圈电流变化规律不同，铁心的吸合时间与触动时间也不尽相同。当合闸相角为 30°与 60°时，电流较快到达触动电流 i_c，铁心的触动时间与吸动时间均较短；当合闸相角为 120°与 150°时，电流在第一半波时不能可靠触动，直到下一个半波才触动，此时铁心的吸动时间也较长。

2）触动时间特性：这里的触动时间指的是从线圈施加电压到可靠地触动起来为止，若出现衔铁第一次触动后又稍有后退，则指其再度触动到衔铁能可靠运动前一时刻。特性曲线如图 6-79 所示。

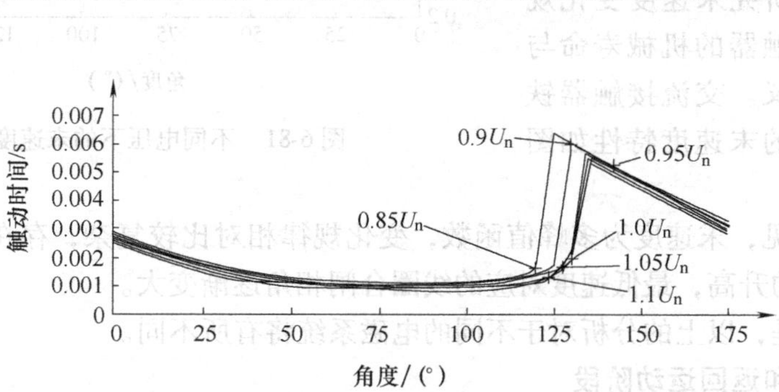

图 6-79　触动时间与合闸相角的关系

由图6-79可知，在不同电压等级下，存在一相角 φ_c，在此相角前后，衔铁的触动时间发生突变，称此相角为临界触动相角。其实，对于任何交流电磁机构，都存在此相角。当合闸相角为 $\varphi_c+\varepsilon$（ε 为足够小的正数）时，吸力的第一个波峰虽然可以使其触动，但由于衔铁积累的动能不够，衔铁在反力的作用下，又退回到位移 $x=0$ 处，迫使其必须等到满足触动条件后才能可靠触动。容易观察到，触动时间曲线随着电压升高而下移，同时临界触动相角有变大的趋势。

3）吸动时间（含触动时间与吸合运动时间）特性：吸动时间指从线圈得电至衔铁可靠吸合的时间。不同电压下的吸动时间特性如图6-80所示。图中，明显存在最大吸动时间与最小吸动时间。吸动时间特性曲线随电压增高而下移，即最大吸动时间随着电压升高而减小，同时最大吸动时间对应的合闸相角也随之增大。当电压在 $0.85U_n \sim 1.1U_n$ 变化时，吸动时间在12.62～21.93ms范围内波动。与直流电磁机构不同，交流电磁机构的吸动时间是不稳定的，不仅要受到线圈电压的影响，还要受到线圈合闸相角的影响。

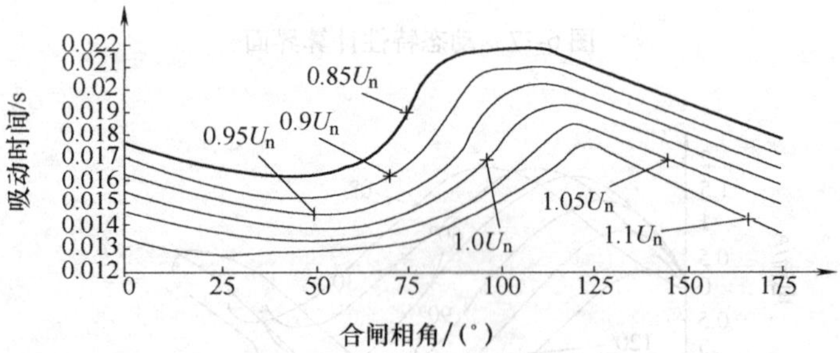

图6-80　不同电压下的吸动时间特性

4）速度特性：对于同一电磁机构，动、静铁心撞击前的速度越大，则两者的撞击能量越大。当铁心弹跳幅值过大时，易引起触头的二次弹跳，并产生电弧，侵蚀触头表面。这种现象不仅使接触器的机械寿命大为降低，而且对触头的电寿命也有很大影响。通过选相合闸装置，控制线圈的合闸相角，使衔铁以较小的速度吸合，可以提高接触器的机械寿命与电寿命。研究末速度变化规律对提高交流接触器的机械寿命与电寿命有重要意义。交流接触器铁心在不同电压下的末速度特性如图6-81所示。

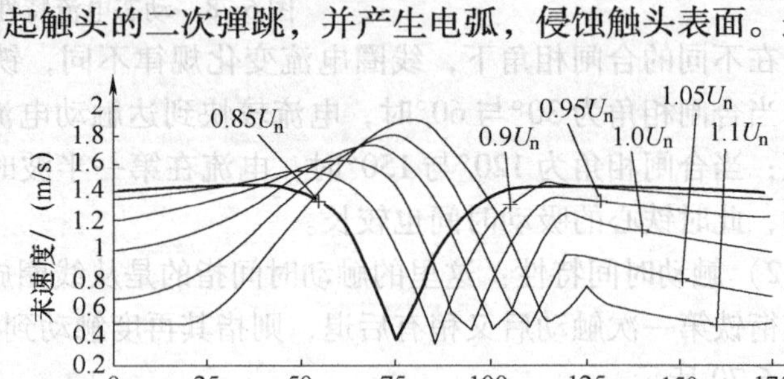

图6-81　不同电压下的末速度特性

由图6-81可见，末速度为多峰值函数，变化规律相对比较复杂，存在最高速度与最低速度。随着电压的升高，最低速度对应的线圈合闸相角逐渐变大。

应该说明的是，以上的分析对于不同的电磁系统将有所不同。

4. 开释阶段和返回运动阶段

开释时间 t_k 主要取决于线圈回路开关触头间隙电弧的燃烧时间。由于交流电弧的熄灭时间极短，故当不计磁滞、涡流及分磁环的影响时，可认为 $t_k = 0$。假如必须计及这些因素的影响，则需按直流电磁系统的计算方法进行计算。

虽然就返回运动过程而论，交流电磁系统与直流电磁系统如果都采用数值计算，差别不大，但是，计算时必须注意交流电磁系统的特点。至于动态特性的分析，交流电磁系统则与直流电磁系统有较大的不同。

6.8.3　采用“场”“路”结合的交流电磁系统的动态特性仿真

1. 电磁机构动态微分方程组

电磁系统的动态过程是一个集电、磁、热、机械运动于一体的复杂过程，在电路上遵循电动势平衡方程，在运动上满足牛顿第二定律，在磁场上需满足麦克斯韦方程组，在热路上则应该遵循热平衡方程，这些方程相互耦合，构成了描述动态过程的微分方程组。在忽略铁心涡流的前提下，动态微分方程组可以表示为

$$\begin{cases}\dfrac{\mathrm{d}\Psi}{\mathrm{d}t} = u - iR(\theta) \\ \dfrac{\mathrm{d}v}{\mathrm{d}t} = \dfrac{F_x - F_f}{m} \\ \dfrac{\mathrm{d}x}{\mathrm{d}t} = v\end{cases} \tag{6-311}$$

初始条件为

$$\Psi|_{t=0} = 0,\quad v|_{t=0} = 0,\quad x|_{t=0} = 0$$

式中　u——线圈励磁电压；

i——线圈电流；

R——线圈电阻；

θ——线圈温度；

Ψ——电磁系统全磁链；

x——衔铁位移；

F_x、F_f——分别为衔铁所受到的电磁吸力和运动反力。

运用四阶 Runge-Kutta 法求解上述微分方程组，对每一时间步长 Δt 采用如下格式迭代：

$$\begin{cases}\Psi_{i+1} = \Psi_i + \dfrac{\Delta t}{6}(K_1 + 2K_2 + 2K_3 + K_4) \\ v_{i+1} = v_i + \dfrac{\Delta t}{6}(L_1 + 2L_2 + 2L_3 + L_4) \\ x_{i+1} = x_i + \dfrac{\Delta t}{6}(M_1 + 2M_2 + 2M_3 + M_4)\end{cases} \tag{6-312}$$

式（6-312）中，$\Delta t = t_{i+1} - t_i$，K_j，L_j 和 M_j 是 Δt 内四个不同点上的变化率 $\dfrac{\mathrm{d}\Psi}{\mathrm{d}t}$、$\dfrac{\mathrm{d}v}{\mathrm{d}t}$ 和 $\dfrac{\mathrm{d}x}{\mathrm{d}t}$，它们的计算公式为

$$\begin{cases} K_j = u - iR \left| \begin{array}{l} t = t_i + h_j \\ \Psi = \Psi_i + h_j K_{j-1} \\ x = x_i + h_j M_{j-1} \end{array} \right. \\ L_j = \dfrac{F_x - F_f}{m} \left| \begin{array}{l} t = t_i + h_j \\ \Psi = \Psi_i + h_j K_{j-1} \\ x = x_i + h_j M_{j-1} \end{array} \right. \\ M_j = v \,|\, v = v_i + h_j L_{j-1} \end{cases} \tag{6-313}$$

式中 m——电磁机构运动部分重量。

式中
$$\begin{cases} h_1 = 0 \\ h_2 = h_3 = \dfrac{\Delta t}{2} \\ h_4 = \Delta t \end{cases}$$

式（6-313）中，变量 i、F_x 是在 u、R、m 以及 F_f 给定条件下的 Ψ 与 x 的函数。因此，动态微分方程组求解的实质是在已知磁系统的磁链 Ψ 和给定铁心位移 x 的条件下，反求电流 i 和电磁吸力 F_x 的问题[23]。

其求解流程如图 6-82 所示。图中，δ_{max} 与 δ_{xcqx} 分别表示动、静铁心之间的最大气隙与吸持气隙。

主要有两种方式反求电流 i 与吸力 F_x：

1）通过“路”的计算方法，等效电磁系统的磁路模型，并求解磁路微分方程组，以此反求出电流、吸力。

2）采用“场”的求解方式，通过 ANSYS 软件及 APDL 语言对电磁系统进行参数化建模、求解，计算一系列不同的 $\delta(n)$ 和 $i(m)$ 下的衔铁所受吸力 $F_x(m,n)$ 和线圈磁链 $\Psi(m, n)$，并造出二维数据表格，再运用二分法插值求得给定磁链 Ψ 与铁心位移 x 下的电流 i 和吸力 F_x。

以下分别介绍如何通过“路”和“场”的计算方式反求电流与吸力。

2. 双 E 形电磁机构的磁路等效模型

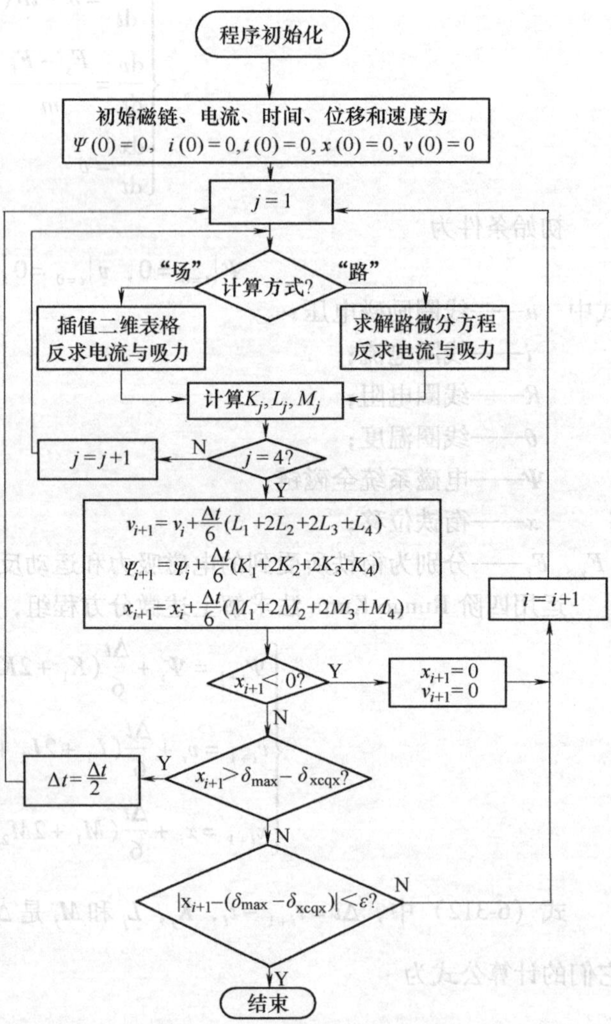

图 6-82 Runge-Kutta 求解流程

如果通过“路”的计算方法，求取给定气隙 δ 与磁链 Ψ 下的电流 i 与吸力 F_x，就必须建立电磁机构的等效磁路模型，求解磁路微分方程组。以 E 形电磁机构为研究对象，其电磁机构原理与等效磁路如图 6-83 所示。

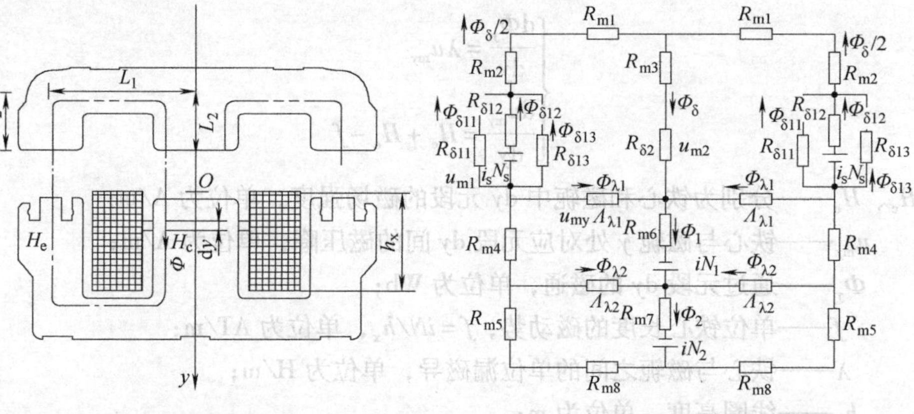

a) 双E形电磁机构原理　　b) 双E形电磁机构等效磁路

图 6-83　双 E 形电磁机构原理与等效磁路

图 6-83b 中，R_{m1}、R_{m2}、R_{m3} 表示动铁心各部分磁阻；$R_{\delta 11}$、$R_{\delta 12}$、$R_{\delta 13}$ 分别为静铁心旁轭各端面对应的气隙磁阻，$R_{\delta 2}$ 为动、静铁心中心柱间的气隙磁阻；为了计算铁心与磁轭之间的漏磁，将线圈高度对应的铁心分为若干段（图中为两段），R_{m4}、R_{m5} 分别为静铁心旁轭第一段、第二段的磁阻，R_{m8} 表示静铁心底部磁阻；$\Lambda_{\lambda 1}$、$\Lambda_{\lambda 2}$ 为铁心与磁轭之间的漏磁导。

根据安培环路定律，可得磁路平衡方程式

$$iN = u_{m1} + u_{m2} + \sum_{i=1}^{3} H_i L_i + H_a L_a + \int_0^{h_x} H \mathrm{d}y \tag{6-314}$$

式中　u_{m1}、u_{m2}——分别为旁轭和中心柱的磁压降；

$H_a L_a$、$\sum_{i=1}^{3} H_i L_i$——分别为底铁与衔铁的磁压降；

H——铁心磁压降之和，$H = H_c + H_e$；

$\int_0^{h_x} H \mathrm{d}y$——铁心与磁轭的磁压降之和。

磁链平衡方程式表示为

$$\Psi = \frac{N}{h_x} \int_0^{h_x} \Phi \mathrm{d}y \tag{6-315}$$

式中　N——励磁线圈匝数；

h_x——线圈高度；

Φ——沿铁心高度的磁通。

式（6-314）和式（6-315）都是非线性方程，可列成非线性联立方程组

$$\begin{cases} f_1(x,\Psi) = iN - u_{m1} - u_{m2} - \sum_{i=1}^{3} H_i L_i - H_a L_a - \int_0^{h_x} H \mathrm{d}y \\ f_2(x,\Psi) = \Psi - \frac{N}{h_x} \int_0^{h_x} \Phi \mathrm{d}y \end{cases} \tag{6-316}$$

求解上述方程组的关键在于求取磁通沿铁心高度的变化规律 $\Phi=f(y)$。由磁路模型可知，漏磁的分布性与铁心的非线性使得磁路计算变得较为复杂。如图 6-83 所示，取坐标 y 处的元段 $\mathrm{d}y$，考虑漏磁 $\mathrm{d}\Phi_y/\mathrm{d}y$，磁路微分方程组可写成

$$\begin{cases}\dfrac{\mathrm{d}\Phi_y}{\mathrm{d}y}=\lambda u_{\mathrm{m}y}\\ \dfrac{\mathrm{d}u_{\mathrm{m}y}}{\mathrm{d}y}=H_{\mathrm{c}}+H_{\mathrm{e}}-f\end{cases} \tag{6-317}$$

式中 H_{c}、H_{e}——分别为铁心和磁轭中 $\mathrm{d}y$ 元段的磁场强度，单位为 A/m；

$u_{\mathrm{m}y}$——铁心与磁轭 y 处对应元段 $\mathrm{d}y$ 间的磁压降，单位为 A/m；

Φ_y——通过元段 $\mathrm{d}y$ 的磁通，单位为 Wb；

f——单位铁心长度的磁动势，$f=iN/h_{\mathrm{x}}$，单位为 AT/m；

λ——铁心与磁轭之间的单位漏磁导，单位为 H/m；

h_{x}——线圈高度，单位为 m；

N——线圈匝数。

初始条件为：$\Phi_y\big|_{y=0}=\Phi_0, u_{\mathrm{m}y}\big|_{y=0}=u_0=\sum_{i=1}^{3}H_iL_i$，其中 Φ_0 为铁心中心柱的气隙磁通。

求解式（6-317），同样可采用四阶 Rung-Kutta 法求解。假设将铁心与对应磁轭分成 n 段，每段长为 $h=h_{\mathrm{x}}/n$，则 $k+1$ 段的磁位差和磁通迭代公式如下：

$$\begin{cases}u_{\mathrm{m}k+1}=u_{\mathrm{m}k}+\dfrac{h}{6}(P_1+2P_2+2P_3+P_4)\\ \Phi_{k+1}=\Phi_k+\dfrac{h}{6}(Q_1+2Q_2+2Q_3+Q_4)\end{cases} \tag{6-318}$$

式中

$$P_j=H_{\mathrm{c}}+H_{\mathrm{e}}-f\left|\begin{array}{l}y=y_k+h_j\\ u_{\mathrm{m}}=u_{\mathrm{m}k}+h_jP_{j-1}\\ \Phi=\Phi_k+h_jQ_{j-1}\end{array}\right.;\quad Q_j=\lambda u_{\mathrm{m}}\left|\begin{array}{l}y=y_k+h_j\\ u_{\mathrm{m}}=u_{\mathrm{m}k}+h_jP_{j-1}\end{array}\right.$$

其中，$h_1=0$，$h_2=h_3=h/2$，$h_4=h$。求解 P_j、Q_j 必须首先假设 Φ_0，再设一个 i_0，解非线性方程式（6-318），其求解转化为在已知 Ψ 和 x 下求解 Φ 和 i 的问题，即

$$\begin{cases}f_1(x)\big|_{\Phi_\delta\text{不变}}=0\\ f_2(\Phi)\big|_{i\text{不变}}=0\end{cases} \tag{6-319}$$

采用弦截法求解，求解流程如图 6-84 所示。

求解后，便可确定磁路中的磁通分布与总磁动势 iN，吸力计算公式如下：

$$\begin{cases}F_1=2\left(\dfrac{\Phi_{\delta11}^2}{2\mu_0s_{11}}+\dfrac{\Phi_{\delta12}^2}{2\mu_0s_{12}}+\dfrac{\Phi_{\delta13}^2}{2\mu_0s_{13}}\right)+\dfrac{\Phi_\delta^2}{2\mu_0s_2}\\ i=\dfrac{iN}{N}\end{cases} \tag{6-320}$$

由此确定衔铁所受的电磁吸力与线圈电流。式中 s_{12} 为分磁环包围的端面积，s_{11}、s_{13} 为分磁环外的端面积，s_2 为铁心中心柱端面积。当铁心进入线圈内部时，铁心之间的漏磁参与

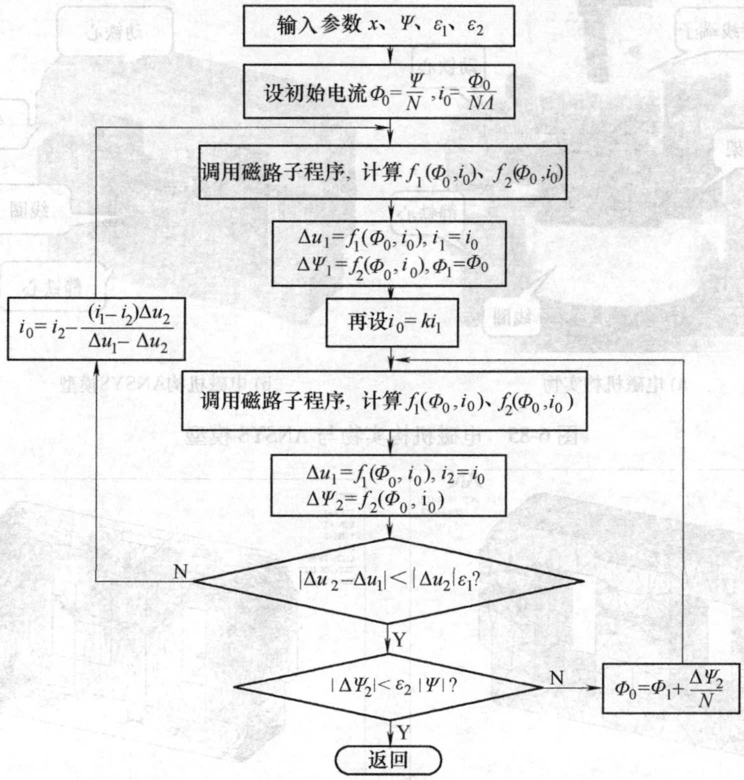

图 6-84　弦截法迭代流程

做功，铁心端面除了受电磁吸力的作用外，还要受到螺线管力的作用，其计算公式如下：

$$F_2=\frac{iN}{h_x}\sum(\Phi_i-\Phi_{i+1}) \tag{6-321}$$

式中　$\Phi_i-\Phi_{i+1}$——第 i 段铁心窗口内的漏磁通。

动铁心受到的总吸力应为

$$F_x=F_1+F_2 \tag{6-322}$$

3. ANSYS 求解电磁吸力与磁链

还可以通过“场”的计算方式，采用有限元法计算电磁机构的磁场分布，求解给定气隙 δ 与电流 i 下的磁链 Ψ 与吸力 F_x。

用有限元软件 ANSYS 对该接触器电磁机构进行参数化建模，采用磁标量法作静态电磁分析，计算衔铁吸力与线圈磁链。电磁机构实物与 ANSYS 模型如图 6-85 所示。

建模、施加载荷、设置适当的边界条件后求解，其后处理结果如图 6-86、图 6-87 所示。其中，图 6-86 所示为衔铁与磁轭的磁感应强度分布，图 6-87 显示的是衔铁所受的电磁吸力与磁系统的全磁链。

如图 6-87a 所示，选择求取作为衔铁所受的吸力，负号表示受力方向与模型中的坐标轴相反，由图 6-87b 确定线圈磁链。虽然可以通过 ANSYS 的 GUI 界面能够完成建模、划分网格、求解、后处理等各种操作，但是求解衔铁运动过程中的动态微分方程组时，需要计算出一系列不同的气隙 $\delta(n)$ 和电流 $i(m)$ 条件下吸力 $F_x(m,n)$ 和磁链 $\Psi(m,n)$。若完全由 GUI 操

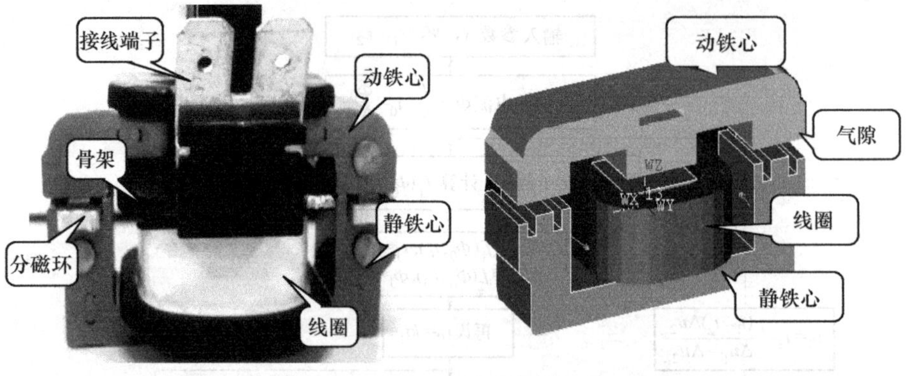

a) 电磁机构实物　　　b) 电磁机构ANSYS模型

图 6-85　电磁机构实物与 ANSYS 模型

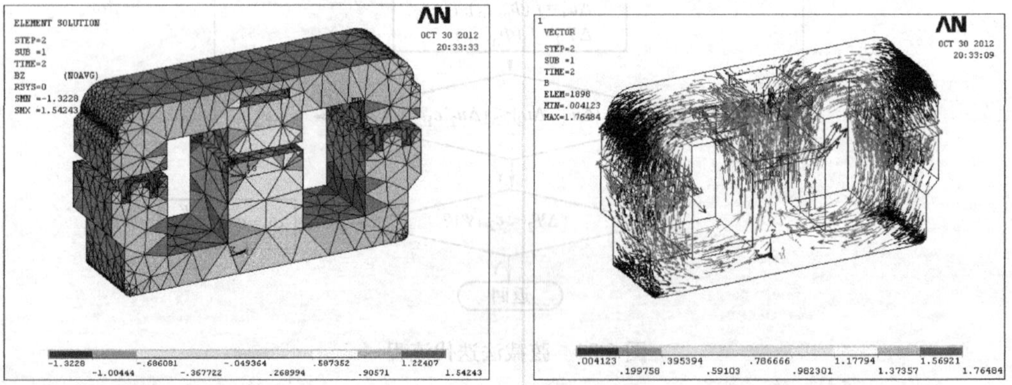

a)磁感应强度B的等值云图　　　b)磁感应强度B的矢量分布

图 6-86　$\delta=1\text{mm}$，$i=1\text{A}$ 时的磁感应强度分布情况

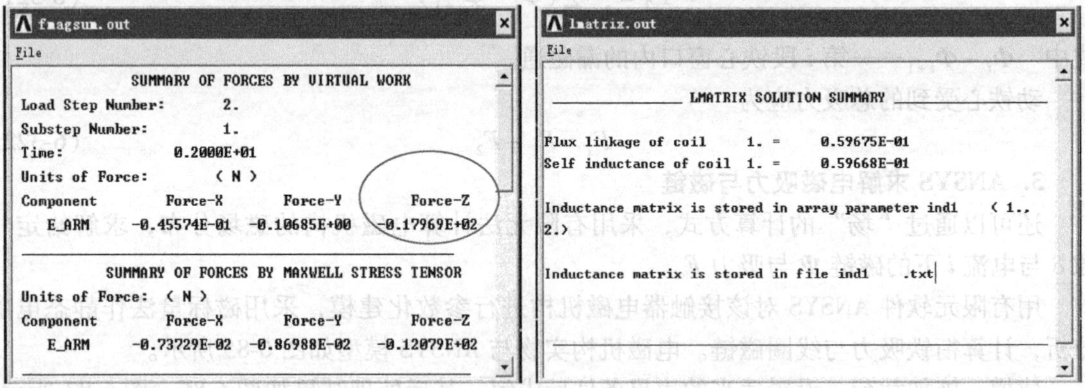

fmagsum.out

File

SUMMARY OF FORCES BY VIRTUAL WORK

Load Step Number: 2.

Substep Number: 1.

Time: 0.2000E+01

Units of Force: (N)

Component	Force-X	Force-Y	Force-Z
E_ARM	-0.45574E-01	-0.10685E+00	-0.17969E+02

SUMMARY OF FORCES BY MAXWELL STRESS TENSOR

Units of Force: (N)

Component	Force-X	Force-Y	Force-Z
E_ARM	-0.73729E-02	-0.86988E-02	-0.12079E+02

lmatrix.out

File

LMATRIX SOLUTION SUMMARY

Flux linkage of coil 1. = 0.59675E-01

Self inductance of coil 1. = 0.59668E-01

Inductance matrix is stored in array parameter indl (1., 2.)

Inductance matrix is stored in file indl .txt

a) 衔铁所受吸力　　　b) 磁链与自感

图 6-87　$\delta=1\text{mm}$，$i=1\text{A}$ 时的电磁吸力与全磁链

作来完成此项工作，则其间多为无意义的重复性操作，工作量极大。ANSYS 软件自身提供一种参数编程语言 APDL（ANSYS Parametric Design Language），它是一种类似于 PORTRAN 的解释性语言，提供一般程序语言的功能，如参数、宏、标量、矢量及矩阵运算、分支、循环、重复以及访问 ANSYS 有限元数据库等。利用 APDL 语言编写命令流文件，就可以实现

参数化建模，从而避免繁琐、重复的修改工作，极大地提高计算与分析的效率。ANSYS 求解流程如图 6-88 所示，利用 APDL 语言编写命令流文件，自动计算出一系列不同的气隙 δ 和电流 i 条件下吸力 F_x 和磁链 Ψ 并存档供后续使用。再由 LabVIEW 解析保存有吸力与磁链数据的文件并构建上述二维数据表格，如图 6-89 所示。

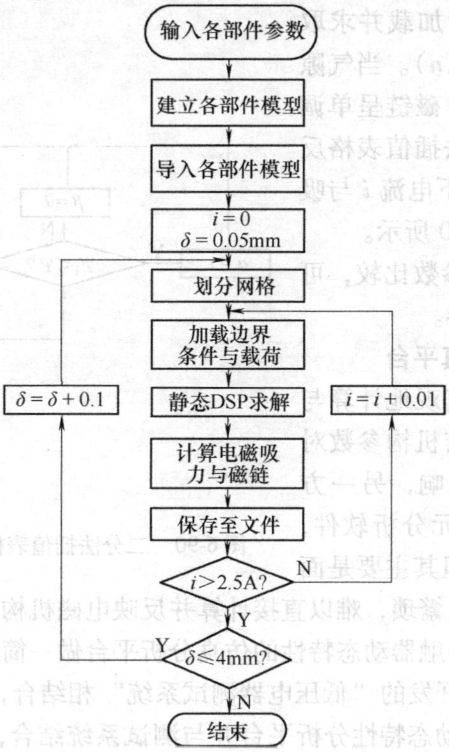

图 6-88　ANSYS 求解流程

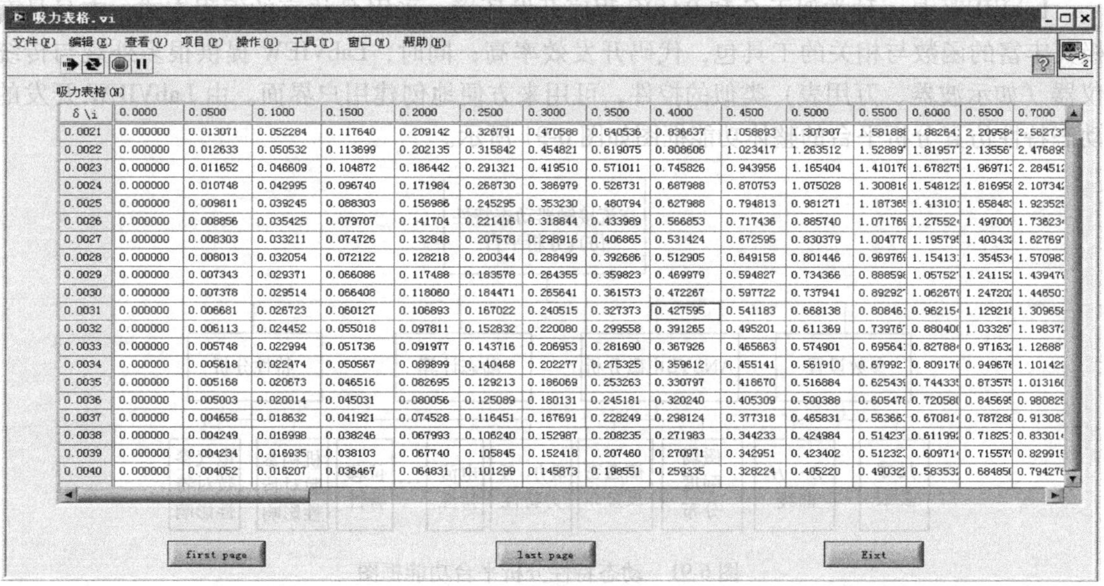

δ\i	0.0000	0.0500	0.1000	0.1500	0.2000	0.2500	0.3000	0.3500	0.4000	0.4500	0.5000	0.5500	0.6000	0.6500	0.7000
0.0021	0.000000	0.013071	0.052284	0.117640	0.209142	0.326791	0.470588	0.640536	0.836637	1.058893	1.307307	1.58188	1.88264	2.20958	2.56273
0.0022	0.000000	0.012633	0.050532	0.113699	0.202135	0.315842	0.454821	0.619075	0.808606	1.023417	1.263512	1.52889	1.81957	2.13556	2.47689
0.0023	0.000000	0.011652	0.046609	0.104872	0.186442	0.291321	0.419510	0.571011	0.745826	0.943956	1.165404	1.41017	1.67827	1.96971	2.28451
0.0024	0.000000	0.010748	0.042995	0.096740	0.171984	0.268730	0.386979	0.526731	0.687988	0.870753	1.075028	1.30081	1.54812	1.81695	2.10734
0.0025	0.000000	0.009811	0.039245	0.088303	0.156986	0.245295	0.353230	0.480794	0.627988	0.794813	0.981271	1.18736	1.41310	1.65848	1.92352
0.0026	0.000000	0.008856	0.035425	0.079707	0.141704	0.221416	0.318844	0.433989	0.566853	0.717436	0.885740	1.07176	1.27552	1.49700	1.73623
0.0027	0.000000	0.008303	0.033211	0.074726	0.132848	0.207578	0.298916	0.406865	0.531424	0.672595	0.830379	1.00477	1.19579	1.40343	1.62769
0.0028	0.000000	0.008013	0.032054	0.072122	0.128218	0.200344	0.288499	0.392686	0.512905	0.649158	0.801446	0.96976	1.15413	1.35453	1.57098
0.0029	0.000000	0.007343	0.029371	0.066086	0.117488	0.183578	0.264355	0.359823	0.469979	0.594827	0.734366	0.88859	1.05752	1.24115	1.43947
0.0030	0.000000	0.007378	0.029514	0.066408	0.118060	0.184471	0.265641	0.361573	0.472267	0.597722	0.737941	0.89292	1.06267	1.24720	1.44650
0.0031	0.000000	0.006681	0.026723	0.060127	0.106893	0.167022	0.240515	0.327373	0.427595	0.541183	0.668138	0.80846	0.96215	1.12921	1.30965
0.0032	0.000000	0.006113	0.024452	0.055018	0.097811	0.152832	0.220080	0.299558	0.391265	0.495201	0.611369	0.73976	0.88040	1.03326	1.19837
0.0033	0.000000	0.005748	0.022994	0.051736	0.091977	0.143716	0.206953	0.281690	0.367926	0.465663	0.574901	0.69564	0.82788	0.97163	1.12688
0.0034	0.000000	0.005618	0.022474	0.050567	0.089899	0.140468	0.202277	0.275325	0.359612	0.455141	0.561910	0.67992	0.80917	0.94967	1.10142
0.0035	0.000000	0.005168	0.020673	0.046516	0.082695	0.129213	0.186069	0.253263	0.330797	0.418670	0.516884	0.62543	0.74433	0.87357	1.01316
0.0036	0.000000	0.005003	0.020014	0.045031	0.080056	0.125089	0.180131	0.245181	0.320240	0.405309	0.500388	0.60547	0.72058	0.84569	0.98082
0.0037	0.000000	0.004658	0.018632	0.041921	0.074528	0.116451	0.167691	0.228249	0.298124	0.377318	0.465831	0.56366	0.67081	0.78728	0.91308
0.0038	0.000000	0.004249	0.016998	0.038246	0.067993	0.106240	0.152987	0.208235	0.271983	0.344233	0.424984	0.51423	0.61199	0.71825	0.83301
0.0039	0.000000	0.004234	0.016935	0.038103	0.067740	0.105845	0.152418	0.207460	0.270971	0.342951	0.423402	0.51232	0.60971	0.71557	0.82991
0.0040	0.000000	0.004052	0.016207	0.036467	0.064831	0.101299	0.145873	0.198551	0.259335	0.328224	0.405220	0.49032	0.58353	0.68485	0.79427

图 6-89　不同气隙 δ 和电流 i 的吸力表格

在不考虑涡流及磁滞的前提下，对同一电磁机构，电流 i 和吸力 F_x 都只是磁链 Ψ 和气隙 δ 的二元函数，如图 6-89 所示，此函数可以用离散数据表格来表示。但是 ANSYS 只能在给定气隙 $\delta(n)$ 情况下，将线圈电流 $i(m)$ 作为载荷加载并求取磁链 $\Psi(m,n)$ 与吸力 $F_x(m,n)$。当气隙不变时，随线圈电流增大，磁链呈单调递增，因此可以通过二分法插值表格反求出给定气隙 δ 与磁链 Ψ 下电流 i 与吸力 F_x，其求解流程如图 6-90 所示。

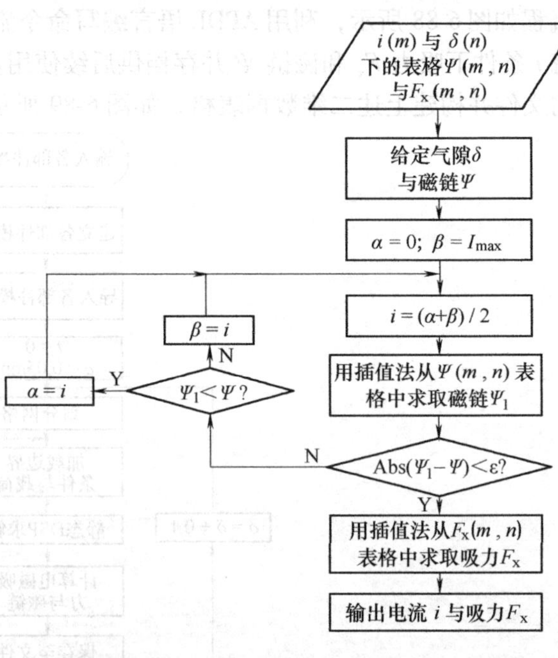

图 6-90　二分法插值表格反求电流与吸力求解流程

仿真模型通过与实验参数比较，可以进行进一步的修正和完善。

4. 交流接触器动态仿真平台

一方面，为了方便、直观地计算与分析电磁机构的电气参数与机构参数对交流接触器动态特性的影响，另一方面，ANSYS 作为大型有限元分析软件，虽然提供英文 GUI 界面，但其主要是面向专业人士开发，操作比较繁琐，难以直接计算并反映电磁机构在吸合、吸持过程中的动态特性，因此，下面将交流接触器动态特性的仿真分析平台做一简单介绍。

为了与基于 LabVIEW 开发的“低压电器测试系统”相结合，可使用 ANSYS 的批处理模块通过 LabVIEW 软件构建动态特性分析平台并与测试系统结合，形成功能齐全的仿真测试平台。

LabVIEW 是一种类似于 C 和 BASIC 程序开发环境，采用 G 语言的编程方式，本身具有极其丰富的函数与相关的工具包，代码开发效率高；同时，LabVIEW 提供很多外观与传统仪器（如示波器、万用表）类似的控件，可用来方便地创建用户界面。由 LabVIEW 开发的动态特性仿真分析平台的整体功能框图如图 6-91 所示。

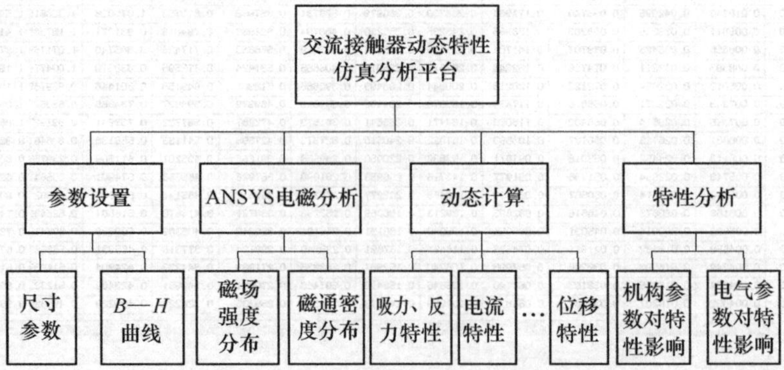

图 6-91　动态特性分析平台功能框图

（1）参数设置界面

如图 6-92 所示，一方面，用户可以通过参数设置界面方便地修改电磁机构的尺寸参数与电气参数，如电压有效值、频率等，可以采用类似于面向对象的编程方式，分别对不同的部件，如衔铁、磁轭、线圈等，建立模型的数据库，可以设置各部件的相关参数，如结构尺寸、材料特性等作为部件属性；另一方面，用户可以根据需要选择不同型号的部件进行电磁分析与动态计算，并可以通过可视化界面方便地修改各部件相关参数。

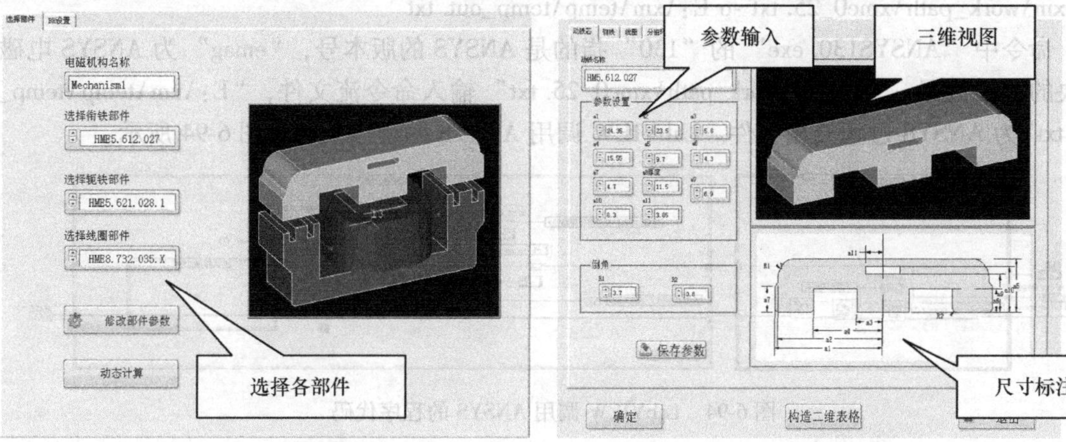

a) 选择现有部件　　b) 设置各部件参数

图 6-92　参数设置界面

图 6-92a 所示为确定衔铁、磁轭和线圈型号的界面，对已存在的模型进行动态仿真计算，图 6-92b 所示为衔铁尺寸参数修改界面，通过此界面可方便地修改各部件的尺寸参数，并可将已修改的参数保存至数据库中，方便下次直接调用计算。

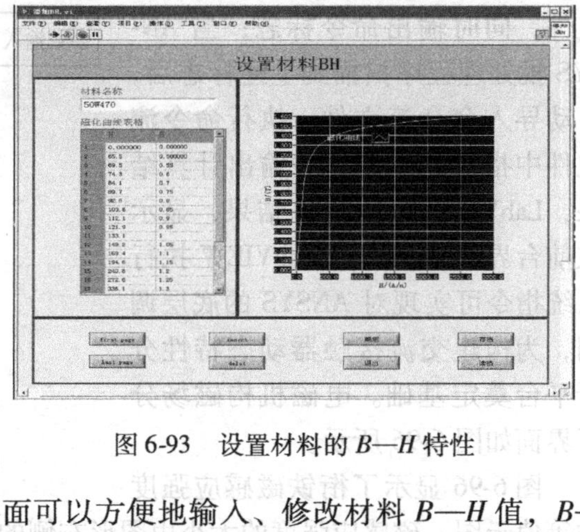

图 6-93　设置材料的 B—H 特性

铁心的 B—H 曲线对电磁机构的磁场分布与动态特性有较大的影响，特别是衔铁吸合以后，铁心磁饱和程度直接影响着线圈电流与铁心损耗。图 6-93 所示为铁心 B—H 曲线的设置界面，用户可以通过平台方便地添加、删除、修改材料的 B—H 特性，仿真计算不同铁心材料对动态特性的影响。

如图 6-93 所示，通过 B—H 曲线的设置界面可以方便地输入、修改材料 B—H 值，B—H 曲线则实时显示在右侧波形图窗口内，并可将 B—H 曲线存档以供后续直接调用。

（2）ANSYS 电磁分析

无论是通过“场”的方式反求电流与吸力，还是对电磁机构进行相关的磁场分析，均需要 ANSYS 对电磁机构进行建模求解。而 ANSYS 作为一种通用的大型有限元软件，其建模、网格划分、求解与后处理过程等，操作复杂，需要开发人员有一定的相关理论基础与实际操作经验。为了克服上述缺点，可通过 LabVIEW 将由 APDL 编写的复杂命令流封装在程序后台中，实现对 ANSYS 的二次开发。

虽然 LabVIEW 中不存在调用 ANSYS 的接口，无法实现对 ANSYS 的直接调用，但是 ANSYS 提供了批处理功能，LabVIEW 通过执行系统命令可实现对 ANSYS 批处理模块的后台调用，为电磁机构的可视化设计奠定基础。LabVIEW 调用 ANSYS 的批处理模块的系统指令如下：

cmd/c "C:\Program Files\ANSYS Inc\v130\ansys\bin\intel\ANSYS130. exe "-b -p emag -I E:\xm\work_path\xmc0_25. txt -o E:\xm\temp\temp_out. txt

命令中“ANSYS130. exe”的“130”指的是 ANSYS 的版本号，“emag”为 ANSYS 电磁模块的特征代码，“E:\xm\work_path\xmc0_25. txt”输入命令流文件，“E:\xm\temp\temp_out. txt”为 ANSYS 过程输出文件。LabVIEW 调用 ANSYS 的程序代码如图 6-94 所示。

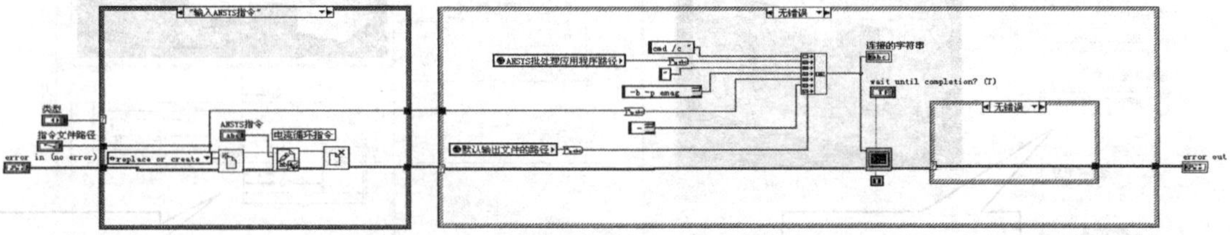

图 6-94　LabVIEW 调用 ANSYS 的程序代码

由于 LabVIEW 与 ANSYS 之间没有互连接口，两者无法直接进行数据交换。如图 6-95 所示，可通过文件 I/O 操作，实现 LabVIEW 与 ANSYS 之间的数据交互。

LabVIEW 程序将前台界面输入的参数与指令转换成 APDL 命令流文件，同时输出命令标志；当 ANSYS 批处理程序扫描到上述标志后，自动导入命令流文件，执行命令流文件中指定的操作，并输出计算结果，LabVIEW 再读取该结果，显示在前台界面中。通过 LabVIEW 执行系统指令可实现对 ANSYS 的底层调用，为构建交流接触器动态特性分析平台奠定基础。电磁机构磁场分析界面如图 6-96 所示。

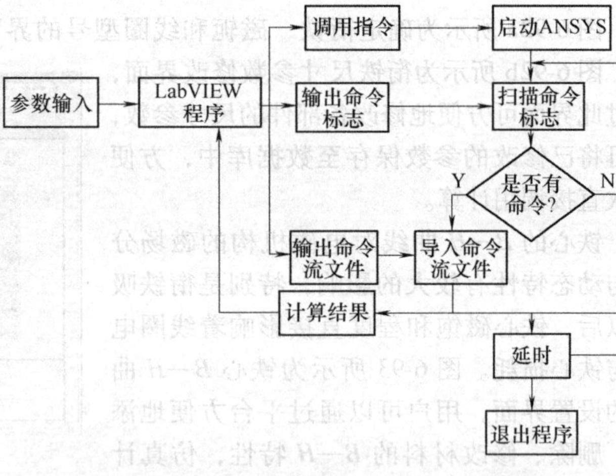

图 6-95　LabVIEW 与 ANSYS 数据交互流程

图 6-96 显示了衔铁磁感应强度的等值云图，磁感应强度的大小由图形右侧的色阶表示，色阶颜色越深则表示数值越大。图 6-97、图 6-98 显示了磁场分布情况，通过界面右上方的下拉按钮可以查看不同部件的 ANSYS 后处理结果，并可由界面右侧的图形操作按钮实现图像的移动与缩放。可以看出，铁心两侧的倒角处的磁感应强度较小，铁心中心柱磁感应强度较大，为 0.9T 左右，铁心尚未饱和。

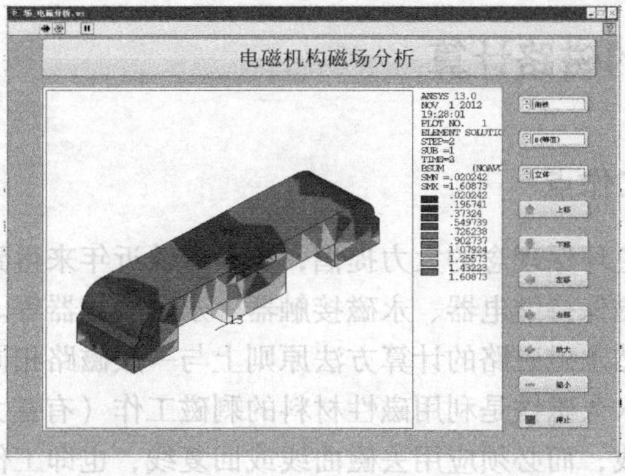

图 6-96 电磁机构磁场分析界面

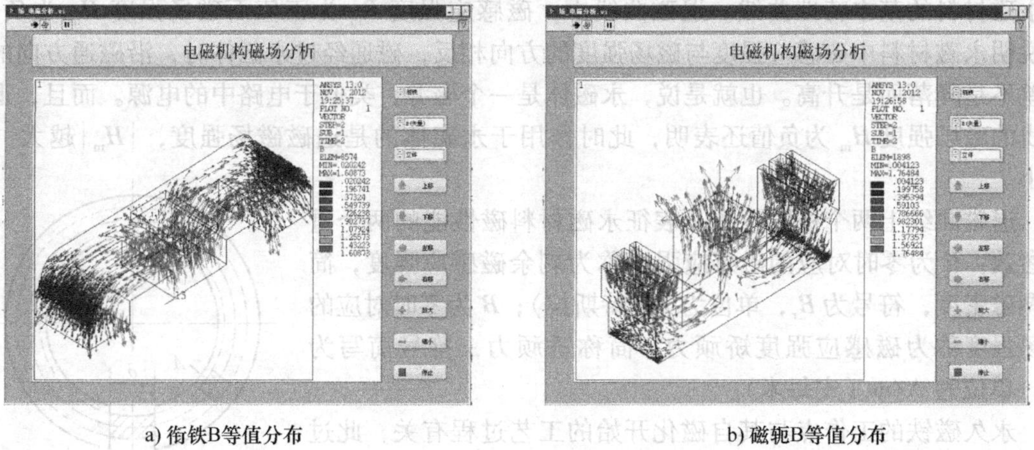

a) 衔铁B等值分布　　b) 磁轭B等值分布

图 6-97 $\delta = 1\text{mm}$，$i = 1\text{A}$ 时磁感应强度三维矢量分布

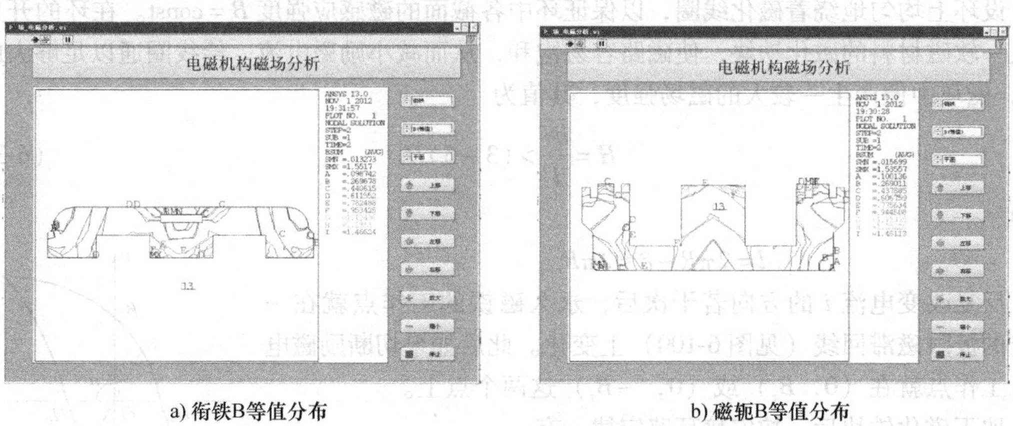

a) 衔铁B等值分布　　b) 磁轭B等值分布

图 6-98 $\delta = 1\text{mm}$，$i = 1\text{A}$ 时磁感应强度二维等值分布

该平台具有良好人机交互界面，平台只显示用户关心的参量，而将复杂的 APDL 命令流封装在界面的后台，避免了对 ANSYS 进行建模、求解等相关的繁琐操作。

6.9 含永久磁铁的磁路计算

6.9.1 永久磁铁的工作点

随着节能减排、绿色环保理念的大力提倡，永久磁铁近年来得到重视，采用永磁机构的开关电器不断涌现，如磁保持继电器、永磁接触器、永磁脱扣器等。含永久磁铁的磁路通常被简称为永磁磁路。虽然永磁磁路的计算方法原则上与一般磁路相同，但毕竟还是有其固有特点的。具体表现在：永久磁铁是利用磁性材料的剩磁工作（有甚大的矫顽力 H_c），其磁路的计算不能应用磁化曲线，而必须应用去磁曲线或回复线，也即工作点是在去磁曲线或回复线上，而不是在基本磁化曲线上。磁滞回线在第二象限和第四象限的部分称为退磁曲线，它是永磁材料的基本特性曲线。退磁曲线中，磁感应强度 B_m 为正值而磁场强度 H_m 为负值，这说明永磁材料中磁感应强度与磁场强度的方向相反，磁通经过永磁体时，沿磁通方向的磁位差不是降落而是升高。也就是说，永磁体是一个磁源，类似于电路中的电源。而且，退磁曲线的磁场强度 H_m 为负值还表明，此时作用于永磁体的是退磁磁场强度，$|H_m|$越大，B_m 越小。

退磁曲线上两个极限位置是表征永磁材料磁性能的两个重要参数：H 为零时对应的磁感应强度称为剩余磁感应强度，简称剩磁密度，符号为 B_r，单位为 T（特斯拉）；B 为零时对应的磁场强度称为磁感应强度矫顽力，简称矫顽力，符号简写为 H_c，单位为 A/m（安每米）。

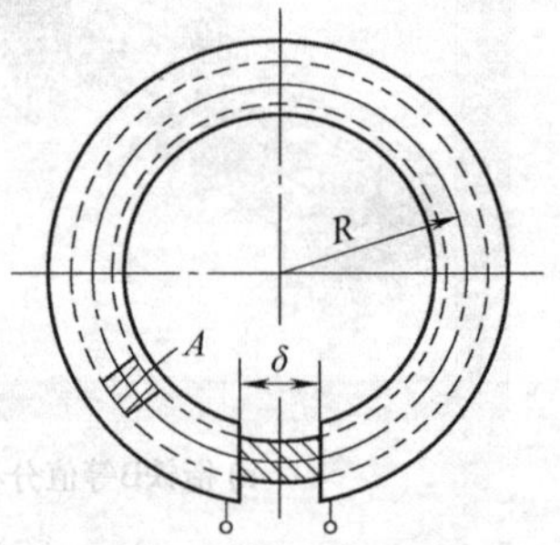

图 6-99 开口永久磁铁环

永久磁铁的工作点与其自磁化开始的工艺过程有关，此过程又因需要而异，下面以图 6-99 所示的开口永久磁铁环（$\delta \ll R$）为例说明。

设环上均匀地绕着磁化线圈，以保证环中各截面的磁感应强度 $B = \text{const}$。在环的开口处加上一软磁材料的磁化铁块，使磁路容易饱和，从而减小励磁电流。给线圈通以足够大的电流 i，磁环中便产生一较大的磁场强度，其值为

$$H = \frac{iN}{l} > (3 \sim 5) H_c \tag{6-323}$$

式中

$$l = 2\pi R - \delta \approx 2\pi R$$

反复改变电流 i 的方向若干次后，永久磁铁的工作点就在一稳定的极限磁滞回线（见图 6-100）上变化。此后如果切断励磁电流，工作点就在（0，B_r）或（0，$-B_r$）这两个点上。

取下磁化铁块后，按安培环路定律，有

$$Hl + H_\delta \delta = 0 \tag{6-324}$$

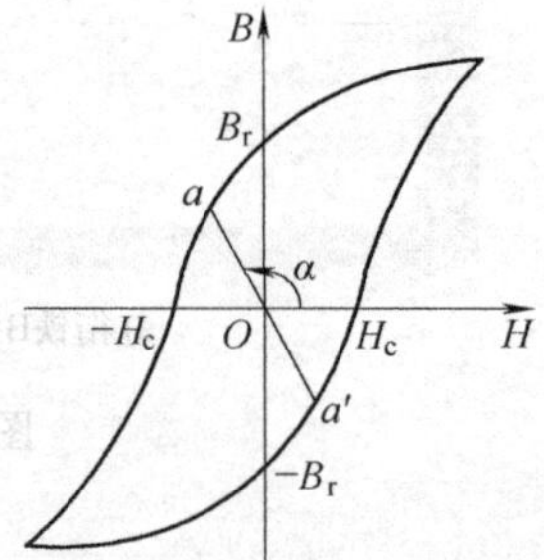

图 6-100 极限磁滞回线

式中 H——永久磁铁内的磁场强度；

H_δ——气隙内的磁场强度。

式（6-324）也可以写成

$$Hl + \Phi_\delta R_\delta = 0 \tag{6-325}$$

式中　R_δ——气隙磁阻，$R_\delta = \delta/\mu_0 A$。

如果不计漏磁，则有

$$\Phi_\delta = \Phi = BA \tag{6-326}$$

因而

$$\tan\alpha = \frac{B}{H} = -\frac{l}{A}\Lambda_\delta \tag{6-327}$$

式（6-327）说明，建立气隙磁场后，B/H 这一比值等于一个负的常数，即 B 与 H 的关系为一过原点的斜率为 $\tan\alpha = \frac{l}{A}\Lambda_\delta$ 的直线，称为负载线或磁导线，如图 6-100 所示的线段 $\overline{aa'}$。由于永久磁铁的工作点只能在去磁曲线上，所以建立气隙磁场以后，工作点必然是落在负载线与去磁曲线的交点 a 或 a' 上，即第二象限或者第四象限。这两个可能的工作点是对称的，现在以第二象限的情况为例进行分析。

为了使永久磁铁的工作点不为外界磁场所影响，有时需要进行交流磁场去磁，使之工作于一条稳定的回复线上，如图 6-101a 所示的线段 $\overline{bb'}$。

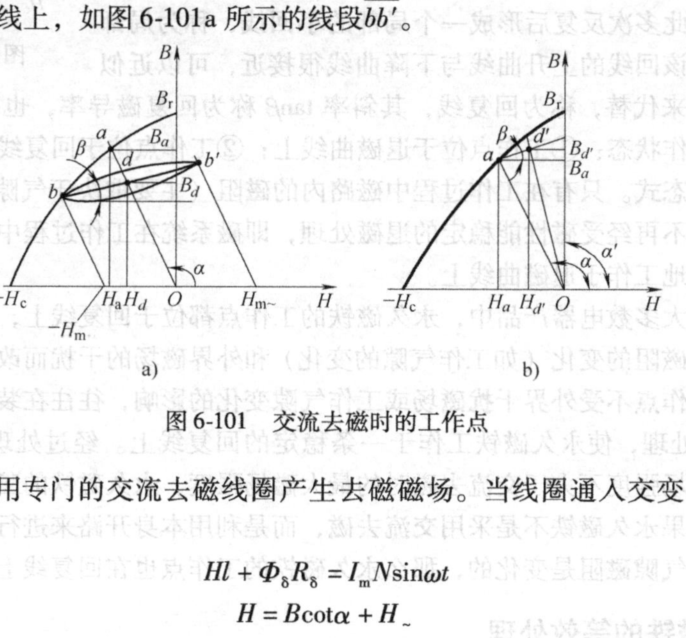

图 6-101　交流去磁时的工作点

交流去磁是利用专门的交流去磁线圈产生去磁磁场。当线圈通入交变电流 $I_m\sin\omega t$ 后，按安培环路定律有

$$Hl + \Phi_\delta R_\delta = I_m N\sin\omega t \tag{6-328}$$

或

$$H = B\cot\alpha + H_\sim \tag{6-329}$$

式中

$$H_\sim = \frac{I_m N}{l}\sin\omega t = H_{m\sim}\sin\omega t_0 \tag{6-330}$$

式（6-330）表示一条在横坐标为（$-H_{m\sim}$，$H_{m\sim}$）区间内不断变化的、斜率为 $\tan\alpha = -\frac{l}{A}\Lambda_\delta$ 的直线。交流磁场强度 $H_\sim$ 的作用在于产生一个端点为 b 和 b' 的局部磁滞回线，该局部磁滞回线一般可用自去磁曲线上的 b 点开始的斜率为 $\tan\beta = u_k$ 的回复线代替，如图 6-101a 所示。

去除交流磁场后，永久磁铁的工作点就稳定在回复线与负载线的交点 d 上，d 点的坐标（H_d、B_d），即永久磁铁去磁后的磁场强度和磁感应强度。如果不经交流去磁，永久磁铁工作于去磁曲线上的 a 点，其坐标（H_a、B_a），即为永久磁铁此时的磁场强度和磁感应强度。

如果气隙δ在气隙磁场建立后由于某种原因（如可变气隙、或加入了其他磁导体）减小了，以致气隙磁导由Λ_δ增大到Λ_δ'，则在未经交流去磁时，工作点将移到以a点为起点的回复线上的d'点，如图6-101b所示。在这种场合，负载线的斜率将是

$$\tan\alpha' = -\frac{l}{A}\Lambda_\delta' \tag{6-331}$$

对一般永磁磁路（即考虑漏磁、永久磁铁形状非环形且安装在磁导体之内）而言，关于工作点的分析和计算都比较复杂，以上可作参考。

也就是说，退磁曲线所表示的磁感应强度与磁场强度之间的关系，只有在磁场强度单方向变化时才存在。实际上，永磁材料工作于不同的情况下，其受到的退磁磁场强度是有可能变化的。当对已充磁的永磁体施加退磁磁场强度时，磁感应强度沿图6-102中的退磁曲线$B_r m$下降。如果在下降到m点时退磁磁场强度变为零，则磁感应强度并不沿退磁曲线回复，而是沿另一曲线mpr上升。当H为零时回升到r点（低于B_r），若再施加退磁磁场强度，则磁感应强度沿新的曲线rqm下降。如此多次反复后形成一个局部的小回线，称为局部磁滞回线。由于该回线的上升曲线与下降曲线很接近，可以近似地用一条直线$\overline{mr}$来代替，称为回复线，其斜率$\tan\beta$称为回复磁导率，也称回复系数。永久磁铁具有两种工作状态：①工作点位于退磁曲线上；②工作点位于回复线上。前者称为静态式，后者称为动态式。只有在工作过程中磁路内的磁阻（主要取决于气隙磁阻）不变，并且磁系统在充磁后不再经受磁性能稳定的退磁处理，即磁系统在工作过程中无去磁效应时，永久磁铁才能可靠地工作于退磁曲线上。

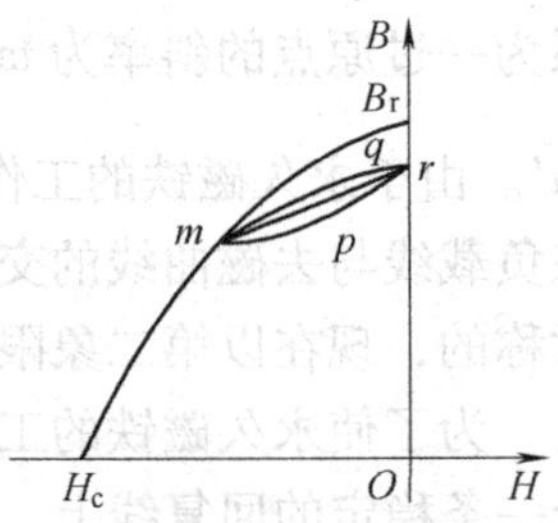

图6-102 回复线

实际上，在大多数电器产品中，永久磁铁的工作点都位于回复线上，因为工作在退磁曲线上很容易受到磁阻的变化（如工作气隙的变化）和外界磁场的干扰而改变其工作点。为了使永久磁铁的工作点不受外界干扰磁场或工作气隙变化的影响，往往在装配后要对电器进行“交流去磁”的处理，使永久磁铁工作于一条稳定的回复线上。经过处理，在使用过程中，只要外界干扰磁场强度不大于交流去磁时的最大磁场强度，永久磁铁的工作点就会稳定地处在回复线上。如果永久磁铁不是采用交流去磁，而是利用本身开路来进行去磁，或者永磁磁路在工作过程中气隙磁阻是变化的，那么永久磁铁的工作点也在回复线上。

6.9.2 永久磁铁的等效处理

不计漏磁的永磁磁路与相应的一般磁路，其图解法求解的图形非常相近。只要把图6-101a中的纵坐标轴向左迁移一段距离$H_0 = H_c$，如图6-103所示，即可进行计算。

这两种不同性质磁路在图解法求解方面的一致性并非出自偶然，因为一根磁特性为$B=f(H)$的均匀磁化永久磁铁棒，可以看做一个具有恒定磁动势F_m的面电流线圈，它套在一个磁化曲线为$B=f(H^*)$的磁导体上，且有

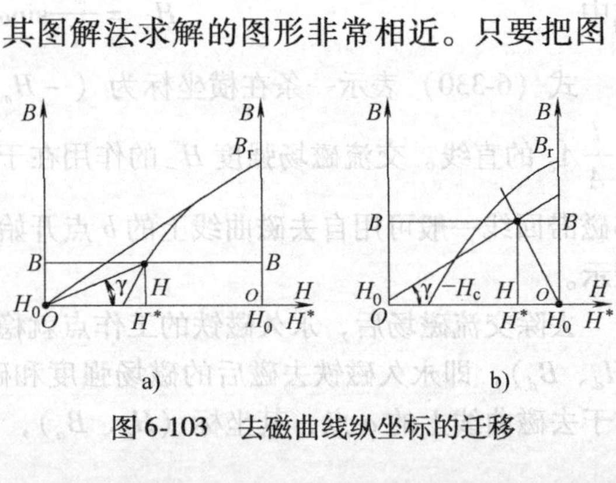

图6-103 去磁曲线纵坐标的迁移

$$F_m = H_0 l \tag{6-332}$$

$$H^* = H_0 - H \tag{6-333}$$

换言之，经上述等效处理后，永磁磁路的计算问题就归化为一般磁路计算问题了。因此，凡适用于直流磁路计算的各种方法，均可应用于永磁磁路计算。

纵坐标轴向左迁移的距离 H_0 原则上可以是任意的，如图 6-103a 所示。但应防止永久磁铁工作点落到 $B \to 0$ 的区域内，否则将导致磁阻率 $\gamma^* = \cot\gamma = H/B \to \infty$。为减小 γ^* 值在计算中的波动范围，应根据永久磁铁可能的工作区域适当地选择 H_0 的值。可选择回复线的延长线与横坐标轴的交点处的 H 值，如图 6-103b 所示，因为这样能使 $\gamma^* = \dfrac{1}{\mu_k} = \text{const}$，从而化非线性问题为线性问题。

电器上用的永磁材料一般有永磁合金和铁氧体。永磁合金是以铝、镍、钴材料为主的合金，铁氧体有钡铁氧体和锶铁氧体，近年来，稀土钴类永磁合金有了新发展。钕铁硼永磁材料是 1983 年问世的新型高性能永磁材料，其室温下剩余磁感应强度 B_r 现可高达 1.47T，磁感应矫顽力 H_c 可达 992kA/m，最大磁能积高达 397.9kJ/m³，抗外界磁场干扰能力强，是目前磁性能最高的永磁材料。部分烧结钕铁硼的磁性能参数见表 6-4。

表 6-4　部分烧结钕铁硼的磁性能参数

参数 / 牌号	剩余磁感应强度 B_r		矫顽力 H_{cb}		内禀矫顽力 H_{cj}		最大磁能积 $(BH)_{max}$	
	mT	kGs	kA/m	kOe	kA/m	kOe	kJ/m³	MGOe
N30	1080 ~ 1150	10.8 ~ 11.5	756 ~ 836	9.5 ~ 10.5	≥836	≥12	223 ~ 247	28 ~ 31
N33	1120 ~ 1170	11.2 ~ 11.7	756 ~ 836	9.5 ~ 10.5	≥836	≥12	247 ~ 263	31 ~ 33
N35	1160 ~ 1220	11.6 ~ 12.2	756 ~ 836	9.5 ~ 10.5	≥836	≥12	263 ~ 286	33 ~ 36
N38	1220 ~ 1280	12.2 ~ 12.8	756 ~ 836	9.5 ~ 10.5	≥836	≥12	286 ~ 310	36 ~ 39
N40	1250 ~ 1290	12.5 ~ 12.9	844 ~ 91.5	10.6 ~ 11.5	≥955	≥11	303 ~ 318	38 ~ 40
N42	1280 ~ 1320	12.8 ~ 13.2	844 ~ 915	10.6 ~ 11.5	≥955	≥11	318 ~ 342	40 ~ 43
N45	1280 ~ 1320	13.2 ~ 13.8	844 ~ 915	10.6 ~ 11.5	≥955	≥11	342 ~ 366	43 ~ 46
N30M	1080 ~ 1150	10.8 ~ 11.5	796 ~ 859	10.0 ~ 10.8	≥1035	≥14	223 ~ 247	28 ~ 31
N33M	1120 ~ 1170	11.2 ~ 11.7	796 ~ 876	10.0 ~ 11.0	≥1035	≥14	223 ~ 247	31 ~ 33
N35M	1160 ~ 1220	11.6 ~ 12.2	796 ~ 876	10.0 ~ 11.0	≥1035	≥14	247 ~ 263	33 ~ 36
N38M	1220 ~ 1280	12.2 ~ 12.8	836 ~ 915	10.5 ~ 11.5	≥1035	≥14	286 ~ 310	36 ~ 39

注：Oe 为非法定计量单位，1Oe = 79.5775A/m。

钕铁硼的退磁曲线几乎是一条直线，且它的回复曲线与退磁曲线基本重合，如图 6-104 所示。这样，在外施退磁磁场强度作用下，永磁体的工作点在回复线上来回变化，不会造成不可逆退磁。因此，能够使永磁机构的磁性能在运行过程中保持稳定。在永磁磁路中，永久磁铁（也称磁钢）相当于一个磁动势的作用，同时它又具有磁阻。因此在分析和计算时，可以将永磁体看做是一个磁动势和一个线性磁阻串联而成（类似于线性电路的戴维南定理，即任何一个线性含源两端网络，就其两个端钮来看，总可用一个电动势和一个串联电阻来等效）。

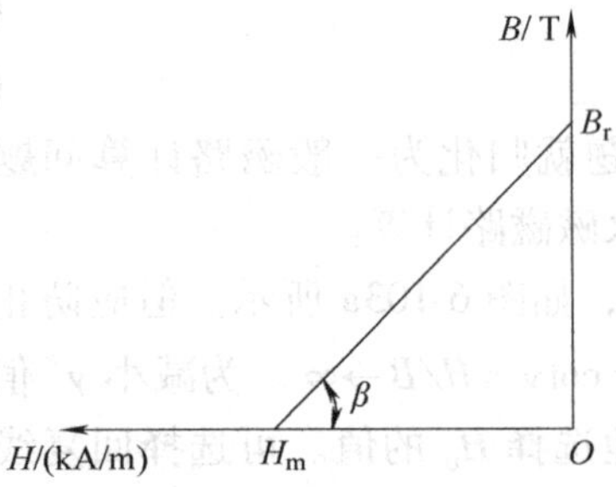

图 6-104 钕铁硼退磁曲线

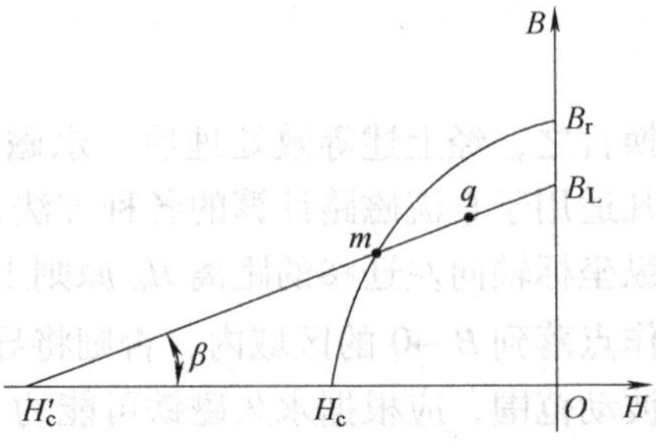

图 6-105 铝镍钴永磁材料退磁曲线

对于一些退磁曲线呈非线性变化的永磁材料，如铝镍钴永磁材料，如图 6-105 所示。当它工作在回复线 $B_L am$ 上时，$(IN)_m$ 和 R_m 可由下式计算：

$$\begin{cases}(IN)_m = H'_c L \\ R_m = \dfrac{L}{\gamma S}\end{cases} \tag{6-334}$$

式中 H'_c——虚拟矫顽力，为回复线的延长线与 H 轴交点的磁场强度，是一负值（式中取其绝对值）；

γ——对应于回复线起始点 m 的回复系数，即 $\gamma = \tan\beta$；

L——永久磁铁的厚度；

S——永久磁铁的截面积。

对于钕铁硼永磁材料，由于其特殊性，即退磁曲线基本上是一直线，而且回复曲线与退磁曲线基本重合，因此，当永磁体的尺寸确定时，$(IN)_m$ 和 R_m 取常数，即

$$\begin{cases}(IN)_m = H_m L \\ R_m = \dfrac{L}{\gamma S} = \dfrac{L}{\tan\beta S} = \dfrac{H_m L}{B_r S}\end{cases} \tag{6-335}$$

式中 H_m、B_r——分别为钕铁硼材料的矫顽力和剩磁密度。

6.9.3 永磁磁路的计算实例

近年来，随着微电子技术和电子元器件的飞速发展，对电器开关大都要求在完成其控制功能的同时，尽可能地减小功率消耗。磁保持继电器就是适应这种新技术发展要求而产生的一种小型继电器。磁保持继电器又称为脉冲继电器或磁闭锁继电器，是一种新型的节能电器。磁保持继电器最显著的特点是只需在线圈中通以一定方向、一定大小的电流脉冲，就可实现触点的转换，即采用脉冲来驱动，并且在线圈断电（脉冲消失）后可自保持。输入脉冲可以用简单的矩形波，也可用直流电压通过电容器对线圈产生充电或放电的两种极性相反的脉冲来形成脉冲信号，还可以通过继电器本身的常闭触点串联到线圈回路里以便在动作后将直流电源切断。

磁保持继电器有两大类：一类是采用含有永久磁铁的极化式磁系统的磁保持继电器；另一类是用半硬磁材料做磁系统的磁保持继电器。具有极化式磁系统的磁保持继电器的工作原理与极化继电器很接近，而其触点系统又与普通电磁式继电器相近，因此它不但具有同极化

继电器一样的灵敏度高、动作速度快及有较好的耐环境条件（振动、冲击等）的能力，而且在触点切换能力及多触点组等方面又与普通磁继电器相近，因此，在很多领域得到了广泛的应用。下面以磁保持继电器为例，介绍永磁磁路的等效计算[24]。

图 6-106 所示为磁保持继电器电磁机构示意。相应的等效磁路如图 6-107 所示。图中，$(IN)_m$ 和 R_m 分别为永磁体磁动势和磁阻；IN 为励磁线圈磁动势；$R_{\delta1}$、$R_{\delta2}$、$R_{\delta3}$、$R_{\delta4}$ 为四个气隙 $\delta_1 \sim \delta_4$ 的磁阻，随气隙变化而变化，可由气隙磁场分割法求得；$R_1 \sim R_6$ 为导磁体磁阻；$R_{\delta0}$ 为非工作气隙磁阻。

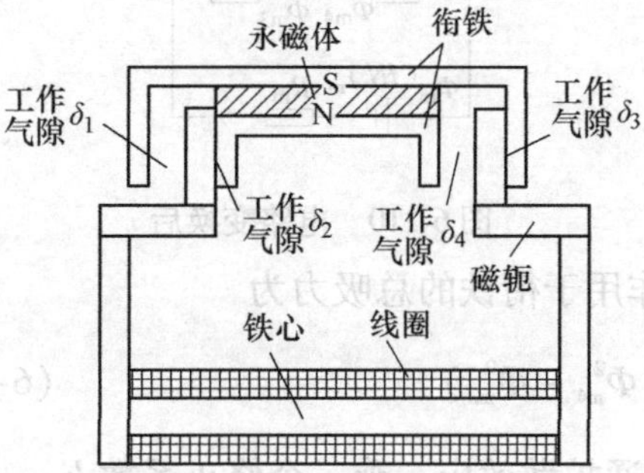

图 6-106　磁保持继电器电磁机构示意

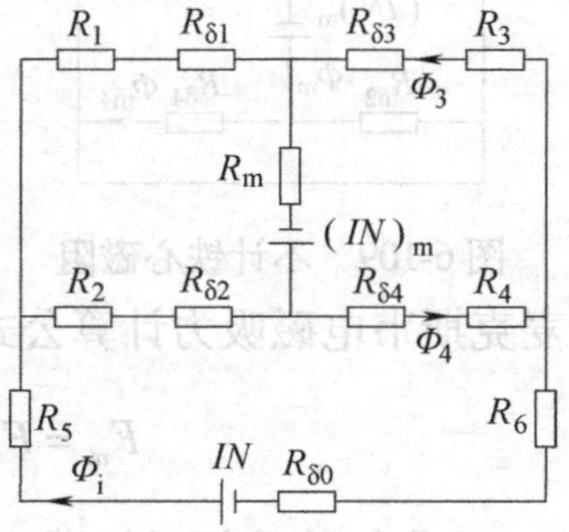

图 6-107　磁保持继电器等效磁路

可以看出，此磁路中的磁通包括两部分：一是永久磁铁产生的磁通；二是励磁线圈产生的磁通。相应地，系统的吸力也包括永磁吸力和电磁吸力两部分。永磁力始终保持作用在铁心上，因此电磁系统除了要克服弹簧的机械反力外，还要克服永久磁铁的保持力。

整个吸合过程的磁路分析如下：当励磁线圈未通电时，等效磁路如图 6-108 所示。Φ_{m3}、Φ_{m4} 分别为通过气隙 δ_3 和 δ_4 的永磁磁通。δ_3 的磁通产生的永磁力使衔铁保持此时的打开位置，而 δ_4 的磁通产生的永磁力促使衔铁闭合。由于此时 δ_3 很小而 δ_4 较大，永磁磁通的大部分通过 δ_3，δ_3 产生的吸力大于 δ_4 产生的吸力，因此，总体上，永磁体起阻碍衔铁运动的作用。

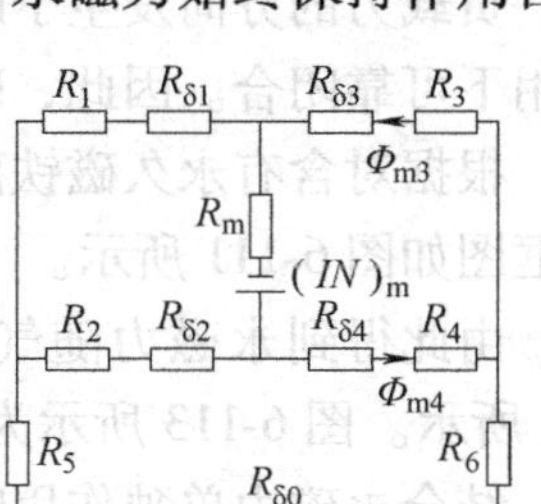

图 6-108　永磁体单独作用磁路

当线圈通电之后，励磁电流产生磁通 Φ_i，由图 6-107 中可看出，Φ_i 的作用使通过 δ_4 的磁通 Φ_4 增加，通过 δ_3 的 Φ_3 减小。随着励磁电流磁通的增加，Φ_4 逐渐大于 Φ_3，也就是说，促使衔铁吸合的合磁力开始大于阻碍衔铁运动的合磁力。当二者差值足够大，达到可以克服弹簧反力时，衔铁就开始运动。

衔铁开始运动后，工作气隙发生变化，永磁磁动势在 δ_3 和 δ_4 产生的永磁磁通也发生变化，永磁产生的合磁力也将由阻碍衔铁运动变为促使衔铁运动。为了更好地说明这个问题，利用叠加原理，将磁路分成永磁磁路和励磁磁路两部分进行分析。无励磁电流时，忽略铁心磁阻和漏磁，等效磁路可简化为图 6-109。为了计算方便，将此磁路作变换为图 6-110，利用磁路计算公式，可得到永磁总磁通和 δ_3、δ_4 的磁通分别为

$$\Phi_m = \frac{(IN)_m}{R_m + (R_{\delta2} /\!/ R_{\delta4}) + (R_{\delta1} /\!/ R_{\delta3})} \tag{6-336}$$

$$\Phi_{m3}=\frac{R_{\delta1}}{R_{\delta1}+R_{\delta3}}\Phi_m \tag{6-337}$$

$$\Phi_{m4}=\frac{R_{\delta2}}{R_{\delta2}+R_{\delta4}}\Phi_m \tag{6-338}$$

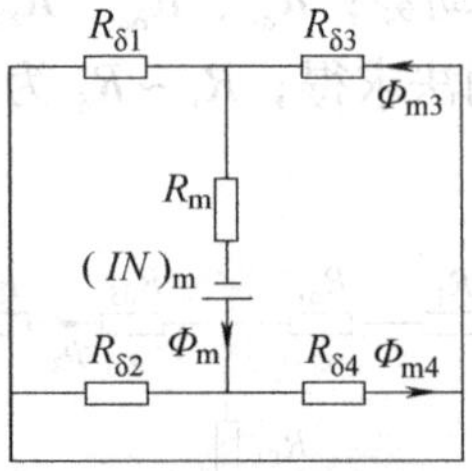

图6-109　不计铁心磁阻

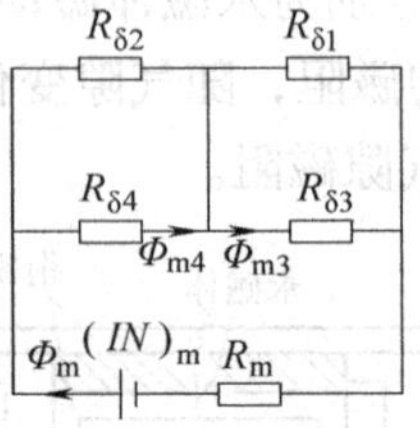

图6-110　电路变换后

利用麦克斯韦电磁吸力计算公式，可以计算出作用于衔铁的总吸力为

$$F_m=F_{m4}-F_{m3}=\frac{1}{2\mu_0 kA}(\Phi_{m4}^2-\Phi_{m3}^2) \tag{6-339}$$

式中　A——工作气隙处的磁极端面面积，考虑到磁通扩散效应，乘一个修正系数k。

通过磁路分析可知，衔铁在吸合过程中，磁通Φ_{m4}产生的力促使铁心闭合，而Φ_{m3}产生的力阻碍铁心闭合。在整个吸合过程中，永磁合力根据所设正方向随气隙由负到正变化。也可从理论上说明这一点：在衔铁运动过程中，由于永久磁铁的作用，动铁心运动到某一位置后，负载力的方向发生了改变，这时即使除去电磁驱动系统的励磁，动铁心仍然能在负载力作用下可靠闭合。因此，磁保持继电器可以用脉冲控制。

根据对含有永久磁铁磁路的分析，可以编制程序计算永磁力单独作用下的吸力特性，程序框图如图6-111所示。

由此得到永磁力随气隙变化的特性曲线，如图6-112所示。图6-113所示为永磁力实验曲线。

结合永磁力单独作用时的等效磁路对计算出的永磁吸力特性进行分析可以看出，永磁磁通在气隙δ_4和δ_3中产生的永磁力方向相反，即永磁磁通Φ_{m4}产生的力促使铁心闭合，而永磁磁通Φ_{m3}产生的力阻碍铁心闭合。因此，永磁力的大小和方向就取决于气隙δ_4和δ_3中永磁磁通Φ_{m3}、Φ_{m4}的大小关系。

假设永磁力沿铁心运动方向为正方向，在吸合过程中，铁心刚开始动作时，气隙δ_4较大，δ_3较小，则永磁磁通Φ_{m4}值较小，Φ_{m3}较大，永磁合力起阻碍衔铁运动的作用，为负值；随着气隙的变化，永磁磁通Φ_{m4}增大，Φ_{m3}减小，当铁心运动到中间位置附近时，永磁合力为零；铁心继续运动，气隙变化使磁通Φ_{m4}继续增大，永磁合力起促进衔铁运动的作用，为正值。所以，在整个吸合过程中，永磁力随气隙由负到正变化，与前面的理论分析相符。

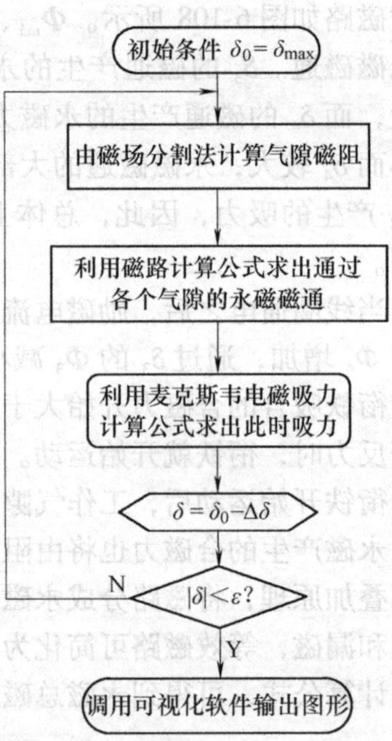

图6-111　永磁力特性计算程序框图

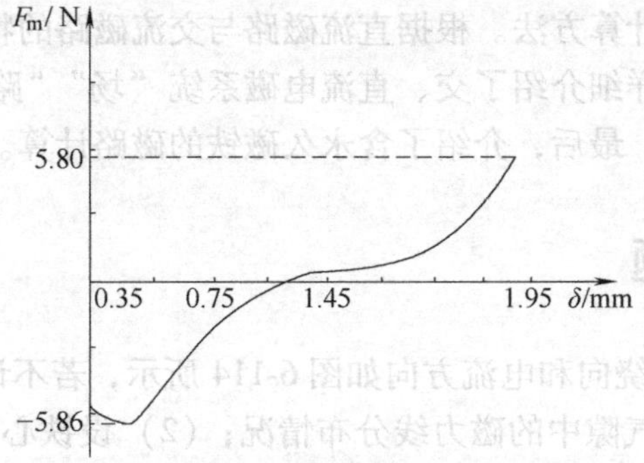

图 6-112　永磁吸力特性

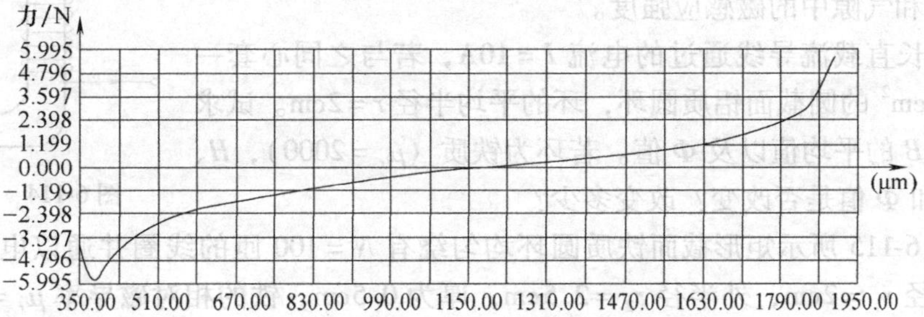

图 6-113　永磁力实验曲线

在永磁磁路计算的基础上，可以叠加励磁线圈产生的磁链进行永磁机构的动态计算，也可以利用三维有限元计算软件，进行含永久磁铁的电磁场分析计算。

6.10　小结

电磁系统是开关电器中的重要部件，其可以单独作为一种电器，也可以作为开关电器的感测器官。电磁场的基本理论和基本定理是本章的基础。目前，对电磁系统的分析计算主要有三种方式：①“磁路”计算方式；②“磁场”计算方式；③“场”“路”结合的计算方式。其各有特点。

“磁路”计算简单、占用资源少，借鉴了电路中的计算方法，对电磁系统进行等效计算，在工程上和优化设计领域具有一定优势。对于通过衔铁运动做机械功的电磁系统，气隙是必不可少的。由于气隙中的媒质——空气，磁导率远小于磁导体的磁导率，气隙磁阻远比同尺寸磁导体的磁阻大，再加上气隙磁阻的计算复杂，因此，整个气隙磁阻的计算对磁系统计算准确度影响很大。所以，在气隙比较大的情况下，采用“场”“路”结合的计算方法，用电磁场的计算方法对气隙部分进行精细计算，不失为一种较好的计算模式。随着计算机仿真技术的飞速发展，近年来，采用各种有限元计算软件对电磁系统进行分析得到了普遍的认可。但是，由于使用有限元软件需要的资源大、掌握电磁场计算比较复杂、计算动态过程需要二次开发，并且，软件成本高，致使采用“磁场”计算受到了一定的限制。如果需要考虑漏磁的影响、需要准确了解和掌握磁场的分布情况与损耗、需要计算耦合场的相互作用，那么，就必须采用三维有限元分析和计算。

本章详细介绍了典型电磁机构的工作原理与基本特性；介绍了磁路计算的基本概念；介

绍了气隙磁导与漏磁导的计算方法。根据直流磁路与交流磁路的特点，举例说明了交流磁路与直流磁路的计算方法；详细介绍了交、直流电磁系统“场”“路”结合的计算流程；介绍了动态特性的计算与分析；最后，介绍了含永久磁铁的磁路计算。

6.11 思考题与习题

6-1 电磁系统的线圈绕向和电流方向如图6-114所示，若不计漏磁通，且铁心磁导率$\mu \geqslant \mu_0$：(1) 试描绘铁心和气隙中的磁力线分布情况；(2) 设铁心截面为矩形、截面积$A=1\text{cm}^2$，$\alpha=60°$，铁心中的磁通$\Phi=10^{-4}$ Wb，求铁心和气隙中的磁感应强度。

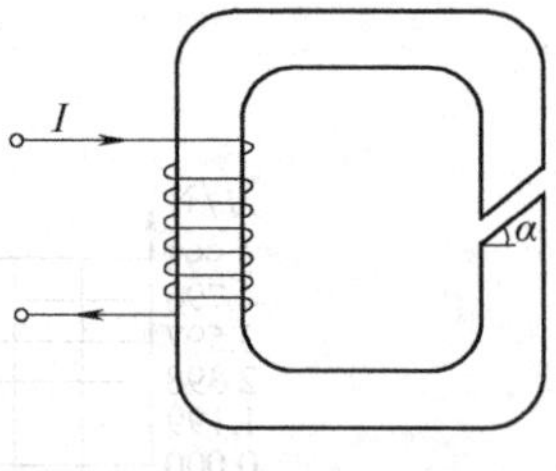

图6-114 题6-1图

6-2 一长直载流导线通过的电流$I=10\text{A}$，若与之同心套一截面积$A=1\text{cm}^2$的圆截面铝质圆环，环的平均半径$r=2\text{cm}$。试求环内的H和B的平均值以及Φ值。若环为铁质（$\mu_r=2000$），H、B的平均值和Φ值是否改变？改变多少？

6-3 图6-115所示矩形截面铁质圆环均匀绕有$N=100$匝的线圈并通以电流$I=0.5\text{A}$。设圆环内半径$r_1=2\text{cm}$，外半径$r_2=2.5\text{cm}$，厚为0.5cm，铁的相对磁导率$\mu_r=2000$：(1) 求内环及外环处的B，并以平均半径处的B求环内的Φ值；(2) 若在环上开一个$\delta=1\text{mm}$的缝隙，为使Φ值不变，线圈电流要增大多少？

6-4 图6-116所示电磁系统各支路铁心截面积均相等，磁路平均长度也相等。求下列三种情况下两线圈磁动势之比I_1N_1/I_2N_2：(1) 使左边铁心柱中的磁通为零；(2) 使右边铁心柱中的磁通为零；(3) 使中间铁心柱中的磁通为零。

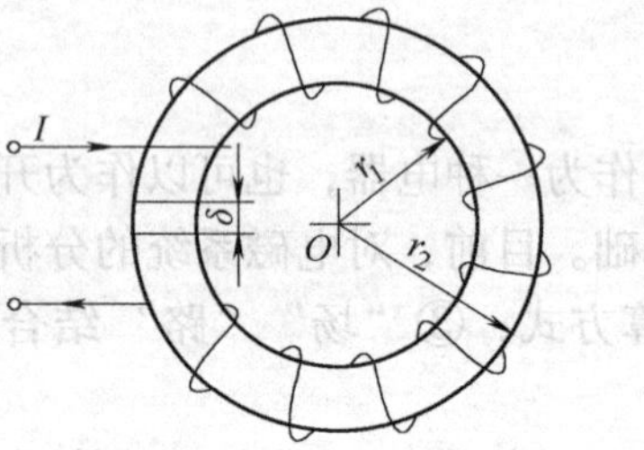

图6-115 题6-3图

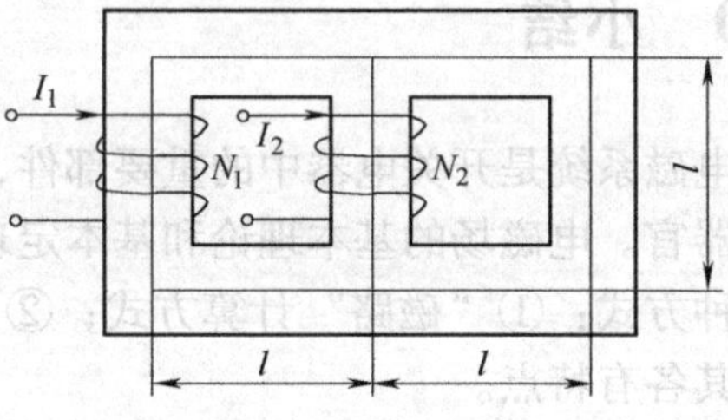

图6-116 题6-4图

6-5 图6-117所示为一交流牵引电磁铁，试计算其工作气隙和非工作气隙的磁导以及衔铁与磁轭间的漏磁导（图中尺寸以cm为单位）。

6-6 试计算图6-118所示磁极间的气隙磁导。

6-7 如果把直流U形电磁系统的励磁线圈由铁心柱移到底铁上，沿铁心柱的磁动势和漏磁通的分布将是怎样的？（分考虑铁心磁阻和不考虑铁心磁阻两种情况讨论）

6-8 直流电磁系统的衔铁处于闭合位置时，铁心柱上的漏磁通是否比衔铁处于起始位置时的小？如果是这样，那么为什么在磁路计算中可以将它忽略不计？

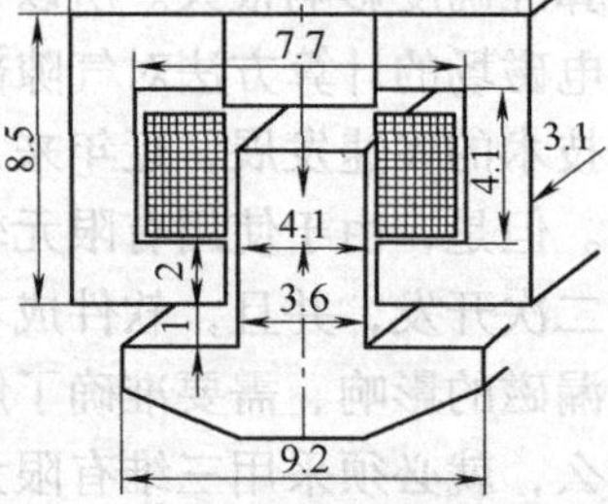

图6-117 题6-5图

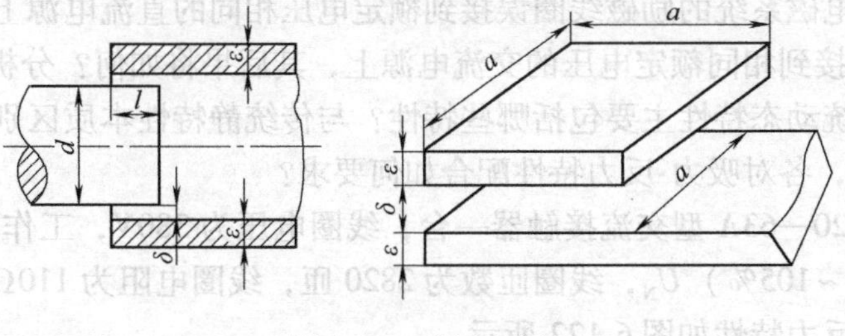

图 6-118　题 6-6 图

6-9　图 6-119 所示电磁系统有三个工作气隙，中间气隙磁导 $\Lambda_{\delta 1}=20\times10^{-8}\,\mathrm{Wb/A}$，两侧气隙磁导 $\Lambda_{\delta 2}=\Lambda_{\delta 3}=10\times10^{-8}\,\mathrm{Wb/A}$。中间磁极的截面积为 $4\mathrm{cm}^2$，其余部分截面积为 $2\mathrm{cm}^2$。磁路各段长度如图所示（单位为 cm）。铁心材料为 D31 型硅钢片（厚为 0.5mm），中间铁心柱与两侧铁心柱之间的漏磁导为 $\Lambda_\sigma=12\times10^{-8}\,\mathrm{Wb/A}$。今已知中间气隙的磁通为 $\Phi_{\delta 1}=3\times10^{-4}\,\mathrm{Wb}$，试求线圈的磁动势。

6-10　图 6-120 所示为一直流拍合式电磁系统。尺寸如图所示（单位为 mm）。衔铁和磁轭宽度均为 13mm，主气隙 $\delta_1=0.37\mathrm{mm}$。铁心镀锌，镀层厚为 0.015mm。若已知主气隙磁通 $\Phi_{\delta 1}=0.2\times10^{-4}\,\mathrm{Wb}$，试求铁心中的最大磁通 Φ_m 及其出现位置（铁心材料为电工纯铁）。

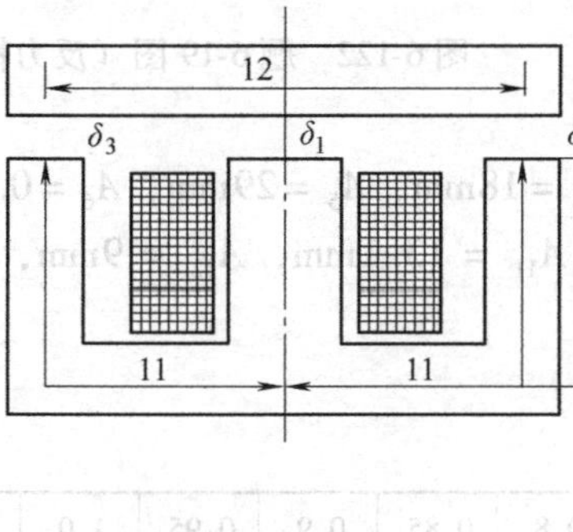

图 6-119　题 6-9 图

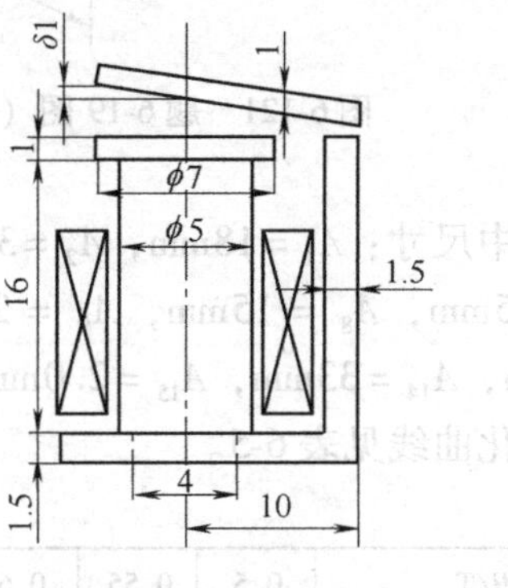

图 6-120　题 6-10 图

6-11　衔铁在运动过程中的能量平衡关系是怎样的？当衔铁已达到其吸合位置后，电磁系统是否仍从电源吸取能量？

6-12　若变更励磁电流的方向，应用麦克斯韦吸力公式求得的电磁吸力是否要改变方向？为什么？

6-13　一直流电磁系统的额定电压为 110V，线圈电阻为 1100Ω，它在释放位置上的电磁吸力为 40N，若要使之减小到 20N，应给线圈电路串联多大的电阻？若不串电阻而改变电压可以吗？

6-14　当励磁电源的电压不变而频率由 50Hz 改变为 60Hz 时，交流电磁系统的磁动势和电磁吸力将有什么样的变化？为什么？

6-15　分磁环是用铜材加工的，若改用同尺寸的铝材和铁磁材料将会怎么样？当分磁环断裂后，将产生什么现象？此裂口是否可用环氧树脂胶合？

6-16　在电压和线径不变的条件下，改变励磁线圈的匝数，对直流电磁系统和交流电磁系统，各将产生什么影响？

6-17 将交流电磁系统的励磁线圈误接到额定电压相同的直流电源上，或是将直流电磁系统的励磁线圈误接到相同额定电压的交流电源上，其后果将如何？分析原因。

6-18 电磁系统动态特性主要包括哪些特性？与传统静特性本质区别是什么？从静态观点和动态观点出发，各对吸力-反力特性配合如何要求？

6-19 已知 CJ20—63A 型交流接触器一台，线圈电压为 380V，工作频率为 50Hz，电压波动范围为（80% ~105%）U_N，线圈匝数为 2820 匝，线圈电阻为 110Ω。其电磁机构示意如图 6-121 所示，反力特性如图 6-122 所示。

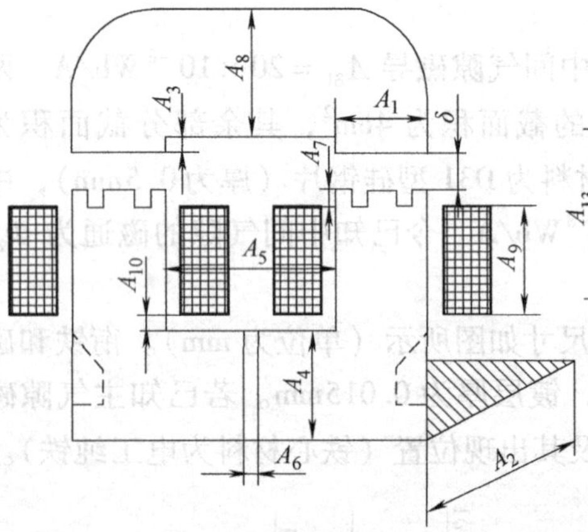

图 6-121 题 6-19 图（电磁机构）

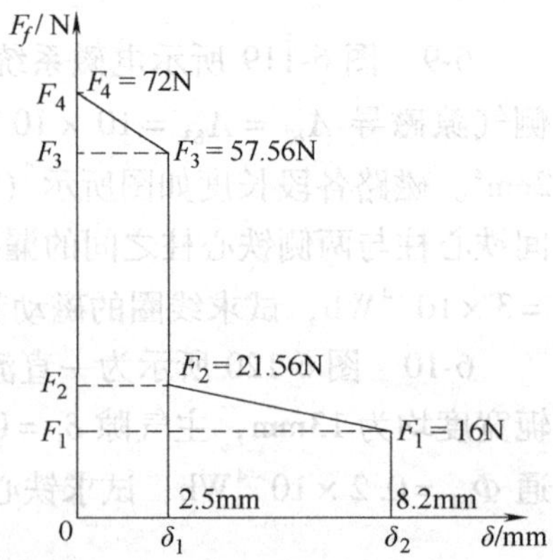

图 6-122 题 6-19 图（反力特性）

图中尺寸：$A_1 = 18mm$，$A_2 = 32mm$，$A_3 = 1.5mm$，$A_4 = 18mm$，$A_5 = 29mm$，$A_6 = 0.3mm$，$A_7 = 1.5mm$，$A_8 = 15mm$，$A_9 = 20mm$，$A_{10} = 1.5mm$，$A_{11} = 13.1mm$，$A_{12} = 9mm$，$A_{13} = 37.1mm$，$A_{14} = 33mm$，$A_{15} = 2.0mm$。

磁化曲线见表 6-5。

表 6-5 题 6-19 表

B/T	0.5	0.55	0.6	0.65	0.7	0.75	0.8	0.85	0.9	0.95	1.0	1.05
H/(A/cm)	0.78	0.83	0.87	0.94	1.02	1.11	1.12	1.32	1.44	1.71	2.11	2.41
B/T	1.1	1.15	1.2	1.25	1.3	1.35	1.4	1.45	1.5	1.55	1.6	1.65
H/(A/cm)	2.96	3.24	3.42	3.52	5.0	6.85	10.0	21.0	44.5	50.0	55.0	60.2

试计算：当工作气隙分别为 8.2mm、5.5mm、2.5mm、0.005mm 时，电磁机构的静态电磁吸力值，并作出吸反力配合曲线。

可采用磁路方法和采用 ANSYS 磁场方法，分别进行计算。

6-20 交流电磁系统的动态特性与直流电磁系统相比，有何主要区别？其主要原因在哪里？

6-21 为什么同一台交流电磁系统合闸过程的动作时间有长有短？主要由什么原因引起的？直流又如何？

6-22 在交流电磁机构的智能化控制方案中，为什么常常采用直流起动、直流保持的控制模式？你认为在交流电磁电器的智能化控制中，主要难点在哪里？

附　　录

附录 A　常用磁导计算公式

<table>
<tr><th>序号</th><th>磁极形状</th><th>气隙磁导计算公式</th></tr>
<tr><td>1</td><td>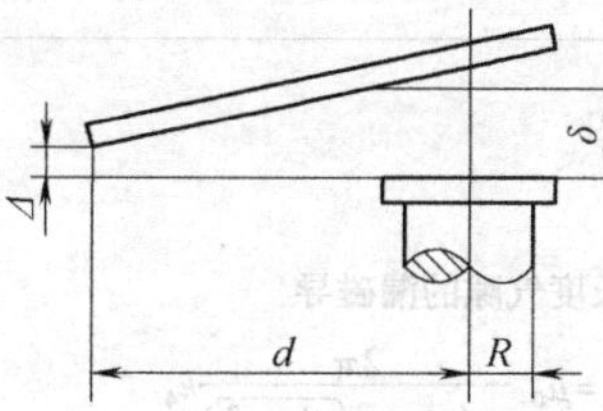
</td><td>气隙主磁导

$$\Lambda_\delta = \mu_0 \frac{\pi R^2}{\delta} k_1$$

式中，k_1 为修正系数

$$k_1 = 2\rho_1 (\rho_1 - \sqrt{\rho_2^2 - 1})$$

$$\rho_1 = \frac{d}{R\left(1 - \frac{\Delta}{\delta}\right)}$$

当$\frac{\Delta}{\delta} \approx 0$时，$k_1$ 与$\frac{d}{R}$之间的关系如下：

<table>
<tr><td>d/R</td><td>1</td><td>1.2</td><td>1.5</td><td>2</td><td>3</td><td>4</td><td>5</td><td>6</td></tr>
<tr><td>k_1</td><td>2</td><td>1.29</td><td>1.14</td><td>1.08</td><td>1.04</td><td>1.02</td><td>1.01</td><td>1</td></tr>
</table></td></tr>
<tr><td>2</td><td>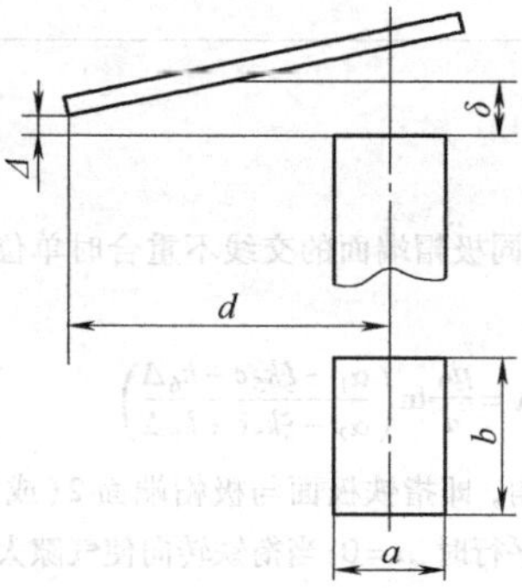
</td><td>气隙主磁导

$$\Lambda_\delta = \mu_0 \frac{ab}{\delta} k_2$$

式中，k_2 为修正系数

$$k_2 = \frac{\rho_2}{2} \ln \frac{\rho_2 + 1}{\rho_2 - 1}$$

$$\rho_2 = \frac{2d}{a\left(1 - \frac{\Delta}{\delta}\right)}$$

当$\frac{\Delta}{\delta} \approx 0$时，$k_1$ 与$\frac{2d}{a}$之间的关系如下：

<table>
<tr><td>2d/a</td><td>1</td><td>1.1</td><td>1.2</td><td>1.5</td><td>2</td><td>3</td><td>4</td><td>5</td><td>6</td></tr>
<tr><td>k_1</td><td>∞</td><td>2.15</td><td>1.44</td><td>1.2</td><td>1.1</td><td>1.05</td><td>1.025</td><td>1.013</td><td>1</td></tr>
</table></td></tr>
<tr><td>3</td><td>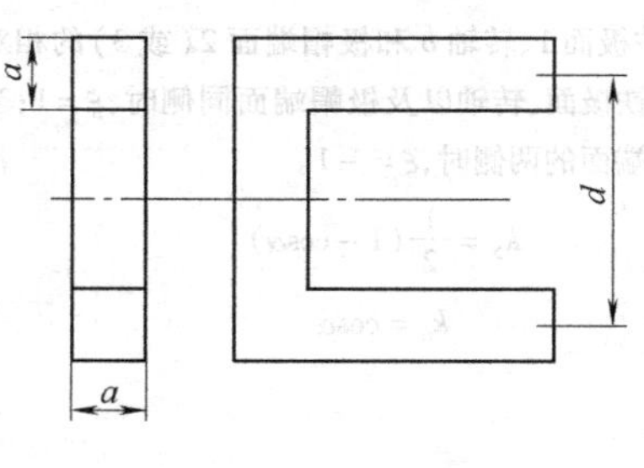
</td><td>两正方形截面铁心间单位长度气隙的漏磁导

$$\lambda = \mu_0 \frac{\pi}{\ln\left(\frac{d + \sqrt{d^2 - \frac{4}{\pi}a^2}}{\frac{2}{\sqrt{x}}a}\right)}$$</td></tr>
</table>

（续）

序号	磁 极 形 状	气隙磁导计算公式
4	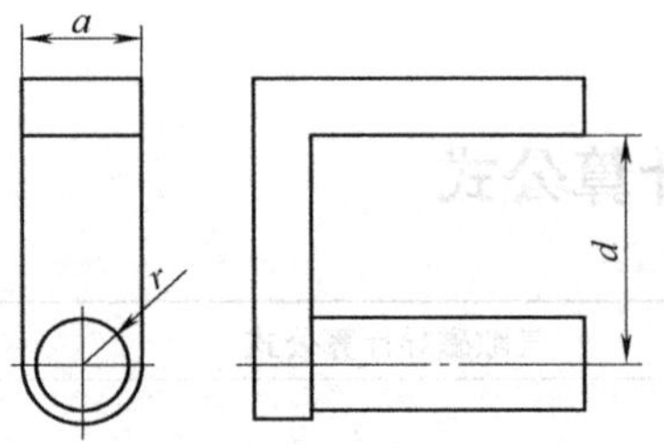	铁心与磁轭间单位长度气隙的漏磁导 1）当 $a>4d$ $$\lambda=\mu_0\frac{2\pi}{\ln\left(\frac{d+\sqrt{d^2-r^2}}{r}\right)}$$ 2）当 $a=(1.25\sim2.5)d$ $$\lambda=\mu_0\frac{2\pi}{\ln\left(\frac{d+\sqrt{d^2-r^2}}{r}\right)}k_3$$ 式中，$k_3=0.85\sim0.92$。
5	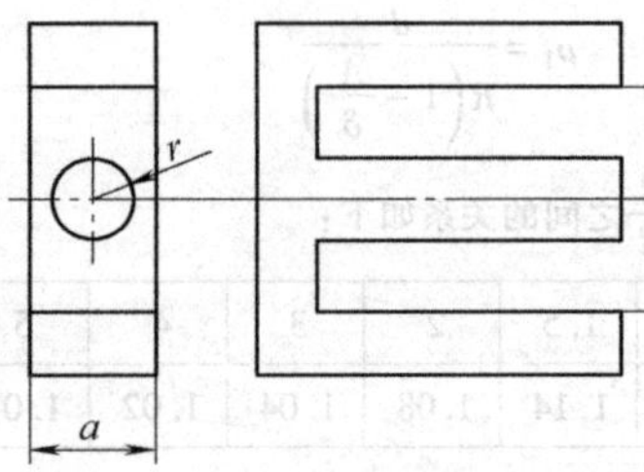	铁心与磁轭间单位长度气隙的漏磁导 $$\lambda=\mu_0\frac{2\pi}{\ln\left(\frac{d+\sqrt{d^2-r^2}}{r}\right)}k_4$$ 式中，$k_4=1.25\sim1.4$。
6	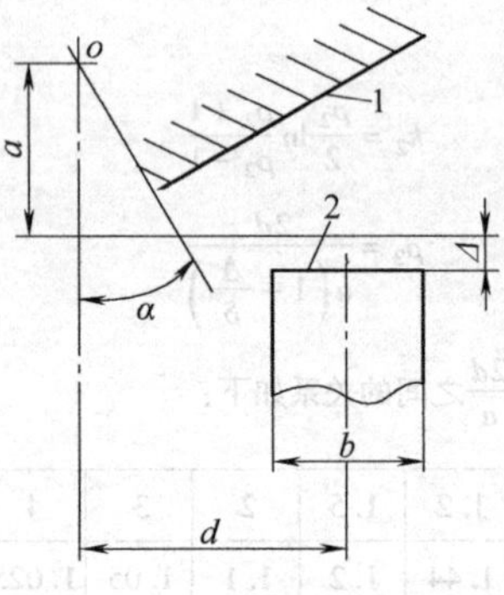 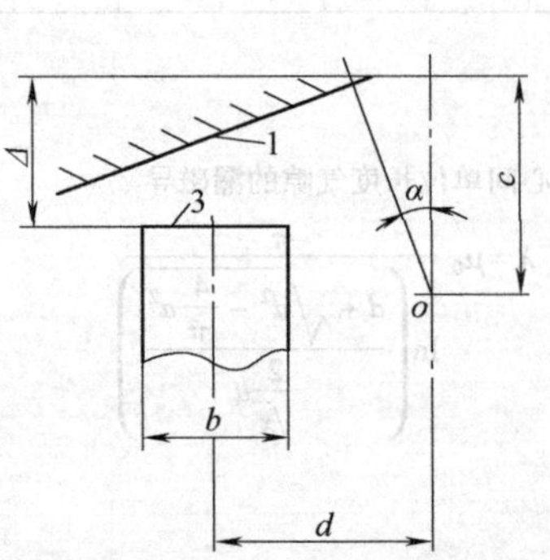	衔铁转轴与其极面同极帽端面的交线不重合时单位长度的气隙磁导 $$\lambda=\frac{\mu_0}{a}\ln\left(\frac{\alpha_1-\xi k_5c+k_6\Delta}{\alpha_2-\xi k_5c+k_6\Delta}\right)$$ 式中，α 为衔铁的转角，即指铁极面与极帽端面 2（或 3）之间的夹角。当 1 与 2（或 3）平行时，$\alpha=0$；当衔铁转向使气隙大于 Δ 时，$\alpha>0$；反之，$\alpha<0$。 $$\alpha_1=(d+0.5b)\sin\alpha$$ $$\alpha_2=(d-0.5b)\sin\alpha$$ 式中，ξ 为由衔铁极面 1、转轴 o 和极帽端面 2（或 3）的相对位置确定的参量。当衔铁极面、转轴以及极帽端面同侧时，$\xi=1$；当衔铁端面和转轴在极帽端面的两侧时，$\xi=-1$。 $$k_5=\frac{1}{2}(1-\cos\alpha)$$ $$k_6=\cos\alpha$$

附录 B　常用低压电器术语中英文对照表

接触器	contactor
继电器	relay
断路器	circuit breaker
熔断器	fuse
刀开关	knife switch
隔离开关	switch-disconnector
行程开关	travel switch
辅助开关	auxiliary switch
电磁阀	electromagnetic valve
电磁系统	electromagnetic system
电磁铁	electro-magnet
永久磁铁	permanent magnet
动铁心	moving iron-core
静铁心	static iron-core
磁轭	magnet yoke
衔铁	armature
励磁线圈	magnet exciting coil
脱扣线圈	trip coil
合闸线圈	close coil
释放线圈	releasing coil
触头弹簧	contact spring
分闸弹簧	trip spring
储能弹簧	chargeable spring
动触头	moving contact
静触头	static contact
主触头	main contact
弧触头	arcing contact
辅助触头	auxiliary contact
分磁环	divide magnetic ring
欠励脱扣器	under-voltage releaser
分闸脱扣器	tripping releaser
操作机构	operating device
脱扣机构	tripping device
复位机构	re-setting device
灭弧介质	arc-extinguishing medium
灭弧室	arc extinguish chamber
熔体	fuse-element
熔管	cartridge
电接触	electrical contact
接触电阻	contact resistance
收缩电阻	contraction resistance
膜电阻	membrane resistance
触头开距	contacts gap
触头超行程	over-travel of the contact
触头初压力	contact initial pressure
触头终压力	contact terminate pressure
接触压力	contact force
电动力	electrodynamic force
电磁吸力	electromagnetic force
触头振动/弹跳	contact bounce
工作气隙	work air gap
非工作气隙	no-work air gap
零电流分断	zero current interrupt
瞬态恢复电压	transient recovery voltage
电弧电压峰值	peak arc voltage
燃弧时间	arcing time
误动作	misoperation
自锁	autolocking
自动重合闸	auto-reclosing
八小时工作制	8-hour duty
不间断工作制	uninterrupted duty
短时工作制	short-time duty
反复短时工作制	intermittent periodic duty
重燃	re-ignition
熔焊	fusion welding
电弧电压峰值	peak arc voltage
接通能力	making capacity
分断能力	breaking capacity
燃弧时间	arcing time
通断时间	make-break time
电动稳定性	electric stability
热稳定性	thermostability
吸力特性	attraction characteristic
反力特性	counterforce characteristics
静态特性	static characteristic
动态特性	dynamic characteristic
机械寿命	mechanical durability
电（气）寿命	electrical durability
电弧放电	arc discharge
恢复电压	recovery voltage
介质恢复强度	dielectric recovery strength
弧柱	arc column
电弧间隙	arc gap
等离子体	plasma

参 考 文 献

[1] 陆俭国，何瑞华，陈德桂，等．中国电气工程大典第 11 卷．配电工程［M］．北京：中国电力出版社，2009.

[2] 尚振球，郭文元．高压电器［M］．西安：西安交通大学出版社，1992.

[3] 王仁祥．常用低压电器原理及其控制技术［M］．北京：机械工业出版社，2001.

[4] 周学．航天继电器分断电弧及其抑制措施的仿真和实验（博士学位论文）［D］．哈尔滨工业大学，2011.

[5] 荣命哲．电接触理论［M］．北京：机械工业出版社，2004.

[6] 余贻鑫，栾文鹏．智能电网［J］．电网与清洁能源，2009，25（1）：7-11.

[7] 许志红．控制电器服务于能源管理系统的相关技术［J］．低压电器，2013（1）：14-19.

[8] 许志红．交流接触器智能化控制与设计技术的研究及实现（博士学位论文）［D］．福州大学，2005.

[9] 安娜-玛丽亚·比安什，伊夫·福泰勒，雅克琳娜·埃黛．传热学［M］．王晓东，译．大连：大连理工大学出版社，2008.

[10] 纽春萍，陈德桂，刘颖异，等．计及主回路和电磁系统发热的交流接触器数值热分析［J］．中国电机工程学报，2007，27（15）：53-58.

[11] 陈惠娟．地铁牵引供电系统仿真与分析（硕士学位论文）［D］．福州大学，2010.

[12] 林抒毅，许志红．交流电磁阀三维温度特性仿真分析［J］．中国电机工程学报，2011，31（24）：131-137.

[13] 赵修科．实用电源技术手册磁性元器件分册［M］．沈阳：辽宁科学技术出版社，2002.

[14] Biro O. Preis K. On the use of the magnetic vector potential in the finite-element analysis of three-dimensional eddy currents［J］. IEEE Transactions on Magnetics，1989，25（4）：3145-3159.

[15] 李兴文，陈德桂，刘洪武，等．触头间电动斥力的三维有限元分析［J］．高压电器，2004，40（1）：53-55.

[16] 陈德桂．低压断路器的开关电弧与限流技术［M］．北京：机械工业出版社，2006.

[17] 李震彪．电触头接触电阻研究［J］．开关电气，1992（3）：12-20.

[18] 吴细秀，李震彪．电器电极材料喷溅侵蚀的理论计算［J］．中国电机工程学报，2003，23（6）：96-101.

[19] 吴翊，荣命哲，杨茜，等．低压空气电弧动态特性仿真及分析［J］．中国电机工程学报，2005，25（21）：143-148.

[20] 任吉林，林俊明．电磁无损检测［M］．北京：科学出版社，2008.

[21] 程祝媛．FDF 系列电磁阀仿真优化设计软件的开发与应用（硕士学位论文）［D］．福州大学，2011.

[22] 李庆杰．交流接触器特性分析平台与电寿命预测（硕士学位论文）［D］．福州大学，2012.

[23] 费鸿俊，张冠生．电磁机构动态分析与计算［M］．北京：机械工业出版社，1993.

[24] 孙园．基于磁保持继电器的智能交流接触器的研究（硕士学位论文）［D］．福州大学，2006.

[25] 张冠生．电器理论基础［M］．北京：机械工业出版社，1989.